国家出版基金项目
NATIONAL PUBLICATION FOUNDATION

民机先进制造工艺技术系列

主　编　林忠钦

民用飞机复合材料结构制造技术

Manufacturing Technology for Composite Structures of Civil Aircraft

刘卫平　等编著

上海交通大學出版社
SHANGHAI JIAO TONG UNIVERSITY PRESS

内容提要

本书阐述了民用飞机复合材料最新制造工艺的发展现状和技术特点,如热压罐成型工艺,液体成型制造工艺,自动铺带、自动铺丝、先进拉挤等自动化成型工艺,同时涵盖了复合材料关键制造环节的发展现状和技术特点,如模具制造技术,复合材料结构仿真与模拟技术以及机械加工、无损检测与修理技术。

本书可供高等学校、科研院所以及相关行业从事航空复合材料制造的教师、研究生、科研工作者与工程技术开发人员使用,也可供民用飞机复合材料设计与制造的相关科技人员参考。

图书在版编目(CIP)数据

民用飞机复合材料结构制造技术/刘卫平等编著.—上海:上海交通大学出版社,2016

大飞机出版工程

ISBN 978-7-313-16433-9

Ⅰ.①民…　Ⅱ.①刘…　Ⅲ.①民用飞机-复合材料结构-制造　Ⅳ.①V214.8

中国版本图书馆 CIP 数据核字(2016)第 311946 号

民用飞机复合材料结构制造技术

编　著:刘卫平　等
出版发行:上海交通大学出版社　　　　　　　　　地　址:上海市番禺路 951 号
邮政编码:200030　　　　　　　　　　　　　　　电　话:021-64071208
出 版 人:郑益慧
印　制:苏州市越洋印刷有限公司　　　　　　　　经　销:全国新华书店
开　本:710mm×1000mm　1/16　　　　　　　　印　张:31
字　数:598 千字
版　次:2016 年 12 月第 1 版　　　　　　　　　　印　次:2016 年 12 月第 1 次印刷
书　号:ISBN 978-7-313-16433-9/V
定　价:188.00 元

大飞机出版工程

丛书编委会

总主编

顾诵芬（中国航空工业集团公司科技委副主任、中国科学院和中国工程院院士）

副总主编

金壮龙（中国商用飞机有限责任公司董事长）

马德秀（上海交通大学原党委书记、教授）

编　委（按姓氏笔画排序）

王礼恒（中国航天科技集团公司科技委主任、中国工程院院士）

王宗光（上海交通大学原党委书记、教授）

刘　洪（上海交通大学航空航天学院副院长、教授）

许金泉（上海交通大学船舶海洋与建筑工程学院教授）

杨育中（中国航空工业集团公司原副总经理、研究员）

吴光辉（中国商用飞机有限责任公司副总经理、总设计师、研究员）

汪　海（上海市航空材料与结构检测中心主任、研究员）

沈元康（中国民用航空局原副局长、研究员）

陈　刚（上海交通大学原副校长、教授）

陈迎春（中国商用飞机有限责任公司常务副总设计师、研究员）

林忠钦（上海交通大学常务副校长、中国工程院院士）

金兴明（上海市政府副秘书长、研究员）

金德琨（中国航空工业集团公司科技委委员、研究员）

崔德刚（中国航空工业集团公司科技委委员、研究员）

敬忠良（上海交通大学航空航天学院常务副院长、教授）

傅　山（上海交通大学电子信息与电气工程学院研究员）

民机先进制造工艺技术系列

编　委　会

主　编
林忠钦（上海交通大学常务副校长、中国工程院院士）

副主编
姜丽萍（中国商飞上海飞机制造有限公司总工程师、研究员）

编　委（按姓氏笔画排序）
习俊通（上海交通大学机械与动力学院副院长、教授）
万　敏（北京航空航天大学飞行器制造工程系主任、教授）
毛荫风（中国商飞上海飞机制造有限公司原总工程师、研究员）
孙宝德（上海交通大学材料科学与工程学院院长、教授）
刘卫平（中国商飞上海飞机制造有限公司副总工程师、研究员）
汪　海（上海市航空材料与结构检测中心主任、研究员）
陈　洁（中国商飞上海飞机制造有限公司总冶金师、研究员）
来新民（上海交通大学机械与动力工程学院机械系主任、教授）
陈　磊（中国商飞上海飞机制造有限公司副总工程师、航研所所长、研究员）
张　平（成飞民机公司副总经理、技术中心主任、研究员）
张卫红（西北工业大学副校长、教授）
赵万生（上海交通大学密歇根学院副院长、教授）
倪　军（美国密歇根大学机械工程系教授、上海交通大学密歇根学院院长、教授）
黄卫东（西北工业大学凝固技术国家重点实验室主任、教授）
黄　翔（南京航空航天大学航空宇航制造工程系主任、教授）
武高辉（哈尔滨工业大学金属基复合材料与工程研究所所长、教授）

总　序

　　国务院在 2007 年 2 月底批准了大型飞机研制重大科技专项正式立项,得到全国上下各方面的关注。"大型飞机"工程项目作为创新型国家的标志工程重新燃起我们国家和人民共同承载着"航空报国梦"的巨大热情。对于所有从事航空事业的工作者,这是历史赋予的使命和挑战。

　　1903 年 12 月 17 日,美国莱特兄弟制作的世界第一架有动力、可操纵、比重大于空气的载人飞行器试飞成功,标志着人类飞行的梦想变成了现实。飞机作为 20 世纪最重大的科技成果之一,是人类科技创新能力与工业化生产形式相结合的产物,也是现代科学技术的集大成者。军事和民生对飞机的需求促进了飞机迅速而不间断的发展和应用,体现了当代科学技术的最新成果;而航空领域的持续探索和不断创新,为诸多学科的发展和相关技术的突破提供了强劲动力。航空工业已经成为知识密集、技术密集、高附加值、低消耗的产业。

　　从大型飞机工程项目开始论证到确定为《国家中长期科学和技术发展规划纲要》的十六个重大专项之一,直至立项通过,不仅使全国上下重视起我国自主航空事业,而且使我们的人民、政府理解了我国航空事业半个世纪发展的艰辛和成绩。大型飞机重大专项正式立项和启动使我们的民用航空进入新纪元。经过 50 多年的风雨历程,当今中国的航空工业已经步入了科学、理性的发展轨道。大型客机项目其产业链长、辐射面宽、对国家综合实力带动性强,在国民经济发展和科学技术进步中发挥着重要作用,我国的航空工业迎来了新的发展机遇。

　　大型飞机的研制承载着中国几代航空人的梦想,在 2016 年造出与波音 B737 和空客 A320 改进型一样先进的"国产大飞机"已经成为每个航空人心中奋斗的目标。然而,大型飞机覆盖了机械、电子、材料、冶金、仪器仪表、化工等几乎所有工业门类,集成了数学、空气动力学、材料学、人机工程学、自动控制学等多种学科,是一个复杂的科技创新系统。为了迎接新形势下理论、技术和工程等方面的严峻挑战,迫切需要引入、借鉴国外的优秀出版物和数据资料,总结、巩固我们的经验和成果,编著一套以"大飞机"为主题的丛书,借以推动服务"大型飞机"作为推动服务整个航空科学的切入点,同时对于促进我国航空事业的发展和加快航空紧缺人才的培养,具有十分重要的现实意义和深远的历史意义。

2008 年 5 月,中国商用飞机有限公司成立之初,上海交通大学出版社就开始酝酿"大飞机出版工程",这是一项非常适合"大飞机"研制工作时宜的事业。新中国第一位飞机设计宗师——徐舜寿同志在领导我们研制中国第一架喷气式歼击教练机——歼教 1 时,亲自撰写了《飞机性能及算法》,及时编译了第一部《英汉航空工程名词字典》,翻译出版了《飞机构造学》《飞机强度学》,从理论上保证了我们飞机研制工作。我本人作为航空事业发展 50 年的见证人,欣然接受了上海交通大学出版社的邀请担任该丛书的主编,希望为我国的"大型飞机"研制发展出一份力。出版社同时也邀请了王礼恒院士、金德琨研究员、吴光辉总设计师、陈迎春副总设计师等航空领域专家撰写专著、精选书目,承担翻译、审校等工作,以确保这套"大飞机"丛书具有高品质和重大的社会价值,为我国的大飞机研制以及学科发展提供参考和智力支持。

编著这套丛书,一是总结整理 50 多年来航空科学技术的重要成果及宝贵经验;二是优化航空专业技术教材体系,为飞机设计技术人员培养提供一套系统、全面的教科书,满足人才培养对教材的迫切需求;三是为大飞机研制提供有力的技术保障;四是将许多专家、教授、学者广博的学识见解和丰富的实践经验总结继承下来,旨在从系统性、完整性和实用性角度出发,把丰富的实践经验进一步理论化、科学化,形成具有我国特色的"大飞机"理论与实践相结合的知识体系。

"大飞机"丛书主要涵盖了总体气动、航空发动机、结构强度、航电、制造等专业方向,知识领域覆盖我国国产大飞机的关键技术。图书类别分为译著、专著、教材、工具书等几个模块;其内容既包括领域内专家们最先进的理论方法和技术成果,也包括来自飞机设计第一线的理论和实践成果。如：2009 年出版的荷兰原福克飞机公司总师撰写的 *Aerodynamic Design of Transport Aircraft*（《运输类飞机的空气动力设计》），由美国堪萨斯大学 2008 年出版的 *Aircraft Propulsion*（《飞机推进》）等国外最新科技的结晶；国内《民用飞机总体设计》等总体阐述之作和《涡量动力学》《民用飞机气动设计》等专业细分的著作；也有《民机设计 1000 问》《英汉航空双向词典》等工具类图书。

该套图书得到国家出版基金资助，体现了国家对"大型飞机项目"以及"大飞机出版工程"这套丛书的高度重视。这套丛书承担着记载与弘扬科技成就、积累和传播科技知识的使命，凝结了国内外航空领域专业人士的智慧和成果，具有较强的系统性、完整性、实用性和技术前瞻性，既可作为实际工作指导用书，亦可作为相关专业人员的学习参考用书。期望这套丛书能够有益于航空领域里人才的培养，有益于航空工业的发展，有益于大飞机的成功研制。同时，希望能为大飞机工程吸引更多的读者来关心航空、支持航空和热爱航空，并投身于中国航空事业做出一点贡献。

2009 年 12 月 15 日

序

    制造业是国民经济的主体,是立国之本、兴国之器、强国之基。《中国制造2025》提出,坚持创新驱动、智能转型、强化基础、绿色发展,加快从制造大国转向制造强国。航空装备,作为重点发展的十大领域之一,目前正处于产业深化变革期;加快大型飞机研制,是航空装备发展的重中之重,也是我国民机制造技术追赶腾飞的机会和挑战。

    民机制造涉及新材料成形、精密特征加工、复杂结构装配等工艺,先进制造技术是保证民机安全性、经济性、舒适性、环保性的关键。我国从运-7、新支线 ARJ21-700 到正在研制的 C919、宽体飞机,开展了大量的工艺试验和技术攻关,正在探索一条符合我国民机产业发展的技术路线,逐步建立起满足适航要求的技术平台和工艺规范。伴随着 ARJ21 和 C919 的研制,正在加强铝锂合金成形加工、复合材料整体机身制造、智能自动化柔性装配等技术方面的投入,以期为在宽体飞机等后续型号的有序可控生产奠定基础。但与航空技术先进国家相比,我们仍有较大差距。

    民机制造技术的提升,有赖于国内五十多年民机制造的宝贵经验和重要成果的总结,也将得益于鉴国外的优秀出版物和数据资料引进。因此有必要编著一套以"民机先进制造工艺技术"为主题的丛书,服务于在研大型飞机以及后续型号的开发,同时促进我国制造业技术的发展和紧缺人才的培养。

    本系列图书筹备于2012年,启动于2013年,为了保证本系列图书的品质,先后召开三次编委会会议和图书撰写会议,进行了丛书框架的顶层设计、提纲样章的评审。在编写过程中,力求突出以下几个特点:①注重时效性,内容上侧重在目前民机研制过程中关键工艺;②注重前沿性,特别是与国外先进技术差距大的方面;③关注设计,注重民机结构设计与制造问题的系统解决;④强调复合材料制造工艺,体现民机先进材料发展的趋势。

该系列丛书内容涵盖航空复合材料结构制造技术、构件先进成形技术、自动化装配技术、热表特种工艺技术、材料和工艺检测技术等面向民机制造领域前沿的关键性技术方向,力求达到结构的系统性,内容的相对完整性,并适当结合工程应用。丛书反映了学科的近期和未来的可能发展,注意包含相对成熟的内容。

本系列图书由中国商飞上海飞机制造有限公司、中航工业成飞民机公司、沈阳飞机设计研究所、北京航空制造工程研究所、中国飞机强度研究所、沈阳铸造研究所、北京航空航天大学、南京航空航天大学、西北工业大学、上海交通大学、西安交通大学、清华大学、哈尔滨工业大学和南昌航空航天大学等单位的航空制造工艺专家担任编委及主要撰写专家。他们都有很高的学术造诣,丰富的实践经验,在形成系列图书的指导思想、确定丛书的覆盖范围和内容、审定编写大纲、确保整套丛书质量中,发挥了不可替代的作用。在图书编著中,他们融入了自己长期科研、实践中获得的经验、发现和创新,构成了本系列图书最大的特色。

本系列图书得到 2016 年国家出版基金的资助,充分体现了国家对"大飞机工程"的高度重视,希望该套图书的出版能够真正服务到国产大飞机的制造中去。我衷心感谢每一位参与本系列图书的编著人员,以及所有直接或间接参与本系列图书审校工作的专家学者,还有上海交通大学出版社的"大飞机出版工程"项目组,正是在所有工作人员的共同努力下,这套图书终于完整地呈现在读者的面前。我衷心希望本系列图书能切实有利于我国民机制造工艺技术的提升,切实有利于民机制造行业人才的培养。

2016 年 3 月 25 日

前　　言

　　自 20 世纪 60 年代问世以来,复合材料已在航空航天、交通运输、竞技体育等领域获得了广泛的应用。尤其在航空领域,大量应用复合材料已经成为衡量新一代民机技术水平先进性的重要标志。复合材料的大量应用可较大幅度地减轻飞机结构重量,提高飞机的寿命和安全性,降低燃油消耗,减少对环境的影响,改善飞机的维修性,提高飞机的寿命,降低飞机的全寿命使用成本,即复合材料的大量应用可实现飞机的安全性、经济性、舒适性与环保性。

　　复合材料在国外民机结构中的应用已经相当成熟,复合材料的应用比例已成为波音和空客两家大型客机制造公司商业竞争成败的重要筹码。波音公司最新推出的 B787 飞机复合材料的用量达到结构重量的 50%,空客 A350 飞机的复合材料用量更是高达 52%。同时,大量应用复合材料也是我国大型客机商业成功的重要筹码,是研制与发展国产大型客机的必由之路。国内民机复合材料结构应用技术的研究起步较晚,ARJ21 支线客机复合材料用量仅占结构重量的 1%~2% 左右,我国自主研制的 C919 大型客机,预计复合材料用量约为 12.5%。实现复合材料在我国民用飞机上大量应用的道路还很长,尚需我们航空人付出不懈的努力。

　　笔者编著本书,目的是通过 C919 大型客机复合材料的关键技术攻关成果及应用技术研究成果的展示,向广大读者介绍民机复合材料的最新制造工艺及关键制造技术,使读者可以通过本书的内容了解我国民机复合材料制造技术的最新进展。本书的主要内容汇集了上海飞机制造有限公司及其合作单位在 C919 飞机复合材料关键技术攻关、民用飞机制造技术国家工程中心创新基金和其他科研项目的研究成果。本书内容涵盖了民用飞机复合材料常用的制造工艺,如热压罐成型工艺,低成本液体成型工艺,自动铺带、自动铺丝、先进拉挤等自动化成型工艺;同时涵盖了复合材料关键制造环节的发展现状和技术特点,如复合材料模具、热压罐温度场仿真及固化变形预测、复合材料结构加工、无损检测与修理技术等。

　　本书是上海飞机制造有限公司编审组出版的民用飞机相关技术丛书之一。在编审修订过程中,得到了上飞公司姜丽萍总工程师及上飞公司其他相关领导和同志的支持和鼓励。正是有这些专家们对本书进行把关,提供了宝贵意见,对于书中缺点和错误之处给予批评指正,本书最终才能得以顺利撰写完成,特此致谢!

　　本书以上飞公司副总工程师刘卫平同志为主编,具体编写情况如下:

　　第1章绪论由刘卫平执笔;第2章材料由王旭、袁协尧、见雪珍、倪佐儁执笔;第3章热压罐成型工艺技术由刘卫平、张冬梅、刘军、苏佳智、孙凯、徐鹏、卢鑫执笔;第4章液体成型工艺技术由陈萍、苏佳智、郑义珠、陈吉平、韩小勇执笔;第5章自动铺放及先进拉挤成型技术由李志远、余永波、熊文磊执笔;第6章复合材料成型模具由晏冬秀、王健、王霖、徐少晨、刘子倩、黄钢华执笔;第7章热压罐温度场仿真与固化变形预测由贾丽杰、杨青、魏冉、徐鹏执笔;第8章热塑性复合材料工艺由杨洋、袁协尧、徐捷、见雪珍执笔;第9章复合材料无损检测技术由刘奎、肖鹏、张继敏执笔;第10章复合材料结构加工由龚佑宏、韩舒执笔;第11章复合材料结构修理由孙凯、孔娇月、董柳杉执笔。

　　感谢郑义珠在本书编审过程中的组织管理工作,为本书的形成起到了重要的推进作用。此外,还要感谢为本书校对提供帮助的高龙飞、孙晶晶、宁博、邱春亮、李前前等人,以及为本书的编审和出版付出辛勤劳动和汗水的上飞公司航研所复合材料中心的相关同事、上海交大出版社钱方针、王珍等人!

　　感谢上海交通大学出版社对本书的出版给予的大力支持。

　　由于作者水平有限,书中的遗漏或错误之处恳请读者批评与指正。

刘卫平

2016 年 10 月

目　　录

1 绪 论

1.1 复合材料在商用飞机的应用

复合材料一般是指由两种或两种以上物理和化学性质不同的物质组合而成的一种多相固体材料,各种材料在性能上互相取长补短,产生协同效应,使复合材料的综合性能优于原组成材料而满足各种不同的需求[1-2]。复合材料的主要组分是基体材料和增强材料,根据基体材料的不同,复合材料可以分为聚合物基复合材料、金属基复合材料和无机非金属基(陶瓷基和碳基)复合材料三大类;根据增强材料形状和尺寸的不同,复合材料也可以分为颗粒、晶须、短纤维、长纤维、连续纤维等增强复合材料,目前民用飞机结构选用主要是高性能连续纤维(如碳纤维)增强的聚合物基复合材料,这类材料具有密度低、比强度与比模量高、各向异性、可设计性强、可整体成形、耐疲劳性和耐腐蚀性能好等优点,称之为先进复合材料(Advanced Composites),通常也简称为复合材料。

复合材料自 20 世纪 60 年代问世以来,已获得广泛应用,成为当今航空和航天领域的主要结构材料。复合材料在飞机上应用的发展情况如图 1.1 所示,经过近半个世纪的发展,目前复合材料在战斗机上的用量已到达 30%～40%,商用飞机用量可达 52%,而直升机、通用飞机和无人机的用量甚至高达 80%以上[3]。

复合材料最早应用在战斗机上,从非承力结构如整流罩、扰流板等发展到次承力结构如升降舵、方向舵、水平安定面、垂直安定面等,有些飞行速度较慢的飞机,如英国的 AV8B 飞机等甚至用到主承力结构如机翼和机身上。复合材料在商用飞机上的应用总是滞后于其他飞机,最初使用的部位也是整流罩、活动面、舵面等非承力结构,如 DC‐10 的方向舵、B727 的升降舵等。随着复合材料设计和制造技术的不断成熟,飞机设计师和制造工程师对复合材料的应用信心不断增强,使得复合材料开始出现在水平尾翼、垂直尾翼等次承力结构上,如 A320 的平尾和垂尾等。21 世纪初,随着复合材料自动化和低成本制造技术,如自动铺带(ATL)、自动铺丝(AFP)、热隔膜、先进拉挤成型和液体成型技术等的广泛应用,复合材料在成本和性

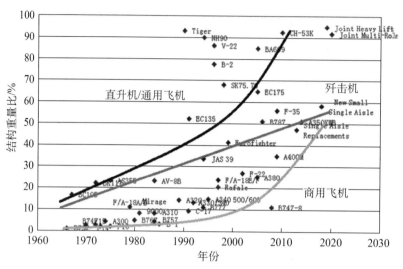

图 1.1　复合材料在飞机上的应用[3]

能方面的优势也更加为航空工程师们所认可。目前,世界上先进的大型商用飞机均采用树脂基复合材料制备主承力结构,如空客 A380 的后机身、中央翼,波音 B787 和空客 A350 的机翼、机身、中央翼等。几种主要机型复合材料的应用如表 1.1 所示。

表 1.1　几种主要民用机型复合材料应用[4]

飞机型号	首飞年份	部　　件	材料类型
DC - 10	1976	方向舵	5208/T300
	1987	垂直安定面	
B727	1980	升降舵	5208/T300
L - 1011	1982	副翼	E715/T300
	1984	垂直安定面	5208/T300
A320	1985	垂直安定面、平尾、襟翼	913C/T300
B777		尾翼、副翼、扰流板、发动机舱	3900 - 2/T800H
A330/340	1989	平尾、垂尾、襟翼、副翼	6376/NTA
A380	2005	后机身、中央翼、垂尾、平尾、襟翼、副翼、整流罩、机翼活动面	M21、977 - 2、8552
B787	2009	机身、机翼、中央翼、垂尾、平尾、襟翼、副翼、整流罩、机翼活动面	3900 - 2,8552
A350	2013	机身、机翼、中央翼、垂尾、平尾、襟翼、副翼、整流罩、机翼活动面	M21、977 - 2

　　在商用飞机上,大量应用复合材料可较大幅度地减轻结构重量,提高飞机的寿命和安全性,降低燃油消耗,减少对环境的影响,改善飞机的维修性,延长外场维护间隔时间和定检周期,降低飞机的全寿命使用成本。总之,可实现飞机的安全性、经济性、舒适性与环保性。

　　空客公司新近研制的 A380 飞机的复合材料用量占结构总重的 25% 以上(见图 1.2),以及波音公司最新推出的 B787 飞机,其复合材料的用量达到结构重量的 50%,其具体应用情况如图 1.3 所示。空客 A350 飞机的复合材料用量更是高达

图 1.2　复合材料在 A380 飞机上的应用情况

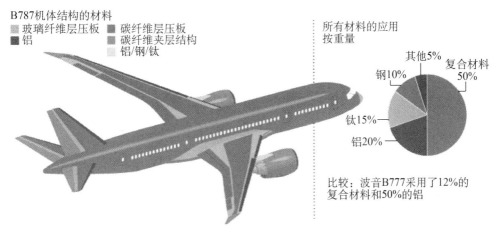

图 1.3　复合材料在 B787 飞机上的应用情况

52%。根据这3种商用飞机2012年前已订购飞机的交付进度,从2012—2016年,预计复合材料结构(不包含飞机内饰)生产总量为3.3万吨,到2026年,将达到22.1万吨[3]。而且波音公司和空客公司有计划将目前订单最大的单通道飞机A320和B737的复合材料用量进一步提高。

大量应用复合材料成为衡量新一代民机技术水平先进性的重要标志,更是降低成本、提高性能和市场竞争力的重要因素之一,甚至已成为波音和空客两家大型客机制造公司商业竞争成败的重要筹码。

同样,大量应用复合材料也是我国大型客机商业成功的重要筹码,是研制与发展国产大型客机的必由之路。通过预研项目、型号研制及国际合作,国内积累了较为丰富的复合材料结构的研制和应用经验,但偏重于军机,如表1.2所示。军机以尾翼级结构为主,机翼的应用经验较少,机身结构几乎没有。至于国内民机复合材料结构应用技术的研究则起步较晚,ARJ21支线客机仅方向舵和翼梢小翼等采用复合材料,其用量仅占结构重量的1%~2%。我国正在研制的C919飞机,其复合材料用量也将达到12.5%以上,其中垂尾、平尾、襟翼、副翼、后机身、压力球面框和整流罩等结构采用复合材料,其复合材料的应用部位如图1.4所示。民机的国际合作主要是非次承力夹层结构,如B787整流罩等,以及少量次承力结构如B787方向舵等。

表 1.2　复合材料在国内部分飞机上的应用情况

机　　型	主要使用部位	结构用量/%
X5	垂尾、前机身	1~2
X8	垂尾	1
X8-Ⅲ	垂尾、前机身	2
X8-Ⅱ	机翼主承力结构验证	5
X10	垂尾、鸭翼、襟副翼	6
XX7A	平尾、垂尾前缘	3.38
X11B	机翼、平尾、垂尾、减速板	9
ARJ21	方向舵、翼梢小翼等	1~2

1.2　复合材料制造技术的发展

随着复合材料在飞机上的广泛应用,复合材料结构制造技术得到了快速发展,尤其是向自动化、低成本制造技术方向发展。目前国外先进的复合材料制造技术主要有自动铺放技术、低成本制造技术如液体成型、先进拉挤、先进预成型技术、整体共固化技术等。

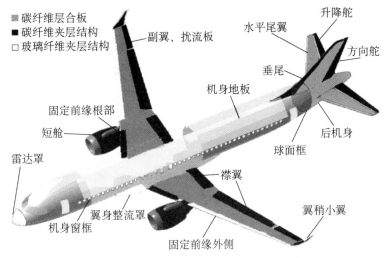

碳纤维层合板
碳纤维夹层结构
玻璃纤维夹层结构

升降舵
水平尾翼
方向舵
副翼、扰流板
垂尾
机身地板
固定前缘根部
短舱
后机身
球面框
雷达罩
襟翼
翼稍小翼
翼身整流罩
机身窗框
固定前缘外侧

图 1.4　C919 飞机复合材料应用情况总览

1.2.1　复合材料自动铺带、纤维束自动铺放技术

复合材料自动铺带技术(ATL)是目前世界上自动化、数字化程度最高的航空复合材料结构制造技术之一,尤其适于大型翼面结构,如图 1.5 所示。自动铺带技术采用有隔离衬纸的单向预浸带,其裁剪、定位、铺叠、辊压均采用数控技术自动完成。经过几十年的蓬勃发展,自动铺带技术在成型设备、软件开发、铺放工艺和原材料标准化等方面得以深入发展,软件界面更加友好,铺放效率和可靠性更高。自动铺带技术可提高复合材料产品质量和生产效率、降低制造成本、减轻结构重量,因此该技术已广泛应用于 B787(中央翼盒、主翼蒙皮、尾翼)、A400M(机翼、翼梁)、A350XWB(机翼蒙皮、中央翼盒)等型号飞机。

图 1.5　自动铺带设备成型 A380 壁板蒙皮

纤维束自动铺放技术(AFP)结合了自动铺带和纤维缠绕技术的优点,铺束头把缠绕技术所用的不同预浸纱束独立输送与铺带技术所用的压实、切割、重送功能结

合在一起,由铺束头将数根预浸纱束在压辊下集束成为一条宽度可变的预浸带,然后铺放在芯模表面,铺放过程中加热软化预浸纱束并压实定型。与自动铺带相比,纤维束自动铺放技术可以铺放更复杂的结构件,材料消耗率低,如图1.6所示。

图1.6　纤维束自动铺放设备成型的B787机头和机身段

1.2.2　复合材料结构低成本制造技术

复合材料结构的应用在带来性能极大提高的同时,也伴随着制造成本上升的高昂代价。为此,降低制造成本已成为促进先进复合材料结构应用发展的关键因素。

低成本制造技术主要发展非热压罐成型技术,包含液体成型技术、先进拉挤成型技术和真空袋烘箱成型技术等。其中,液体成型技术是指低粘度树脂在模具中流动浸润增强体,或加热熔融预先放入模腔的树脂膜浸润增强体并固化成型的一种技术。该类技术中主要包含:适合制造梁、肋、框等小型零件的RTM(树脂转移模塑工艺)技术;适合制造大型翼面整体成型的RFI(树脂膜熔融浸渍工艺)技术(见图1.7);以及适合制造大型复杂结构件的VARI(真空辅助树脂浸入工艺)技术等(见图1.8和图1.9)。

图1.7　采用RFI制造的大型机翼壁板

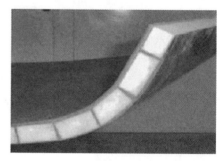

图1.8　VARI工艺成型的飞机整流罩　　图1.9　VARI工艺制造的泡沫夹层机身壁板

1.2.3　先进的预成型技术

先进的预成型技术主要是热隔膜成型技术和热压层间滑移等。热隔膜成型技术采用了一种塑料或橡胶薄膜,通过在薄膜内部抽真空利用负压将预成型件压实,同时采用红外辐射式加热系统,可以保证梁根端的最厚截面中心也可均匀加热到同一温度(见图1.10)。采用这一工艺的好处是预成型型面的精度比较容易控制,避免纤维在预成型过程中产生皱褶和移动,而且自动化程度高,节省了劳动力成本。空客公司的 A400M 机翼大梁和 A350 机翼翼梁的原型件均采用这种工艺制造。

图 1.10　热隔膜成型技术

1.2.4　复合材料结构整体成型技术

复合材料结构的整体化程度越高,其减重效果越好,制造成本越低。共固化、共胶接和二次胶接是整体结构成型首先要研究发展的最基本、最常用的技术。空客 A380 中央翼盒的整体壁板,波音 B787 飞机机身段、水平尾翼外伸盒段都采用复合材料整体结构成型技术(见图 1.11、图 1.12 和图 1.13)。

图 1.11　带整体结构成型壁板的 A380 飞机复合材料中央翼盒

图 1.12 复合材料整体结构成型的 B787 机身段

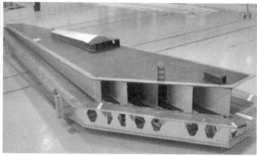

图 1.13 复合材料整体结构成型的 B787 水平尾翼外伸盒段

B787 飞机水平尾翼外伸盒段是采用整体共固化制造技术的代表,由意大利的 Alenia 公司研制生产,1983 年该公司利用该技术第一次研制出可使用的样品,1986 年制造出 AMX(轻型战斗机)的水平安定面和垂直尾翼。2002 年制造完成 ATR 多梁结构件,2004 年在研制大尺寸的多梁结构的过程中,解决了成型、自动铺带、预成型、机加等关键技术问题,2007 年完成 B787 水平尾翼的制造。

1.2.5 国内成型技术发展

在复合材料成型工艺方面,目前国内飞机复合材料零件的生产主要采用热压罐工艺,尽管已广泛采用数控切割设备和激光投影系统,但其他工序仍以手工操作为主,存在着产品生产效率低、报废率高、研制周期长、人力和物力资源不能充分合理利用等问题。其中在制造技术方面的差距主要有以下几项:

(1) 国内对国产的复合材料原材料(预浸料、纤维、树脂等)的工艺性研究已经积累了大量的经验,建立了一整套材料工艺性研究方法。但由于 C919 飞机的复合材料制件所采用的材料多为进口预浸料,这些材料虽然在国外有多年的使用经验,并且经过完整体系的工艺性研究,但国内还没有使用经验,缺乏系统性的工艺性试验基础,无法为相应工艺规范的编制和复合材料零件的制造提供依据。

(2) 国内自动铺带技术研究起步较晚,南京航空航天大学率先开始自动铺带技术的研制,从 2004 年起,与航空材料研究院联合开发自动铺带设备,并完成了小型铺带机的研制工作。哈尔滨引进了一台西班牙 M. Torres 的自动铺带机,完成了试验样件的研制。625 所与法国 Forest Line 合作开发了自动铺带机,已完成相关调试工作。但这些铺带机还没有正式用于飞机结构件的研制,在具体应用方面还存在很多技术难题。而纤维铺放设备正在研制之中,还没有采购到进口的纤维铺放设备,因此纤维铺放技术的研究还没有起步。

(3) 国内目前刚引进了热隔膜成型设备,还没有完全掌握相关技术,在筋条和梁的预成型过程中,定位不准,纤维方向偏差大,纤维屈曲,表面容易形成皱褶,生产效率低。

(4) 民机复合材料制件的尺寸较大,气动外形要求高,同时要考虑经济性,因此国外大尺寸模具材料一般采用 INVAR 钢,模具设计充分考虑温度场均匀性。在国内,经过 30 多年的发展,模具设计与制造水平显著进步,但与国外的差距仍然存在,完全依靠个人经验设计模具的局面依旧未被打破,模具笨重,热容量大,固化过程中温度均匀性差;另外采用由铝合金、普通钢等高热膨胀系数材料制造复合材料成型模具仍是主流。

(5) 加筋壁板结构是国外民机复合材料最常见的结构,一般都为大尺寸复杂结构。国外民机制造行业已经掌握了制造大尺寸变厚度加筋壁板的技术,如空客 A380 的中央翼结构,波音 B787 的机翼壁板结构等,这些结构都是主承力结构,对制造要求非常高。而国内目前还没有制造过大尺寸变厚度的加筋壁板结构,对于制造大型复杂加筋壁板的材料、工艺、模具设计等都缺乏经验,且多采用手工铺贴,制造的加筋壁板精度差、缺陷多、效率低,不能满足民机制造的要求,还需要进行大量的工艺试验进行制造工艺研究。

(6) 国内液体成型技术及应用研究取得了一定的进展,RTM、RFI 成型已形成一定的技术储备,同时 RTM 技术在导弹及风机叶片方面也有了一定的应用。但该技术还没有应用到飞机结构上,并且国内在树脂流动、固化过程的数值模拟,复杂结构预成型体制备,尤其是整体缝合结构的预成型体制备,以及成型过程监测与控制等方面与国外还有较大差距。而 VARI 成型技术的研究在国内才刚刚起步,与国外的差距更大。

1.3 本书的主要内容

本书的主要内容汇集了上海飞机制造有限公司及其合作单位在 C919 飞机复合材料关键技术攻关、民用飞机制造技术国家工程中心创新基金和其他科研项目的研究成果,读者可以通过本书的内容了解我国民机复合材料制造技术的最新进展。

本书第 2 章介绍了民用航空复合材料制造中应用的主要原材料,包含两类材料:飞走材料和工艺材料。飞走材料主要是指预浸料、泡沫和蜂窝芯材、胶黏剂、发泡胶、修补胶、灌封胶、表面膜、液体垫片、针孔腻子等。该章重点介绍了预浸料的制备、民用航空中应用的主要品类及其性能,以及相应规范对预浸料的要求;其他飞走材料,主要介绍了的应用场景与典型材料的性能。工艺材料介绍了可剥布、脱模剂、真空袋、真空密封胶条等常见的工艺材料的应用与主要性能。

本书第 3 章主要介绍复合材料铺层的拼接与搭接设计方法、铺层裁剪优化方案、铺层角度偏差和料片变形仿真;介绍蜂窝与泡沫芯材的处理、机加及夹层结构件成型的具体方法和注意事项,并以高温固化碳纤维增强环氧树脂蜂窝芯夹层结构件制造为例,详细说明蜂窝芯夹层结构和泡沫夹层结构的制作工艺和方法。介绍了热隔膜工艺,对比分析了单/双隔膜的工艺特点和适用对象,总结了两种隔膜方法的工艺流程,分析了影响热隔膜的关键工艺参数及影响机理。最后结合实际研发过程对翼梁结构双隔膜工艺过程、工艺参数和零件最终状态进行了详细的描述。介绍复合材料加筋壁板的制造工艺、复合材料加筋壁板共固化和共胶接制造的工艺特点和工艺流程,并以 C919 壁板/梁整体多腔结构的制造过程为例,详细介绍了复合材料加筋壁板的共固化工艺。介绍热压罐工艺中硬模传压的有效性及均匀性,T 型或工型筋条、梁结构一般采用双侧硬模的方式制备,硬模传压的效果直接决定了零件的成形质量,针对预浸料在热压罐零吸胶工艺下采用 H 型方式成型的"工"型零件,进行树脂压力在线测试,根据测试结果对硬模传压的均匀性进行了分析。

复合材料液体成型是复合材料低成本制造技术发展的重要方向之一,该技术不需要昂贵且使用与维护费用均较高的热压罐,可以高精度、稳定地成型复杂零件。本书第 4 章介绍了该工艺使用的树脂和纤维织物材料,RTM、VARI 及 RFI 液体成型工艺的特点、专用的工艺设备、成型工艺参数及常见的工艺缺陷,详细阐述了预成型体铺贴、缝合,泡沫夹芯结构界面粘接控制等液体成型关键技术,并对操作过程中的工艺工程及质量控制进行了详细介绍。最后分别以工型肋结构和多肋夹层壁板结构的制造过程为例,介绍了 RTM 工艺和 VARI 工艺的制造流程及操作注意事项。

复合材料自动化制造技术已经在逐步替代传统的手工制造方式。第 5 章主要介绍复合材料的自动铺带、自动铺丝及自动拉挤制造技术,阐述了自动铺带、铺丝工艺的原材料参数、工艺特点及专用设备的技术参数,并对 Cincinnati、M. Torres、Forest-Linè 等厂家的自动铺带和自动铺丝机的设备特点进行了详细介绍;介绍了先进拉挤工艺的特点、主要工序及设备系统。最后通过阐述自动铺带、自动铺丝、先进拉挤工艺在具体零件制造过程中的应用实例,说明自动铺带、自动铺丝、先进拉挤工艺已在复合材料制造领域获得了重要的应用,对复合材料的自动化制造发挥了重要作用。

复合材料成型模具在复合材料零件的制造过程中起着至关重要的作用,第 6 章就如何设计并制造出符合零件成型工艺要求的模具为重点展开介绍。整理出从模具设计的输入、模具材料的选择到模具的详细设计及优化,再到模具的制造、检测的各个过程的要点,并辅以典型结构的模具示例加以说明。

第 7 章围绕复合材料结构在热压罐中的温度场分布、固化过程导致变形的理论分析及试验验证展开,将仿真模拟技术与复合材料结构工艺验证试验相结合,着重研究了复合材料结构在热压罐工艺过程中的温度分布和固化变形问题。通过对热压罐内的流场进行研究,建立空气流动—对流传热—固化放热之间的耦合关系模型,建立复合材料内部温度、固化度的预测方法;同时,深入分析了导致复合材料结构变形的各种影响因素的权重,建立零件固化变形仿真方法。并将该技术应用在我国自行研制大型客机的中央翼、升降舵、复合材料机翼翼梁等零件的制造过程中,在积累大量的虚拟仿真实验数据的同时制造出高质量的零件,并有效降低了模具制造风险与修模成本。

第 8 章着重介绍连续纤维增强的热塑性复合材料航空结构零件的制造工艺与应用。分别从热塑性复合材料的原材料、应用历史、先进制造工艺及本课题组的研究基础 4 个方面介绍该类材料的工艺和应用情况。首先,针对民用航空的特点,系统介绍和总结了成熟的航空热塑性预浸料的种类、形式和主要供应商,就其特点和性能进行了初步的比较、分析。并简要回顾了该类材料在民用航空领域的应用历史和典型案例;同时,围绕降低工艺成本、提高制造效率的先进非热压罐成型技术,具体介绍了自动铺放成型、模压成型、焊接技术等目前热塑性复合材料研究热点技术,归纳了关键技术和特点。

由于复合材料自身的特点,其缺陷种类主要有分层、夹杂、脱粘、孔隙等,这些缺陷最适合采用超声无损检测方法,因此超声检测技术得到快速的发展。本书第 9 章主要介绍航空复合材料无损检测领域常用的无损检测方法及一些无损检测新技术,包括超声检测、超声相控阵、空气耦合超声、X 射线、红外热像、激光散斑等。简略介绍了检测方法的基本原理,重点从应用实例出发,介绍各检测方法的特点、适用情况和检测工艺。

针对不同的复合材料结构,设计合理的加工工艺,选择合适的刀具、加工参数对复合材料零件的加工至关重要。本书第 10 章分别阐述了蜂窝加工、泡沫加工、层压板数控加工的工艺特点、工艺技术及具体操作过程,并对复合材料结构制孔的工艺特点及制孔工艺技术进行了详细介绍。

本书第 11 章主要讲述了复合材料结构修理的相关内容。介绍了复合材料修理的必要性及使用情况、复合材料修理的分类、不同修理方法对修理材料的要求、复合材料修理一般选材原则,汇总了一些常见的增强材料、胶黏剂、预浸料、蜂窝材料和辅助材料,并提出了材料储存和使用的基本要求;介绍了树脂填充修理,主要包括表面凹坑、划伤、钻孔、锪窝损伤以及分层的修理;介绍了复合材料胶接修理贴补及挖补修理的一般流程、影响因素和质量控制;介绍了机械连接修理的通用要求、修理工艺和常用设备及工具。

参考文献

［1］杜善义. 先进复合材料与航空航天［J］. 复合材料学报. 2007(1)：1-12.

［2］陈祥宝. 聚合物基复合材料手册［M］. 北京：化学工业出版社，2004.

［3］Donna K. Dawson. Aerospace Composites，A Design & Manufacturing Guide ［M］. 1st ed. Gardner Publications Inc. 2008.

2 材 料

2.1 概述

民用飞机复合材料结构件制造过程中所涉及的材料首先是预浸料。当代民用飞机复合材料结构件的制造工艺主要是热压罐工艺,因此有95％以上的原材料为预浸料。除预浸料外,在复合材料结构件中还包括其他用于提高结构工艺性能与使用性能的材料,如蜂窝、泡沫芯材,胶黏剂等。另外,在复合材料结构件的成型过程中所使用的工艺材料也会对复合材料结构件的质量产生较大的影响。本章将对这些材料做介绍。

2.2 预浸料

2.2.1 预浸料的概念

预浸料是将树脂基体浸涂到纤维或织物上,通过一定处理后储存备用的中间材料[1]。制备预浸料的目的在于控制复合材料结构厚度,并满足设计规定的树脂/纤维分布的要求。结构件制造过程中,将一层层预浸料铺放在成型模具上,然后封装固化制成所需的结构。复合材料的可设计性正是通过调整预浸料的层数、纤维的方向及其铺放顺序而实现的。预浸料作为复合材料结构件成型的中间材料,其各项性能直接影响最终结构件的成型质量,在复合材料结构设计、制造过程中占有重要位置[2]。

2.2.2 预浸料的分类

按物理状态不同,分为单向带预浸料(纬向纱线含量0％～10％,纤维以经向排列)和织物预浸料;按树脂基体不同,分为热固性树脂预浸料和热塑性树脂预浸料;按增强材料不同,分为碳纤维(织物)预浸料、玻璃纤维(织物)预浸料和芳纶纤维(织物)预浸料;按纤维长度不同,分为短纤维预浸料、长纤维预浸料和连续纤维预浸料;按固化温度不同,分为中温固化(120℃)预浸料、高温固化(180℃)预浸料以及固化温度超过 200℃ 的预浸料等；按照适用的铺贴工艺，又分为手铺预浸料、自动铺带预浸料[3]和自动铺丝预浸料。

2.2.3 预浸料的制造方法

预浸料的制造方法主要有湿法、干法和粉末法。

2.2.3.1 湿法制备预浸料

20 世纪 60 年代随着高性能碳纤维的研制成功，预浸料的制备技术也开始发展。最初是将纤维一束一束平行靠拢放在玻璃板上，然后用树脂浸润制成预浸料。到 70 年代，随着高性能连续纤维的工业化生产，湿法制造预浸料也发展到机械化，其中主要有滚筒法和连续制带法两种，它们的工作原理类似：纤维束通过树脂基体溶液槽，停留一定时间使树脂基体浸渍到纤维束上，经碾平后再收集。

滚筒法所制的预浸料纤维在长度方向上受限制，因此这种预浸料在民用航空复合材料结构中没有应用，而连续制带法所制的预浸料则有一定程度的应用，如 Cytec 公司（Cytec Engineered Materials Inc.）的 CYCOM 970/T300 12K NT 就是连续制带法制备的预浸料，这种材料在 C919 的升降舵、方向舵、机翼活动面等次承力结构上都有应用。连续制带法制备预浸料时，由几十束至几百束的纤维平行地同时通过树脂基体溶液槽，经过烘干处理去掉大部分溶剂，然后收集到收卷筒上，其长度受纤维长度的限制，但不受硬件尺寸的限制。

湿法制备预浸料设备简单、操作方便、通用性强，但缺点在于树脂基体在纤维增强体上的均匀性以及预浸料的树脂含量很难控制。另外，由于溶剂的存在，预浸料的挥发分含量较高，导致制成的复合材料产品中产生缺陷的概率较大，严重时将影响结构件的性能。因此，目前民用航空所选用的预浸料多为干法制造。

2.2.3.2 干法制备预浸料

干法主要分为树脂熔融法与胶膜嵌入法两种。前者是纤维束直接与碾平的熔融树脂复合，而后者则是纤维束与在另一台机器上制成的胶膜复合。干法制造的预浸料不含溶剂，有利于降低成型后的复合材料结构件的孔隙率，同时，由于胶膜的厚度可控，预浸料中的树脂含量也可以得到精确控制。

干法制备预浸料已经成为民用航空复合材料预浸料制备的主要方法，随着民用航空产业对复合材料性能要求的不断提高，干法制备预浸料的技术也不断进步，如 Cytec 公司的 X850 树脂基体预浸料，通过将树脂膜、增韧剂膜分别制造，再最终与纤维束复合在一起的方法，可以改善预浸料的配方，从而提高复合材料制品的韧性与抗冲击性能。

同时，干法制备预浸料可以控制树脂对于增强纤维的浸润程度。纤维与树脂胶膜复合有两种方式，一种是胶膜从一侧与纤维复合，通过压力将纤维束浸润到胶膜中；另一种是胶膜从纤维的两侧复合，通过控制两侧的压力，可以控制位于纤维束内部的纤维不被浸润,从而得到部分浸润的预浸料。在部分浸润的预浸料中,树脂胶膜浸润纤维层的部分,但在纤维束中间预留出一些干纤维,在固化过程中,这些干纤维形成了抽真空的气体导出通道,有利于气体的逸出,最后形成低孔隙高质量的结构[4]。

2.2.4 预浸料在民用航空中的应用

预浸料在民用飞机上的应用发展迅速,其核心驱动力是民用航空主制造商对低成本的追求。同时,树脂及纤维材料性能的提升为预浸料在民用飞机主承力结构上的应用提供了可能,而自动化设备,如自动铺带机、自动铺丝机及热隔膜机等设备的发展则促使预浸料在工厂使用中变得更为便捷。预浸料在几种主要民机型号上的应用如表 2.1 所示。

表 2.1 预浸料在主要民机型号上的应用

飞机型号	首飞时间	部 件	预浸料类型树脂/纤维
DC - 10	1976	方向舵	5208/T300
	1987	垂尾后缘壁板	
B727	1980	升降舵	
B737	1984	平尾、垂尾	
L - 1011	1982	副翼	E715/T300
	1984	垂直安定面蒙皮	5208/T300
A320	1985	垂直安定面、平尾、襟翼	913C/T300
B777		尾翼、副翼、扰流片	3900 - 2/T800H
A330/340	1989	外翼、平尾、垂尾、襟翼、副翼	Hexply6376
A380	2005	水平安定面、垂直安定面、中央翼盒	HexplyM21/T800S Cycom977 - 2/IM 600
		后机身蒙皮	Hexply8552/AS4
		发动机舱	Cycom997
		桁条、加强筋等	Hexply6376
B787	2009	机身、机翼、中央翼、垂尾、平尾、襟翼、副翼、整流罩、机翼活动面	3900 - 2B/T800S Hexply8552
		方向舵	Cycom 970/PWC T300

（续表）

飞机型号	首飞时间	部　　件	预浸料类型树脂/纤维
A350XWB		机翼	HexplyM21E/IMA
ARJ21	2012	方向舵、小翼、子翼	Cycom 970/PWC T300 3K
C919	2017	升降舵、方向舵	Cycom 970/PWC T300 3K
		后压力球面框、机翼活动面	CYCOM 977－2/HTS 12K CYCOM 977－2A/HTA 3K－5H
		垂直安定面、后机身	3900－2
		水平安定面	CYCOM X850/IM＋12K
		整流罩	Cycom7668

2.2.5　民用航空材料规范对预浸料的要求

2.2.5.1　材料规范概述

民用航空对于预浸料产品有两方面的要求，一是单一批次预浸料的性能，二是多批次预浸料产品性能的稳定性。这些要求通常体现在民用飞机主制造商制定的材料规范中。例如波音公司材料规范系统为"BMS（Boeing Material Specification）"，空客公司材料规范系统为"AIMS（Airbus Industrie Material Specification）"，庞巴迪公司材料规范系统为"BAMS（Bombardier Aerospace Material Specification）"，中国商飞公司材料规范系统为"CMS（Comac Material Specification）"。

预浸料材料规范通常包括以下几个部分的内容：

（1）范围。本部分包括材料的简要描述以及材料的应用范围，大致的使用温度限制以及固化条件。如果材料有不同的树脂含量、固化后单层厚度以及产品形式等，这些都应该在范围中明确说明是否包含在该份材料规范的规定范围内。"形式（form）"定义了产品的基本形态，如手铺织物、手铺单向带、自动铺带单向带和自动铺丝单向带等；"型（type）"定义了预浸料的树脂含量；"级（grade）"定义了预浸料的纤维面积重量，"类"（class）定义了纤维的特定属性。

（2）引用文件。本部分列出了材料规范行文中引用的一些特定的图纸、标准、测试方法等，尽量使用成熟的标准与测试方法，以增加所获得性能的可靠性。

（3）定义。本部分对在正文中有特定语义的词汇进行**解释说明**,尤其涉及一些材料缺陷的种类、材料批次的定义等。

（4）技术要求。本部分主要包含对材料的各项要求。预浸料的通用要求一般包含幅宽、种类、缺陷允许程度、寿命要求等;未固化的预浸料要求一般包含理化性能,如树脂含量、挥发分含量、纤维面重、流动度、预浸料的组分等;固化后的预浸料要求一般包含固化后单层厚度以及固化后层压板的各项力学性能等。

（5）测试方法。本部分详细描述了技术要求部分所涉及性能的测试方法。测试方法可以引用现有成熟的测试标准,也可在文件中具体描述测试方法,应该注意的是,成熟的测试标准中设置参数的范围一般来说是可以选择的,而在材料规范中测试参数的设定应该是确定的,应指定测试时所使用的参数,避免不同人员在使用材料规范时产生不同的理解。

（6）质量保证。本部分定义了材料批次的取样计划,并且确定供应商和采购方都应该对哪些性能进行测试。材料接收时,对材料规范中指定的性能进行测试,并以测试的结果判断材料是否可以接收。因此这些性能的选择就非常重要,应选择那些能反应材料关键控制参数的性能。同时,这一部分还应该规定这些测试所使用的方法以及测试用层压板的制造方法。

（7）材料包装与运输。预浸料属于易变质材料,其寿命与所处的环境密切相关,因此在这部分内容中详细规定了材料的包装、贮存与运输的要求。包装方面一般要求密封,预浸料的卷芯在包装中应有必要的支撑防止料卷受压等;运输方面一般要求过程的温度控制与记录,如随箱配置温度记录仪等。

2.2.5.2　预浸料可见缺陷的限制与尺寸要求

常见的预浸料可见缺陷的限制通常包含以下几个方面:

（1）预浸料的质量和状态应均匀一致,且不能有对操作、铺贴或结构性能有害的特性。

（2）预浸料中不能含有切断或破碎的纤维、固化树脂、未浸润的纤维、褶皱、富胶、干斑或硬斑,以及可见的湿气痕迹。预浸料中也不能含有各种外来物。

（3）预浸料的宽度,应在订单规定尺寸一定的偏差范围之内。

（4）预浸带边缘的偏离程度,应当在一定的范围内。

（5）对于单向带预浸料,所有的纤维应当准直且互相平行,且平行于材料的中心线;对于织物预浸料,经纱与纬纱应该互相垂直,且分别平行于预浸料的经向与纬向。

（6）单向带预浸料纤维间空隙的尺寸与出现的频率应有限制。

（7）单向带预浸料应无卷曲纤维和纤维交错。

2.2.5.3　预浸料的物理、化学性能要求

预浸料的物理性能要求一般有:树脂含量、单位面积重量、挥发分含量、流动

度、料卷边缘整齐度、预浸料宽度等。对于长期稳定提供的预浸料,通常还要求提供预浸料的红外光谱图、高效液相色谱图以及热分析图谱(DSC)等化学性能。对预浸料物理化学性能的测试要求如表2.2所示。

表2.2 预浸料物理化学性能测试要求

测试项目	测试方法	备　注
树脂含量	ASTM D 3529	要求平均值在指定范围内
单位面积重量	ASTM D 3529	要求平均值在指定范围内
挥发份含量	ASTM D 3530	要求平均值小于指定值
流动度	ASTM D 3531	要求平均值在指定范围内
红外光谱	ASTM E 1252	—
高效液相色谱	SACMA SRM20	—
热分析(DSC)	ASTM E 1356	—

2.2.5.4 预浸料的寿命要求

预浸料的寿命,是指预浸料的贮存、运输、使用等都需要在一定的时间内完成,否则将影响固化后零件的性能。时间的控制是使用预浸料进行复合材料零件制造的质量控制中很重要的一个部分。预浸料的寿命包含如下几个概念。

外置时间是指预浸料暴露在指定的贮存温度以上的时间量。

贮存寿命是指预浸料在指定的贮存温度及以下,在密封的包装中所允许的贮存时间。在此期间,材料能够保持它的操作寿命、力学性能寿命以及规定的所有其他要求。

操作寿命是指预浸料离开指定贮存温度后,在组成零件之前,能够保持黏性和可下垂状态的时间。在这个寿命内,材料适于铺贴操作。

力学性能寿命是指材料离开指定贮存温度后,在操作寿命期间进行了铺层和压实操作,能够保持规定力学性能的时间。在这个寿命结束之前,材料必须完成固化,否则产品的力学性能将受到影响。

暴露单位是指产品暴露在材料规范规定的贮存温度以上的时间当量,用于计算剩余操作寿命与力学性能寿命。在不同的环境温度下,暴露单位与实际暴露时间有不同的比例关系。例如,某材料的操作寿命(暴露单位)为240h,该材料在30℃下放置了3h(该温度下每小时等效的暴露单位为2h),则操作寿命(暴露单位)应扣除3×2h,剩余操作寿命(暴露单位)为234h。

2.2.5.5 层压板的性能要求

对预浸料所制成的层压板有两方面的性能要求,一是力学性能,这是对预浸料性能的核心要求,也是衡量预浸料是否能够达到民用飞机使用要求的重要指标。二是对层压板耐环境性能与燃烧性能的要求。

根据预浸料增强体形式的不同,对预浸料固化后的层压板力学性能要求也略有不同。单向带和织物预浸料固化后层压板的要求如表 2.3 所示,另外,对于织物预浸料,通常还要求夹层结构的性能,如表 2.4 所示。

表 2.3　单向带(织物)预浸料固化后层压板性能要求

项　　目	条　　件	测试方法
固化后单层厚度	—	平面测砧可调千分尺
层压板密度	—	ASTM D 792
层压板纤维体积含量	—	
玻璃化转变温度(T_g)	—	ASTM D 7028
0°(经向)拉伸强度	室温	ASTM D 3039
0°(经向)拉伸模量	室温	
0°(经向)压缩强度	室温	SACMA SRM 1
	82℃	
	82℃,湿态	
0°(经向)压缩模量	−59℃	
	室温	
开孔拉伸强度(OHT)	−59℃	ASTM D 5766
	室温	
开孔压缩强度(OHC)	室温	ASTM D 6484
	82℃	
	82℃,湿态	
层间剪切强度(ILSS)	室温	ASTM D 2344
	82℃	
	82℃,湿态	
	120℃	
冲击后压缩强度(CAI)	室温	ASTM D 7136 ASTM D 7137
Ⅰ型层间断裂韧性(G_{IC})	室温	ASTM D 5528

表 2.4 织物预浸料固化后夹层结构性能要求

项　　目	条　　件	测试方法
贴袋面长梁弯曲极限	室温	AMS-STD-401
	93℃	
P/Y	室温	
	93℃	
平面拉伸强度	−59℃	SAE-AMS-STD-401
	室温	
	93℃	

需要说明的是,表中的强度值通常规定最低值,模量则要求在某一区间。由于在测试时会使用几个试样,因此对测试时得到的单个值和平均值的要求也略有不同,即对平均值的要求比对单个值要求略高(区间略小)。冲击后压缩强度通常要求给出在不同冲击能量下的强度值,如 15 J,30 J 等。测试方法可能根据不同的主制造商的要求有所不同。目前国际上有 ASTM、EN 等多种不同的测试方法体系,同一测试项目有可能因为测试方法的不同而得到不同的测试结果。

层压板的耐环境性和燃烧性能,反应层压板在极端条件下的材料性能。耐环境性考察层压板在特定的溶剂环境中(主要是对树脂有溶解作用的有机溶剂以及在服役环境中能够接触到的溶剂)的耐受性,表 2.5 所示为层压板耐环境性性能要求。燃烧性能则是考察材料在燃烧时的性能,如 60 s 垂直燃烧性能、平均焰燃时间、平均烧焦长度、平均滴落物焰燃时间等。

表 2.5 典型层压板耐环境性性能要求

液体	暴露温度/℃	测　试　方　法
异丙醇	23	把试样在流体中浸泡一会儿,取出擦干称重;再将试样在相应流体中浸泡 14 天,取出擦干称重,计算流体中试样的平均增重
甲乙酮	23	
喷气燃油	23	
防冻液	23	

2.2.5.6 典型预浸料性能要求

表 2.6 为典型民用飞机型号对主承力结构用预浸料的性能要求。根据应用部位结构需求合理选用性能合适的预浸料,才能够达到性能与成本的平衡。

表 2.6 典型民用飞机型号对主承力结构用预浸料性能要求(自动铺放单向带)

材料缺陷限制和尺寸要求

1	预浸料的质量和状态应均匀一致,且不能有对操作、铺贴或结构性能有害的特性
2	预浸料中不能含有切断或破碎的纤维、固化树脂、未浸润的纤维、褶皱、富胶、干斑或硬斑,以及可见的湿气痕迹。预浸料中也不能含有各种外来物,但在预浸料制造过程中不可避免的、随机带入的、稀疏的背衬材料碎片除外。该碎片在任一方向上的尺寸都不能大于 0.80 mm
3	预浸料的宽度,应在订单规定尺寸的±1 mm 的范围之内
4	预浸带边缘的偏离程度,应当小于 2 mm/m,并且边缘应当同分离纸齐平
5	所有的纤维应当准直且互相平行,且平行于材料的中心线;不平行度应小于 2.5 mm/m
6	纤维间空隙的长度应不大于 250 mm,宽度应不大于 0.75 mm。在每 1 m² 的预浸料中,只允许存在一处宽度在 0.25~0.75 mm 之间,且长度不大于 250 mm 的纤维间空隙。宽度小于 0.25 mm,且长度不大于 250 mm 的空隙可以接受
7	预浸料应无卷曲纤维和纤维交错
8	预浸料上的鼓包和/或凸起的尺寸小于 6 mm 可以接受,尺寸介于 6~12 mm 的,每 0.1 m² 不大于 3 个可以接受,尺寸大于 12 mm 的不能接受

预浸料寿命要求

贮存寿命	预浸料在密封防潮容器中,贮存在−12℃或更低温度条件下,从生产之日起至少 365 天
操作寿命	在受控环境内(23℃±3℃、30% RH~65% RH),预浸料的操作寿命至少为 240 h。 在 23℃±3℃ 与 35% RH~65% RH 的条件下,预浸料在没有加热能力的自动铺带设备上应用的操作寿命应为 168 h
力学性能寿命	在受控环境内(23℃±3℃、30% RH~65% RH),预浸料的力学性能寿命至少为 720 h

预浸料的物理性能要求

项目	平均值	单个值	测试方法
树脂含量/%	35.0±2.0	35.0±3.0	ASTM D 3039
纤维单位面积重量/(g/m²)	190±5.0	190±7.0	
挥发物含量/%	≤1.5	—	ASTM D 3530

（续表）

预浸料的化学性能要求		
未固化树脂的化学结构	红外光谱报告	ASTM E 1252
树脂成分分析	高压液相色谱报告	SACMA SRM 20

层压板的物理性能与燃烧性能			
	名义值	平均值	测试方法
单层厚度/mm	0.185	0.176~0.194	—
层压板密度/(g/cm³)	1.576	—	ASTM D 792
纤维体积含量/%	57.56	—	
玻璃化转变温度,干态/℃	185	—	ASTM D 7028

层压板耐环境性			
液体	暴露温度	要求	测试方法
蒸馏水	71℃±5℃	相对于不暴露的试样,层间剪切强度下降不超过10%	试样在溶剂中浸泡6天,从浸泡溶剂中取出后,在1h内按照 ASTM D 2344 在室温进行试验
液压油			
甲乙酮	室温		
除冰剂			
乙二醇			

层压板力学性能				
项目	试验条件	最小平均值或范围	最小单个值或范围	测试方法
0°拉伸强度/MPa	室温	2600	2500	ASTM D 3039
0°拉伸模量/GPa	室温	170~185	160~195	
0°拉伸应变/%	室温	1.68	1.60	
0°压缩强度/MPa	室温	1400	1330	SACMA SRM 1
	82℃	1300	1235	
	82℃,湿态	1200	1140	
0°压缩模量/GPa	−59℃	152~172	144~180	
	室温	152~172	144~180	
开孔拉伸强度/MPa	−59℃	438	416	ASTM D 5766
	室温	474	450	

（续表）

层压板力学性能				
项目	试验条件	最小平均值或范围	最小单个值或范围	测试方法
开孔压缩强度/MPa	室温	285	270	ASTM D 6484
	82℃	250	237	
	82℃,湿态	230	218	
层间剪切强度	室温	80	76	ASTM D 2344
	82℃	65	61	
	82℃,湿态	55	52	
冲击后压缩强度				
冲击能量 15 J	室温	325	308	ASTM D 7136 ASTM D 7137
冲击能量 30 J	室温	280	266	
冲击能量 40 J	室温	246	233	
冲击能量 50 J	室温	210	199	
冲击能量 60 J	室温	190	180	
层间断裂韧性				
Ⅰ型层间断裂韧性 $G_{IC}/(\text{J/m}^2)$	室温	340	323	ASTM D 5528

2.2.6　民用航空工艺规范对预浸料的要求

2.2.6.1　预浸料的工艺性

与材料规范不同,工艺规范注重的是产品的成型过程,即预浸料经过固化后成为零件的过程。在这个过程中,要点之一是保证每次按照工艺规范成型的零件都具有基本一致的性能。而实际施工的过程中,预浸料成型时的固化温度、固化压力、保温时间、升降温速率等都有可能发生变化。如 C919 的水平尾翼壁板蒙皮,根部至梢部约 7 m,根部铺层多、厚度大,梢部铺层少、厚度小。由于热压罐中气体流场分布、零件结构、模具设计等原因,固化时根部与梢部升温速率、进入保温温度范围的时间点都有不同,因此升温较快的区域有可能将在固化温度下保持更长的时间。而且由于热压罐设备控制能力的限制,不能保证固化温度维持在某一特定的温度点,只能保证在要求的温度点附近小幅波动。

在制定工艺规范时,则需要综合平衡产品生产一致性与生产成本之间的矛盾。仍以 C919 水平尾翼壁板蒙皮为例,如果要求根部与梢部预浸料在固化时经历完全一致的固化历程,即要求升温时根部与梢部同时达到保温温度,降温时同时离开保温温度。

这就对热压罐流场分析与模具设计提出了非常高的要求,可能需要进行高精度的模拟分析与反复多次的实测检验——这还是只考虑在同一台热压罐内进行生产。如果更换了不同型号的设备,或许所有的工作需要重来一次。同时,如果要求零件在固化时的保温温度维持在±1℃的范围内,则对热压罐的控制系统和制造成本提出了更高的要求。因此工艺规范并不会对一致性要求至如此苛刻的程度,如 C919 水平尾翼蒙皮,固化时工艺规范允许的保温时间在 120～390 min 之间,而固化温度则允许 180℃±6℃。在较大的保温时间范围和温度波动范围下,进行模具设计和零件生产控制都会容易得多。

但这样就要求在成本可以接受的范围内,控制参数的波动不会对材料成型后的性能(主要是力学性能)产生重大的影响。此处所说的控制参数是多方面的,包含铺贴的环境、工人的熟练程度、固化制度等。

2.2.6.2　典型预浸料的固化工艺性分析

分析预浸料的固化工艺性,可以采用在不同的条件下制备材料力学性能试验件,并对这些试验件进行测试分析。如改变试验件的固化温度、保温时间、升降温速率等参数,研究在这些固化条件下材料各项力学性能的变化以考察材料的固化工艺性,并为工艺规范中参数的制定提供依据。

以东丽公司的高强碳纤维增韧环氧树脂预浸料 P2352W–19 为例,表 2.7 和图 2.1 为三批次该材料在其他固化条件相同的情况下,不同固化温度处理后的压缩强度。从测试结果可以看出,该材料的压缩性能在 170～190℃的范围内并不敏感,并无明显的趋势。表 2.8 和图 2.2 为该材料在不同保温时间下的冲击后压缩强度。从数据中可看出,该材料的冲击后压缩性能在保温时间为 120～360 min 之间并无差别,但时间延长至 480 min 时可以看出轻微的下降趋势。

表 2.7　P2352W–19 预浸料不同固化温度下的压缩强度

压缩强度/MPa〜固化温度/℃	L1 批次		L2 批次		L3 批次	
	AVG	CV/%	AVG	CV/%	AVG	CV/%
170	552	4.88	565	5.76	555	4.70
174	500	4.69	576	2.98	543	6.68
180	546	6.30	517	5.68	545	5.91
186	553	4.59	561	5.25	531	8.69
190	578	4.52	536	3.84	529	9.65
AVG	545		551		541	
CV/%	5.20		4.35		1.98	
AVG	546					
CV/%	3.87					

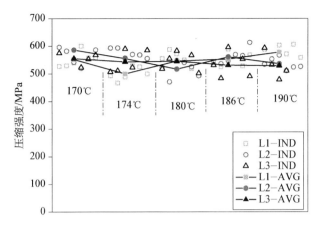

图 2.1 P2352W‑19 预浸料不同固化温度下的压缩强度的离散图

表 2.8 P2352W‑19 预浸料不同保温时间下的冲击后压缩强度（CAI）

CAI/MPa 保温时间/min	L1 批次		L2 批次		L3 批次	
	AVG	CV/%	AVG	CV/%	AVG	CV/%
120	260	12.4	263	5.13	259	3.42
240	257	2.38	253	3.68	261	13.7
360	249	8.46	259	2.31	258	7.18
480	250	2.95	251	6.78	238	4.52
AVG	254		257		254	
CV/%	2.11		2.15		4.23	
AVG	255					
CV/%	2.75					

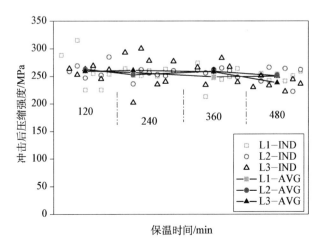

图 2.2 P2352W‑19 预浸料不同保温时间下的 CAI 的离散图

也有一些材料性能会对材料的固化工艺变化做出非常明显的响应,表2.9和图2.3为 CYCOM 977‐2‐35‐24K IMS‐194 高强碳纤维增韧环氧树脂预浸料在不同的保温时间条件下表现出的不同的冲击后压缩强度。从数据中可以看出,在120min固化条件下,该材料具有较高的 CAI 值,随着保温时间的延长,CAI 值有所降低。

表 2.9 CYCOM 977‐2‐35‐24K IMS‐194 预浸料不同保温时间下的 CAI 数据

保温时间/min	冲击后压缩强度/MPa							
	L1 批次			L2 批次			两批次	
	IND	AVG	CV/%	IND	AVG	CV/%	AVG	CV/%
120	235～257	245	3.3	215～261	237	6.1	241.5	4.9
240	198～231	216	5.6	211～226	217	2.8	216.9	4.2
360	193～234	213	7.8	200～228	211.3	5.1	212.1	6.4
480	201～213	210	2.1	202～219	211	3.4	210.3	2.8
AVG	221			219			220	
CV/%	8.1			6.7			7.4	

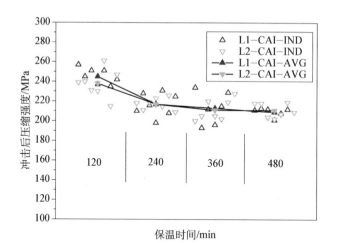

图 2.3 CYCOM 977‐2‐35‐24K IMS‐194 预浸料不同保温时间下的 CAI

2.3 芯材与胶黏剂

2.3.1 夹层结构芯材

2.3.1.1 概述

夹层结构复合材料通常由面板(又称蒙皮)和芯子通过胶黏剂复合而成。其所用芯子材料即为夹层结构芯材,图2.4表明了蜂窝夹芯结构的基本形式。通过合理的设计,使用夹层结构可以在保证强度、刚度的条件下大幅降低制件的重量,因此在强调减重的民用飞机领域应用广泛,尤其在一些次承力结构,例如舵面、舱门、口盖和翼身整流罩等,几乎所有的民用飞机型号都会选用夹层结构。

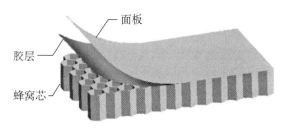

面板

胶层

蜂窝芯

图 2.4　蜂窝夹芯结构

夹层结构芯材主要有以下几种类型:

(1) 铝蜂窝:铝蜂窝夹层结构一般应用在承受剪切载荷较大的部位,其面板通常也是金属板材,因为铝蜂窝和碳纤维面板一同使用时,如果两种材料之间电绝缘处理不当,就会发生异电位腐蚀。

(2) 芳纶纸蜂窝:芳纶纸蜂窝是采用芳纶纸浸润酚醛树脂制成,具有广泛的应用领域。芳纶纸蜂窝和铝蜂窝相比,局部失稳的问题要小得多,因为芳纶纸蜂窝的蜂窝壁可以做得相对厚一些。另外,因为芳纶纸材料不导电,不存在异电位腐蚀的问题,所以芳纶纸蜂窝与碳纤维复合材料联合使用制成夹层结构是民用飞机复合材料设计中非常常见的结构。

(3) PMI(聚甲基丙烯酰亚胺)泡沫:PMI泡沫在进行适当的高温处理后,也能承受高温复合材料固化工艺要求,这使得PMI泡沫在航空领域得到了广泛应用。中等密度的PMI泡沫具有很好的耐压缩蠕变性能,可以在120～180℃的温度、0.3～0.5MPa的压力下热压罐固化。PMI泡沫能满足通常的预浸料固化工艺的耐蠕变性能要求。

(4) PVC泡沫:PVC泡沫的主要优点是价格相对便宜,通常用来制造小型飞机零件,制造过程中不需要热压罐,固化温度低于120℃。在使用RTM工艺时,需注意PVC泡沫加热后释放气体,以避免面板材料内部产生孔隙[5]。

2.3.1.2　芳纶纸蜂窝材料的性能与应用

国内外航空飞机主要选用 M. C. Gill Corporation 公司的 Gillcore HD 系列、Euro Composites S. A 公司的 ECA 系列,以及 Hexcel 公司所生产的 HRH 系列芳纶纸蜂窝,代表性产品性能如表2.10所示。

表 2.10　代表性芳纶纸蜂窝性能[6-8]

蜂窝信息					压缩强度	平面剪切			
公司	产品	类型	芯格尺寸/mm	密度/(kg/m³)	典型值/MPa	L向强度/MPa	L向模量/MPa	W向强度/MPa	W向模量/MPa
Hexcel	HRH-10-1/8-3.0	正六角形	3.2	48	2.24	1.21	41	0.69	24
	HRH-10-1/8-4.0		3.2	64	3.96	1.76	60	0.97	32
	HRH-10-3/16-3.0		4.8	48	2.24	1.21	45	0.69	23
	HRH-10/OX-3/16-3.0	过拉伸	4.8	48	2.41	0.80	21	0.93	41
Euro Composites S.A	ECA	正六角形	3.2	48	2.1	1.32	48	0.72	30
	ECA		3.2	64	3.90	1.90	68	1.05	44
	ECA		4.8	48	2.85	1.14	40	0.66	28
	ECA-R	过拉伸	4.8	48	2.80	0.74	24	0.82	44
M.C. Gill Corporation	HD132	正六角形	3.2	48	2.13	1.54	50	0.75	27
	HD142		3.2	64	3.82	1.91	62	1.05	35
	HD332		4.8	48	0.88	0.87	36	0.43	19
	HD332O	过拉伸	4.8	48	3.80	1.31	32	1.87	65

　　芳纶纸蜂窝在民用飞机上的应用很多,典型应用如 A340 的方向舵、襟翼导轨整流罩、腹部整流罩;A380 的襟翼、副翼、机翼滑轨整流罩、地板及内饰;B787 升降舵、方向舵、发动机整流罩、机翼翼尖等[9]。图 2.5 为 2013 年 12 月 2 日由中航工业

图 2.5　B787-9 飞机方向舵正式交付

成飞民用飞机公司制造的波音 B787 - 9 飞机方向舵正式交付[10]。

我国的 ARJ21 - 700 飞机的方向舵也采用芳纶纸蜂窝结构,C919 型号中,方向舵、升降舵、水平安定面和垂直安定面的前缘、襟翼、副翼等均采用了芳纶纸蜂窝夹层结构。

2.3.1.3 PMI 泡沫材料的性能与应用

目前市场上比较成熟的产品有德国 Rohm 公司生产的 Rohacell® 系列的 PMI 泡沫[11]。表 2.11 为 Rohacell® WF 系列泡沫的性能[12]。

表 2.11 Rohacell® WF 系列泡沫的力学性能

性 能	ROHA-CELL® 51 WF	ROHA-CELL® 71 WF	ROHA-CELL® 110 WF	ROHA-CELL® 200 WF	测试标准
密度/(kg/m³)	52	75	110	205	ISO845/ASTM D 1622
压缩强度/MPa	0.8	1.7	3.6	9.0	ISO 844/ASTM D 1621
拉伸强度/MPa	1.6	2.2	3.7	6.8	ISO 527 - 2/ASTM D 638
剪切强度/MPa	0.8	1.3	2.4	5.0	DIN 53294/ASTM C 273
弹性模量/MPa	75	105	180	350	ISO 527 - 2/ASTM D 638
剪切模量/MPa	24	42	70	150	DIN 53294/ASTM C 273
断裂应变/%	3.0	3.0	3.0	3.5	ISO 527 - 2/ASTM D 638

空客 A340 - 500/600 和 A380 气密机舱的球面框采用了 Rohacell® 刚性 PMI 泡沫,泡沫密度 75 kg/m³、固化温度 180℃、固化压力 0.35 MPa,泡沫经过 CNC 精确加工和热成型,然后和上下蒙皮共固化。泡沫夹层结构的加强筋大幅度提高了球面框的稳定性,并降低了球面框的重量。A330、A340 - 500/600 和 A380 飞机的副翼都采用了全高度泡沫夹层结构并采取了三维增强措施。

我国自主研发的新支线客机 ARJ21 - 700 也采用了 Rohacell® 刚性 PMI 泡沫作为小翼和襟翼的芯材,Solimide® 软质聚酰亚胺泡沫则用于 ARJ21 - 700 飞机的绝缘系统中。我国自主研发的大型商用客机 C919 的雷达罩和球面框也采用 PMI 泡沫作为芯材,用以提高减重效果和机械性能[13]。

2.3.2 胶黏剂

2.3.2.1 概述

胶黏剂是指能将至少两个表面持久有力地固定在一起的物质。胶黏剂胶接是一种广为使用的工业化连接方式。在此过程中胶黏剂将两个单独的被粘接物连接在一起。当接头处比较薄时,且若用铆接会产生较大的应变,或用螺栓自重过大时,胶接是一种更为合适的连接方法。一般来说,载荷稳定的较薄组件非常适合于胶接连接,而载荷路径复杂的厚组件则更加适合于机械紧固连接[14]。

与各向同性的金属材料相比,各向异性的复合材料经过切割或机械加工时会受到严重损伤和弱化,其层间剪切变得更敏感。因此,胶接比机械连接更广泛地应用于先进复合材料的连接设计中,特别对于单向的复合材料,不允许出现应力集中,胶接成为高载荷连接的有效方法[15]。在高性能航空复合材料制件的制造过程中,有两种胶接操作需要用到胶膜,一种是将一个或多个已固化的零件通过胶膜与一个或多个未固化预浸料坯料一起固化,最终形成一个组件,称为共胶接;第二种是将两个或多个已固化的零件通过胶膜固化粘接在一起,形成一个组件,称为二次胶接。

按照胶黏剂的组成,可以分为无机胶黏剂和有机胶黏剂,其中有机胶黏剂又可分为人工合成胶黏剂和天然有机胶黏剂。在复合材料制造过程中使用的胶黏剂一般都为人工合成胶黏剂。人工合成胶黏剂又可按表2.12区分。

表 2.12   合成胶黏剂分类

种 类	举 例
合成树脂类	热塑性:乙酸乙烯树脂、丙烯酸树脂、聚乙烯缩醇缩醛树脂、聚酰胺树脂等
	热固性:环氧树脂、苯并恶嗪树脂、酚醛树脂、聚氨酯树脂、双马来酰亚胺树脂、聚酰亚胺树脂等
合成橡胶类	苯乙烯橡胶、丁腈橡胶、氯丁橡胶等
混合类结构用树脂	酚醛-氯丁橡胶、环氧-丁腈橡胶、酚醛-丁腈橡胶

用于复合材料结构胶接的胶黏剂通常需要在室温或指定的温度下固化,即通常为热固性胶黏剂。结构胶黏剂多种多样,但在复合材料结构胶接过程中通常使用的主要有环氧、酚醛、聚酰亚胺、双马来酰亚胺类。通常情况下,胶黏剂的主要成分的种类与复合材料中的基体主要成分的种类保持一致,即环氧树脂基体的复合材料通常采用环氧树脂类的胶黏剂,这样可以在使用环境、胶接质量等方面都得到保证。

除了制造大面积的复合材料组件的结构胶黏剂外,还有用于芯材的发泡胶、灌封胶等,这些将在本书2.4节介绍。

2.3.2.2 环氧树脂类结构胶黏剂

环氧胶黏剂是迄今为止复合材料胶接和修补过程中最常使用的胶黏剂。环氧树脂的种类十分丰富,为了满足不同的处理、固化和性能要求。环氧树脂胶黏剂能够在相当宽的温湿度范围内提供高强度、持久的胶接质量。环氧胶黏剂种类繁多,国内已有千余种,目前却无统一标准的分类方法,为方便掌握,现介绍几种常见的分类方法。

(1)按组成分类,可分为单纯环氧胶黏剂和改性环氧胶黏剂;无溶剂型环氧胶黏剂和溶剂型环氧胶黏剂。

(2)按形态分类,可分为液态、糊状、膏状、膜状、带状、粉状、棒状、发泡、透明环氧胶黏剂。

（3）按使用方式分类，可分为双组分环氧胶黏剂和单组分环氧胶黏剂。

（4）按固化方式分类，可分为低温固化（低于 15℃）、室温固化（18～35℃）、次中温固化（36～99℃）、中温固化（100～120℃）和高温固化环氧胶黏剂（高于 150℃）。

（5）按粘接强度和受力情况分类，可分为结构胶、次结构胶和非结构胶。环氧结构胶黏剂应有较高的剪切强度、拉伸强度、疲劳强度、剥离强度、耐热性和耐久性等，一般粘接金属时室温剪切强度 ≥25 MPa，拉伸强度 ≥35 MPa，剥离强度 ≥40 kN/m。次结构胶黏剂能承受中等负荷，通常剪切强度为 15～20 MPa，剥离强度 20～30 kN/m。非结构胶黏剂一般不承受较大载荷，只用于粘接受力较小的制件或定位之用。

在民用航空复合材料结构中，最常使用的是单组分中高温固化膜状环氧胶黏剂。

单组分环氧胶黏剂的化学基质通常包含双官能团或多官能团的环氧树脂、胺类固化剂、改性橡胶、硅烷偶联剂等，这种材料通常的固化温度为 120～180℃，该温度上限取决于增韧程度的要求和树脂与固化剂的整体选择。整体而言，增韧后树脂可承受的温度上限会下降。与液体胶黏剂和胶糊相比，胶膜具有更好的均匀性，且降低了空隙的比例。在航空工业中通常会将胶膜附着在一层纤维织物上，这样可以改善胶膜固化前的手工操作性。同时，还可以降低胶膜在胶接时的滑移，以及辅助控制胶接区域胶层的厚度并提供电绝缘效果。纤维可以是短纤维毡，也可以是织物。常用的纤维包括聚酯、聚酰胺（尼龙）和玻璃布等。附着在纤维上的胶黏剂可能因为纤维对环境中水分的毛细作用而发生降解。在控制胶层厚度上，纤维织物比无序的短纤维毡更佳，这是因为在胶接过程中，短纤维较织物中的纤维更加容易发生移动。通常这种胶膜在室温下的贮存时间可以达到 15～30 天，在低温下（−18℃）能保存一年之久。

此类环氧结构胶膜可广泛用于金属/金属、金属/复合材料和复合材料/复合材料胶接。比如 Cytec Engineered Materials 公司生产的 FM73M 胶黏剂，其主要组成为丁腈橡胶改性环氧树脂，其固化温度为 120℃，粘接铝合金时剪切强度在室温下达 34.5 MPa，剥离强度为 35 kN/m。再如同样为 Cytec Engineered Materials 公司生产的 FM300K 胶黏剂，其固化温度为 120℃，胶接铝合金和复合材料板时剪切强度在室温下达 30.5 MPa，剥离强度为 45 kN/m。再如 Henkel 公司生产的 LOCTITE EA 7000 胶黏剂，固化温度为 180℃，胶接复合材料层压板时剪切强度在室温下为 27.58 MPa，Ⅰ型层间断裂韧性为 610 J/m²。

2.3.2.3　典型民用飞机复合材料结构胶黏剂的性能

如前所述，民用飞机复合材料结构胶黏剂一般采用胶膜，根据本体材料的固化和使用温度要求，最典型的两种是中温固化环氧树脂胶膜和高温固化环氧树脂胶膜，这两种类型胶膜的性能如表 2.13 和表 2.14 所示。

表 2.13　中温固化环氧树脂胶膜性能

项　　目		中温固化的环氧树脂胶膜（搭配中温固化玻纤基材）	测试标准
固化温度/℃		107～121	——
固化时间/min		90	——
胶膜面积重量/(g/m²)		293±24	ASTM D 3529
胶膜厚度/mm		0.25	——
单搭接剪切强度/MPa	试验温度−55℃±3℃	≥17.9	ASTM D 1002
	试验温度 23℃±5℃	≥22.7	
	试验温度 82℃±3℃	≥16.9	
	71℃±3℃/100% RH（相对湿度）环境中暴露(1000±24)h，试验温度 23℃±5℃	≥12.4	
平面拉伸强度/MPa	试验温度−55℃±3℃	≥3.8	ASTM C 297—04
	试验温度 23℃±5℃	≥7.7	
	试验温度 82℃±3℃	≥3.3	

表 2.14　高温固化环氧树脂胶膜性能

项　　目		高温固化的环氧树脂胶膜（搭配高温固化碳纤基材）	测试标准
固化温度/℃		180	——
胶膜面积重量/(g/m²)		159±12	ASTM D 3529
胶膜厚度/mm		0.127	——
双搭接剪切强度/MPa	试验温度−54℃±3℃	≥23.5	ASTM D 3528
	试验温度 23℃±5℃	≥27.5	
	试验温度 71℃±3℃	≥22.1	
	试验温度 132℃±5℃	≥6.55	
	在(71±3)℃/(95±5)% RH 环境中暴露至少 14 天，试验温度 71℃±3℃	≥22.1	
	在(71±3)℃/(95±5)% RH 环境中暴露至少(1000±24)h 后，试验温度 23℃±5℃	≥20.7	

项　目		高温固化的环氧树脂胶膜 （搭配高温固化碳纤基材）	测试标准
平面拉伸强度/MPa	试验温度－54℃±3℃	≥4.48	ASTM C 297—04
	试验温度 23℃±5℃	≥4.48	

2.3.2.4　几种典型的 C919 用复合材料胶黏剂介绍

在 C919 大型客机的制造过程中，使用了多种复合材料结构胶黏剂，以下介绍常用的几种胶膜。

（1）120℃固化的复合材料用结构胶黏剂 FM94M。FM94M 胶黏剂由美国 Cytec Engineered Materials 公司生产，常用于 120℃热压罐固化的玻璃纤维复合材料结构胶接和铝合金与玻璃纤维层压板之间的胶接。其性能如表 2.15 所示。

表 2.15　FM94M 胶膜性能

测试项目		指　标		测试标准
胶膜级别		5	10	——
名义厚度/mm		0.13	0.25	——
面密度/(g/m²)		146±24	293±24	ASTM D 3529
单搭接剪切强度/MPa 无环境暴露	试验温度－55℃±3℃	≥22.0	≥17.9	ASTM D 1002
	试验温度 23℃±5℃	≥22.7	≥22.7	
	试验温度 82℃±3℃	≥17.9	≥16.9	
单搭接剪切强度/MPa 在 71℃±3℃/100% RH 环境中暴露(1000±24)h	试验温度 23℃±5℃	≥13.1	≥12.4	
单搭接剪切强度/MPa 胶接前暴露处理	试验温度 82℃±3℃	≥17.9	≥16.9	
平面拉伸强度/MPa 无环境暴露	试验温度－55℃±3℃	≥3.4	≥3.8	ASTM C 297—04
	试验温度 23℃±5℃	≥3.4	≥7.7	
	试验温度 82℃±3℃	≥1.4	≥3.3	

（续表）

测试项目		指　　标		测试标准
滚筒剥离强度/ (N・mm/mm) 无环境暴露	试验温度 23℃±5℃	≥52.0	≥81.6	ASTM D 1781
滚筒剥离强度/ (N・mm/mm) 胶接前暴露处理	试验温度 23℃±5℃	≥44.5	≥74.2	

（2）180℃固化的复合材料用结构胶黏剂 LOCTITE EA 7000。LOCTITE EA 7000 由美国汉高公司生产，常用于 180℃热压罐固化的碳纤维复合材料结构胶接。其性能如表 2.16 所示。

表 2.16　LOCTITE EA 7000 胶膜性能

测试项目		指　　标			测试标准
胶膜级别		3	5	8	——
名义厚度/mm		0.13	0.20	0.31	
面密度/(g/m²)		159±12	244±24	390±24	ASTM D 3529
挥发份		≤1.0%			ASTM D 3530
双搭接剪切强度/MPa 无环境暴露	试验温度 −54℃±3℃	≥23.5			ASTM D 3528
	试验温度 23℃±5℃	≥27.5			
	试验温度 71℃±3℃	≥22.1			
	试验温度 132℃±5℃	≥6.55			
双搭接剪切强度/MPa 在 71℃±3℃/(95±5)% RH 环境中暴露 14 天后试验	试验温度 71℃±3℃	≥22.1			
双搭接剪切强度/MPa 在 71℃±3℃/(95±5)% RH 环境中暴露(1 000±24)h 后试验	试验温度 23℃±5℃	≥20.7			

（续表）

测试项目		指 标	测试标准
平面拉伸强度/MPa 无环境暴露	试验温度−54℃±3℃	≥4.48	ASTM C 297—04
	试验温度23℃±5℃	≥4.48	
	试验温度71℃±3℃	≥3.79	
夹层梁剪切强度/MPa 在(71±3)℃/(95±5)% RH 环境中暴露至少14天后试验	试验温度71℃±3℃	≥3.28	ASTM C 273
Ⅰ型层间断裂韧性$(G_{IC})/(J/m^2)$ 无暴露	试验温度23℃±5℃	≥610	ASTM D 5528

（3）180℃固化的复合材料用结构胶黏剂 Metlbond 1515-4。Metlbond 1515-4 由美国 Cytec 公司生产,常用于 180℃热压罐固化的碳纤维复合材料结构胶接。其性能如表 2.17 和表 2.18 所示。

表 2.17　Metlbond 1515-4 力学性能(胶膜无预先暴露)

测试项目		指 标			测试标准
胶膜级别		3	5	8	——
名义厚度/mm		0.13	0.20	0.31	
面密度/(g/m^2)		160	225	398	ASTM D 3529
挥发分		≤1.0%			ASTM D 3530
工作温度		−54~160℃			——
固化温度		121~180℃			——
双搭接剪切强度/MPa 无环境暴露	试验温度−54℃	27.1	24.1	—	ASTM D 3528
	试验温度24℃	34.1	32.5	45.3	
	试验温度71℃	27.8	28.6		
	试验温度132℃	13.4	13.9	—	

（续表）

测试项目		指　　标			测试标准
双搭接剪切强度/MPa 在 71℃/100% RH 环境中暴露 14 天后试验	试验温度 71℃	23.6	22.1	31.6	ASTM D 3528
平面拉伸强度/MPa 在 71℃/100% RH 环境中暴露 14 天后试验	试验温度 71℃	4.2	5.2	—	ASTM C 297—04
平面拉伸强度/MPa 无环境暴露	试验温度 −54℃	6.1	7.0	—	
	试验温度 24℃	6.3	7.5	—	
	试验温度 71℃	5.5	6.9	—	
夹层梁剪切强度/MPa 在（71 ± 3）℃/（95±5）% RH 环境中暴露至少 14 天后试验	试验温度 71℃	23.6	22.1	31.6	ASTM C 273

表 2.18　Metlbond 1515‑4 力学性能（胶膜在 32℃,50% RH 环境暴露 30 天）

测试项目		指　　标			测试标准
胶膜级别		3	5	8	——
名义厚度/mm		0.13	0.20	0.31	——
面密度/(g/m²)		160	225	398	ASTM D 3529
挥发份		≤1.0%			ASTM D 3530
工作温度		−54～160℃			——
固化温度		121～180℃			——
双搭接剪切强度/MPa 无环境暴露	试验温度 −54℃	25.7	23.8	—	ASTM D 3528
	试验温度 24℃	32.4	32.8	32.7	
	试验温度 71℃	31.8	28.5	—	
	试验温度 132℃	11.9	11.0	—	

（续表）

测试项目		指　标			测试标准
双搭接剪切强度/MPa 在 71℃/100% RH 环境中暴露 14 天后试验	试验温度 71℃	25.7	23.5	30.2	——
平面拉伸强度/MPa 在 71℃/100% RH 环境中暴露 14 天后试验	试验温度 71℃	4.9	4.8	—	ASTM C 297—04
平面拉伸强度/MPa 无环境暴露	试验温度—54℃	5.1	5.2	—	
	试验温度 24℃	6.5	7.2	—	
	试验温度 71℃	6.1	6.9	—	
夹层梁剪切强度/MPa 在（71±3）℃/(95±5)% RH 环境中暴露至少 14 天后试验	试验温度 71℃	25.7	23.5	30.2	ASTM C 273

（4）180℃固化的复合材料用结构胶黏剂 AF-555。AF-555 胶黏剂由美国 3M 公司近年来开发，在 150～180℃下均可固化，可用于复合材料、金属的结构胶接和金属/复合材料之间的胶接。其部分性能如表 2.19 所示。

表 2.19　AF-555 胶膜性能

测试项目		标　准			测试标准
胶膜级别		3	5	8	——
搭接剪切强度/MPa 单（铝合金/铝合金）	试验温度—55℃	33	33	33	ASTM D 1002
	试验温度 23℃	37	39	40	
	试验温度 136℃	18	21	40	
	试验温度 177℃	11	11	16	

测试项目		标　　准			测试标准
平面拉伸强度/MPa 无环境暴露	试验温度−55℃	7.97	5.85	8.09	ASTM C 297—04
	试验温度24℃	8.07	7.53	8.73	
	试验温度71℃	6.89	7.78	7.84	

2.4　其他原材料

2.4.1　发泡胶

发泡胶是一种受热使其体积膨胀后再固化产生粘接作用的胶黏剂，它主要是膏状或片状的环氧树脂胶黏剂。不同发泡胶的膨胀率有很大的差别，一般膨胀率在150%～400%之间。发泡胶主要用于蜂窝块的拼接、填充蜂窝孔格和带有间隙的两结构件之间的胶接。按照固化温度的不同，发泡胶也分为中温固化发泡胶和高温固化发泡胶两大类。目前，民用航空应用的发泡胶主要以Cytec FM490A和Henkel的MA 562、Synspand®系列产品为主。

FM490A发泡胶是一种片状或卷状的改性环氧树脂材料，可通过自由发泡或受限发泡工艺在105℃和175℃条件下固化。它经过特别的设计，用于将蜂窝结构变化降至最低——这种变化一般是由升温速率和真空条件等典型工艺变量导致的。因为FM 490A发泡胶不含金属填料，因此适于要求雷达隐身的应用，可以用于拼接蜂窝芯层部件、拼接插件或芯层边缘部件以及在需要增加剪切强度的蜂窝芯层的部位局部增强。该产品具有宽使用温度（−55～175℃）、宽固化区间（105～175℃）以及不依赖升温速率的均匀膨胀等优点。

MA 562则是一种通用的、可以在两个温度下121℃或177℃固化的发泡胶，同样具有宽使用温度（−55～177℃）。由于其热释放量低，适用于共固化或者是厚的夹芯结构，固化后可以保证芯子的均匀性，防止水汽从拼接处吸入。此外，该产品不含石棉成分、具有优良的抗冲击能力。

Synspand®系列是一种可根据客户要求订制比强度的发泡胶，可以用于蜂窝芯材的灌封、边缘密封以及蜂窝芯材的拼接。不需要二次加工，大大降低了成本。该系列有Synspand® 9899.1CF、Synspand® 9899、Synspand® 9890/9838。该系列采用专利闭孔技术，使得蜂窝具有均匀的延展性。

2.4.2　修理材料

随着复合材料在军用和民用飞机上用量的逐渐增多，复合材料修理技术也应运而生。修理技术的成熟也是复合材料成熟应用的一个标志。为了匹配原有结构的刚度和强度，首先推荐的是使用原材料修理，即碳纤维复合材料结构件用碳纤维复合材料进行修理,芳纶复合材料结构件用芳纶复合材料进行修理,玻璃纤维复合材料结构用玻璃纤维复合材料进行修理。若因条件限制无法使用原损伤结构材料而不得不选用其他修理材料时,该修理材料也需要满足相应结构修理手册的要求,或者得到原设计部门和适航部门的批准,方可使用。

目前,在民用飞机复合材料结构件的修理中,常用的修理材料主要包括增强材料、树脂基体、胶黏剂、蜂窝芯材和发泡胶等。修理材料的选择需要考虑很多因素,特别是外场修理用材料,由于工作温度、真空压力、环境因素和工艺可实施性的限制,修理材料的选用必须满足一定的选材原则。表 2.20 给出了常用的修理材料种类及用途。更多与修理材料相关信息请参见本书第 10 章复合材料结构修理。

表 2.20　常用的修理材料种类及用途

名　　称	材　　料	用　　途
树脂基体	环氧树脂 双马树脂 酚醛树脂	浸渍增强纤维或织物
干纤维或织物	碳纤维 玻璃纤维 Kevlar 纤维	铺层或填充物
胶黏剂	低粘度胶黏剂 胶膜	修复压痕、分层、脱胶、蜂窝芯填封 胶接修补材料与损伤结构件
蜂窝芯材	芳纶纸蜂窝 铝合金蜂窝 玻璃布蜂窝	填充或结构支撑
金属薄板	钛合金 铝合金	补片
发泡胶	环氧树脂类	芯子材料连接

2.4.3　灌封胶

此类胶黏剂由环氧树脂、固化剂、稀释剂、增韧剂、填充剂、偶联剂、固化促进剂等组成。灌封胶黏剂可以是单组分,也可以是双组分,常用的为双组分。双组分胶黏剂可室温固化,但使用和性能都不够理想。加热固化的双组分环氧灌封胶工艺性能好。双组分系统中,一种组分为环氧树脂和惰性填料,另一组分为固化剂。此类胶黏剂可为糊状、膏状。胶黏剂可在低温下保存半年之久。在双组分环氧树脂中,需要混合 A 组分(树脂和填料部分)和 B 组分(固化剂组分),混合的化学组成比例须事先就确定。双组分环氧树脂胶黏剂通常要求有十分精确的混合比例,并因而可以避免固化性能和耐环境稳定性的缺失。混合总量需依据所需完成任务的需求量来限定。总体而言,混合的量越大,壶装寿命越短,材料的工作寿命也越短。壶装寿命的定义为树脂和固化剂的混合时间至胶黏剂的粘度升高至已无法作为胶黏剂而使用的时间。这类胶黏剂可以用于蜂窝边缘的填充和复合材料层压板边缘的封边。如 Huntsman Advanced Materials 生产的 Epocast 1619 A/B 胶黏剂，室温下单搭接剪切强度可达 12.5 MPa。

2.4.4 表面膜

2.4.4.1 普通表面膜

表面膜是由陶瓷或玻璃微珠填充的胶膜，为复合材料提供极佳的表面效果。最初被使用在蜂窝表面，以提高蜂窝材料的表面平整度。汉高公司开发的 SynSkin 是一种基于环氧树脂体系的胶膜，在 120℃ 或 177℃ 固化，单面黏性。使用表面膜可以减少复合材料表面处理的成本，可以提供可直接喷漆的表面，同时可以为复合材料结构提供保护。

使用 SynSkin 时，施工前应确认胶膜的丝网筛应该铺放于复合材料预浸料一侧，进行共固化。这可以使得预浸料在必要时易于被重新安放，并对丝网筛提供最大的表面保护。可以如图 2.6 所示，将 SynSkin（干面朝下）铺在模具或桌子上。压着 SynSkin 将背面的衬纸稳稳地撕掉，使 SynSkin 有粘性一面朝上。将胶膜片反过来放到模具上，树脂面朝向模具。也可以如图 2.7 所示，将带有脱模衬层的 SynSkin 放在模具上准备铺层，这种铺放方式更高效。在产品的一边将衬纸撕开，并把 SynSkin 粘到模具上。控制着粘的部分，衬纸被逐渐在 SynSkin 和模具之间剥离，同时，SynSkin 被逐渐粘到模具上。需要注意的是，应该将模具和 SynSkin 之间的空气赶走，这样才能得到较好的表面外观。

对于复杂曲面，如果 SynSkin 铺贴过紧，通常会在复杂曲线周围产生褶皱。然而，对于微小的褶皱，无须处理，这些微小褶皱在后续的压实工序中会展开，而不会反映在最终的表面上。

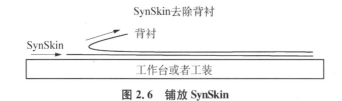

图 2.6　铺放 SynSkin

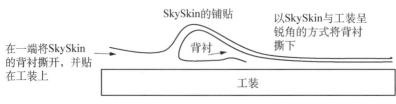

图 2.7　高效铺放 SynSkin

2.4.4.2　带铜网的表面膜

随着复合材料技术的发展,复合材料逐渐代替铝锂合金成为飞机的主承力结构用材料。当飞机穿越云层时难免遇到雷击,但是复合材料的导电性比铝锂合金差很多,甚至有些复合材料几乎不导电,而且会使相当大的雷击电流进入机载系统,因此在制造过程中必须要提供相应的防雷击措施。在机身表面铺设防雷击铜网是一种有效的防护措施。这种方法可以适用于复杂的曲面结构,相比于在表面火焰喷涂铝,其更容易控制、质量更轻,也就意味着可以带来更好的经济效益。鉴于普通表面膜良好的使用效果,因此,带有铜网的表面膜已由材料供应商开发出来。该类铜网的使用与普通表面膜相同。在铺设过程中,只要在机身表面形成闭合回路,即可将雷电导出,因此不需要全机身覆盖铜网。在未覆盖铜网的区域,则使用普通表面膜。表面膜可以很好地弥补由于铺贴铜网产生的阶差,保证了零件的气动面和气动外形的质量。

2.4.5　液体垫片

液体垫片是一种能够在室温环境下装配固化的双组分环氧基材料。其应用目的是确保相关表面尽可能地贴合,弥补装配、机械加工和铸造产生的缺陷,以及填充零件间的间隙以避免安装紧固件时因零件变形产生应力。液体垫片与零件的涂层之间具有良好的附着力、良好的抗机械载荷能力(特别要保证在紧固件预先施加了载荷的情况下)和良好的抗老化特性。

液体垫片在使用时通常需要大容量的混胶设备,使用专用包装和混胶设备可以使整个混胶过程可控,同时可以快速混匀两种组分,保证混合比例并且可减少人工接触的可能。但是在使用量较小时,可以采用人工作业。

由于液体垫片属于双组分环氧基材料,存在一定的固化时间,下面以汉高的产品为例,介绍液体垫片的固化条件,如表 2.21 所示。

表 2.21　汉高的液体垫片固化条件

	重量混合比(A∶B)	适用期(450 g)	典型固化条件	
EA9394	100∶17	92 min	3～5 天@25℃	1 h@66℃
EA9377	100∶19	15 min	5～7 天@25℃	1 h@82℃

用法概述:按照产品说明规定的正确比例将 A、B 组分充分混合,这点非常重要。混合期间或混合后,热量累积是正常的。混合数量不能超过产品说明规定的量,以防发生危险的热量积聚,进而引起混合胶黏剂的不可控分解。混合较少的量则会减少热量积聚。在应用前,需要确保粘接表面干净、干燥,通常表面处理过程是清洗、打磨、再清洗。粘接部分应该保持接触,直到胶黏剂固定。一般而言,会在24 h内(25℃)获得一定强度,在此之后,固化期间可以用工具或压力去除。由于还没有

达到最大粘接强度,此时应该给予较小的负重。

液体垫片的主要作用是填充配合间隙,因此在装配时需要进行密合度检查,部件要保持干燥,同时需要测量间隙大小。而允许的间隙则因结构标准的不同而不同。以汉高产品为例,典型的填充间隙如表 2.22 所示。

表 2.22 汉高液体垫片的填充间隙

边界类型	允许间隙尺寸/mm	
	EA 9394	EA 9377
燃料边界	0.13~0.76	0.13~1.14
非燃料边界-结构应用	0.13~0.76	0.13~1.52
非燃料边界-非结构应用	0.13~0.76	0.13~2.29

液体垫片通常用于较小紧固件定位,使部位对齐,并用机械方式夹紧部件。它的应用工艺流程如图 2.8 所示。

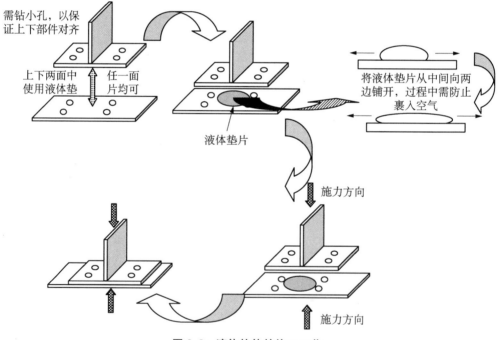

图 2.8 液体垫片的施工工艺

2.4.6 针孔腻子

针孔腻子主要用于修饰零件凹凸不平的表面,并修整被涂物的造型缺陷,利于后续的喷漆工序。腻子要多次刮涂,腻子层才能牢固结实,不能一次刮涂到预定的厚度,这样会造成腻子层开裂脱落,且干燥慢。为保证刮涂质量,一般刮涂不少于三次,即通常说的头道、二道和末道。头道要求腻子层与被涂物表面粘结牢固。腻子要浸润被涂物表面,渗透填实微孔,对个别大的坑需要用腻子填平;二道要求腻子表面平整,将被涂物表面粗糙不平的缺陷完全覆盖;末道要求腻子层表面光滑,填实针眼[16]。

以 AkzoNobel 的 28C1 为例,这是一种单组分、高固含量的针孔腻子,可以与大部分的环氧和聚氨酯底漆兼容,界面结合力好。该产品广泛用于贝尔直升机、波音公司、EADS、汉胜公司等的机型上。该产品预处理简便,使用 200 目或更细的砂纸打磨后,清洗干净并干燥即可。该产品在 25℃ 下,粘度不随时间的变化而变化,更利于施工。可以在 15～35℃,35％～75％ RH 的条件下施工。

2.5　工艺材料

2.5.1　概述

工艺材料是指在产品生产加工过程中所使用的具有消耗性、且不参与构成产品的材料(由于工艺操作要求而作为产品的一部分而留下的材料除外),有时也称辅助材料。为保证复合材料制品的质量,复合材料成型过程中对工艺材料也提出了相应的技术要求。实践表明,复合材料成型中正确选用和使用工艺材料是确保复合材料零件质量的重要环节。复合材料成型过程中要使用到大量的工艺材料,粗略估计价值占到总材料成本的 20％ 左右。

2.5.2　常见的工艺材料介绍

复合材料的热压罐成型工艺所用的工艺材料品种繁多,可简单地分为可接触工艺材料和不可接触工艺材料。此处的可接触与不可接触指该种工艺材料是否可以接触未固化预浸料的表面。不可接触工艺材料接触未固化的预浸料表面后,有可能产生污染导致固化后的复合材料成品性能下降。表 2.23 所列的是常见的复合材料成型工艺材料。

表 2.23　常用工艺材料

可接触材料		不可接触材料	
中文名称	英文名称	中文名称	英文名称
脱模布	released fabric	丙酮	acetone
脱模剂	parting agents	甲乙酮	methyl ethyl ketone
可剥布	peel ply	真空袋密封胶条	vacuum bag sealant tape
无孔隔离膜	nonperforated parting film/ nonperforated release film	玻璃布	glass fabric

（续表）

	可接触材料		不可接触材料
有孔隔离膜	perforated parting film/ perforated release film	真空袋薄膜	vacuum bag film
压敏胶带	pressure sensitive tapes	透气毡	breather/bleeder
高温压敏胶带	pressure sensitive tapes for high temperature	压敏脱模胶带	pressure sensitive release tape
乳胶手套	rubber latex gloves	揩布	wiper
标记笔	marking pen	压力垫	pressure pad

2.5.3 可剥布

可剥布可直接用在制件上，用以调整、处理胶接或喷漆等二次加工表面。固化后的可剥布由于固结在复合材料制件表面，可以保护其表面因切割加工引起损伤或污染。可剥布分类方法较多，通常可以按照用途、材质、表面状态和使用温度进行划分。按照用途的不同，可剥布大致可以分为用于胶接前表面处理的和用于表面保护的两类；按材质的不同，可剥布可分为聚酯、尼龙和玻璃布三类；按照表面状态即是否被树脂浸润，还可以分为干态和湿态；按照使用温度可以分为低温、中温、高温和超高温四种类型。低温的使用温度低于120℃，中温使用温度介于120～180℃，高温使用温度介于180～200℃，超高温耐温高于200℃。

表2.24列出几种常见的可剥布。

表2.24　常见可剥布

可剥布牌号	供应商	材质
Release Ply G	Airtech International，Inc.	聚酯干态
♯P60001	Cytec Engineered Materials Inc.	聚酯干态
R90HA	沥高	聚酯干态
R60	沥高	尼龙干态
Release Ply B	Airtech International，Inc.	尼龙干态
♯51789	Cytec Engineered Materials Inc.	尼龙干态
CYCOM7701/52006	Cytec Engineered Materials Inc.	尼龙湿态
Cycom934－41－60001	Cytec Engineered Materials Inc.	聚酯湿态
M21/48％/F08111	Hexel	聚酯湿态
Loctite EA 9895 033WPP AERO	Henkel	聚酯湿态

近年来的研究表明，用于复合材料胶接面处理的可剥布对于产品的胶接性能有着重要的影响。有试验表明不同的可剥布、胶膜、复合材料本体树脂基体之间存在

着匹配关系,若使用不当可能引起胶接失效[17]。因此对于复合材料胶接面处理可剥布的选用应经过评估和分析。

可剥布评价指标分为 4 类:理化性能、工艺性能、力学性能和匹配性能(见表 2.25)。

表 2.25　可剥布评价指标选择

类别	测试项目	备　　注	测试方法
化学性能	熔点温度	可剥布的温度适用范围,如高温或中温	ASTM D 3418
	固化温度范围	介于树脂固化后和纤维熔化之前的温度	ASTM D 3418
物理性能	织物单位面积重量	决定可剥布吸胶量进而影响撕除时的难易程度	ASTM D 3776 - A
	纤维成分	分为玻璃纤维、聚酯和尼龙	ASTM E 1252
	树脂含量	衡量材料批次间的稳定性	ASTM D 3529
	挥发份含量	衡量材料批次间的稳定性	ASTM D 3530
工艺性能	浮辊剥离强度	可剥布的剥离值大小,评估现场工人操作的难易程度	GB/T 7122—1996
力学性能	拉伸断裂力	可剥布拉伸强度	GB/T 7689.5
匹配性能	Ⅰ型层间断裂韧性	胶接界面张开性扩展消耗的能量	ASTM D 5528 - 01
	双搭接剪切强度	胶接界面剪切强度	ASTM D 3528 - 2008
	滚筒剥离	胶接界面剥离强度	ASTM D 1781 - 1993

理化性能作为可剥布的本征性能,与后续的工艺性能、力学性能和匹配性能之间有一定的联系。对于干可剥布选择熔点温度(用于评价可剥布的使用温度)、材质(用于确认可剥布的分类)、织物单位面重(用于评价可剥布均匀性)。对于湿可剥布选择固化温度范围(即介于可剥布树脂固化温度与纤维熔点温度之间的温度范围,用于评价可剥布的使用温度)、织物单位面重(用于评价可剥布均匀性),树脂含量和挥发份含量(用于后续材料批次间稳定性控制)。

工艺性能是指影响现场施工的性能,可剥布操作中的核心操作是从固化后的层压板表面上剥离可剥布。剥离性能的好坏决定了现场工人操作的难易程度及耗时多少。该项指标可以通过浮辊剥离强度试验来表征。

可剥布力学性能。可剥布力学性能中的核心性能是保证从层压板表面去除可剥布时,可剥布不会拉断,造成残留纤维难以清除并影响后续胶接质量,因此以拉伸断裂强度来考察可剥布自身的力学性能。

可剥布匹配性能。有研究表明:可剥布、胶膜与预浸料之间存在匹配关系,匹配不当会引起胶接质量下降,因此选择了 3 个指标来考察可剥布、胶膜与预浸料之间的匹配关系：Ⅰ型层间断裂韧性——考察胶接面抗剥离性能；双搭接剪切强度——考察胶接面抗剪切性能；滚筒剥离——考察蜂窝胶接性能。

上述评价指标确定后，根据指标的测试结果，可以判断某种可剥布能否用于复合材料胶接表面处理。用于复合材料表面胶接处理的可剥布需满足以下条件：

（1）干可剥布的熔点温度应高于固化工艺中能达到的最高温度，湿可剥布的固化温度范围应与固化工艺相匹配。

（2）浮辊剥离强度应在一定的范围内，过高将引起剥离操作困难，具体指标可参考浮辊剥离的测试试样破坏模式与现场使用的评价。图 2.9(a)为浮辊剥离试验件测试，图 2.9(b)为不同可剥布处理预浸料表面后剥离的情况，图中有两个试验件可以实现完全顺利的剥离，而其余 3 个试验件上的可剥布则无法从试验件表面剥离。

图 2.9(a)　浮辊剥离试验件测试

图 2.9(b)　不同可剥布处理预浸料表面后剥离

（3）可剥布力学性能应高于某一数值,过低将引起可剥布剥离时的残留,具体指标可参考目前施工中不会残留的可剥布的拉伸强度。

（4）可剥布的匹配性能应满足两个条件:匹配试验件发生破坏时,破坏不发生在可剥布处理的胶接界面,破坏在其他位置的性能指标应不低于相应位置材料的性能最低值。图 2.10 为几种典型的 G_{IC} 试验件的破坏模式。其中(a)为内聚破坏,即破坏发生在胶膜的内部,表明可剥布处理的胶接界面剥离强度高于胶膜内部剥离强度,胶接有效;(b)为界面破坏,即破坏发生在可剥布处理过的胶接表面,表明胶接表面处理失败,胶膜与本体预浸料制件间胶接无效;(c)为预浸料本体层间破坏,即破坏发生在预浸料铺层之间,表明胶接界面剥离强度与胶膜内部剥离强度都高于预浸料本体内部剥离强度,胶接有效。

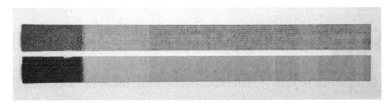

图 2.10(a)　G_{IC} 试验件内聚破坏

图 2.10(b)　G_{IC} 试验件界面破坏

图 2.10(c)　G_{IC} 试验件预浸料本体层间破坏

2.5.4　其他工艺材料

2.5.4.1　脱模剂

脱模剂是一种介于模具和制品之间的功能性物质,其作用是将树脂与模具隔离开,便于将固化成型的制品顺利地从模具上分离开来,从而得到光滑平整的制品。

脱模剂有耐化学性,在与不同树脂的化学成分(特别是苯乙烯和胺类)接触时不被溶解。脱模剂还具有耐热及应力性能,不易分解或磨损;脱模剂粘合到模具上而不会转移到被加工的制件上,不妨碍喷漆或其他二次加工操作。表2.26列出了复合材料制造中几种常用的脱模剂。

表 2.26　常用脱模剂

脱模剂名称	生产厂家	主要原材料	主要特性
Release All® Safelease 30	AIRTECH	PTFE	一般只需要喷涂一层,最高使用温度232℃
Frekote 700 - NC	Henkel	Aliphatic hydrocarbon	低气味,快速挥发,一般需要喷涂4层,最高使用温度400℃,
Zyvax® Departure	Zyvax	—	可喷涂也可擦拭涂抹,热稳定温度260℃

2.5.4.2　脱模布

脱模布一般是编织产品,采用尼龙、聚酯纤维以及玻璃纤维等制成,作用与脱模剂类似,将固化成型的制品顺利地从模具上分离开来,从而得到光滑平整的制品,并保证模具多次使用。脱模布一般用在平面或单曲的复合材料成型模表面。复合材料制造中几种常用的脱模布特性如表2.27所示。

表 2.27　常用脱模布

脱模布名称	生产厂家	载体/胶黏剂	主要特性
Tooltec A005	AIRTECH	PTFE or Glass/Silicone	最高使用温度316℃
Toolcoat 6XS	CYTEC	Glass fiber/Silicone 或 acrylic	带TFE涂层,最高使用温度260℃
RF230AP	LEADGO	Glass fiber/Silicone	带PTFE涂层,最高使用温度200℃

2.5.4.3　隔离膜

绝大部分情况下隔离膜与层压制品直接接触,并把层压制品和透气毡(或吸胶材料)隔离开。现有的隔离膜往往是根据固化温度、压力、制件的复杂程度以及树脂体系而选择的。随着自动铺放技术的普及,有些类型隔离膜适用于自动铺带或自动铺丝工艺,方便自动铺放的制件转移到最终固化成型的模具上。

隔离膜可根据其上面是否打孔分为有孔隔离膜和无孔隔离膜。有孔隔离膜是用于去除嵌入到层压板里的空气和挥发分以及成型过程中析出多余的树脂基体材料,有时也用于真空吸附制件时隔离吸盘(或吸附平台)与制件。市面上常见的无孔隔离膜都可以根据需要制成有孔隔离膜。表2.28列出了几种复合材料制造典型的隔离膜。

表 2.28　常用隔离膜

隔离膜名称	生产厂家	主要原材料	主要特性
A4000	AIRTECH	FEP	多种颜色可选,常用红色,耐高温、高延展性,最高使用温度 260℃
Wrightlon 4600	AIRTECH	PMP	适用平板或低曲模具,最高使用温度 193℃
Wrightlon 4800	AIRTECH	PET	两面带脱模涂层,延伸率低,适用平板或低曲模具,最高使用温度 196℃
A5000	CYTEC	FEP	多种颜色可选,常用红色,耐高温、高延展性,最高使用温度 260℃
LRF260	LEADGO	FEP	最高使用温度 260℃

2.5.4.4　压敏胶带

压敏胶带用于将隔离膜固定于成型模具上或用于固定透气毡和吸胶材料,也用于固定热电偶或保护不受污染的区域等,一般采用热性能好、力学性能好的尼龙薄膜、聚酯薄膜、聚四氟乙烯薄膜、聚酰亚胺薄膜等作为压敏胶带的载体材料,其胶黏剂可用耐热性好的橡胶基系、硅酮系以及丙烯酸等,有些对硅黏合剂敏感区域可采用橡胶黏合剂的压敏胶带。压敏胶带要求带有很强的粘接力,要求固化后在工装模具表面不留有胶黏剂残渣。

复合材料制造中有些俗称双面胶带的也是压敏胶带,它们一般用于在机械加工时在工作台面上固定蜂窝、泡沫以及聚碳酸酯板等制件。表 2.29 列出了几种航空领域常用的压敏胶带。

表 2.29　常用压敏胶带

压敏胶带名称	生产厂家	片基/胶黏剂	主要特性
Flashbreaker 1	AIRTECH	Polyester/Silicone	最高使用温度 204℃
Flashbreaker 1R	AIRTECH	Polyester/Rubber	最高使用温度 204℃
Wrightcast8500PS	AIRTECH	Nylon/Rubber	最高使用温度 204℃
Flashtape 1	CYTEC	Polyester/Silicone	最高使用温度 204℃
Flashtape 1R	CYTEC	Polyester/Rubber	最高使用温度 204℃
Flashtape200	LEADGO	Polyester/Silicone	最高使用温度 204℃
Flashtape300	LEADGO	polymide/Silicone	最高使用温度 300℃
Airhold 1CBS	AIRTECH	Polyester/Acrylic	双面带胶,最高使用温度 204℃
Airhold 10CBS	AIRTECH	Cloth/Rubber	双面带胶,最高使用温度 60℃,一般用于蜂窝机加固定

2.5.4.5　真空袋薄膜

真空袋功能是形成真空体系,提供良好的覆盖性,并在使用温度下不透气。通常采用尼龙、聚酰亚胺等材质制成,一般具有良好的延展性及耐热性。表 2.30 列出了几种具有代表性的真空袋薄膜及其特性。

表 2.30　常用真空袋薄膜

真空袋薄膜名称	生产厂家	主要原材料	主要特性
Wrightlon® 6400	AIRTECH	Nylon	黄色,延伸率 375%,最高使用温度 204℃
Wrightlon® 7400	AIRTECH	Nylon	绿色,延伸率 400%,最高使用温度 204℃
Wrightlon® 8400	AIRTECH	Nylon	蓝色,延伸率 350%,最高使用温度 232℃
Ipplon® DP1000	AIRTECH	Nylon	橙红色,延伸率 450%,最高使用温度 212℃
Vac-Pak® HS8171	CYTEC	Nylon	绿色,延伸率 415%,最高使用温度 204℃
Vac-Pak® HS6262	CYTEC	Nylon	蓝色,延伸率 350%,最高使用温度 232℃
LVF200G	LEADGO	Nylon	绿色,延伸率 400%,最高使用温度 205℃
LVF200Q	LEADGO	Nylon	蓝色,延伸率 260%,最高使用温度 230℃

2.5.4.6　透气毡

透气毡能在固化周期内排出真空袋里的空气和挥发物,同时它也用于吸收某些复合材料层压板存有的多余树脂。由于透气毡不具备脱模性能,不可以直接和复合材料制件接触,通常与隔离膜或可剥布一起使用。透气毡一般采用玻璃纤维或聚酯纤维作为原材料,聚酯纤维的耐热性不如玻璃纤维,通常超高温的透气毡采用玻璃纤维。使用时应根据复合材料制件纤维体积含量,确定固化工艺参数来选择所使用的透气毡的类型和层数。表 2.31 列出了几种具有代表性的透气毡及其特性。

表 2.31　常用透气毡

透气毡名称	生产厂家	主要原材料	主要特性
Airweave® N4	AIRTECH	Polyester	中等密度,一般用于低压固化,最高使用温度 204℃
Airweave® N10	AIRTECH	Polyester	高密度,一般用于高压固化,最高使用温度 204℃
RC‐3000‐10A	CYTEC	Polyester	高密度,一般用于高压固化,最高使用温度 204℃
RC‐3500HT	CYTEC	Glass fiber	适宜在高温高压下使用,最高使用温度 538℃,使用压力最高可超过 13.8 bar①
WF150	LEADGO	Polyester	中等密度,用于低压固化,最高使用温度 205℃
WF330	LEADGO	Polyester	高密度,一般用于高压固化,最高使用温度 205℃

2.5.4.7　真空袋密封胶条

真空袋密封胶条用于真空袋和模具的密封。密封胶条要求具有足够的粘性,跟模具表面粘贴得很好,但是又不能太黏以致真空袋薄膜上的密封胶带不能撕下来以备重新定位使用,并且要求密封胶条从室温到高温均具有良好的粘结性。在固化成型后,密封胶带必须从模具表面上能干净地撕下来,不留残余。真空袋密封胶条一般分为三种温度区,即中温固化用(121℃)、高温固化用(177℃)和特高温固化用(300℃以上),表2.32列出了几种具有代表性的真空袋密封胶条及其特性。

表 2.32　常用真空袋密封胶条

真空袋密封胶条名称	生产厂家	主要原材料	主要特性
GS213	AIRTECH	Silicone	灰白色,最高使用温度 204℃
GS213 - 3	AIRTECH	Silicone	淡绿色,最高使用温度 232℃
SM5127	CYTEC	—	深灰色,最高使用温度 204℃
SM5126	CYTEC	—	深灰色,最高使用温度 232℃
LG215	LEADGO	—	浅蓝色,最高使用温度 200℃
LG230	LEADGO	—	黄色,最高使用温度 232℃

2.5.4.8　压力垫

压力垫一般成分是未硫化的橡胶,主要用于固化过程中阻止制件中树脂基体材料的流失或者用于制作软模。用作软模的特点是随形好、与成型零件/零件易于配合、传递成型压力可靠等,可根据需要在未硫化的压力垫内放入预浸料,同时硫化/固化,提高软模的刚度,并使尺寸稳定。表2.33是常用的压力垫品牌及其特性。

表 2.33　常用压力垫

压力垫名称	生产厂家	主要原材料	主要特性
AIRPAD	AIRTECH	未固化不含硅橡胶	黑色,延伸率 400%,固化过可反复使用 100 次以上,最高使用温度 204℃

2.5.4.9　玻璃布

玻璃布一般是放在复合材料制件的周边起导气的作用,也可以用于夹层结构蜂窝的固定,同时也可以作为吸胶材料使用。玻璃布的材质一般是玻璃纤维。

2.5.4.10　清洗溶剂

清洗溶剂是用于清洗胶接成型零件和成型工装模具。清洗溶剂往往具有良好的挥发性并带有一定的毒性,故作业环境一定要注意通风,注意避免连续长时间使用。常用的清洗溶剂有丙酮、甲乙酮等。

2.5.4.11　手套

手套主要是防止操作人员的手与复合材料制件直接接触,一方面可保护操作人员,另一方面可防止操作人员手上的污染物,如汗液等,污染原材料。手套的材料可以是乳胶、聚乙烯、棉布,但应注意选用使用后无残留物留在原材料上的品牌。

参考文献

[1] 陈祥宝. 聚合物基复合材料手册[M]. 北京:化学工业出版社,2004.

[2] 冯振宇,邹田春. 复合材料飞机合格审定[M]. 北京:航空工业出版社,2012.

[3] 张凤翻. 复合材料用预浸料[J]. 高科技纤维与应用,1999(6):29-31.

[4] 王占吉,刘玲,晏冬秀,等. 纤维层内树脂流动的空气耦合超声无损检测[J]. 复合材料学报,2013,30:24-30.

[5] 胡培,陈志东. 复合材料夹层结构泡沫芯材的性能特点、应用和发展趋势[C]. 中国航空学会复合材料专业委员会成立大会暨航空用复合材料新技术及其应用研讨会,2015.

[6] Corporation H. HexWeb® HRH-10® Aramid Fiber/Phenolic Resin Honeycomb Product Data [R]. 2014.

[7] CORPORATION TG. Gillcore HD Honeycomb Product Data Sheet [R]. 2015.

[8] EURO-COMPOSITES. EURO-COMPOSITES Mechanische Eigenschaften ECA-Waben (metrisch, Testscheibendicke 12.7mm) [R]. 2010.

[9] 程文礼,袁超,邱启艳,等. 航空用蜂窝夹层结构及制造工艺[J]. 航空制造技术,2015(7):94-98.

[10] 新华社. "中国造"波音787-9飞机方向舵在成都交付[R]. 2013.

[11] 贾欲明,韩全民,李巧,等. 泡沫夹层结构在飞机次承力结构中的应用[J]. 航空制造技术,2009.

[12] INDUSTRIES E. ROHACELL WF Polymethacrylimide Foam Product Information [R]. 2011.

[13] 詹茂盛,王凯. 聚酰亚胺泡沫[M]. 北京:国防工业出版社,2010.

[14] 李广宇,李子东. 环氧胶黏剂与应用技术[M]. 北京:化学工业出版社,2007.

[15] 乔海涛,邹贤武. 复合材料胶接技术的研究进展[C]. 全国先进功能复合材料技术学术交流会,2010.

[16] 徐滨士,刘世参. 材料表面工程[M]. 北京:化学工业出版社,2006.

[17] Benard Q, Foris M, Grisel M. Peel Ply surface treatment for composite assemblies: Chemistry and morphology effects [J]. Composites, 2005,36:1562-1568.

3 热压罐成型工艺技术

3.1 概述

热压罐成型技术也称为真空袋-热压罐成型工艺,是航空航天复合材料结构制造最常用的制造工艺技术,它能形成高质量、高性能、大尺寸及复杂形状的制件。尽管热压罐工艺成本较高,但目前国外95%和国内100%的商用飞机复合材料零件仍然采用热压罐工艺制造。

热压罐是一种能够加热的压力容器,主体是一个卧式的圆筒形罐体,通常是一端封闭,而另一端装有可以开关的门,如图3.1所示,配备有加温、加压、抽真空和冷却等功能及控制系统。在航空航天领域,热压罐的尺寸是根据所需要生产的最大零件尺寸确定的,一般在零件尺寸的基础上,还要考虑该零件所用模具的尺寸以及工

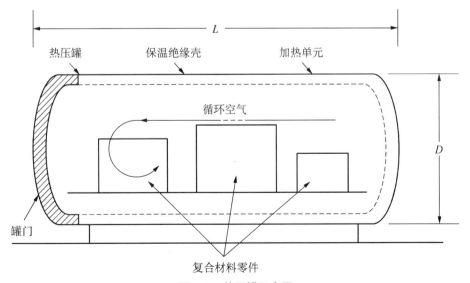

图 3.1 热压罐示意图

人的操作空间；对于尺寸较小的零件，如果固化工艺参数相同，也可以一次固化多个零件（见图3.2）。热压罐要能够提供复合材料零件固化或压实所需的压力和温度。对于环氧、双马、氰酸脂等树脂，热压罐最大工作温度一般为250℃，工作压力为1MPa以下；而对于热塑性复合材料和聚酰亚胺树脂，其最大工作温度为400℃，工作压力在2.5～3.5MPa以上。

图3.2 大型热压罐照片

热压罐成型工艺技术具有以下优点：

- 能够制造固化温度和压力在其范围内的各种类型的材料；
- 容易制造高纤维体积含量、低缺陷的高性能复合材料。
- 适合于制造大面积、复杂型面的高品质复合材料。
- 固化温度、压力传递均匀。
- 成型模具简单。

虽然热压罐成型技术的诸多优点是其他工艺技术无法替代的，但热压罐成型技术也具有明显的缺点：能源利用率低、设备投资成本高、辅助系统复杂、制件尺寸受热压罐限制等。

复合材料热压罐成型技术需经历以下基本过程：将预浸料叠层和其他工艺辅助材料组合在一起，构成一个真空袋组合系统（见图3.3），在热压罐中于一定压力和温度下固化，形成各种形状的制件。

热压罐成型的具体操作过程如下：

（1）模具准备。模具要用软质材料轻轻擦拭干净，并检查是否漏气。然后在模具上涂脱模剂。

（2）裁剪和铺叠。按样板裁剪或采用自动下料机裁剪带有保护膜的预浸

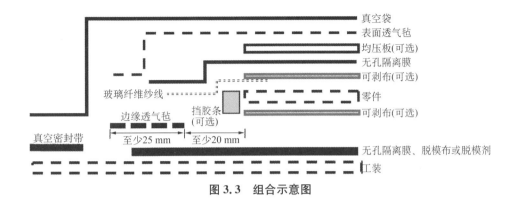

图 3.3 组合示意图

料,剪切时必须注意纤维方向。然后将裁剪好的预浸料揭去保护膜,按规定次序和方向依次铺叠。每铺一层要用橡胶辊等工具将空气赶除,2~3 层进行预浸料压实。

(3) 组合和装袋。在模具上按图 3.3 所示将预浸料坯料和各种辅助材料组合并装袋,应检查真空袋和周边密封是否良好。

(4) 热压固化。将真空袋系统组合到热压罐中,接好真空管路,关闭热压罐,然后按确定的工艺条件抽真空/加热/加压固化,典型的固化曲线如图 3.4 所示。

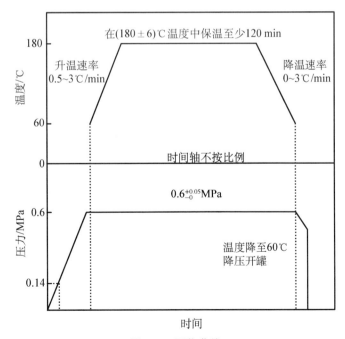

图 3.4 固化曲线

（5）出罐脱模。固化完成，待冷却到室温后，将真空袋系统移出热压罐，去除各种辅助材料，取出制件进行修整。

3.2　预浸料裁剪与铺贴

3.2.1　复合材料铺层设计制造软件功能

目前复合材料设计制造过程用到的软件主要是 Fibersim 和 CATIA 中 CPD 模块。复合材料设计制造软件的主要功能如下。

（1）铺层的设计。不同的软件提供了多种铺层设计方法，实现铺层的快速、精确定义及快速更改（见图 3.5）。

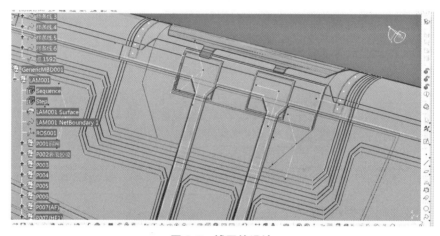

图 3.5　铺层的设计

（2）分析铺层设计的平衡性，对称性等。分析某一取样点或某一断面铺层的层序、材料、方向、总厚度，实现对层压板、取样点和铺层边界的三维标识，并形成二维工程图信息；分析铺层超过材料幅宽的问题（见图 3.6 和图 3.7）。

层压板名义厚度：	1.524 mm
名义层数：	8
对称率%：	100.000
重量对称率%：	100.000
力学对称率%：	100.000
层压板均衡性程度%：	100.000
层压板翘曲率%：	0

图 3.6　层压板的对称性、平衡性分析

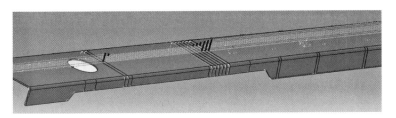

图 3.7　某一断面的铺层分析

（3）计算复合材料面积、体积、重量和质心（见图 3.8）。

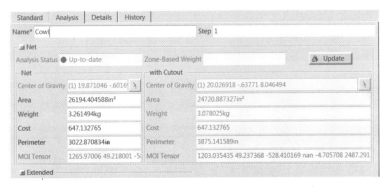

图 3.8　铺层的面积、重力等分析

（4）铺贴的仿真、分析，如铺贴中材料的变形、纤维角度的偏差等（见图 3.9）。

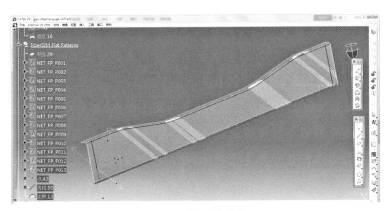

图 3.9　铺贴的仿真

　　屏幕上的黄色线表示纤维变形偏差大于材料的警告角度铺贴时角度偏差较大；红色线表示该区域纤维变形偏差大于材料的极限角度，铺贴不能实现。

（5）通过铺贴仿真，在设计阶段，发现制造问题，优化铺层的定义，改进设计。

（6）铺层的展开（从三维曲面展开成二维料片）（见图 3.10）。

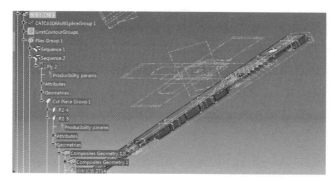

图 3.10　三维铺层展开为二维平面料片

（7）制造过程中料片的拼搭接设计（见图 3.11）、剪口设计（由于材料幅宽、几何曲率等原因）。

图 3.11　铺层的拼搭接设计

（8）在编制工厂用的制造文件（FO）时，可自动生成每一铺层的边界位置、铺贴起始原点和铺贴扩展方法，工人操作时一目了然（见图 3.12）。

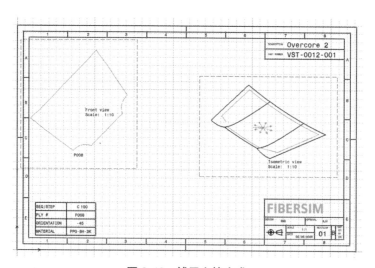

图 3.12　铺层文档生成

（9）通过接口模块导出对应不同下料、投影、纤维铺放设备的下料文件、投影文件等，直接读入相应具体设备。

3.2.2　复合材料铺层设计制造软件的应用

3.2.2.1　铺层的基本概念

（1）铺层坐标系定义。定义铺贴原点、0°、±45°、90°纤维方向、原点以外区域坐标系的转换/扩展标准（见图 3.13）。

图 3.13　铺层的原点与纤维方向定义

（2）层压板的定义。定义层压板的材料、铺贴面、铺层坐标系、净边界、余量边界、铺贴方向等。通常铺贴面不同，层压板不同（如一个工形零件，需要定义 4 个层压板进行描述，分别是左 C、右 C、上盖板、下盖板），或是同一铺贴面但零件太厚，需要分成多个层压板（见图 3.14）。

图 3.14　层压板的定义

（3）铺层定义。定义具体某一铺层的边界、坐标、铺贴起始原点等（见图 3.15）。

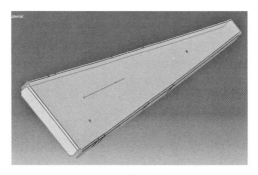

图 3.15　铺层的定义

3.2.2.2 铺层展开的基本步骤

（1）可制造性仿真。在铺层进行展开之前，必须对铺贴进行可制造性仿真，仿真失败（纤维变形超出材料变形能力）的铺层无法展开为二维料片，或出现展开错误（见图 3.16）。

图 3.16　铺层的可制造性仿真（网格为蓝色表示纤维变形小于设定值，可接受）

（2）展开成平面（见图 3.17）。

图 3.17　三维铺层展开为二维料片

（3）导出成 CAD 可识别编辑的 DXF 格式（见图 3.18）。

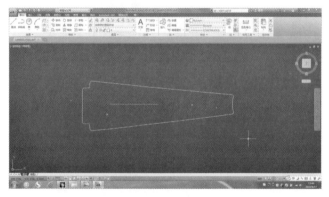

图 3.18　从 CATIA 中导出为 CAD 软件可识别编辑的格式

（4）导出投影文件（见图 3.19）。

图 3.19 铺层三维边界的投影文件

（5）导出对应不同厂家的纤维铺放设备（自动铺丝机、自动铺带机）的数据文件，直接读入相应设备软件中，进行详细的铺丝、铺带编程。

（6）导出力学分析软件可直接读取的数据文件，对当前的复合材料设计进行各种力学分析，校核设计结果，若计算发现不能满足设计要求/裕度过大，再对当前设计进行修改。

3.2.2.3 铺层展开主要问题说明

（1）铺层铺贴/仿真原点不同，料片实际铺贴效果不同（变形、褶皱区域不同），同一铺层展开平面下料图也不同（见图 3.20）。

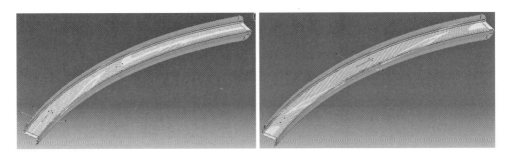

图 3.20 同一铺层铺贴/仿真原点不同，仿真时的差异

（2）铺层方向坐标系的转换方法不同、铺贴扩展方法不同、铺贴仿真方法不同，最终同一铺层展开平面下料图也不同（见图 3.21）。例如，在 Fibersim 中，铺层方向坐标系的转换方法 Mapping type 有 standard、translational、radial、spine-based；铺贴扩展方法 Propagation method 有多种，分为 standard、geodesic、to curve、about curve；铺贴仿真方法分为 traditional、NCF、spine、curvature adaptive 等。每种方法算法不同，不同的方法之间还可进行多种组合，在实际的仿真、展开中需要针对具体零件进行设置。

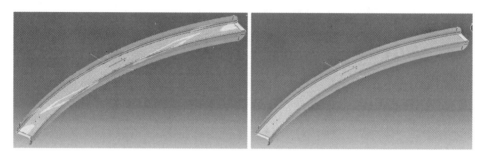

图 3.21 同一原点，不同仿真设置仿真结果不同

（3）使用不同的材料会影响真实零件制造中的铺贴效果，在软件设置中选用不同材料会影响铺贴仿真结果，对应的铺层展开图也不同（见图 3.22）。

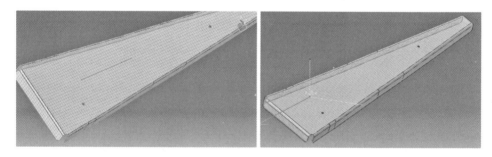

图 3.22 不同的材料仿真效果不同

（4）仿真因子不同，仿真准确性不同，展开的二维图也会有尺寸上的差异。在保证计算的前提下，仿真因子尽可能设得小一些。

（5）复合材料设计中，最重要的基本原则之一是纤维走向与载荷传递路径一致。在铺贴分析优化及实际铺贴中，最重要的是确保承载路径上的纤维变形/方向偏离最小。

3.2.3 复合材料铺层的裁剪

3.2.3.1 裁剪设备介绍

复合材料铺层的裁剪主要采用自动下料机（见图 3.23）。自动下料机主要由可抽真空台面、真空系统、切割头和安装了下料软件的计算机组成。自动下料机厂家

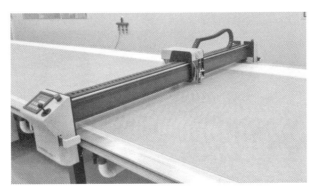

图 3.23　自动下料机

很多,如 Gerber、Letra、Zund、Eastman、Bullmer 等。

自动下料机切割头可配多种刀片,如垂直刀片、圆刀片、尖刀片、打孔刀等,刀片可加上电动/气动/超声振动功能,切割时刀片对材料的切割压力也可进行针对性设置,通过上述三个方面的调节,实现对不同材料、不同厚度、不同轮廓曲线的料片的切割裁剪(见图 3.24)。

图 3.24　下完的料片

在切割头上配置有记号笔和激光源。激光源发出激光用于可视化地定位切割原点,记号笔用于在料片上标记铺层名称、纤维 0°方向、特殊标记线等(见图 3.25)。

3.2.3.2　裁剪操作步骤

裁剪/下料的主要操作步骤如下:

(1)上料。将料卷展开置在切割台面上,以台面边沿或特征线为基准调整材料摆放,确保材料边沿(0°纤维方向)对齐切割机边沿框架。打开真空吸附,将材料

图 3.25 料片的标记

吸附在台面上。

（2）调整刀深（切割刀片距离台面的距离）。用游标卡尺量出材料厚度（包括衬纸、衬膜），根据所切割材料厚度确定刀离切割台面的距离。通常刀深多出材料厚度 $0.01 \sim 0.015\,\text{in}(0.254 \sim 0.381\,\text{mm})$。

（3）读取 CAD 文件。导入由 Fibersim/CPD 导出的 DXF 文件，检查料片的轮廓线。料片轮廓线要求连续、闭合。对不闭合、有断点的轮廓线进行连接闭合。对闭合而细碎的线使用合并命令进行合并。

（4）在 CAD 软件和下料机带的切割软件对料片进行设置，将要切割的轮廓线设置为切割层（切割软件中对应的设置为 cutoff/knife cutter 层），其余的为 0°方向线、铺层名称、标记线等设置为标记层（切割软件中对应的设置为 pen 层），CAD 中两种不同层最好设置成不同颜色。

（5）对料片进行编辑排版。排版可以手动排版，也可以自动排版，自动排版可以设置料片之间的排版原则（如最小料片间隙、旋转角度限制），以避免出现料片边界干涉、料片旋转导致纤维方向错误等问题。通常先对所有料片进行自动排版，再仔细核对，对存在问题的料片进行手工处理。

（6）编辑各项切割参数，如在材料选择中设置幅宽、设置切割速度等。

（7）在软件上点击切割按钮，开始进入切割状态。

（8）用设备上带的激光装置射出的激光点定位切割原点（告诉设备切割起始点，与材料位置进行匹配）。

（9）按切割头上切割按钮，正式开始切割。

3.2.4 复合材料铺层的投影

3.2.4.1 铺层投影的基本原理和设备简介

铺层投影的基本原理如下：

（1）在铺贴成型的工装上设置靶标点，把该靶标点作为基准点。由于激光的反射能力强，因此激光投影设备可以方便地定位。在零件坐标系中确定靶标点的位置坐标值，并将足够数量的位置坐标值输入至铺层投影软件中。

（2）Fibersim/CPD 基于相同的零件坐标系，对铺层的三维轮廓进行自动取点，取点原则是曲率越大的地方取点越多，曲率越小的地方取点越少。对于直线，理论上只要取两点的坐标值就可代表。软件自动取点并导出所取点的三维坐标值文件，文件后缀为 . ply 或 . dat 等。铺层投影软件导入铺层坐标值文件，获得零件的铺层坐标信息。. ply/. dat 文件中，会出现 P＊＊ 的文字符，字母 P 代表多边形 Pentagon，＊＊ 为点数，如 P48，表示这个铺层投影是由 48 个点组成的多边形点。设备投出的激光点会快速地在这些点群之间移动扫描，形成最终的铺层形状。

（3）激光投影设备寻找靶标点，定位靶标点的同时也定位了工装的相对位置。靶标点与铺层取点坐标系基于相同的零件坐标系，因而有相对关系，投影设备可基于靶标点投影出铺层的轮廓线。

（4）激光投影设备实际投出的是一个激光点，该激光点在铺层所取点之间快速移动，由于视觉效应，快速移动的点看起来就是连续的线，因而投出了铺层轮廓线（见图 3.26～图 3.28）。

图 3.26　激光靶标头

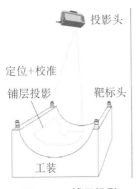

图 3.27　铺层投影

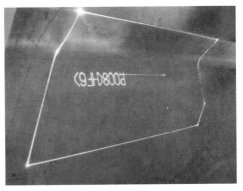

图 3.28　激光投影出的铺层轮廓边界和 0°纤维线、铺层名称

激光投影设备的制造商有多家,如 Virtek、SL、LAP 等。设备有如下几个重要参数会影响投影:

(1) 偏差容限(error tolerance):指的是靶标点(target)输入值与激光系统检测值之间的误差,该值可以调整,通常设为 0.762 mm(波音公司),若偏差大于该值,系统靶标校验会出现报警,不能正常投影。

(2) 投影偏差(detailed tolerance):指的是投影线与实际铺层轮廓线之间的偏差,典型默认值为 0.381 mm(0.015 in),该值不要改大,否则系统会根据扫描耗时最短原理,直接走负偏差,如系统投影一个矩形或圆,会发生投影线相对于实际铺贴线内缩的现象。

(3) 校准间隔(drift check internal):如将校准间隔设置为 10 s,10 s 后投影系统会结束投影,重新寻找靶标点校准图形。因而在真实的投影中,会发现激光投影线突然消失,系统重新寻找靶标,过一会激光投影线又重新出现的情况。这个值(间隔长短)可根据实际情况设置,工装放置非常稳固的话,可以设置得比较长,如不是很稳固的话建议设置得短一点,以实时根据工装位置调整投影线,避免出现投影偏差。

(4) 移动容差(drift tolerance):指的是工装移动的容差,但投影系统检测到工装的移动超过这个值时,系统会重新校正生成新的投影。工装移动在这个值以内,系统还会投出原来位置的轮廓,超出这个值则会重新投出偏移校正后的轮廓。该值不可过大或过小(典型默认值为 0.381 mm),过大会导致投影偏差;过小会导致频繁调整投影,使激光线闪烁厉害。

3.2.4.2　铺层投影操作基本步骤

铺层投影操作基本步骤如下:

(1) 输入工装实测靶标位置坐标值成 text 格式,建立后缀为 .cal 靶标文件(text 格式)。

(2) 通过 Fibersim 或 CATIA CPD 模块导出后缀为 .ply 或 .dat 的铺层文件。

(3) 导入靶标文件 .cal。

(4) 为对应靶标文件的工装配置投影头,投影头可配置一个或多个。

(5) 导入零件铺层 .ply/.dat 文件。

(6) 查找靶标点,通常通过手动找到前 4 个靶标点,再通过投影设备自动找到剩余靶标点,并进行校准。

(7) 校准通过后,开始进行投影。

3.2.4.3　铺层投影主要问题说明

(1) 投影角度。根据工装、零件的几何外形,需调整投影角度,保证投影没有死角,并且使激光光束尽量垂直于投影面;投影角度越大,投影轮廓的准确度越低。投影头位置要能最方便、最准确地寻找到所有靶标点;投影仪激光法向与靶标点法向

投影角度小时的
激光光斑

投影角度大时的
激光光斑

图3.29 投影角度不同(光束倾斜程度不同)光斑大小不同

的最大夹角不应大于40°,否则投影线偏差会过大、变形(见图3.29)。

(2) 投影同一个铺层,尺寸过大或角度不合适时,使用一个投影头往往不够,可同时配置两个或两个以上投影头,此时不同投影头负责的投影区域之间需设置2个共有的靶标头;一个投影头也可投影一个或多个铺层/零件;采用多个投影头时,系统会自动分配哪个投影头投哪个文件,或哪个文件中的一部分轮廓。

(3) 工装由于各种原因出现些微移动是允许的,但投影仪自身要非常稳定,固定支架要非常可靠。

(4) 在工装上注明靶标点的名称,与.cal文件中的靶标头一一对应,否则会出现投影错误。

(5) 在工装上设计靶标点时,最少要设置4个靶标点,通常在6个或6个以上。

(6) 靶标点特征一样时,把工装旋转90°、180°,系统识别不出来工装的旋转(因为靶标点坐标值系统识别时是一样的),导致投影与实际铺贴轮廓不一致。因而在工装上设计靶标点时,尽量设计成非对称的,靶标点与靶标点之间有区别而容易识别的(见图3.30)。

另外一个靶标设计原则是靶标的位置尽量要覆盖零件/工装的曲面特征,在各曲率变化的极大值点、极小值点都要设置靶标点,不要遗漏特征位置。

(7) 制件厚度的提高会导致投影出现变化、错误,特别是对于夹层结构。此时要对铺层的三维轮廓边界进行准确定义或修正(见图3.31)。

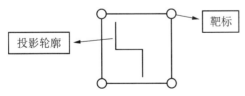

图3.30 工装、靶标对称时,即便工装旋转系统也识别不出

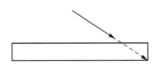

图3.31 零件厚度挡住了光线的投影,导致投影位置错误

(8) CATIA数模中的零件厚度都是理论值,固化后的零件更接近于理论值,铺贴时却偏离理论值较大,因而要在Fibersim/CATIA CPD中对厚度修正。从这个角度也可看出预压实的重要性,否则铺贴时材料单层厚度偏差大,会导致投影不准。

(9) 输出.ply/.dat投影文件时,*i*、*j*、*k*法矢一定要输出,否则轮廓线凹凸可能发生错误(如本来是凸的,投成凹的,因为投影系统无法区分判断)。

3.2.5 复合材料铺层展开、裁剪、铺贴实例

在真实的零件铺层展开、裁剪和铺贴中,零件铺层数量多,尺寸大,材料幅宽有限,而且工艺规范对铺层的拼搭接等又有较多要求,因此整个过程是比较复杂的。举某型号舵面壁板的实例进行说明如下。

3.2.5.1 壁板铺层要求说明

壁板数模中铺层的基本要求整理如下:

(1)数模中 A 区为铺层非切割区(即材料在这个区域不能断开),壁板 A 区有 4 个分区(见图 3.32)。

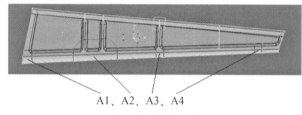

A1、A2、A3、A4

图 3.32　壁板 A 区

(2)配合区铺层不允许搭接,铺层的搭拼接设计参照工艺规范要求。

壁板配合区有 4 个区域,分别为:

a. 壁板与肋的装配区,共有 5 个分区(5 根肋);

b. 壁板与前梁的装配区;

c. 壁板后缘配合区,参见数模树中几何构造——上下壁板后缘胶接区域。

d. 壁板与前缘金属肋的装配区,共有 6 个分区。

(3)铺贴线说明。壁板前缘铺贴线距离零件净尺寸 25 mm,其余三边为 45 mm(见图 3.33)。

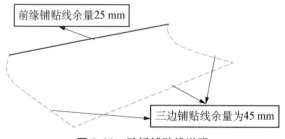

前缘铺贴线余量25 mm

三边铺贴线余量为45 mm

图 3.33　壁板铺贴线说明

(4)规格幅宽为 1500 mm(60 in)。

3.2.5.2 壁板铺层的仿真、展开、投影、铺贴

壁板铺层的工艺过程如图 3.34～图 3.42 所示。

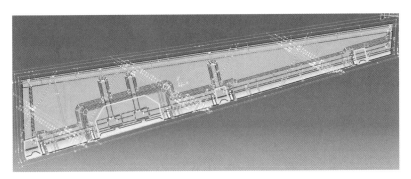

图 3.34 设计铺层拼搭接时,避开非切割 A 区;铺层边缘留设计余量

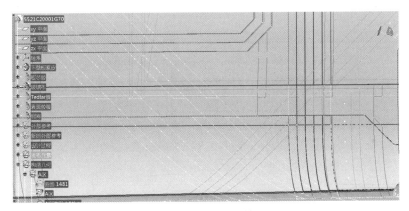

图 3.35 装配区搭接转拼接

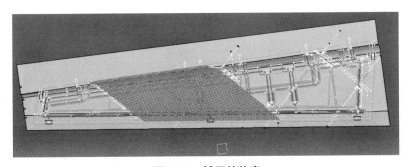

图 3.36 铺层的仿真

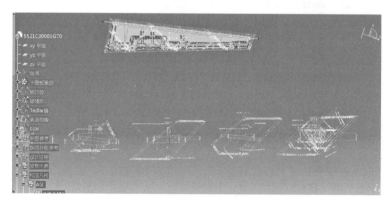

图 3.37　拼搭接设计后的铺层展开

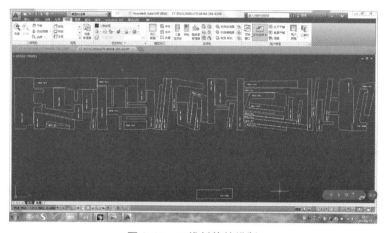

图 3.38　二维料片的排版

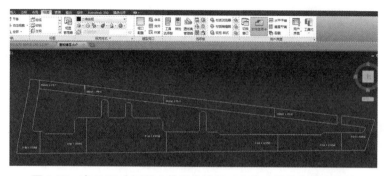

图 3.39　在 CAD 中可将分块料片进行对合检验料片分块准确性

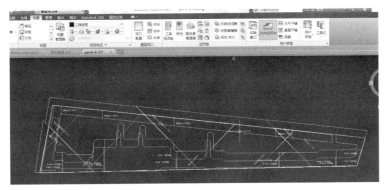

图 3.40　在 CAD 中对铺层料片进行模拟铺贴,可检验料片的准确性

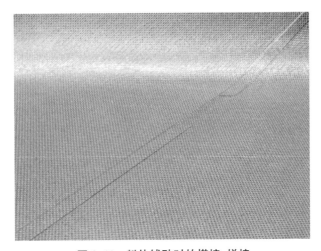

图 3.41　料片铺贴时的搭接、拼接

图 3.42　真实料片铺贴

3.3 复合材料夹层结构制造

夹层结构是由高强度的面板和轻质夹芯所组成的一种结构形式。夹层结构按夹芯形式的不同可以分为蜂窝夹层结构和泡沫夹层结构(见图3.43)。制备夹层结构的材料可以是金属的或非金属的任意组合。复合材料夹层结构具有比强度高、抗腐蚀、耐疲劳、耐冲击、阻燃、消声降噪、隔热、介电性能优越及工艺性好等特点。

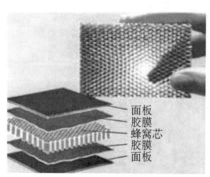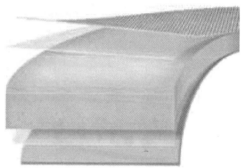

图3.43 蜂窝夹芯及泡沫夹芯结构

3.3.1 蜂窝夹层结构制品成型

3.3.1.1 蜂窝芯处理[4]

1) 蜂窝芯处理的一般要求

(1) 在蜂窝芯的储存、处理和包装过程中,避免损伤以及水、油脂、灰尘或其他杂物的污染而影响胶接。

(2) 在准备处理的蜂窝芯或蜂窝组件上,清楚地标记产品图号,标记方法不要影响后续的蜂窝芯胶接。

(3) 蜂窝芯处理过程中,如用到未固化的预浸料、胶膜材料等,该过程应在洁净间内进行。

(4) 蜂窝芯处理使用的工装禁止使用脱模剂,使用剥离布。

(5) CPM8237标记笔只可用于蜂窝加工过程中的标记,不能用做蜂窝标签。

2) 蜂窝芯清洁

蜂窝芯的胶接表面、成形或加工后的蜂窝芯零件以及胶接的蜂窝芯组件应保持清洁,无目视可见的污染物、杂质、灰尘或加工碎屑。

蜂窝芯的清洁可以通过下列方式:

(1) 使用吸尘器或者用干燥的、经过过滤的压缩空气去除任何蜂窝芯上可见的灰尘(加工和清洁操作过程中,应消除静电)。

(2) 使用干净的棉布蘸丙酮或甲乙酮擦拭被污染的蜂窝芯。蜂窝芯上不要残留溶剂。

使用溶剂清洁过的蜂窝芯按以下方法进行干燥:

打开包装后蜂窝芯暴露在环境中超过 12 h 的,需在 120℃±8℃下干燥至少 1 h 或 60℃±8℃ 下干燥至少 2 h。干燥后需在 12 h 内进行后续铺贴操作,如果不能在 12 h 内进行铺贴操作,则将干燥后的蜂窝存放在密封塑料袋中,并在密封塑料袋中放置防潮砂。存放时间不能超过 90 天。否则应按上述要求重新干燥。

3) 蜂窝芯拼接

(1) 高温固化发泡法。

对于蜂窝芯与蜂窝芯间的拼接,可以在任意一块需要拼接的蜂窝芯胶接表面施加发泡胶;对于蜂窝芯与预固化零件的拼接,在预固化零件的胶接表面施加发泡胶。在能够产生符合胶接界面要求的情况下,尽量使用最薄的发泡胶。最大的未固化发泡胶的厚度不能超过 5 mm。

a. 保留外表面的保护膜直到将发泡胶紧密地压实在胶接面上。在此过程中要防止裹入空气。

b. 修剪胶膜露出部分,露出长度为 0~3 mm。

c. 去除外表面保护膜,将细节件紧密地压实进行组装。所有切开的蜂窝芯边缘都要嵌入到发泡胶里。

d. 可用热吹风机来加热以固定蜂窝芯。在距离热吹风机 75 mm 处的最高空气温度不超过 93℃(200°F)。热吹风机应不停移动,离发泡胶的最小距离为 150 mm。在固定蜂窝芯的过程中不允许发泡胶塌陷。

e. 在发泡胶与胶接面间可允许加一层胶膜。胶膜的固化温度应与零件的最高固化温度相匹配。

f. 如果需要用两层发泡胶(如用两层 50 级来制备 100 级),将两层发泡胶慢慢地卷在一起以防止裹入空气。

发泡胶可以单独固化,也可以与零件一起共固化。

按以下方法处理需要后续加工的胶接表面:用 150 目或更细的砂纸轻轻打磨已固化的胶接拼缝处,除去胶接表面的疏松物。如果灌封料或发泡胶上使用可剥布,则不需要打磨。

(2) 灌封料法。

对于灌封料,按下述要求操作:

a. 按包装要求将各组分混合,混合后的重量为 400 g 的灌封料在 27℃下的适用期为不超过 30 min。对于 6 型灌封料,可以添加不大于 10%重量比的惰性填料

（7 型灌封料已经含有惰性填料）。可以一次配置 800 g 灌封料并迅速分成不超过 400 g 的小份。

b. 施加灌封料后，需在 16～30℃条件下放置至少 1 h 以使灌封料凝胶，然后按要求的工艺参数固化灌封料可以在 16～30℃条件下放置 24 h,使其具有足够的硬度进行打磨、机加、封边及后续操作。

按以下方法处理需要后续加工的胶接表面：用 150 目或更细的砂纸轻轻打磨已固化的胶接拼缝处，除去胶接表面的疏松物。如果灌封料或发泡胶上使用可剥布，则不需要打磨。

（3）高温固化胶膜法。

施加胶膜，并将蜂窝芯段放到一起。在固化过程中要保持蜂窝芯段紧紧地固定在一起。蜂窝芯段之间不允许有间隙。按要求的工艺参数固化胶膜（见图 3.44）。

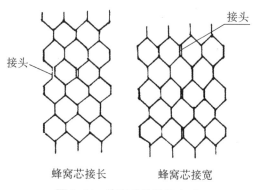

图 3.44 蜂窝芯的拼接方式

为了防止蜂窝芯压碎或者胶膜发泡，固化过程中真空要维持在 $-0.033\sim-0.025$ MPa直至温度降至 65℃以下。

4）蜂窝芯灌封

（1）铺层前灌封。使用可剥布作为隔离纸和蜂窝芯之间的屏障层。用压敏胶带遮住蜂窝芯，以确定工程图样规定的填充区域。对于双组分灌封料，按照包装要求将各组分混合。对于冷藏的单组分灌封料，将灌封料升至室温，用包装外用布擦干后无冷凝水形成时才可以打开包装。

施加灌封料，除去压敏胶带并固化。灌封料可以在蜂窝芯细节件铺层前固化，也可以在零件固化期间固化。

（2）铺层和固化后灌封。在贴袋面钻一不超过紧固件直径的孔。

在贴袋面钻一个最大直径为 1.6 mm(0.063 in)的通气孔。在距离每一个灌封区域外边缘 6.3 mm(0.25 in)范围内，等距地分布通气孔以保证排出裹入的空气。

按图 3.45 所示为破坏的蜂窝壁。

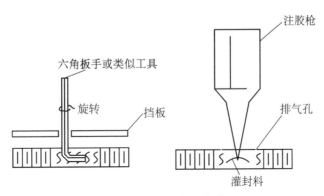

图 3.45　蜂窝芯灌封

施加灌封料,除去压敏胶带并固化。灌封料可以在蜂窝芯细节件铺层前固化,也可以在零件固化期间固化。为防止损伤蒙皮,在要破坏掉芯格壁的部位放一挡板,如铝板。将六角扳手(或同类工具)从挡板的孔中插进去。握紧扳手(如用虎钳夹)后转动。不能用任何电动机械转动扳手。

将注胶枪的头部尽可能深地插入到掏空的蜂窝芯内。注射灌封料直到该区域完全填满(灌封料从所有的通气孔中流出)。

5) 蜂窝芯倒角(见图 3.46)

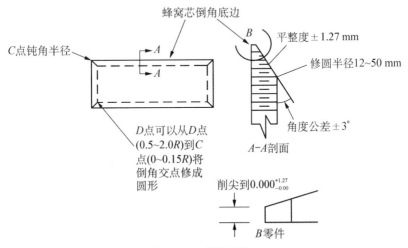

图 3.46　蜂窝芯倒角

6) 蜂窝芯稳定

工程图样有规定时,可以采用胶膜法对蜂窝芯进行稳定化处理。按图 3.47 所示,在贴袋面、贴工装面或两面都用胶膜稳定,并按要求固化。

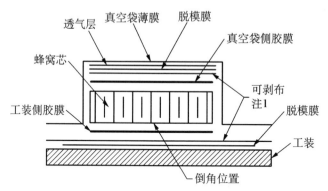

图 3.47　蜂窝芯稳定

注1:可选用可剥布。如果不使用可剥布,用 150 粒度或更细砂纸打磨表面

为防止蜂窝芯压碎或胶膜发泡,真空度应限制在−0.033～−0.025 MPa,并保持真空度直到冷却至 65℃。

3.3.1.2　蜂窝夹层结构制造

图 3.48 为制造蜂窝夹层结构制品的工艺流程图。

3.3.2　泡沫夹层结构制品成型

3.3.2.1　泡沫材料处理[5]

这里以 ROHACELL 泡沫(德固赛公司的一种 PMI 泡沫材料)为例。

1) 泡沫材料干燥

如果 ROHACELL 泡沫材料在没有防潮的条件下已经储存了一个较长的时间,材料一定已经吸收了一定比率的水分。在使用之前,必须先干燥。确定是否要预先干燥,去除水分的方法是:

(1) 准备一件最少 200×200×厚度(板材全厚度的试件)的泡沫芯样件。

(2) 在干燥前秤取样件的重量。

(3)在 120℃的条件下干燥,直到样件的重量基本保持不变(每小时重量减少<0.3%),记录下干燥时间。

这个记录下的时间就是以后板材使用前的预干燥的时间。吸收的水分=$1-(W_{干燥后}/W_{干燥前})×100\%$。根据吸收的水分的比率和相应比率下 ROHACELL 的耐压缩蠕变性能确定使用前是否需要预先干燥。这样,ROHACELL 在使用前,根据其中含有的水分,需要在高温(大于 120℃)下干燥,消除加工中出现水汽,消除水分子的塑化作用,提高对抗压缩蠕变性能。通常,以 2～3℃/min 的速度加热,在

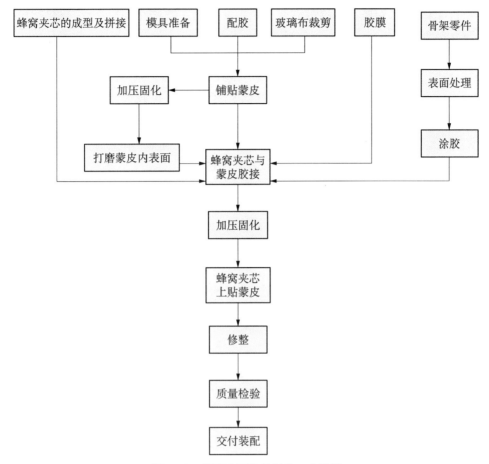

图 3.48 蜂窝夹层结构制品工艺流程

空气循环烘箱中 130℃ 干燥大约 3 h。泡沫搁置时,保证板材表面的空气能够循环。在板材的厚度大于 25.4 mm 的时候,需要延长干燥时间。

2)PMI 泡沫的高温热处理工艺

对于工艺要求达到 180℃(ROHACELL® WF)或 190℃(ROHACELL® XT)的情况,材料必须作以下处理,以提高其耐压缩蠕变性能:①在 130℃ 的空气循环烘箱中干燥至少 2 h。②根据 ROHACELL® 型号不同和密度不同,在 160～180℃ 之间,干燥 48 h。第二步的目的是进一步提高材料的耐蠕变性能,断开水分子物理链接,使材料干燥。因为 190℃ 的高温热处理会损害材料表面,所以芯材的成型应该在高温热处理以后进行。

3)泡沫芯胶接

由于 ROHACELL 表面溶剂挥发很难透过,因此必须十分注意,当用溶剂型胶黏剂大面积胶接 ROHACELL 与 ROHACELL,或 ROHACELL 与其他溶剂挥发很难透过的材料时,在胶黏剂涂敷到两面之后并在加压胶接在一起之前,应将胶接面上胶黏剂中的溶剂充分挥发掉。用这些胶黏剂体系(通常为橡胶类)胶接的接头通常保持一定程度的弹性。而且具有很高的剥离强度。如果可能的话,对接头进行热固化,胶接质量将大大提高。

由于需要很好的导热性能,热熔接仅在将很薄的材料如金属板或装潢纸与ROHACELL 熔接时才进行。不建议使用乳剂型胶黏剂。非溶剂型胶结体系包括热熔胶、反应型胶和胶膜。反应型胶,如环氧和聚酯树脂可以在充足的压力(0.05~0.3 N/mm²)下固化或在使用中具有很好流动性,因此,可以很好地填充表面泡沫材料的开孔。固化可以通过加热(最高 160℃)加速完成。接头位置的硬度和刚性会增加。

胶膜和热熔胶需要加热进行胶接,通常通过加热固化。为了将它们牢牢地锚定在被割开的 ROHACELL 泡孔中,胶膜必须有足够的厚度(100~200 g/m²)。有些胶膜如酚醛胶膜在固化时会释放出挥发性物质。因此,应当在加热同时轻轻施压。在模压胶接之前,压机应短暂地再打开让挥发物质挥发。

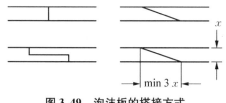

图 3.49　泡沫板的搭接方式

4) 泡沫板的搭接

泡沫板有几种搭接方式。根据泡沫板的厚度和最终产品需要满足的性能选择搭接方式。总之,值得注意的是搭接面需要足够大。图 3.49 是其中的几种搭接方式。

3.3.2.2　泡沫夹层结构制造

泡沫夹层结构成型工艺主要有预制粘接成型法、现场浇注成型法、机械连续成型法和其他成型方法。

预制粘接成型法,是先将夹层结构的表面层和泡沫塑料芯材分别制造,然后将它们粘接起来的成型方法。技术的关键是有合适的粘结剂和合理的工艺条件。

现场浇注成型法,是在结构空腔内浇入发泡混合料,让发泡塑料胀满空腔,经固化处理,和玻璃钢结成一个整体夹层结构。一般浇注料量比计算值要多 5%。

机械连续成型法,是将两表面层用结实、等长的纱线连接,然后浸胶,由喷管喷入发泡料,经固化成型。

其他成型方法,先制作好泡沫塑料,然后采用浇注法或其他方法制作蒙皮(例如目前的外墙保温板生产等)。

3.3.3　蜂窝夹层结构成型实例

这里以高温固化碳纤维增强环氧树脂层压板和蜂窝夹层结构件制造为例,详细说明蜂窝夹层结构的成型工艺。

1) 模具设计

蜂窝夹层结构零件模具设计时,相比于层压板结构零件,特殊之处是要在模具上设计防滑带。防滑带的作用在于避免蜂窝在抽真空、固化时由于受到较大侧向力而发生塌缩。防滑带有两种,一种是固定在模具边沿的金属防滑带。金属防滑带是一种金属薄片,上面密密麻麻打了很多孔,孔边的金属向上翘曲。预浸料铺贴时,延伸铺到防滑带上,防滑带牵扯住预浸料,防止预浸料发生位移,进而避免侧向力传导至蜂窝芯上(见图3.50)。金属防滑带可采用焊接、螺钉或胶接方式固定在模具上。通常推荐采用高温胶接的方式固定,使用时间比较长久。当金属防滑带出现剥离的情况时,可用蜂窝夹层结构零件使用的高温胶膜进行修补粘接。另外一种防滑带是玻璃布,通常在不方便使用金属防滑带的区域,或者蜂窝芯比较安全的区域使用。玻璃布用高温胶带固定在模具上,预浸料铺贴时,延伸铺到玻璃布防滑带上。

图3.50　模具四边的防滑带设计

2) 预浸料拼接要求

一组铺层内的拼接可以交叉。

同向铺层之间的拼缝错位,可以每隔4层同向铺层重复一次。不同方向的两个相邻铺层的拼缝如果是平行的,则这两个拼缝位置也要错开,且错开位置每隔4层可以重复一次。本要求适用于搭接和对接拼接(见图3.51~图3.53)。

单向带的边缘拼接注意事项:

当搭接尺寸超过要求时,可以去掉一条连续、等宽的单向带以满足要求。

当对接间隙超过要求时,可以嵌入一段连续的单向带以满足要求。对接间隙不超过5mm(0.2in)宽可以返工。返工后形成的拼缝看做一条拼缝,而不是多条拼缝。

3) 胶膜拼接要求

对于蜂窝夹芯边缘的胶膜,应延伸至芯材边缘或边缘外6mm(0.25in),也可将胶膜从芯材边缘延伸152mm(6in)到另一块芯材边缘,以便采用一层连续胶膜。

4) 合成芯材铺放要求

如果使用合成芯材,将合成芯材延伸到超出零件净边界外至少25mm(1in)。

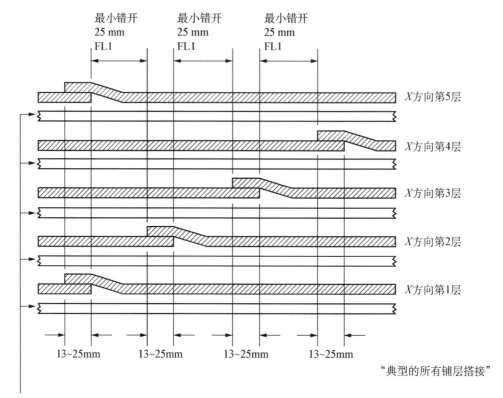

图 3.51　预浸料搭接

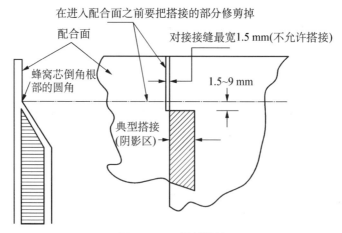

图 3.52　预浸料拼接

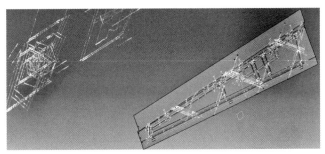

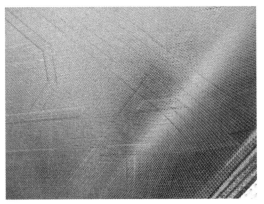

图 3.53　实际料片的拼搭接设计

暴露的合成芯材边缘应进行密封,以防止树脂流胶。方法 1 使用压敏胶带将挡边条与工装粘在一起,或在铺层下面铺两层隔离膜延伸到挡边条之上(见图 3.54)。方法 2 将铺层延伸到合成芯材以外进行封边(见图 3.55)。

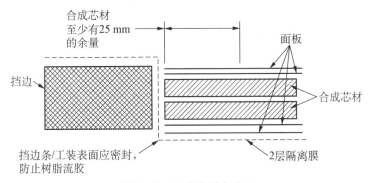

图 3.54　边缘密封方法 1

当铺放合成芯材时,应避免裹入空气。铺放时,仅除去合成芯材下表面的保护膜,保留上表面的保护膜。将合成芯材的一边铺好,用刮板压紧,并从这一边向另一边排出刮板前的空气。除去上表面的保护膜,接着按照此方法进行下面的铺层。

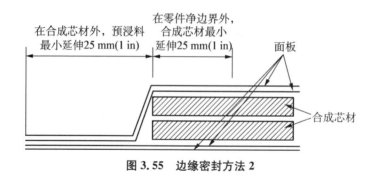

图 3.55　边缘密封方法 2

拼接合成芯材时不允许搭接,最多有 2 mm(0.06 in)间隙,拼缝错开最小 13 mm(0.5 in)。

5) 真空袋制作

边缘吸胶层是可选的。边缘吸胶层与蒙皮层和加强层一般搭接 6 mm(0.25 in)。边缘吸胶层距离零件净边界至少 13 mm(0.5 in)。不允许使用表面吸胶材料。

如果使用边缘吸胶层,表面透气材料应接触边缘吸胶层,但不要与预浸料直接接触。将表面透气层与真空源直接连接。如果真空袋材料是厚度大于 50 μm (2 mil①)的尼龙真空袋薄膜,并且整个零件的表面都用了压力垫的话,表面透气材料是可选的。

隔离膜应超出铺层边缘至少 25 mm(1 in),但不要到表面透气层边缘。如果使用了带脱模剂的金属压板,并且压板覆盖到真空袋下树脂流胶的所有区域时候,可以不使用隔离膜。如果使用压力垫,应使用无孔隔离膜隔离零件和压力垫。

压板或压力垫可以用在层压板和夹层零件上,压板的尖边要经过打磨。

可以用胶带将工装面的隔离膜固定在工装表面。胶带可以延伸到零件余量下距零件净边界 6 mm(0.25 in)以内。

6) 固化

不允许使用抽真空的方法来维持等于或低于 34 kPa 的真空袋内压力。当温度升至 166℃以后,升温速率可以降为 0.06～3℃/min。升温和降温速率在任意 15 min 的时间内测量都应该满足要求。为了防止蜂窝芯滑移或压碎,可以在压力达到 69 kPa 时真空袋通大气。

固化时的最短时间和最低温度基于滞后热电偶,最长时间和最高温度基于领先热电偶。

冷却过程中由于温度下降引起的自然压降不超过 130 kPa。

蜂窝夹层结构热压罐工艺固化曲线如图 3.56 所示。

---

① mil(密耳),长度的非法定单位,1 mil=10^{-3} in=$2.54×10^{-5}$ m。

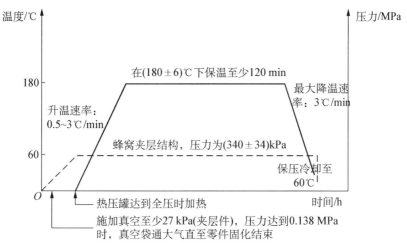

图 3.56 蜂窝夹层结构热压罐工艺固化曲线

3.4 热隔膜预成型

3.4.1 热隔膜工艺简介

随着复合材料在民机上的占比越来越高,使用手工铺贴的方式制备大尺寸复合材料零件已经不合时宜,尤其是带 R 角的大长细比结构,如梁和长桁。在手工铺贴这些结构时,不仅效率低下,而且 R 区不易压实而形成纤维屈曲,热隔膜预成型工艺则能很好解决这一问题[6]。

首先,热隔膜工艺能够与自动铺带技术结合使用,大幅提高生产效率。采用热隔膜预成型前,先将预浸料铺贴成平板,在合适温度下折弯形成所需形状,使用自动铺带技术能够大幅提升这一阶段的生产效率,并保证铺贴质量稳定性[7]。

其次,热隔膜成型工艺能保证优良的 R 区纤维质量。热隔膜预成型工艺中,预浸料加热变软,在适当的折弯速率下,R 区纤维能够良好地滑移,防止 R 区形成纤维屈曲。因此,热隔膜预成型工艺是制备梁、长桁等大长细比结构的良好工艺方法[8]。图 3.57 为热隔膜工艺的流程示意图。

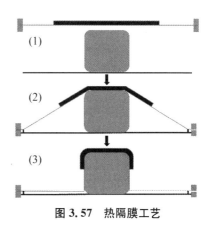

图 3.57 热隔膜工艺

国外对热隔膜工艺的研究时间比较早,已经发展出与自动铺带相配合的热隔膜成型工艺,解决了大尺寸、变厚度、单/双曲率复合材料大长细比结构的自动化生产问题。并且研制了专用生产设备,并成功应用于型号生产,总体技术成熟度较高。欧洲 ALCAS

计划中对此项技术进行了验证,推动其走向成熟化,在 A400M 项目中,采用自动铺带和热隔膜成型技术结合,已成功制备总长大于 10 m 的复合材料机翼前、后翼梁。而 B787 机翼翼梁也采用自动铺带进行平板铺贴,然后后采用热隔膜工艺制造 C 型梁[9-11]。

国内对于热隔膜工艺的研究起步较晚,从 2009 年开始已经有多家单位开展热隔膜理论和工艺探索,从国外引进了热隔膜的专用设备,并制备出结构较为简单的零件,但对于过程机理研究和参数优化控制仍十分欠缺。目前我国自主研发的大飞机 C919 平尾和垂尾前后梁均采用热隔膜工艺进行制备,未来的机翼梁、长桁、机身长桁等均有可能采用该工艺方法进行制备。

3.4.2 热隔膜工艺分类

热隔膜工艺根据使用隔膜的数量可以分为单隔膜和双隔膜工艺[12]。顾名思义,单隔膜工艺只使用一层隔膜,覆盖在零件和辅助材料上表面,靠抽真空产生的压力对零件进行赋形;双隔膜工艺使用两层隔膜将预浸料和辅料进行包覆,依靠两层隔膜的共同作用最终完成零件赋形。两种隔膜工艺的差别和适用对象如表 3.1 所示。

表 3.1　单/双隔膜预成型工艺对比

	单隔膜	双隔膜
定位方式	预浸料层直接固定在工装表面,定位简单	预浸料层固定在两层隔膜之间,需要辅助定位工装
加热方式	预浸料层和工装一起预热,采用辐射灯加热	工装和预浸料层分别单独预热:工装采用辐射灯加热,预浸料采用辐射灯和加热床双面加热
赋形方式	仅采用抽真空预成型折弯,由隔膜直接对料层赋形	分两步赋形,下隔膜贴紧真空床前机械赋形,下隔膜贴紧真空床后抽真空赋形
优势	(1) 定位简单,基本不需辅助工装 (2) 过程简单,省去下隔膜固定步骤 (3) 可以实现多个零件同时预成型 (4) 硅橡胶膜多次使用,节约成本	(1) 料层和工装分别预热,温度控制精确,尤其对于厚度较大零件 (2) 分两步预成型,且由预设程序进行运行,赋形过程控制精确 (3) 采用上下两层隔膜,可以实现较大厚度零件预成型
劣势	(1) 赋形过程不易控制,预浸料层下部无支撑,受热后自行弯曲 (2) 预浸料和工装同时加热,易导致加热不均匀	(1) 需要定位辅助工装,操作复杂 (2) 需要固定下隔膜,过程时间长 (3) 仅预成型一个零件,效率较低 (4) 隔膜仅能用一次,耗费较高
适用范围	长桁类厚度小、缘条宽度小、结构简单的零件	梁类厚度大、缘条宽、结构稍复杂的零件

从表 3.1 中可以看出,一般来讲,梁类厚度较大的结构一般采用双隔膜,长桁类较薄、结构简单的结构一般采用单隔膜。当然,两者之间没有严格的界限,需要根据零件的实际情况制定最佳的工艺方案。

3.4.3 热隔膜工艺流程

热隔膜预成型工艺的作用是对预浸料平板进行空间立体赋形,得到所需的梁或者长桁结构。因此,一般的流程包括铺贴、裁切、工装及料层定位、预热、赋形、冷却、打袋封装、固化。对于单隔膜和双隔膜工艺,在预成型准备和赋形部分稍有差别,其流程如图 3.58 所示。

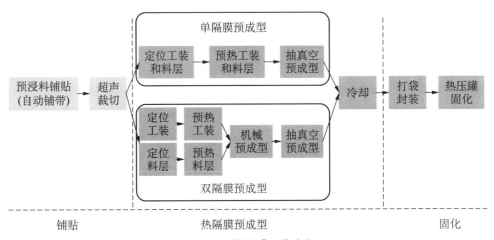

图 3.58 热隔膜工艺流程

对于单隔膜工艺,由于只在料层上方覆盖隔膜,所以一般可以把料层和工装一起预热,或者当工装预热到一定温度后,将料层定位至工装上。而双隔膜工艺采用两层隔膜将料层进行包覆,所以无法将料层直接放到工装表面,需要对工装和料层分开进行定位和预热。

不同于单隔膜工艺,双隔膜工艺中包含一步机械预成型。如图 3.58 所示,第一步将材料和隔膜展平放到工装上表面;第二步隔膜框带动隔膜下移,开始赋形,这一过程即为机械预成型阶段,在这一阶段,R 区部分折弯;第三步为抽真空预成型阶段,这一阶段依靠下隔膜和床面间真空,将预浸料层压至紧贴工装,完成赋形。

以下根据上海飞机制造有限公司的研究进展对双隔膜工艺流程进行详细说明。图 3.59 为热隔膜设备分布简图。设备有效操作台面长 20 m,宽 2 m,由主加热库、工装预热库、加热床、真空床、导轨、主控系统、抽真空系统、冷凝器和安全装置组成。

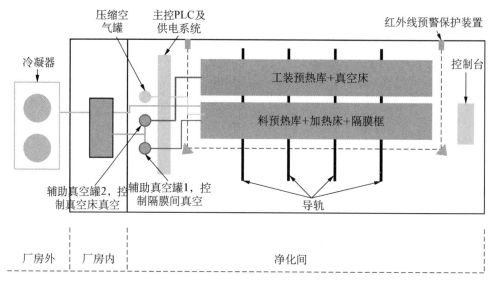

图 3.59 热隔膜设备结构

图 3.60 预浸料及隔膜固定到隔膜框

1) 预成型准备

这一过程主要是人为操作,需要将工装吊装并定位到真空床上,并进行预热;固定隔膜,放置预浸料并密封两层隔膜,进行隔膜预抽。为了保证料层的质量,推荐在这一过程中,隔膜间抽真空。由于在整个预成型过程中,工装和预浸料都无法移动,所以在这一步必须对工装和预浸料进行很好的定位。一般采用激光投影仪进行预浸料在隔膜上定位,采用定位卡板进行工装在真空床上的定位。双隔膜工艺中,两层隔膜间真空值较高,预浸料在隔膜间难以移动,所以不需要额外设置定位装置。单隔膜工艺中,预浸料直接固定在工装上,需要在工装上设计辅助定位,如图 3.60 所示。

2) 预热

定好预浸料和工装位置后,需要将工装和预浸料进行预热。在双隔膜工艺中,工装和预浸料分开预热,在工装预热库中预热工装,加热方式为辐射灯。在主加热库中预热预浸料,加热方式为辐射灯和加热床,分别对预浸料上下表面进行加热。在预热期间,固定隔膜的框架和主加热库已经通过气动夹具连接,主加热库也用于在预成型过程中对料层进行保温加热。当预浸料层和工装的温度都达到设定要求后才能进行下一步骤。

3）预成型赋形

预浸料和工装温度均满足要求后，主加热库和工装预热库上升。此时隔膜框固定于主加热库底端，随之一起上升，预浸料靠隔膜托起。升到要求高度后，加热床移出，真空床和工装移进主加热库下方准备进行赋形。

整个赋形过程分为 4 个子步骤：①主加热库下降至下隔膜和工装进行接触；②主加热库下降短暂距离，使隔膜张紧，此时预成型过程已经开始；③用于隔膜框下降，这一过程可以根据需要设置不同的速率；④抽真空预成型。主加热库和隔膜框下降到真空床底部，隔膜和真空床间形成密封空间，开始抽真空对预浸料进行赋形，直到料层完全贴紧工装，如图 3.61 所示。

图 3.61 预浸料贴紧工装

4）冷却及停止

完成赋形后，为了防止预浸料层在高温下暴露过长时间，需要对料层和工装进行冷却，在这一过程中一般采用吹冷风的方式。冷却至设定温度后，开启加热库和隔膜框，完成预成型过程。

3.4.4 关键工艺参数

热隔膜过程的原理是在特定的温度下将预浸料层进行折弯赋形，为了保证预成型质量，预浸料层之间必须充分滑移，因此影响预浸料层滑移的因素都会对热隔膜工艺造成影响，包括预成型温度、折弯速率、隔膜间真空度（双隔膜）[13-15]。

1）预成型温度

零件的预成型过程要求树脂具有一定的流动性：为了实现纤维层间滑移，要求树脂粘度较低、从而减小预浸料层间的摩擦力；同时，为了保证预浸料层间滑移有序可控，则预浸料层的低粘度状态必须持续一定时间，直到完成预成型过程。预成型处理过程会对预浸料施加一定的温度，当温度过高或升温时间过长会导致树脂发生化学反应使固化度增高，影响材料的力学性能寿命，从而导致零件固化后的力学性能降低。因此，预成型温度制度的选定准则为在保证层间滑移的条件下，尽量选择最低的温度，图 3.62 所示为典型预浸料的粘-温曲线。

2）折弯速率

预成型最重要的过程是折弯过程，折弯速率直接影响 R 区的质量。在单隔膜工艺中，只采用抽真空的方式进行折弯，所以折弯速率的控制因素是抽真空速率；而在双隔膜工艺中，分为机械折弯过程和抽真空赋形过程。机械折弯过程中，隔膜框的

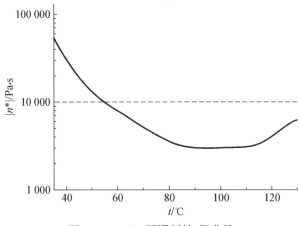

图 3.62　X850 预浸料粘-温曲线

下降速率决定折弯速率,因此双隔膜预成型折弯速率受隔膜框下降速率和抽真空速率两个因素影响。

为了保证 R 角的充分滑移,在制定工艺方案时应采用尽量低的折弯速率。但是,热隔膜过程会对预浸料加热,影响预浸料的剩余操作寿命和力学性能寿命。因此,在工艺允许的前提下,应尽量缩短预成型时间。这两个要求相互冲突,因此在实际工艺方案的制订时,需根据零件的结构特征进行优化设计,在保证零件结构质量的前提下,尽量提高折弯速率。

对于厚度较小且结构简单的零件,由于层数少,各层的温度分布比较均匀,可以适当采用较高的折弯速率;对于厚度较大的零件,中间层预浸料的温度较低,粘度较大,需要适当降低折弯速率,保证层间充分滑移;对于结构比较复杂的零件,例如带有比较复杂的变厚度、变截面、存在曲率等,需要针对具体零件进行工艺实验,分析得出最佳的折弯速率方案。

3) 隔膜间真空度

对于双隔膜预成型工艺,影响层间滑移的另一个重要参数是隔膜间的真空度。因为采用双隔膜工艺的零件一般重量较大,仅靠下隔膜无法对料层提供足够的托举力,易在料层抬起前形成褶皱。因此,在开始赋形以前,两层隔膜间需保持较大的真空度。在赋形过程中,如果隔膜间真空度过大,会导致层间阻力增加,不利于料层的滑移,因此在赋形过程中需要适当降低隔膜间真空度。完成赋形后,为了保证零件的尺寸精度,需要增加隔膜间的真空,保证足够的压力将料层贴紧工装。

3.4.5　大厚度 C 型梁热隔膜预成型案例

上海飞机制造有限公司对大厚度 C 型梁结构的双隔膜工艺进行了探索研究,该 C 型梁结构比较复杂,长度为 2 m,变截面非对称,并且沿展向和弦向均存在变厚度,

最大厚度达 34 mm(铺层数为 208 层),其
结构如图 3.63 所示,采用的材料为碳纤维
增强 X850 增韧环氧树脂预浸料。

在本试验件的设计过程中,为了兼顾
强度和减重的需求,结构上存在比较复杂
的变厚度,并且存在多个变厚度重叠区,最
大厚度梯度达 6 mm。依据该结构设计了
专用的成型工装。由于零件存在 3 个变厚
区,工装根据零件特征在外型面上设计了

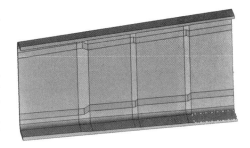

图 3.63 大厚度 C 型梁结构

梯度。为了简化预成型后的转移步骤,减小重定位误差,C 型梁的预成型和成型采
用一套工装。根据预成型过程的特点,整个工装不宜太高,工装下部没有安装框架
和底座,防止影响抽真空效果。并且在工装两端增加了可拆卸的盖板,进行预成型
时装上盖板满足预成型过程抽真空的需要,在热压罐固化时,可以拆掉盖板,内部有
空气流通的通风口,保证工装均匀加热,如图 3.64 所示。

试验件使用的材料为碳纤维增强 X850 增韧环氧树脂预浸料,其粘度很高,对预
成型滑移造成不利影响,因此需要对该材料进行粘度测试,选取最佳的预成型温度
区间。根据 X850 预浸料的粘-温测试结果(见图 3.62),选定热隔膜的工艺温度区
间为 70~80℃。

在预成型工艺过程中,首先依据零件的数模将铺层展开为平板,根据铺层信
息进行铺贴。由于铺贴工装一般为平面,铺贴完成后料层上表面存在厚度差,在
预成型过程中上表面和工装面进行配合,所以在进行预成型之前需将料层进行
180°翻转,使变厚度面朝下。然后将预浸料层放置于下隔膜上,进行预成型封装。
根据前面介绍的预成型步骤进行预成型,如图 3.65 所示为预浸料层移动到工装表
面状态。

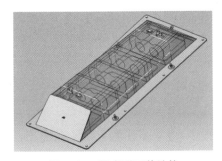

图 3.64 预成型工装结构

图 3.65 预浸料层移动到工装表面状态

随后,预浸料层开始进行机械预成型赋形,由于零件厚度较大,为了防止折弯过

快导致 R 角形成褶皱,一般需要使用较低的隔膜下降速率,并且需要适当降低隔膜间的真空度。当隔膜和真空床接触形成密闭空间后,机械赋形过程结束,开始抽真空进行赋形,如图 3.66 所示。

图 3.66　抽真空赋形

零件预成型完成后的状态如图 3.67 所示,从图中可以看出,零件表面十分平整,没有明显可见的突起或者凹陷,预成型质量较好。

图 3.67　预成型完成后形态

随后将零件进行封装固化,将固化后的零件切边,得到零件最大厚度 R 角区域的截面纤维分布情况如图 3.68 所示。可以看出,零件最厚区域纤维滑移良好,不存在纤维屈曲,说明热隔膜预测工艺能够比较好地完成这一厚度的 C 型梁的预成型制备。

图 3.68　最大厚度 34 mm 处纤维状态

3.5　加筋壁板制造

加筋壁板结构由蒙皮和长桁组成,可以获得较大的结构刚度和抗屈曲能力,提高结构效率。传统的加筋壁板采用铝合金制成,蒙皮和长桁通过铆钉连接。而对于复合材料加筋壁板,蒙皮和长桁都是复合材料,主要采用共固化、共胶接或二次胶接工艺制造,可以充分发挥复合材料的结构优势,降低组装成本。

3.5.1　加筋壁板共固化制造

在共固化制造工艺中,壁板由长桁和蒙皮一次固化成型,只需要整体进行一次热压罐固化,相对于共胶接制造工艺或二次胶接制造工艺的多次进罐,能够节约制造成本。同时,由于共胶接制造工艺或二次胶接制造工艺均需要采用胶膜来进行长桁与蒙皮的胶接,因此在壁板铺层相同、尺寸不变的情况下,采用共固化制造工艺会减轻壁板的重量。B787 机身筒段壁板即采用整体共固化的工艺方式进行制造。

采用共固化制造工艺进行加筋壁板制造,根据零件的结构形式及共固化的工艺方式要求可以采取阴模成型或阳模成型两种制造方式。以帽型长桁加筋壁板的制造过程为例,分别针对这两种制造方式进行简要介绍。

1) 复合材料加筋壁板阴模成型工艺

采用阴模成型工艺是将壁板的气动外形面作为贴模面,这样可以保证零件整体气动外形满足要求。同时,由于长桁外部具有成型盖板,因此在零件成型过程中可以获得较好的外观质量。整个工艺过程为:首先进行长桁铺贴,可采取在阳模上铺贴后转移至阴模或直接在阴模上铺贴这两种方式,铺贴时需要注意阴模 R 区的铺贴质量。蒙皮的铺贴可以同步进行。当蒙皮与帽型长桁分别铺贴完成后,先将芯模材料填充于帽型长桁内部以便进罐后能够进行压实,然后将帽型长桁连同芯模一并转移并精确定位至蒙皮的内表面,组合完成后进行打袋封装,最后进罐固化。工艺流程如图 3.69 所示。

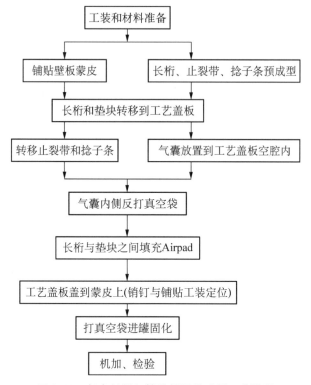

图 3.69　复合材料加筋壁板阴模成型工艺流程

采用阴模成型工艺虽然能够获得较好的零件外观质量,但是模具设计形式复杂,配合关系较多,操作难度大,对制造而言具有较大的挑战。同时,由于模具配合原因还极有可能出现预浸料层被架空的情况,导致零件内部缺陷。阴模成型工艺方式模具设计如图 3.70 所示。

图 3.70　阴模成型工艺方式模具

2) 复合材料加筋壁板阳模成型工艺

采用阳模成型工艺则壁板的内表面为贴模面,长桁凹槽直接在壁板成型模具上。整个工艺流程为:先进行帽型长桁的铺贴,当帽型长桁的贴模部分铺贴完成后,放入芯模材料并同时进行长桁 R 区的填充及长桁后续铺贴。当长桁铺贴完成后,直接在模具表面进行蒙皮的铺贴。在最后零件成型过程中,通过在蒙皮外表面放置工艺盖板来保证零件的整体气动外形面质量。工艺流程如图 3.71 所示。

采用阳模成型工艺直接将长桁及壁板内表面的型面置于整体贴模面,这样极大地简化了模具的设计形式和数量,使整个操作过程变得相对简单,但缺点是壁板气动外形面的质量控制难度增大。阳模成型工艺方式模具设计如图 3.72 所示。

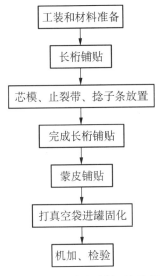

图 3.71 复合材料加筋壁板阳模成型工艺流程

图 3.72 阳模成型工艺方式模具

3.5.2 壁板共胶接制造工艺

壁板共胶接制造工艺可分为两种形式,一种是干长桁湿蒙皮的制造方式,另一种是湿长桁干蒙皮的制造方式。两种方式各有优缺点,经过对目前最先进民用客机之一的空客 A350 机身壁板制造方式的调研,发现空客 A350 机身壁板结构采用了干长桁湿蒙皮的共胶接制造工艺方式,先固化帽型长桁,然后与湿蒙皮共胶接固化。采用该工艺方式时,由于没有蒙皮的限制,长桁单独成型后芯模较易拔出,有效解决了长桁芯模脱模的问题,降低了工艺难度。同时,由于长桁先进行制造,可以确保胶接时所有长桁的质量完好,能够有效降低共固化成型工艺所带来的零件制造风险。

根据以往的研制经验,采用干长桁湿蒙皮的共胶接制造工艺方案为:长桁采用自动铺带工艺铺贴平板,经过 C 型预成型后组合成工字型,之后进热压罐固化,出罐后将固化的长桁切割至净尺寸,然后将切割好的长桁与采用自动铺带工艺铺贴的蒙皮通过高温胶膜进行组合,最后再次进热压罐共胶接成型。具体工艺流程如图 3.73所示。

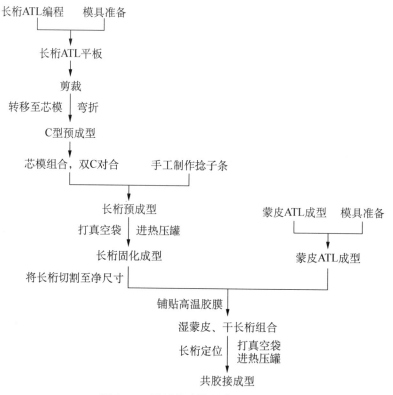

图 3.73 壁板共胶接制造工艺流程

在 C919 大型客机的大尺寸翼面类结构中,有一些已经采用干长桁湿蒙皮的共胶接制造工艺进行零件的成形,整个零件的制造方式如图 3.74 所示。

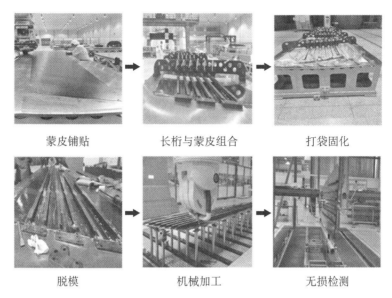

| 蒙皮铺贴 | 长桁与蒙皮组合 | 打袋固化 |
| 脱模 | 机械加工 | 无损检测 |

图 3.74　C919 翼面类结构共胶接制造工艺流程

3.5.3　壁板/梁整体共固化工艺应用实例

3.5.3.1　概述

多梁盒段主要用于飞机平尾及垂尾结构,波音 B787 和庞巴迪(Bombardier)C 系列的平尾结构均采用多梁盒段结构[17],其结构如图 3.75 所示,即由上、下蒙皮与 5 根梁一次共固化成型的整体盒段。与传统的密肋结构(由上、下壁板,前、后梁和多根肋组成)相比,整体多梁盒段将零件数量由多个降为一个,简化了盒段的装配过程,减少了紧固件数量和热压罐使用次数,从而达到减重和降低成本的效果。但其增加了复合材料制件的制造和无损检测的难度,而且有可能会提高制件的报废率。

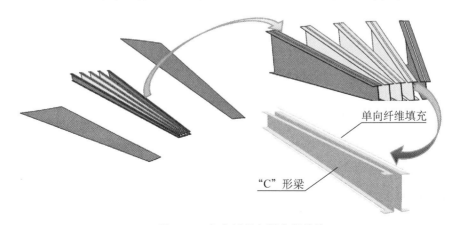

单向纤维填充

"C"形梁

图 3.75　复合材料多梁盒段结构

与传统的多肋方案相比,多梁盒段在某些方面具有明显的优势,具体表现见表3.2和图3.76。

表 3.2 多梁方案与密肋方案对比

对比项目	多梁方案	密肋方案
先进性	整体共固化成型,充分发挥复合材料整体成型的优点,可以体现飞机的先进性	所有制件分开制造,传统结构和成型方式,不能体现飞机的先进性
成型工艺	组件一次共固化成型,组件整体刚性大,且存在相互制约,有利于变形控制;同时整体成型进罐次数少,生产成本较低 技术成熟度较低,需要开展技术攻关,研制投入较大	上下壁板、前后梁、肋等复合材料零件单独成型,壁板和梁等大尺寸超长复合材料件的变形控制困难;同时单独成型会增加进罐次数,生产成本较高 技术成熟度相对较高,研制投入相对较少
成型工装	采用一套组合模即可实现整体共固化结构件制造,成型工装制造和维护成本低	上下壁板、前后梁及所有肋制件均需一套成型工装,工装数量多且种类繁杂,制造和维护成本高
机械加工	整体进行机械加工,加工量小	所有零件均需进行机械加工,机加工作量大
无损检测	中梁腹板及拐角处需要特制检测夹具进行检测	能够方便地实现所有零件100%全检测
装配	整体共固化成型,无需装配	壁板、梁、肋等所有零件均需进行装配,需要制备大量的装配孔,钻孔难度大,存在钻孔破坏风险;且装配关系复杂,配合面积大,装配协调困难
装配型架	无	需要配备外伸盒段装配型架

图 3.76 B787 和 ATR42 的多梁盒段

3.5.3.2　国内外进展情况

目前只有意大利 Alenia 公司拥有这种整体成型多梁盒段的制造技术,该公司也是波音 B787 和庞巴迪 C 系列水平安定面的唯一供应商。20 世纪 80 年代中,Alenia 开发并利用该技术研制出 AMX(轻型战斗机)的水平安定面和垂直尾翼,并于 1995 年申请了美国专利"适用于航空应用的纤维增强结构的制造工艺"[17]。90 年代中,Alenia 将该技术应用于 ATR42 和 ATR72 水平安定面的生产,到目前为止,已完成 1000 多件多梁盒段。

从图 3.76 中可以看出,ATR42 多梁盒段的尺寸较小(ATR 42 多梁盒段放在 B787 之上),而 B787 多梁盒段长 11m 多,重约 450kg[18]。Alenia 公司从 2002 年开始研究是否能将该技术应用到 B787 构型上,在完成了中型尺寸和夹层结构梁整体成型多梁盒段等大量试验后,于 2004 年确认该技术可以应用于 B787;随后,在研制大尺寸多梁结构的过程中,该公司进一步攻克了自动铺带、热隔膜预成型和机加等关键技术,于 2007 年完成预生产验证(PPV),进入批产阶段。

在 B787 多梁盒段研制成功的基础上,Alenia 公司于 2009 年承接了庞巴迪 C 系列的水平尾翼,其多梁盒段的结构尺寸与 C919 相当,所选材料也相同,为 Cytec 的 977－2/T800 级碳纤维预浸料。根据 Alenia 公司工程师的介绍,他们计划分四个阶段完成庞巴迪 C 系列多梁盒段的开发:第一阶段用含两个梁的小盒段确认 977－2 树脂是否适合这种成型工艺;第二阶段分别从多梁盒段的大端头和小端头截取约 1 米长的盒段,验证工艺可实施性;第三阶段用所选材料在 ATR 的成型模具上进行试制;最后阶段完成 1∶1 制件的研制。整个过程需两年多时间,并且所有过程中,均要进行无损检测和解剖试验,以确定缺陷的形式和解决办法。

尽管多梁盒段整体成型技术已成功应用于小飞机 ATR42 和 ATR72,但应用于大飞机,还存在一些问题:2010 年 8 月,波音公司报道由于 Alenia 公司生产的水平安定面存在一些质量问题,波音公司对已生产的水平安定面进行了全面检测,正在评估这些问题对飞行安全的影响,因此导致 B787 的首架交付推迟到 2011 年[19]。

另外,针对 C919 飞机水平安定面的外伸盒段,美国的沃特(Vought)公司和英国的 GKN 公司均表示整体成型的多梁盒段制造难度太大,产品的内部质量和尺寸难以保证。他们分别提出了自己的方案:沃特公司的方案是蒙皮和梁分别成型,然后通过机械连接方式进行装配;GKN 公司的方案是传统的密肋结构形式。

目前,国内水平安定面的盒段一般采用密肋结构形式,相对复杂一点的结构是上下壁板含有 π 形筋条,然后将梁腹板插入上下壁板,胶接固化。国内在多墙结构整体共固化方面,有一定研究基础,如某机机翼就采用壁板和梁整体成型工艺。但大型多梁盒段的热压罐成型工艺的研究几乎是空白,小型多梁盒段的制造一般也采用 RTM 工艺(如某机垂尾盒段),和橡胶气囊成型(如直九平尾)。2009 年底,中国商飞启动了 C919 水平尾翼样段的研制,上海飞机设计研究院完成水平安定面多梁盒段的设计,上海飞机制造有限公司和哈尔滨飞机制造集团组成的研究团队确定了制造方案,完成了模具的设计和制造、小盒段的工艺试验、自动铺带技术研究等,最终完成 1∶1 多梁盒段的首件制造,掌握了该项技术。

3.5.3.3　工艺路线

多梁盒段可能的制造方案主要有两个:一种是采用 Alenia 专利所介绍的方法;另一种是采用橡胶气囊法。两种方法上、下壁板的外型面模具形式是相同的,均采用金属模具;而不同的是前者采用子母真空袋来成型内表面和梁腹板,后者采用橡胶气囊。

子母真空袋法结构比较简单,一旦抽上真空,未固化的梁和壁板就被固定住,然后再拔出芯模,制件的内部质量容易保证,梁的轴线位置,特别是后梁可能出现偏差,达不到设计要求,但也不应该有很大的偏移。但这种子母真空袋的制备过程非常复杂,很容易发生漏气,导致孔隙和分层。而橡胶气囊法,则由于气囊在型腔内,导致整个制件和模具的温度均匀性较差,橡胶的膨胀和压力也会产生差异。比较两种方法,都存在一些问题,都不能保证产品的内部质量和外部尺寸很好地达到设计要求,但真空袋法毕竟被 Alenia 用于 ATR 和 B787 的研究与生产,相对风险较小,因此本项目最终决定还是采用 Alenia 专利所介绍的子母真空袋法。

按照制造方案,1∶1 外伸盒段制造采用了自动铺带工艺、预成型工艺、反打真空袋、工艺组合和整体共固化工艺,并对制件进行了尺寸检测和无损检测,主要工艺过程如下。

通过查阅相关资料,并结合国内复合材料制造经验,确定出 C919 壁板/梁整体共固化工艺方案,工艺路线如图 3.77 所示。

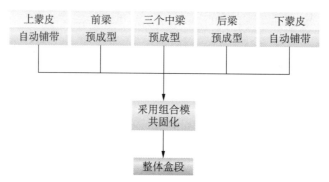

图 3.77　壁板/梁整体共固化工艺路线

3.5.3.4　工艺流程

下面选取 C919 平尾外伸扭力盒段为例,对其成型工艺过程进行介绍。

C919 平尾外伸段扭力盒为多梁式布局,整个扭力盒由上、下蒙皮,前、后梁及 3 根中梁构成[20],如图 3.78 所示,采用整体共固化工艺一次固化成型。上、下蒙皮为单向带层压结构,采用自动铺带机铺贴。前、后梁及 3 根中梁均由两个背靠背的"C"形梁组成,沿弦向等百分比布置,工字型中梁的腹板厚度约为 3 mm,根部高为

380 mm,尖部高为 134 mm。整个盒段长约 6 600 mm,根弦长约 1 000 mm,尖弦长约 476 mm,总重量约为 150 kg。外伸段模块与后缘舱模块连接,翼梢安装机加封端肋,后梁上需安装升降舵悬挂铰链。

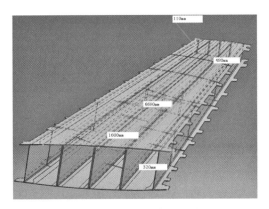

图 3.78 外伸段盒段结构

外伸盒段的上下壁板和 5 根梁均采用 Cytec 公司的 CYCOM 977 - 2 - 34 - 24K IMS 预浸料,梁和壁板的三角区,在加入捻子条后,局部用 CYCOM977 - 2A - 40 - 6KHTA - 5H - 370 - T2 - 1270 DP 织物预浸料覆盖。表面铺覆 Synkin 9837.1.030/.022CU - 100 防雷击铜网和表面膜。

Alenia 的专利是一个整体成型多梁盒段的基本工艺,主要介绍的是子母真空袋的形成,不仅适合于水平安定面,也适合于其他多梁结构,但关于梁和壁板的定位、工装组合形式等细节问题都没有介绍。

C919 外伸盒段模具由上模体、下模体和六个芯模组成,如图 3.79 所示。上、下模体是钢模,通过 V 型块连接定位(纵向和横向分别定位)。芯模为复合材料模具,其外形与上下壁板内表面和梁腹板留有一定的间隙,芯模比制件长,这样方便芯模在共固化前从模腔内移出来,芯模与下模体通过定位端板定位。

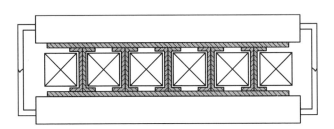

图 3.79 C919 外伸盒段模具组成

C919 壁板/梁整体多腔结构成型主要工艺过程如下:

(1) 梁的预成型。按照梁的铺层顺序,采用自动铺带机在平板工装上铺放 10

块长条形平板预浸坯料,再将铺叠好的平板转移至 50℃预成型工装上,封袋并放入固化炉进行预成型,如图 3.80 所示。预成型条件为 80℃保温 2 h。

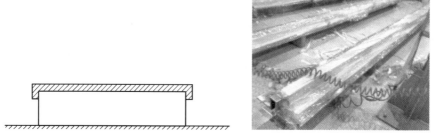

图 3.80　平尾外伸盒段梁的预成型工艺

采用手工方法将平板预浸坯料在预成型工装上折成 C 型,由于预浸坯料较厚,且工装较大,在室温下直接手工弯转,很容易起褶,导致纤维屈曲,当加热预成型工装和预浸坯料后,则可以减少起褶的程度。

（2）上下壁板的铺设。根据外伸盒段上下壁板数模,提取 FiberSIM 的铺层信息,并根据工艺要求确定边界余量,然后进行自动铺带编程。最后按照程序在成型工装上进行铺贴,如图 3.81 所示。

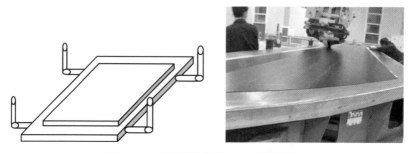

图 3.81　平尾外伸盒段上下壁板的铺设

（3）在芯模上制真空袋。按照芯模、隔离材料、管状真空袋、透气毡、管状隔离膜的顺序对芯模进行真空制袋,如图 3.82 所示,并且管状真空袋需长出芯模 0.5 m以上,密封好后安放真空嘴,抽真空使真空袋紧贴芯模。为了防止梁拐角处夹隔离膜,在隔离膜外侧,四个拐角处添加带胶的脱模布。

由于筒状真空袋为等直径,比芯模大端略大,比小端大很多,需要将多余的真空袋缠绕在芯模上,而且用隔离膜做真空袋抽真空时压力不是很大,容易造成芯模小端间隙过小且影响合模及梁的位置精度。因此,筒状真空袋应该定制,使其随着芯模形状变化;为避免芯模拔出刮伤真空袋,筒状真空袋应该比一般常用的真空袋略厚。同时也应定制较厚的隔离膜防止梁拐角处夹隔离膜。

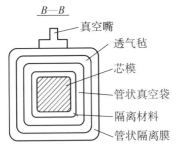

图 3.82 平尾外伸盒段梁的芯模制袋

（4）梁的预装配。将预成型后的梁按照图 3.83 进行预装配。由于外伸盒段梁的小端除了后梁都需铺设到净尺寸，没有加工余量，因此，梁在芯模上的定位显得尤为重要。然而，由于芯模要包裹真空袋、透气毡和隔离膜，无法提前进行梁位置的刻线标记。综合考虑几种定位方式的优劣，选取以铺设好的下壁板边缘为基准的定位方式。将打完袋的芯模放置在下模体上，以铺叠好的下壁板坯料边缘为基准，测量出梁在芯模上的位置，然后对芯模进行标记。

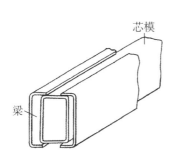

图 3.83 平尾外伸盒段梁的预装配

（5）组合。将芯模按照从后梁到前梁的顺序依次放在下壁板成型工装上，如图 3.84 所示，在两个 C 型梁之间放置捻子条。

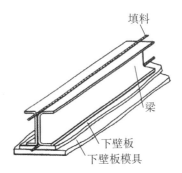

图 3.84 平尾外伸盒段"C"型梁之间添加填料

　　外伸盒段上下壁板侧的捻子条采用不同的形状,下壁板上的捻子条先用 0°单向带卷成圆柱形,再采用直径为 14 mm 的金属圆柱滚压成三角形状,如图 3.85 所示。而上壁板侧的捻子条则直接做成圆柱形,不进行滚压。这是因为梁与上下壁板的间隙全部反映在上壁板一侧,即梁缘条与上壁板之间的间隙较大,如果做成三角形状的,会使得捻子条压入梁的腹板内,使得梁腹板鼓包,而三角区则由于缺少填充变得孔隙超标。

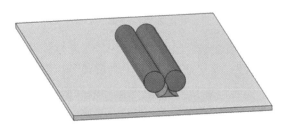

图 3.85　捻子条的滚压成型

　　在完成上述工序的基础上,盖上上壁板,并准备制袋,如图 3.86 所示

图 3.86　平尾外伸盒段组装

　　将芯模上的真空袋拆开,分别与上下模体的表面和侧面相连,并与各芯模上的真空袋相连,这与 Alenia 专利不同,不存在子母真空袋。然后抽真空,达到稳定真空后,将芯模抽出。如图 3.87 所示。采用此种方式制袋,具有较好的传热性和压力分布均匀性。

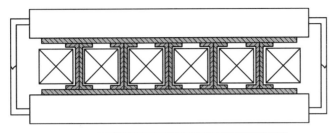

图 3.87　平尾外伸盒段封袋

　（6）固化。将封好袋的组件放入热压罐中进行固化。其固化曲线如图 3.88
所示。

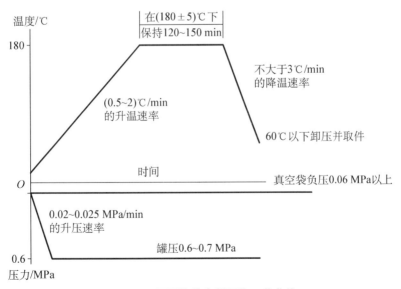

图 3.88　平尾外伸盒段固化工艺曲线

　外伸盒段真空袋共布置 15 个真空嘴，其中 14 路抽气，1 路测重。常温渗漏检测时,5 min 内真空下降 15 kPa;罐内渗漏检测时,抽真空到 88 kPa,关闭真空阀,5 min 后真空下降到 72 kPa;加正压至 0.6 MPa 时,真空下降为 55 kPa。升温后,真空度进一步下降,当罐内温度达到 175.8℃,超前热电偶 161.2℃,滞后热电偶 130.7℃时,负压变为 0,在后续的升温及恒温恒压过程中,真空袋内开始进正压,最高时正压达 125 kPa。

由于外伸盒段打袋过程复杂,且在合模和拔出芯模过程中,都有可能造成真空袋损伤,从而引起漏气。因此,避免真空袋漏气,是保证制件内部质量的关键。

(7) 机加。外伸盒段机加主要包含切边和钻孔,整个过程采用配柔性夹具的五轴钻铣床进行。

最初考虑采用钻模板的方式机加外伸盒段定位孔,但成型后外伸盒段变形较大,钻模板给出的定位孔偏离理论尺寸,无法装卡。综合考虑各种情况,发现二号中梁轴线位置较为准确,可以作为基准。因此在二号中梁轴线上小端理论外形以外 30 mm,大端理论外形以外 80 mm 钻出定位孔,作为机加基准孔。从切割效果看,切割的外形线与理论相差都在 4 mm 以内。

由于前后梁的轴线位置发生了偏移(前梁偏移 8～18 mm,后梁偏移 3～10 mm),且均是向外偏移,同时,根据测试数据发现,梁轴线的偏移量是沿展向变化的。针对这种情况,在切割非凸缘处的壁板时,可以采用基准偏移法,使其尽量与梁的轴线平行切割,以保证梁缘条的宽度。在实际操作过程中,测量前后梁大端和小端的偏移量,计算出轴线偏移角度,在程序设定中使基准偏移相同角度。切割后后梁除小端有 2～5 mm 偏差外,其余部位基本满足缘条宽度尺寸一致且与理论数值偏差在 2 mm 以内。

将外伸盒段翻转进行上壁板切割时,考虑到下壁板切割的实际情况,按照下壁板切割时的偏转角度进行上壁板切割,后梁缘条宽度调整与理论值近似,相差在 2 mm 以内。但前梁仍存在较大偏差,甚至局部偏差达到 14 mm。因此,对于前梁缘条的切割,还需要进行梁平面位置测量,并调整基准偏转角度。

(8) 外形检测。采用激光跟踪仪、激光扫描和白光照相设备进行检查。

首先使用激光跟踪仪对制件进行了检测,但由于在切割过程中将坐标系挪动了 0.3°,导致大部分基准孔的位置出现了偏离,不能使用。测得的数据在经过坐标系转换后得出的结果表明大部分点的偏差均在设计要求[21]范围之外,但不能了解制件尺寸的实际偏差。

采用激光扫描和白光照相设备进行检查,结果表明外伸盒段上表面型面偏差均在±0.8 mm 以内,后梁大端头的轴线向外偏差为 3.2 mm,并沿轴向逐渐增大,在小端头达到最大,为 10.4 mm;而前梁大端头的轴线向外偏差为 5.6 mm,在小端头也达到 10.2 mm;但中间部分向外鼓,轴线向外最大偏差为 17.6 mm。以后梁为基准的检测结果显示,如果考虑后梁向外(向后)扩 3.2 mm,则其他几根梁的轴线在大端头的偏差(向前)分别是 0.3mm、2.6mm、4.4mm 和 5.7mm(前梁),这与最佳拟合状态下前梁在大端头的轴线向外偏差的结果是一致的。

　　根据以上测量结果,可以看出外伸盒段上壁板的型面和尺寸精度是符合设计要求的,这表明在整体共固化过程中,上壁板没有发生较大的变形,也说明了模具的选材、设计和制造是合适的。4 根梁轴线均向外偏,这有可能是组合时,芯模与梁之间比较紧,在拔出芯模时,梁的位置发生移动;也有可能是在热压罐内,当加温后,材料变软,罐内的侧气流导致梁的位置发生移动。

　　(9) 无损检测。外伸盒段前后梁腹板的无损检测主要采用超声波 A 扫描,5 根梁及其拐角处采用特殊夹具夹持的手动 A 扫设备进行。从检测结果来看,各梁的拐角处均没有发现较大的缺陷。前梁腹板有 9 处明显分层缺陷和 5 处点状孔隙缺陷,最大缺陷尺寸为 25mm×8mm,第三号中梁和后梁腹板均有一处 5mm 的分层缺陷,其余腹板位置没有发现明显缺陷。

　　外伸盒段壁板采用 A 扫和 C 扫相结合的方式进行检测。检测结果表明,外伸盒段上壁板有 4 处典型的分层缺陷,最大缺陷尺寸为 50mm×10mm,有 11 处点状孔隙缺陷。下壁板有 20 处分层缺陷,大部分集中在中部靠近后梁的位置,最大缺陷尺寸为 55mm×10mm,有 27 处点状孔隙缺陷,多数集中在中梁轴线靠近大端侧,这表明真空泄漏处可能就在其附近。

　　尽管由于局部区域真空袋泄漏,导致外伸盒段下壁板部分位置出现一些内部缺陷,但整体结果还是非常好的,特别是 5 根梁及其与壁板相交拐角处质量,几乎没有发现缺陷。这表明多梁盒段的制造方案和模具设计方案是合理的,制造过程控制是有效的。

　　按照上述确定的多梁盒段的制造方案和模具结构形式,能够一次共固化成型出含上、下壁板与 5 根梁的整体盒段。无损检测结果表明内部质量良好,基本符合设计要求;外形尺寸检测结果表明所研制的外伸盒段除梁轴线存在较大偏差外,其他基本满足设计要求。以上结果证明外伸盒段的整体制造方案和模具设计方案是合理的,制造过程控制是有效的。多梁盒段的制造方案与 Alenia 专利存在很大的差异,部分规避了知识产权的问题,但仍需进一步完善工艺路线和工装结构,提高产品质量,完全规避专利。

3.6　硬模传压效果研究

3.6.1　硬模传压研究必要性

　　目前,民用飞机的复合材料主承力结构如机身壁板、翼面类加筋壁板及梁等,主要由单向带预浸料铺层在热压罐零吸胶工艺下制备而成。翼面类加筋壁板结构的筋条通常设计为 T 型或工型,部分机型的梁结构也设计为工型,此类零件一般采用双侧硬模的方式制备。硬模传压的效果直接决定了零件的成形质量,因此研究硬模传压的有效性及均匀性对于 T 型或工型零件成型过程的机理分析及对内部质量的控制是十分重要的。

3.6.2　硬模传压测试可行性分析

1) 热压罐内压力传递理论

Dave 和 Gutowski 等人提出的纤维逐步密实模式是经典的纤维压实理论,认为在复合材料热压罐成型过程中,铺层压力由树脂和纤维共同承担[22-24]:

$$P = P_r + P_f$$

式中:P 是外加压力;P_r 是树脂压力;P_f 是纤维的平均有效应力。

在热压罐固化过程中,纤维是固态,不发生变化,而基体树脂则随着温度上升,由固态小分子变为液体,发生化学反应凝胶后形成交联网状结构。研究压力传递主要是在树脂液体到凝胶这段区间内。

在热压罐零吸胶工艺下,复合材料在成型过程中几乎没有树脂流出,纤维含量变化很小。目前用于民机主承力结构件制造的单向带预浸料的纤维体积分数约为 60%,对单向带层压板,纤维极限体积分数为 90.6%[25],因此理论上对纤维体积含量为 60% 左右的单向带材料在零吸胶固化过程中树脂将分担绝大部分外压。

2) 树脂压力在线测试系统

针对预浸料铺层在成型过程中的树脂压力测试,北京航空航天大学材料科学与工程学院空天材料与服役教育部重点实验室研发了一套操作方便、可重复使用的树脂压力测试系统,实现了热压罐树脂压力的在线测试,并成功运用于小尺寸等厚层压板、变厚层压板及 L 型层压板等典型结构在固化过程中压力传递的相关研究[27-31]。

树脂压力在线测试系统的量程为 -0.1~2 MPa,精度为 0.25% FS。设备如图 3.89 所示。

树脂压力在线测试系统主要由 4 部分组成:数据采集系统、压力传感器、储液

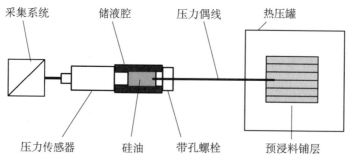

图 3.89　树脂压力在线测试系统

腔、压力偶线,其中压力偶线为外径 0.8mm、内径 0.6mm 的不锈钢管。将耐高温硅油充满储液腔及压力偶,需确保硅油中不存在夹杂空气,否则压力测试结果会出现滞后。

在固化过程中,当外加压力施加于预浸料铺层表面上时,树脂将承担一定的外加压力。树脂压力测试时,将压力偶端部放置于预浸料铺层需要测试的位置。由于压力偶端口的耐高温硅油与树脂接触,预浸料铺层内部树脂压力便利用硅油通过压力偶线及储液腔传递到压力传感器感应区域,压力传感器将感应压力转变为电流信号,通过采集系统进行采集及记录。

3.6.3 硬模传压测试实例及分析

针对 CYCOM 977 - 2 - 35 - 24K IMS - 194 高温预浸料(简称为977 - 2/IMS预浸料)在热压罐零吸胶工艺下采用 H 型方式成型的工型零件,上海飞机制造有限公司使用北京航空航天大学研发的树脂压力在线测试系统,进行了不同模具配合区域的树脂压力在线测试。根据测试结果,对树脂压力与铺层压力的等效性进行研究,分析了硬模传压的有效性及均匀性。

3.6.3.1 实验介绍

1) 实验件及工装

实验材料选用 977 - 2/IMS 预浸料,树脂质量分数为 35%,名义单层厚度为 0.188mm。

实验件为工型梁结构,长 840mm,腹板高度约 190mm,腹板沿长度方向有 3 个厚度区,厚度分别为 5.640mm、4.316mm 和 2.632mm,其中第二个厚度区中存在凸台,凸台厚度为 6.956mm。为操作方便,树脂压力测试时没有铺放梁的上下缘条盖板,缘条区的厚度为腹板区厚度的一半。零件如图 3.90 所示。

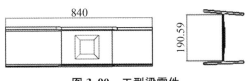

图 3.90 工型梁零件

梁实验件的工装分为上模体及下模体。工装组合形式及型面检测情况如图 3.91 所示。上模体的型面偏差为 −0.12～0.06mm,下模体的型面偏差为 −0.13～ 0.08mm,均满足对工装型面轮廓度 ±0.2mm 的偏差要求。

2) 树脂压力测试系统标定

将压力偶线端头置于热压罐内容器中的硅油液面下,对比随罐压增大时硅油压力测试值与罐压的差异。测试中采用了 4 路压力偶线,标定结果如图 3.92 所示。可见,硅油压力测试值随罐压升高而迅速升高,保压阶段与罐压一致。说明树脂压

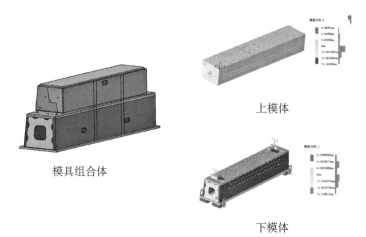

模具组合体　　　　上模体

下模体

图 3.91　树脂压力测试用工装

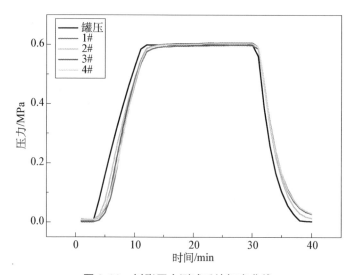

图 3.92　树脂压力测试系统标定曲线

力测试系统测试结果可靠。

3）树脂压力测试实施

测试位置：共四处偶线，其中一处在梁缘条侧，为单侧硬模传压；三处在梁腹板侧，测试点所处的位置料层理论厚度分别为 5.64mm、6.956mm 和 4.316mm，为双侧硬模传压。压力偶线放置位置如图 3.93 所示。

测试制度：压力测试实验中采用了阶梯加压制度及标准加压制度。阶梯加压制度：抽真空至－0.074MPa，随后加压，当加压至 0.14MPa 时真空袋通大气；随后开始加热，当测试热电偶温度达到 90℃时继续加压至 0.61MPa，待热电偶升温至

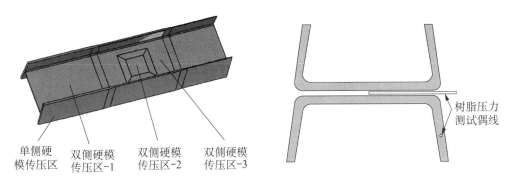

单侧硬模传压区　双侧硬模传压区-1　双侧硬模传压区-2　双侧硬模传压区-3

树脂压力测试偶线

图 3.93　树脂压力测试位置

174℃进入保温阶段,保温一段时间后,树脂压力出现无规律状态,停止保温,降温卸压出罐。标准固化制度:抽真空至$-0.074\,\mathrm{MPa}$,随后加压,当加压至$0.14\,\mathrm{MPa}$时真空袋通大气,继续升压至$0.61\,\mathrm{MPa}$后开始加热,待测试热电偶升温至174℃时进入保温阶段,保温一段时间后,树脂压力出现无规律状态,停止保温,降温卸压出罐。

3.6.3.2　实验结果及分析

1) 树脂压力与铺层压力的等效性验证

在单侧硬模区域,罐压将通过真空袋、透气毡等封装材料无损地传递至铺层,即在压力传递达到平衡后,单侧硬模区域的铺层压力应与外压一致。

实验中选取的977-2/IMS预浸料纤维体积分数约为60%,通过金相显微镜观察的纤维分布照片如图3.94所示,可见层压板中的纤维呈分散分布。图3.95、图3.96分别为单侧硬模区域阶梯加压制度与标准固化制度下的树脂压力测试曲线。可见,在两种测试制度下,树脂压力均随罐压增加而逐渐增大,稳定后与罐压一致,即验证了单侧硬模区域的树脂压力与铺层压力的等效性。

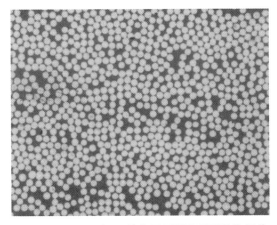

图 3.94　977-2/IMS单向层压板的微观结构照片

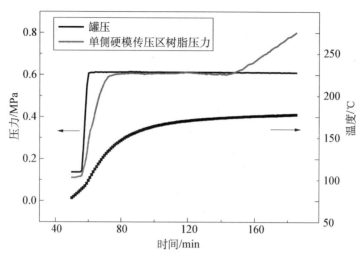

图 3.95　阶梯加压制度下单侧硬模传压区树脂压力测试曲线

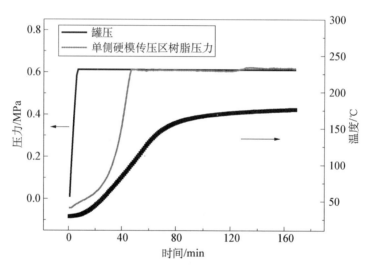

图 3.96　标准固化制度下单侧硬模传压区树脂压力测试曲线

　　通过上述分析及实验结果,说明:对纤维体积含量为 60% 左右的单向带材料,在热压罐零吸胶工艺下,当树脂处于较好的流动态时,树脂压力与铺层压力具有等效性,通过树脂压力测试的方法分析硬模传递压力的效果是可行的。

　　2)硬模传压有效性及均匀性分析

　　双侧硬模传压区,由于存在材料厚度偏差、铺层位置偏差、模具型面偏差,硬模传压的有效性及均匀性有待进一步分析与验证。

　　图 3.97、图 3.98 分别为在阶梯加压制度与标准固化制度下,双侧硬模传压区不同厚度位置处的树脂压力测试曲线。可见,两种测试制度下,树脂压力均随罐压增

加而增大,在测试点 1 与测试点 2 处,树脂压力达到罐压后继续增大,随后又逐渐降低,平衡后与罐压一致;在测试点 3 处,树脂压力逐渐增大至与罐压一致,并不存在过冲现象。

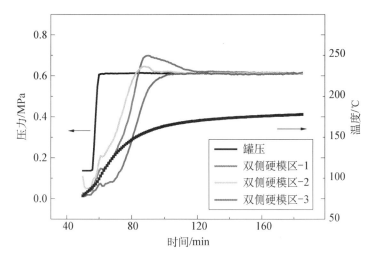

图 3.97　阶梯加压制度下双侧硬模传压区树脂压力测试曲线

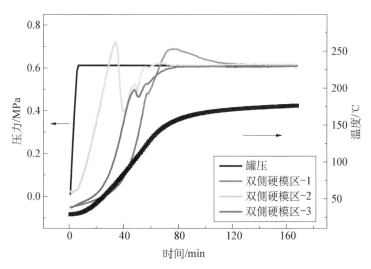

图 3.98　标准固化制度下双侧硬模传压区树脂压力测试曲线

977-2/IMS 预浸料单层厚度公差为 4.8%,且铺贴后的料层厚度要比固化后的名义厚度大 10% 左右,同时模具型面偏差、铺层位置偏差等因素均不可避免地存在,如图 3.99(a)所示;在固化初期,铺层的局部区域会先与硬模接触,由于接触面积小,先与模具接触位置的压力会超过罐压,如图 3.99(b)中所示;随着固化温度升高,预浸料铺层被逐渐压实,同时树脂流动性增大,逐渐达到载荷平衡状态,此时,各处压力会逐渐趋于一致,如图 3.99(c)所示;固化后,零件外型面与硬模配合区的型面一致,由于模具型面偏差的存在,虽然制件所受压力一致,但零件的厚度会存在一定偏差,如图 3.99(d)所示。

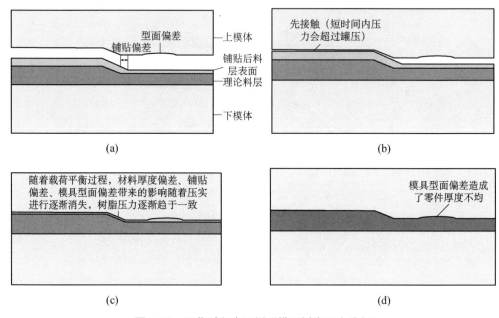

图 3.99　固化过程中双侧硬模区树脂压力分析

(a) 合模前　(b) 固化初期　(c) 固化过程中　(d) 固化后

通过上述实验结果及分析说明,当材料厚度偏差、铺贴位置偏差、模具型面偏差在合理的范围内时,随固化过程进行,硬模配合区域的树脂压力会存在载荷平衡的过程,达到平衡后与外压一致,说明此时铺层压力与外压一致,证明了硬模传压的有效性及均匀性。

3) 测试制度对树脂压力影响分析

通过图 3.95 与图 3.96,图 3.97 与图 3.98 可以看出,在实验选取的两种测试制度下,标准固化制度下的树脂压力要滞后于阶梯加压制度,并且标准固化制度下的树脂压力在增大过程中存在波动,这说明在阶梯加压制度下测试树脂压力时,由于温度升高,树脂粘度降低后测得的树脂压力更能准确、稳定地反映铺层压力。然而,与测试系统标定曲线(见图 3.92)相比,阶梯加压制度下的树脂压力仍明显滞后于罐压。这是由于实验中采用热电偶检测零件的温度,为避免热电偶对硬模配合区树脂压力测试的影响,热电偶只放在单侧硬模传压的缘条区。实验中的阶梯加压制度为温度升至 90℃后开始加压,因在 90℃时,977 - 2 树脂粘度为 25 Pa·s左右(见图

3.100),此时树脂压力测试值可较准确地实时反映铺层压力[28]。由于零件结构及尺寸、模具形式的影响,不同位置处的温度会相差较大。实际上,阶梯加压制度下,当开始加压时,双侧硬模间的温度还未升到90℃,树脂还未具有较好的流动性,因此阶梯加压制度下的测试值与罐压相比也会出现明显的滞后。

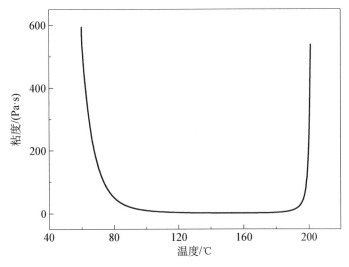

图3.100　977‐2树脂粘‐温曲线

在进行理论研究时,为实时了解铺层压力与外压的关系,可以通过无固化剂的低粘度树脂刷涂织物自制预浸料进行树脂压力测试。在对工程应用的具体零件进行树脂压力测试时,由于材料单层厚度的差别,很难使用自制预浸料进行测试,只能使用本体材料在等比件或缩比件中进行模具传压的有效性验证。由于实际零件及工装结构形式复杂,工装热分布存在一定差异,同一测试时刻不同位置处的温度不同,从而树脂粘度存在差异,会造成不同位置处树脂压力测试结果并不同步,甚至出现明显滞后。对热分布差异较大的零件,在同时进行多处树脂压力测试以分析硬模传压效果时,很难根据某一位置处的温度值作为加压时机的基准,若以升温较快区域的温度为基准,则升温较慢区域会存在滞后;若以升温较慢区域的温度为基准,则升温较快区域的树脂低粘度测试时间较短,可能错过压力的变化区间。

在达到载荷平衡后,树脂压力的测试值可直观反映铺层压力,进而可以验证模具传压的有效性及均匀性。标准固化制度下进行测试时,虽然在较低温度下的树脂压力并不是铺层压力的实时反映,且在增大时存在一定波动,但当树脂粘度降到一定程度时的树脂压力均可以反映铺层压力,并且低粘度测试区间均较长,有利于整体了解过程中的铺层压力变化。因此考虑到零件尺寸及工装的复杂性,在进行实际零件的硬模传压验证时,建议采用标准固化制度进行树脂压力测试。

3.6.3.3　实验结论

（1）热压罐零吸胶工艺下预浸料的树脂压力与铺层压力具有等效性。通过树脂压力测试的方法分析铺层压力与罐压的差异是可行的。

（2）实验中，双侧硬模传压区域的树脂压力存在载荷平衡的过程，在稳定后不同区域的树脂压力均匀并与罐压一致，说明当材料厚度偏差、铺贴位置偏差、模具型面偏差在合理的范围内时，双侧硬模传压是有效且均匀的。

（3）对分析热分布差异较大的零件的硬模传压效果，在使用本体预浸料的情况下，建议采用标准固化制度进行树脂压力测试的方法。

参考文献

［1］赵渠森.先进复合材料手册.第1版.［M］.北京：机械工业出版社，2003.

［2］王汝敏，郑水蓉，郑亚萍.聚合物基复合材料及工艺.第1版［M］.北京：科学出版社，2004.

［3］牛春匀.飞机复合材料结构设计与制造.第1版［M］.西安：西北工业大学出版社，1995.

［4］CPS7262 蜂窝芯的处理［R］.上海飞机制造有限公司，2017.

［5］ROHACELL 技术手册［R］.Evonik.

［6］贺光军，李鹏举.复合材料一体化制造工艺研究［J］.纤维复合材料.2004，9（3）：23-26.

［7］郝建伟.复合材料制造自动化技术发展［J］.航空制造技术.2010，17：26-29.

［8］段友社，周晓芹，侯军生.大飞机复合材料机翼研制技术现状［J］.航空制造技术，2010，18：34-37.

［9］匡载平，戴棣，王雪明.热隔膜成型技术［M］.复合材料：创新与可持续发展（上册）.2010.

［10］杨博，王菲，陈永清.大尺寸复合材料翼梁的制造技术发展［J］.航空制造技术，2013，22：74-77.

［11］陈亚莉.复合材料成型工艺在 A400M 军用运输机上的应用［J］.航空制造技术，2008，10：32-35.

［12］吴志恩.复合材料热隔膜成型［J］.航空制造技术，2009，25：113-116.

［13］边旭霞，顾轶卓，孙晶，等.热隔膜工艺温度与成型速率对 C 形复合材料成型质量的影响［J］.玻璃钢/复合材料.2013，5：45-50.

［14］姚双，李敏，顾轶卓，等.碳纤维复合材料 C 形结构热隔膜成型工艺［J］.北京航空航天大学学报.2013，39（1）：95-104.

［15］王永军，杨凯，陈森林，等.热固性碳纤维编织复合材料 C 形结构隔膜成型工艺［J］.玻璃钢/复合材料.2015，3：59-64.

［16］A. De Falco. Aerostructure Technologies ［C］. Alenia-SADRI SAMC Meeting, PPT, 2009.

［17］Sabato I, Imparato, Gragnano. Process for Manufacturing Fiber Reinforced Structures Suitable for Aeronautic Applications ［P］. US Patent No: 5454895, Oct 3,1995.

［18］Alenia Aeronautica: the Boeing 787 Dreamliner ［R］. Press Office, Dec. 2009.

［19］Susanna Ray and Marco Bertacche. Boeing Inspects 787 Fleet After Checking on Supplier Alenia ［R］. Aug 11,2010.

［20］C919 飞机平尾外伸盒段结构数模［R］.零件号：5513C00001M20,2010.

[21] C919 飞机尾翼复合材料结构制造验收技术条件[R]. 文件号：C550JT001,2010.

[22] Gutowski T G, Morigaki T Cai. The consolidation of laminate composites [J]. Journal of Composite Materials，1987(21)：173－188.

[23] Dave R，Kardos J L，Dudukovic M P. A model for resin flow during composite processing：Part1-general mathematical development [J]. Polymer Composites，1987,8(1)：29－38.

[24] Dave R. A unified approach to modeling resin flow during composite processing [J]. Journal of Composite Materials，1990,24(1)：22－41.

[25] 龚颖,张佐光,顾轶卓,等.热压工艺参数对单向复合材料层压板密实状态的影响[J].复合材料学报,2006,23(1)：12－16.

[26] 顾轶卓,张佐光,李敏.复合材料热压成型过程的树脂压力在线测试系统[J].复合材料学报,2007,24(2)：23－27.

[27] 辛朝波,徐吉峰,顾轶卓,等.热压罐工艺树脂压力测试系统适用性实验研究[J].复合材料学报,2013,30(5)：74－78.

[28] Xin Chaobo，Li Min，Gu Yizhuo，et al. Study on the resin flow and fiber compaction of tapered composite laminates during autoclave processing [J]. Journal of Reinforced Plastics and Composites，2011,30(16)：1399－1411.

[29] Gu Yizhuo，Xin Chaobo，Li Min，et al. Resin pressure and resin flow inside tapered laminates during zero-bleeding and bleeding process [J]. Journal of Reinforced Plastics and Composites，2012,31(4)：205－211.

[30] 孙凯,李敏,顾轶卓,等.热压罐零吸胶工艺树脂压力在线测试及其变化规律[J].复合材料学报,2010,27(4)：94－99.

4 液体成型工艺技术

4.1 概述

随着先进复合材料在航空、航天领域应用的不断扩展,复合材料的可设计性、高比强度以及抗疲劳性好等优势得到了行业内的充分肯定,但其制造成本偏高的缺点也逐渐暴露出来。传统的复合材料零件制造采用热压罐工艺,其设备投资巨大,设备使用成本较高,同时,所用的预浸料制造成本也偏高,并需低温储存和运输,这些都导致复合材料总的制造成本相对较高,限制了其在其他领域应用与发展的进一步扩大。针对这一问题,一些发达国家纷纷制定了低成本复合材料发展计划,使复合材料低成本化成为复合材料技术发展的研究核心。其中,复合材料液体成型(Liquid Composite Molding,LCM)工艺是复合材料低成本制造技术发展的重要方向之一,该工艺不需要昂贵且使用与维护费用均较高的热压罐,可以高精度、稳定地成型复杂零件,得到表面质量、尺寸精度和重复性均优于传统热压罐工艺成型的零件,适于制造较大批量的复合材料零件[1—6]。

复合材料液体成型工艺[7—10]是指低粘度树脂或预先放入模腔的树脂膜通过加热熔融,在压力差的作用下在模具中流动浸润预成型体并固化成型的一种工艺。最早发展的液体成型工艺是树脂传递模塑工艺(Resin Transfer Molding,RTM),其基本原理是将预成型体放置在设计好的双面模具中,闭合模具后,通过正压将所需的低粘度树脂注入模具,当树脂充分浸润预成型体后,加热固化,然后脱模获得产品。在RTM工艺基础上,随着应用需求的不断扩展,后期又衍生发展了多种类型的液体成型工艺,在航空航天领域主要有真空辅助树脂传递模塑(Vacuum Assisted Resin Transfer Molding,VARTM)、真空辅助树脂浸润(Vacuum Assisted Resin Infusion,VARI)和树脂膜熔渗(Resin Film Infusion,RFI)工艺等。

液体成型工艺与热压罐工艺的比较如表4.1所示,相比热压罐工艺,液体成型工艺在成本方面具有一定优势。

表 4.1　液体成型工艺与热压罐工艺的比较

工艺	设备投资	设备使用费	生产周期	能源消耗	产品性能
热压罐	大	高	长	高	好
液体成型	小	低	短	低	较好
工艺	纤维含量	孔隙含量	模具费用	人工费用	环境污染
热压罐	高	低	高	较高	有一定污染
液体成型	较高	低	低	低	有一定污染

4.2　液体成型工艺方法及材料

4.2.1　液体成型工艺方法

1）RTM 工艺[11]

RTM 工艺[11]是一种采用刚性闭合模具制造复合材料的技术,其基本原理是在模具的型腔中预先放置增强材料,合模夹紧后,在一定的温度和压力下将混合均匀的树脂体系注入模具中,浸渍增强体织物并固化,最后脱模得到制品的复合材料成型工艺,如图 4.1 所示。

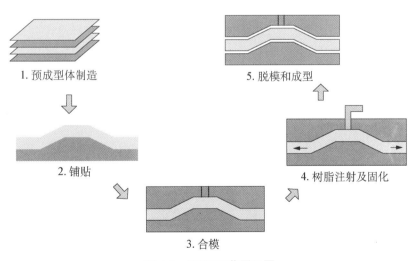

1. 预成型体制造
2. 铺贴
3. 合模
4. 树脂注射及固化
5. 脱模和成型

图 4.1　RTM 工艺原理图

RTM 工艺的技术优势是将纤维预成型体的设计与树脂的模塑过程分开,能够充分发挥铺层材料的可设计性,这对复杂结构件的整体成型十分有利。RTM 工艺过程中,可预先将结构中的夹芯、加筋和预埋件或需开槽、开孔的部分,在纤维预成型体上设计出来并与增强材料复合在一起,通过树脂注射,一次整体成型,而不必再进行二次加工,故复合材料零件的结构整体性优良,被认为是制备高性能复合材料整体结构的最佳工艺之一。

RTM 工艺可以制造外形与结构比较复杂的产品,制品内外表面光滑,尺寸精准、重现性好,孔隙率低,纤维体积分数较高,力学性能好,可作为复合材料主承力结构件,而且制品性能稳定。图 4.2 为采用不同 RTM 工艺成型的飞机加强肋零件。RTM 工艺具有良好的综合经济效益。国外大量的综合经济分析表明,RTM 工艺最适合于生产需求量在中等规模的制品,填补了低效率、低成本和高效率、高成本成型工艺之间的空白。

图 4.2 RTM 成型肋结构零件

2) VARI 工艺

VARI 工艺[12]是一种新型的低成本复合材料大型制件的成型技术,它是在真空状态下排除纤维增强体的气体,通过树脂的流动、渗透,实现对纤维增强体的浸渍,并在烘箱中加热固化成型。

VARI 同 RTM 工艺相比较,它不需要一个闭合的、能承受注射压力的模具,仅需要一个在真空下不会漏气的单面模具和一个简单的真空袋,加上树脂导流分配系统,如图 4.3 所示,就能成型大面积的层压或夹芯结构制件,简化了模具结构,节省了费用。

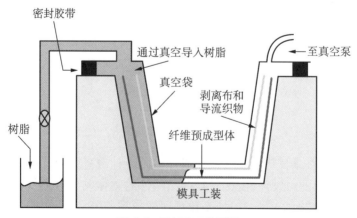

图 4.3 VARI 工艺原理

　　与传统的复合材料工艺相比较,对于大厚度、大尺寸的飞机结构件,VARI 是一种十分有效的成型方法,具有很好的可重复性,一旦达到平衡的树脂含量,工艺的操作过程就可以停止了,针对碳纤维复合材料,纤维体积分数可以达到 55%以上。

　　国内对于 VARI 工艺的研究和应用起步较晚,但正在逐步发展。北京航空材料研究院、北京航空制造工程研究所以及后期组建的中航复合材料公司在 VARI 工艺方面研究启动较早,技术方面有了一定积累,对 VARI 工艺专用树脂体系、浇注系统设计,以及仿真技术方面,积累了相应技术能力。上海飞机制造有限公司结合我国民机研制任务,开展了 VARI 成型工艺方面的技术能力储备,采用 VARI 工艺成功制备了夹芯结构的升降舵壁板,如图 4.4(a)所示,制件尺寸达 5.5 m,属于国内复合材料领域尺寸较大的碳纤维 VARI 工艺制件,另外,相关技术团队还采用 VARI 工艺成功试制了 100 层大厚度试板、机翼口盖等制件,如图 4.4(b)所示[13-14]。

(a)

(b)

图 4.4　VARI 工艺制备的升降舵壁板和 100 层大厚度试板等制件

(a) 升降舵壁板制件　(b) 100 层大厚度试板、窗框和隔框试验件

3) RFI 工艺

RFI 工艺[15—18]是由 RTM 工艺发展而来的,但它与 RTM 工艺仍有较大的差别。RTM 工艺是液态树脂在压力下注入并浸渍纤维增强体,RFI 工艺是树脂膜与纤维增强体组合,然后在高温下变为液态树脂浸渍纤维增强体。与 RTM 工艺比较,RFI 工艺具有许多优点:RFI 工艺不需要像 RTM 工艺那样的专用设备;RFI 工艺所用的模具不必像 RTM 模具那么复杂,可以使用热压罐成型所用的模具;RFI 工艺将 RTM 树脂的横向流动变成了纵向(厚度方向)的流动,缩短了树脂流动浸渍纤维的路径,使纤维更容易被树脂所浸渍;RFI 工艺不要求树脂具有低粘度特点,可以是高粘度树脂、半固体、固体或者粉末树脂,只要在一定的温度下能流动浸渍纤维即可,因此普通预浸料的树脂也可满足 RFI 工艺的要求。与热压罐工艺相比,RFI 工艺却不需要制备预浸料,这样就缩短了工艺流程,并提高了原材料的利用率,从而降低了复合材料的成本。但是,对于同一个树脂体系,RFI 工艺需要比热压罐工艺更高的成型压力。

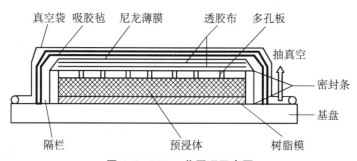

图 4.5　RFI 工艺原理示意图

在 RFI 工艺的应用实例方面,波音公司在 ACT(Advanced Composites Technology)计划的支持下,利用纤维缝合/RFI 工艺,研制成功 3.6 m × 2.4 m 的翼盒,减重约30%,以及 13.5 m × 2.7 m 的半翼展机翼部件,其抗损伤能力得到大大提高(CAI 约提高 2 倍、G_{Ic} 提高约 10 倍、G_{IIc} 提高约 25%),空客公司利用 RFI 工艺制造了大型客机 A380 的复合材料机身后压力框,如图 4.6 所示。

4.2.2　液体成型工艺材料体系

与传统热压罐工艺采用预浸料不同,液体成型工艺采用的树脂和纤维是独立分离的,由于纤维是不需要低温贮存的,因此,材料运输、储存成本得到了降低。在成型夹芯结构时,液体成型工艺主要采用泡沫[19—20]。

1) 树脂基体

用于制造结构件的树脂从广义上可以分为两大类:热固性和热塑性树脂。尽管热塑性材料在许多方面都是航空航天结构的理想材料,但在目前技术状态下,要

图 4.6 RFI 工艺制造的 A380 后压力框

使其达到可进行液体成型的粘度是不现实的。液体成型工艺中使用的树脂主要是热固性树脂,这是因为它具有良好的工艺性。

复合材料液体成型工艺需要有适合其工艺特点的树脂体系,其要具有较低粘度、较长的工艺时间、较低的收缩率和较高的力学性能。由于基体树脂具有较低粘度,固化后脆性较大,因而早期开发的液体成型复合材料韧性性能低。为推广液体成型工艺在飞机承力结构上的应用,必须对材料增韧改性,满足设计对结构提出的损伤容限性能要求。环氧树脂具有良好的工艺性,对成型温度和成型压力要求较低,与各种纤维相容性较好,在固化过程中无小分子产生,固化放热较均匀,固化收缩率也较小,商用飞机最常用的液体成型树脂主要是环氧(EP)树脂。目前,在国内外应用较为成熟的环氧树脂主要有以下几种[21—34]:

(1) CYCOM890 RTM/PRISM EP2400 RTM 高温环氧树脂。CYCOM890 RTM 是由 CYTEC 公司开发的一种单组份环氧树脂体系,室温下操作寿命为一个月,在-18℃冷冻条件下储存时间为 12 个月。PRISM EP2400 是 CYTEC 最新开发的 CYCOM 890RTM 的增韧改性版。CYCOM890 RTM 的粘度在 80℃时足够低,如图 4.7 和图 4.8 所示,可以不需要额外加热树脂和管道系统的情况下就完成注射。当树脂加热到固化温度时,粘度会进一步降低,确保纤维增强体能够完全浸润。CYCOM890 RTM 在 180℃条件下 2 h 可以完全固化,如图 4.9 所示,固化后在 170℃干燥条件下可连续使用,在 160℃湿热条件下可连续使用。

如果需要的话,可以选择在 200℃ 进行 2 h 后固化,树脂在 195℃ 干燥条件下可连续使用,在 170℃ 湿热条件下可连续使用。CYCOM890 RTM 与增强纤维都能相匹配,如碳纤维、玻璃纤维、芳纶纤维等。

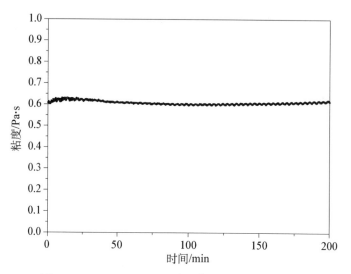

图 4.7　CYCOM890 RTM 在 80℃ 下粘度随时间变化

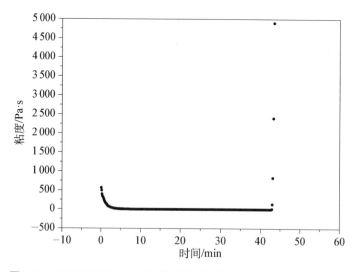

图 4.8　CYCOM890 RTM 加热时粘度随时间变化(升温速率为 2℃/min)

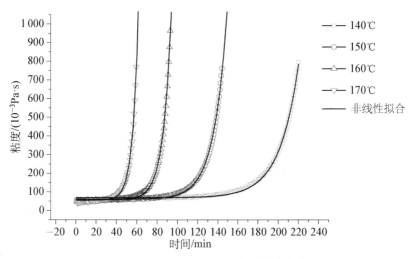

图 4.9　CYCOM890 RTM 等温粘度曲线

表 4.2 为树脂固化后浇注体性能。

表 4.2　CYTEC 公司的 CYCOM890 树脂浇注体性能

性　　能	测试条件	数　　据
固化后树脂密度/(g/cm³)	室温,干态	1.22
树脂固化收缩率/%	室温,干态	0.2
T_g(tanδ峰值)/℃	室温,干态	210
T_g(储能模量拐点)/℃	室温,干态	191
T_g(tanδ峰值)/℃	湿态,水煮 48 小时	210
T_g(储能模量拐点)/℃	湿态,水煮 48 小时	169
弹性剪切模量/GPa	82℃(180 °F),干态 93℃(200 °F),干态	1.20 1.13
拉伸强度/MPa 拉伸模量/GPa 拉伸延伸率/%	室温,干态 室温,干态 室温,干态	70 3.1 6.3
弯曲强度/MPa 弯曲模量/GPa 弯曲延伸率/%	室温,干态 室温,干态 室温,干态	139 3.2 3.3
应变能释放率 G_{IC}/(kJ/m²)	室温,干态	0.2
断裂韧度 K_{IC}/(MPa · m$^{1/2}$)	室温,干态	0.9

　　为提高复合材料的韧性,CYTEC 公司开发了一种新的增韧环氧树脂 PRISM EP2400,该树脂具有很高的压缩强度和损伤容限。表 4.3 为 PRISM EP2400 树脂浇注体性能,与 CYCOM890 相比,拉伸和弯曲模量相当,而 EP2400 的拉伸和弯曲强度有明显提高,应变能释放率得到改善。

表 4.3　CYTEC 公司的 PRISM EP2400 树脂浇注体性能

性　　能	测试条件	数　据
固化后树脂密度/(g/cm³)	室温,干态	1.24
拉伸强度/MPa	室温,干态	95
拉伸模量/GPa	室温,干态	3.4
延伸率/%	室温,干态	7.2
弯曲强度/MPa	室温,干态	164
弯曲模量/GPa	室温,干态	3.6
应变能释放率 G_{IC}/(kJ/m²)	室温,干态	0.28
断裂韧度 K_{IC}/(MPa·m$^{1/2}$)	室温,干态	0.96
T_g/℃	室温,干态	179
T_g/℃	湿态,水煮 48h	163

　　PRISM EP2400 树脂在韧性得到很大提高的同时,仍然保持了很好的工艺性,图 4.10 为树脂粘度随温度变化结果,图 4.11 为树脂粘度在不同温度条件下随时间变化结果,树脂在 70℃时即可满足树脂注射要求,在 100℃时树脂可在 10h 内保持粘度小于 0.3Pa·s。

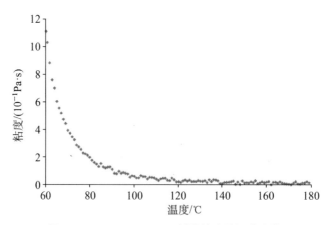

图 4.10　PRISM EP2400 树脂粘度随温度变化

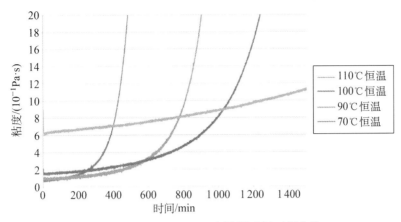

图 4.11　PRISM EP2400 树脂粘度随时间变化

（2）HexFlow RTM6 - 2。HexFlow RTM6 - 2 是 HEXCEL 公司开发的一种适用于采用 RTM/VARI 工艺制造航空航天结构的双组分环氧树脂体系。该树脂体系在开发之初为单组分体系，后续为改善综合性能，将单组分配方转变为双组分。该树脂体系混合前可以在 5℃储存 12 个月，混合后在－18℃可储存 9 个月，混合后在室温下可储存 15 天。HexFlow RTM6 - 2 工作温度从－60℃到 180℃，玻璃化转变温度高。在室温下适当混合后呈褐色半透明糊状，当温度升高时，它的粘度会迅速降低。使用 HexFlow RTM6 - 2 能达到很好的湿热性能。该树脂所需注射压力低，工艺窗口宽，吸湿程度低，固化过程简便、周期短。

表 4.4　HEXCEL 公司的 HexFlow RTM6 - 2 树脂浇注体性能

性　　能	测试条件	数　据
未固化树脂密度/(g/cm³)	室温，干态	1.11
固化后树脂密度/(g/cm³)	室温，干态	1.14
拉伸强度/MPa	室温，干态	75
拉伸模量/GPa	室温，干态	2.89
延伸率/%	室温，干态	3.4
弯曲强度/MPa	室温，干态	132
弯曲模量/GPa	室温，干态	3.3
应变能释放率 G_{IC}/(kJ/m²)	室温，干态	0.17
T_g/℃	室温，干态	183

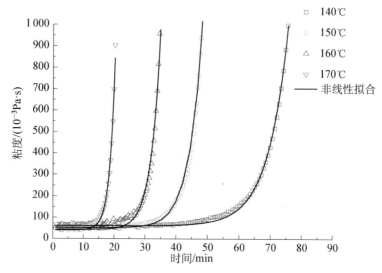

图 4.12 HexFlow RTM6‑2 等温粘度曲线

2) 常用纤维织物[35—36]

主要的纤维类型有机织物（如平纹织物及缎纹织物）、编织物、NCF（Non-Crimp Fabrics，无皱褶织物）、帘子布及三维织物等。

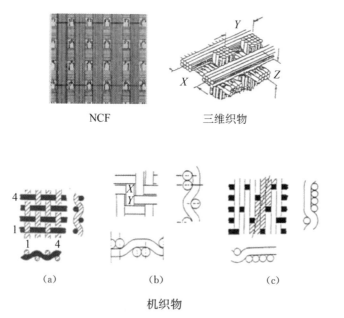

图 4.13 常用的纤维织物类型

（1）机织物。机织物是液体成型工艺发展过程中使用的第一种增强体形式，一般是在织机上采用经纬纱交织而成，有利于复合材料的快速成型。由于经纬纱相互交织，机织物具有一定的抗变形能力，交织点提高了抗冲击性能。机织物经纬向的交织结构比铺放单向纤维减少一半的工作量，并减少了纤维取向方面的人为错误。此外，经纬纱的交织还有助于防止分层。

但是，机织物的交织结构也会导致纤维的面内屈曲，当受到面内拉力时，屈曲纤维伸直而产生应力，从而降低机织物作为增强材料的力学性能。同时，由于交织点的树脂容易产生积聚，从而降低复合材料的纤维体积含量。机织物中的纤维取向限制在经纬向，在其他方向需要增强时，需增加铺层。

（2）NCF。NCF和帘子布之类的单向织物是在机织物的基础上发展起来的一种新型纤维增强体形式，优点是减少了纤维丝在面内的屈曲，较大程度地提高了织物的面内机械性能，并且，将多个轴向的纤维进行针织，可减少由于剪裁产生的纤维角料浪费。同时，NCF与机织物相比，纤维排布更紧密，成型零件的纤维体积含量也更高。目前在航空领域，多轴向NCF在液体成型工艺零件中的应用较为广泛。主要的NCF供应商有Saertex、Sigmatex公司，国内的常州宏发纵横科技有限公司在NCF的编织和生产方面也已具备很好的能力与规模。

（3）编织物。编织物的成本较高，这是因为其制造工艺更复杂，但强度一般比机织物要高，编织过程是连续的，使得整个编织物中的承载压力非常理想。多维编织物在厚度方向也有纤维纱线，防止了层间分层，大大提高了复合材料的层间强度和防裂纹性能。例如，编织管可以套在一个芯轴上来制造空心制品如飞机吊挂、拉杆等。目前，随多维编织技术的发展，制造成本开始下降，编织物正在与其他织物类型进行竞争。针对复杂结构形式的零件，采用编织技术可显著提高预成型体制备效率。

4.2.3 液体成型关键工艺参数

液体成型工艺主要有两个关键环节：树脂的充模与固化。其工艺参数和材料性能对这两个环节的影响较大。尽管液体成型工艺具有诸多优点，但在整个过程中容易产生各类缺陷，阻碍其更加广泛的应用。主要缺陷包括树脂固化不均、纤维取向变化、纤维损伤、异物夹入、空气包裹形成气泡、干斑、分层，以及预成型体铺设不当引起厚度不均和皱褶等。液体成型主要工艺参数有真空度、注射压力、注射温度、注射流道设计等[37]。

（1）注射压力是RTM工艺中影响树脂注射速度及孔隙率的一个重要参数，低压有利于力学性能的改善，因为低压注射时树脂的流动较慢，注射时间较长，较长时间的注射会使树脂浸渍纤维的时间变长，毛细管的浸渍作用得以充分发挥，从而增强树脂的微观流动，改善树脂对预制件的浸渍，提高拉伸、弯曲等力学性能。

（2）注射温度是控制树脂粘度、凝胶时间及固化周期的关键。温度较低时，树脂粘度较高，为改善树脂的浸润性和流动性，一般采用较高的注射压力；而较高的温度可降低树脂的粘度、增强树脂的流动性、缩短树脂的凝胶时间。因此，选择合理的固化工艺温度成为一个重要的研究课题，固化过程数值模拟则是优化固化工艺的一种有效手段。

大多数高性能环氧树脂在室温下的粘度很高，对液体成型来说是一个挑战。高粘度的树脂对输送管路的各个元件提出了更高的要求，而且也会影响工艺的生产效率和成型质量，因此必须对其预热以降低粘度。在此温度下，树脂不仅要具有较低的工作粘度，而且要具有足够长的工作时间。注射温度的选择应参照注射树脂的动态粘度曲线以及等温粘度曲线。通常情况下，树脂的注射温度选择在树脂的最小粘度温度附近。

注射温度过低会造成树脂粘度增大，不仅会导致预制件内的纤维与树脂浸润不充分，而且可能导致零件局部干斑，表面贫胶等缺陷。

注射温度过高，虽然使树脂在预制件内的浸润效果得到了改善，而且有利于气泡的排除，但温度升高的同时，也导致树脂的工艺时间缩短，同时由于树脂粘度降低，纤维对其的毛细作用增强，容易导致纤维束间空隙产生，不利于液体成型工艺的进行，对零件成型质量也造成负面影响[38—40]。

（3）树脂流道设计是保证树脂充分浸润纤维的关键步骤。不合理的流道设计导致树脂走向出现偏差，无法充分浸润纤维，导致零件内外部出现孔隙或干斑。对于简单结构形式的零件，一般根据辅助材料的性质及工艺经验，基本可以对树脂流动走向作较准确的判断，对于大厚度或复杂结构形式的零件，一般可采用分离典型构型分别进行注射实验，再根据结果进行整体树脂流道设计，或者可采用专业软件进行树脂流动模拟，根据模拟结果指导树脂流道设计。目前，国内外应用较成熟的模拟软件包括 PAM‐RTM、RTM‐WORX 等。

液体成型工艺中，VARI 工艺为单面模工艺，树脂浸润过程可视，控制较直接、简单，而 RTM 工艺采用闭模成型，除非采用特殊的透明模具，大多数情况下，树脂对纤维的浸润过程均不可见，很难对 RTM 工艺过程进行研究和及时解决实际生产工艺过程中出现的问题，因此需采用手段进行较准确的树脂流动趋势判断，或者对树脂在模腔内的各种信息进行在线监控。

（4）真空度对 VARI 工艺的影响较 RTM 工艺更大。VARI 工艺中，真空不仅要提供树脂注入所需压力，也是避免零件产生孔隙的重要参数。一般来说，VARI 工艺中，在树脂产生凝胶之前，不允许产生任何程度的真空泄露，而在 RTM 工艺中，真空在树脂注射中，主要起辅助树脂流动及浸润作用，在树脂注射进行到一定程度时，需将真空卸去，采用正压完成接下来的树脂浸润。

4.2.4 液体成型工艺缺陷类型

尽管采用液体成型工艺能得到低成本、高性能、高质量的复合材料零件,但在制造过程中容易产生各种缺陷,其常见的缺陷类型为孔隙、干斑、皱褶和分层等[41]:

(1)孔隙是纤维预制体内包裹着空气或挥发性物质形成的空洞结构,在液体成型工艺制品中最为常见。在纤维单丝之间形成的空隙以及在纤维单丝表面的宏观或微观裂纹形成的空隙为微观孔隙,其所形成的流体流动通道为微孔通道;在相邻纤维束之间所形成的空隙为宏观孔隙。孔隙的存在会降低纤维的浸润性、树脂与纤维界面的黏结性,最终表现为严重影响制品的质量。在液体成型工艺制品里,孔隙缺陷显得尤为严重且难以克服。首先,要达到高纤维体积分数,织物、纤维束内都压得很实,从而阻碍了树脂流动,影响纤维的浸渍效果;其次,由于纤维织物中的纤维束各自取向不同、相互交叉,会在各交叉点上形成孔隙。

(2)干斑是浸润不充分或完全没有树脂浸润的面积较大的区域,严重影响制品的质量。若零件承载的关键位置出现干斑,可能作为不合格或是作废的产品。干斑经常是由冲模过程中设置的排气口位置不当造成的,可以通过合理的设置排气口的位置来避免。

(3)皱褶是许多液体成型工艺制品经常遇到的问题,通过脱模后外观检测可发现皱褶。皱褶的存在会使设计的复合材料达不到预期的使用性能,主要是由织物被模腔中流动的树脂挤压变形而形成,或是采用过大的注射压力使注射口附近制品结构外形发生变化。

(4)分层是指纤维织物层之间的脱粘或开裂,纤维铺层间的分层是复合材料中最为严重的缺陷类型,它通过降低材料的压缩强度和刚度影响结构的完整性。在承受机械或热载荷的条件下,结构中的分层会发生传播,情况严重时将可能导致材料发生断裂。

采用合适的工艺参数,能够避免干斑和皱褶,但孔隙缺陷是成型过程中不可避免的,它是不规则树脂流动前沿和预制体内的阻碍作用共同作用的结果。缺陷的存在会使零件的基本性能达不到结构设计的要求,所以复合材料零件的缺陷检测和性能评估是必需的。

4.2.5 液体成型工艺设备

液体成型工艺中,RFI工艺需采用热压罐进行,这与RTM及VARI工艺较为不同,RTM工艺需采用正压注射,因此需应用RTM注射机[42],而VARI工艺为单面模工艺,所有成型压力仅来自于一个真空负压,因此,VARI工艺主要为加热设备,如固化炉。另外,在预成型体制备阶段,不同的制备方式需不同的设备,如缝合机、编织机、自动铺干丝设备、自动铺缝设备、干纤维辊压设备等。

1)RTM注射机

RTM注射机如图4.14所示,通常用来注射单组分或预混的树脂体系,主要装置包括注射系统(注射活塞、注射头和注射管路)、树脂罐(带搅拌、加热、脱泡功能)、控制系统、数据采集系统、混胶系统(针对双组分树脂体系)、真空系统及附属配件组成。当然也可以采用简易的高压气源+压力罐的方式进行注胶,这是将液体树脂迅速注入模腔中最简单、成本最低的方法。

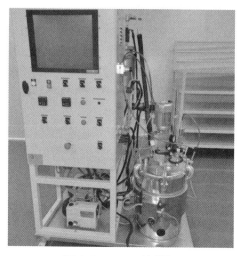

图 4.14　RTM 注射机

2) 固化炉

固化炉为加热设备,要求具有较好的温度均匀性,用于树脂升温注射及树脂固化,同时具备抽真空能力。如图 4.15 所示,固化炉可实现温度以及真空全自动化控制,具备很高的温度均匀性,并且配有一套高温摄像系统,并外接有光源和视频记录系统。固化炉侧面设置了不同尺寸的开孔,用于注胶管和抽真空管的接入等,炉内配置了挂钩,用于管路的悬挂,同时配有轨道式载物平板小车。

图 4.15　大型固化炉

3）缝合机

缝合机用于制造干纤维缝合预成型体，如图 4.16 所示，主要分为二维及三维缝合设备。根据缝合类型又可分给锁式缝合机、链式缝合机等。主要的缝合机制备商有德国 KSL 公司等。缝合机可对缝合对象进行精确定位及缝合轨迹设计。缝合的厚度太大，需配备较尖锐缝针，而缝针的尖锐程度直接对纤维造成不同程度的损伤，因此，一般来说，缝合厚度不超过 25 mm。

缝合机一般具备缝线张力监测系统，可自动监测缝线的张力。如果线张力超过设置要求，控制系统就会自动停止设备运转。上线张力可通过电气控制，下线通过针数记录监视，通过线性阀门控制缝线张力，并可直接通过计算机输入张力值来设定和控制缝线张

图 4.16 二维缝合机

力。缝合机具有去张力装置，可根据要求减小缝线张力，从线团到拨线器后缝线张力可调为零。

缝合机同时具备缝线轨迹编程设计功能，根据设计数模能够对所缝合的路径、缝合轨迹进行过程模拟，检验缝合路径是否有冲撞。

4.3 液体成型工艺关键技术

液体成型工艺过程主要涉及纤维预成型体制备、封装、树脂注射及模具设计等关键环节。不同于预浸料工艺，液体成型工艺中的干纤维铺贴预定型、树脂浸润、流道设计、夹芯结构界面粘接质量及模具设计方面，手段更灵活、控制更复杂。因此，针对特定结构形式零件的液体成型工艺控制，一般需针对这些关键技术进行详细的工艺设计及控制。

4.3.1 预成型体铺贴定型技术

在液体成型工艺的实施过程中，除了模具设计、注胶系统设计等支撑技术外，一个十分关键的配套技术是预成型体的制备技术。预成型体的制备情况对最终制件的性能有着重要的影响，其预成型的尺寸精度也是最终制件尺寸精度控制的基础。预成型体制备技术包括编织、缝合、自动铺干丝、自动铺缝等，不论是手铺还是自动铺，都要使用定型剂将干纤维粘接固定在一起。

1) 原材料表面自带定型剂

目前,一些材料供应商结合操作需要,在干纤维织物表面均匀分撒粉末定型剂,定型剂一般和成型树脂体系具有良好的材料相容性,这种定型剂需采用加热定型,含量也较低,如图 4.17 所示。定型后,观察纤维层间树脂熔融状态并以 C 型回弹结果评价定型效果,如图 4.18 所示。曲率大的零件,原材料自带的少量定型剂不足以实现完全定型,因而又开发了采用本体树脂制备定型剂的技术。

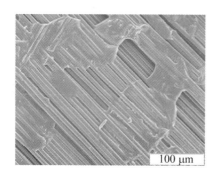

图 4.17　加热定型后定型剂状态

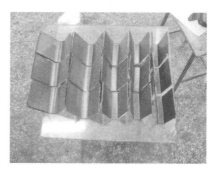

4.18　C 型回弹结果

2) 采用本体树脂制备定型剂粉末

以 CYCOM890 RTM 树脂为研究对象,要将树脂制备成定型剂,首先必须对树脂进行预聚处理,使其具有相应的预聚度,在常温下具有较高的粘度,再对其进行分散处理(见图 4.19)。试验中,首先对 CYCOM890 RTM 树脂进行不同工艺条件预聚,待冷却至室温后,将其进行粉碎分散(见图 4.20),分散状态树脂撒于纤维布之间,加热预定型[43—44]。

图 4.19　150℃,1 h 处理后的树脂状态

图 4.20　预聚树脂的粉末状态

4.3.2　预成型体缝合技术

缝合预成型技术是在已经通过定型剂初步定型的预成型体上,通过专用缝合设备,如 2D/3D 缝合机等,在预成型体厚度方向上引入缝线,将预成型体进一步强化

固定的技术。影响缝合预成型效果的主要工艺参数包括：缝合方式、缝合密度、缝针形式以及缝线等[45]。

1）缝合方式

对于常见的缝合预成型来说，缝合方式主要有两种，一种是锁式缝合，一种是链式缝合，如图 4.21 所示。两种缝合方式都适合纤维预成型体的缝合，但两者本身又都存在一定的不足。锁式缝合方式的不足主要表现在上线和底线的结点在缝料厚度的中间位置，这对一般意义的缝合来说没有问题，但对复合材料来说，结点处的应力集中会对复合材料的性能产生较大影响，故而出现了改进式的锁式缝合[见图 4.21(c)]，结点在制件表面，而留在制件内的缝线是一段直线，从而有助于保障最终制件的力学性能。但同时锁式缝合为双线缝合，缝合过程中需要频繁更换底线，效率较低。链式缝合为单线缝合，效率较高，但上下表面存在一定程度的不对称，且更适合于成型曲率变化大的制件。综合来说，针对升降舵这种开放式的大平板结构，更适合采用改进锁式缝合进行缝合。

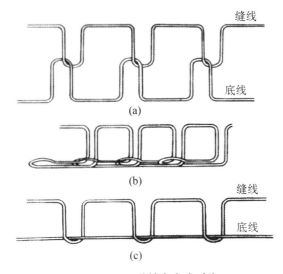

图 4.21　三种缝合方式对比

（a）锁式缝合　（b）链式缝合　（c）改进锁式缝合

2）缝合密度

通过缝合可以提高复合材料层压板的层间性能，对 CAI 值有较大贡献。但在对干态纤维预成型体进行缝合的同时，缝针也会对层压板面内的纤维造成一定程度的损伤，而且缝合密度越大，纤维被损伤的程度越严重，因而选择恰当的缝合密度显得尤为重要。

(1) 缝合密度对树脂渗透及织物变形的影响。由图 4.22 可以看出,渗透率随缝合密度增加而上升。这是由于纤维在缝合时,缝针刺破纤维引带缝线穿透,在这个过程中,一方面缝线把一定数量的纤维捆成一束,它的束缚作用加大了树脂渗透的难度;另一方面,缝针穿透纤维带过缝线时,缝针把穿透处的纤维挤到两边形成了新的孔隙区域,如图 4.23 所示,此区域孔隙较大,减小了树脂渗透的阻力。图中所示的缝合密度较大,形成的空隙区域较多,对渗透率的促进作用占主导位置,另外,由于缝合密度较大,捆成一束的纤维"竖立"起来,增大了纤维束的厚度,从而增加了纤维层间的间隙,导致渗透率增大,同时纤维层的厚度也增大。但缝合间距过小,在缝针处造成的纤维劈裂严重,对纤维损伤较大,因此容易对成型的制件性能造成影响,并且成型的制件容易在针孔处形成表面凹凸不平,影响表面质量。

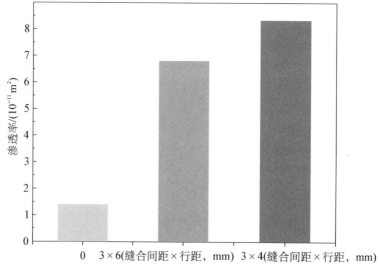

图 4.22　缝合密度对树脂渗透的影响

（a）无缝合

（b）3 mm×6 mm(缝合间距×行距)

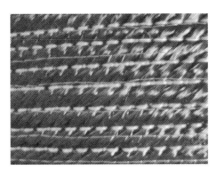

(c) 3 mm×4 mm(缝合间距×行距)

图 4.23 缝合密度对织物变形的影响

对比无缝合和锁式缝合后零件厚度,测试了无缝合与缝合后织物干态压缩厚度随压力的变化规律,以及织物浸润树脂固化后的最终厚度,其结果见表4.5。缝合后织物干态厚度和固化后厚度都比无缝合状态厚,纤维体积分数降低。

表 4.5 织物缝合厚度变化表

厚度/mm	不同压强/kPa					理论纤维体积含量/%	固化后实际厚度/mm	固化后实际纤维体积含量/%
	20	40	60	80	100			
锁式缝合	4.556	4.504	4.434	4.386	4.338	54.6	4.476	52.9
无缝合	4.594	4.498	4.398	4.346	4.268	55.5	4.2	56.4

(2)缝合密度对缝合界面微观形貌的影响。图4.24和图4.25为锁式缝合厚度方向的缝线与树脂界面图,从图可以看出,缝合厚度方向的缝线上有大量树脂。由

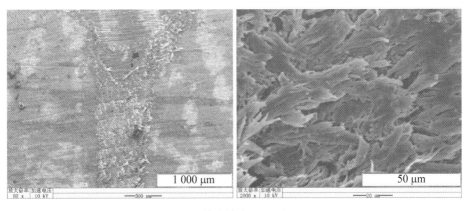

图 4.24 锁式缝合 3×4 断面图

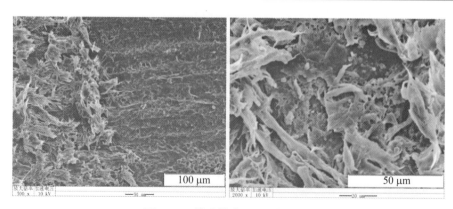

图 4. 25　锁式缝合 3×6 断面图

于缝合织物渗透率要大于非缝合织物,在同样的树脂注射时间里,树脂能较好地浸润缝线,因而在缝合界面处的缝线内部能存有大量的树脂。

（3）缝合复合材料的无损检测。图 4.26 和图 4.27 为缝合平板近上、下表面无损检测结果图,可以看出,在复合材料板上、下表面缝线处,颜色对比度明显。这说

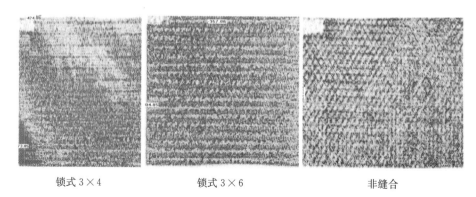

　　锁式 3×4　　　　　　　　锁式 3×6　　　　　　　　　非缝合

图 4. 26　近上表面检测结果

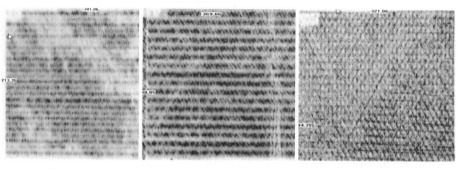

　　锁式 3×4　　　　　　　　锁式 3×6　　　　　　　　　非缝合

图 4. 27　下表面检测结果

明,缝合复合材料板应力集中点主要集中在缝线附近。

　　图 4.28 为不同缝合方式平板中部无损检测结果,可以看出,平板中部无损检测反射信号弱,缺陷较少。缝线具有一定的张力,缝线的引入为织物厚度方向的渗透引入了额外的流道,因而厚度方向缝线浸润好。金相检测证明,缝合复合材料板内部缝线浸润较好,缺陷少。如图 4.29 所示。

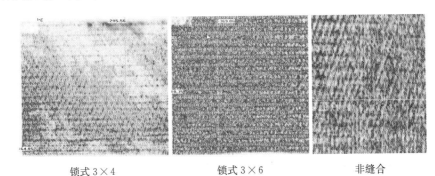

| 锁式 3×4 | 锁式 3×6 | 非缝合 |

图 4.28　中部检测结果

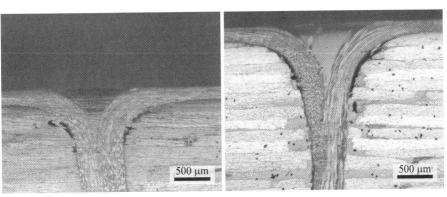

| 锁式 3×4 | 锁式 3×6 |

图 4.29　缝线针脚处金相图

　　(4)缝合密度对力学性能的影响。对比无缝合平板,缝合复合材料板拉伸性能有所下降,缝合密度越大,下降越多。这是因为,在缝合平板表面针脚处,存在着富

表 4.6　不同缝合方式拉伸强度及模量

缝合间距×行距 /mm×mm	拉伸强度/MPa
锁式 3×4	801.95
锁式 3×6	809.58
非缝合	831.88

树脂区,如图 4.30 所示。在测试过程中,拉伸试样针脚处的富树脂区强度低,是裂纹的起始点,并向邻近针脚处富树脂区扩展,直至拉伸试样断裂或失效,如图 4.31及图 4.32 所示。

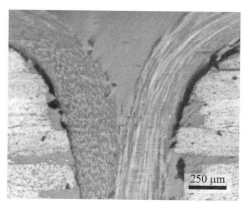

图 4.30　缝合针脚处富树脂区

图 4.31　缝合拉伸试样针脚处富树脂区的失效及断裂

图 4.32　缝合与无缝合平板失效试样

表 4.7 不同缝合方式弯曲强度

缝合间距×行距 /mm×mm	弯曲强度/MPa
锁式 3×4	647.287
锁式 3×6	631.56
非缝合	784.975

对比无缝合平板,缝合板弯曲性能下降严重。缝合在平板表面引入了大量富树脂区,当试样受到弯曲载荷时,这些在受压表面及受拉表面的富树脂区首先产生裂纹并向其他富树脂区扩展,直至最后破坏,如图 4.33 所示。

上表面   下表面

图 4.33 缝合平板表面破坏模式

缝线的引入虽然降低了复合材料的弯曲强度,但却可以起到增韧的作用。如图 4.34 所示,当卸掉弯曲载荷后,无缝合试样回复刚直的原状,而缝合试样依旧成弯曲状,这是因为无缝合试样刚性较强,而缝合试样由于缝线的引入增加了其韧性。

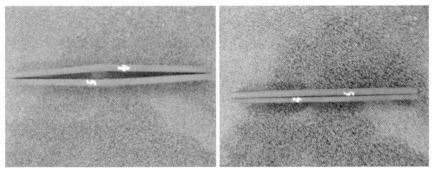

缝合试样   无缝合试样

图 4.34 缝线对试样韧性的影响

缝线对层间强度的增强主要源于三个方面：缝线的拉伸；缝线与树脂的脱离并拔出；缝线的断裂。在剪切载荷作用下，上、下裂纹表面发生相对滑移，由于裂纹面的相对滑移而拉伸缝线，缝线的拉伸变形吸收一部分外部能量，使缝合板的层间强度提高。随着裂纹的进一步扩展，缝线拉伸变形增加，缝线与树脂之间会发生脱离，随后缝线可能发生断裂，最终层压板产生剪切破坏。因此，一般说来，缝线的存在使得层间断裂过程中要耗散更多的能量，缝合板的层间剪切强度高于未缝合板。如表 4.8 所示对比无缝合平板，锁式缝合平板层间强度有所提高，锁式缝合 3×4 平板短梁剪切强度提高较大。这说明缝合密度越大，缝线在厚度方向引入的强度增加程度越大。

表 4.8　不同缝合方式短梁剪切强度

缝合间距×行距 /mm×mm	短梁强度/MPa
锁式 3×4	65.77
锁式 3×6	58.32
非缝合	56.51

3) 缝针形式

由于缝合过程中缝针会对纤维造成一定程度的损伤，针尖太锋利，纤维容易被切断，针尖太钝，针尖进入预成型体的阻力太大，缝合效率降低，甚至无法缝合，因此，针尖的锋利程度要适中。

4) 缝线

在航空复合材料零件中，由于制件性能的要求，一般采用高性能纤维作为缝线。目前多采用芳纶材料，因为其特殊的耐磨性、良好的抗冲击韧性和较低的纤维密度，在缝合过程中得到了广泛应用。

5) 缝线捻度

缝线如果不加捻，缝线在缝合过程中容易磨损起毛，导致断线，在影响缝合效果的同时也会对缝线本身的强度造成影响，但缝线捻度过高又容易影响树脂对内部缝线纤维的浸润。因此，应该研究缝线捻度对材料的影响规律和机理，得出最优捻度。

(1) 捻度对缝线浸润特性的影响。实验中，剪下长度为 15 cm 的不同捻度缝线，将其下端用重物固定拉直，置于烘箱中，温度升至 90℃，把缝线浸入树脂中，观察不同时间树脂在缝线表面爬升的高度，与 NCF 碳纤维束进行对比。表 4.9 为不同捻度缝线在不同时间的表面树脂爬升高度。实验采用了 20、50、80、100、200 和 300 捻/米这六种不同捻度缝线。从上升高度结果可以看到，捻度低于 80 捻/米的缝线上升速度快于碳纤维束,因此浸润效果优于无捻碳纤维束,捻度高于100捻/米的缝线浸润效果明显不如无捻碳纤维束。这是因为随着捻度的增加,纤维单丝与单丝之间距离减小,缝线预成型体纤维堆砌密度增加,缝线表层纤维螺旋角增大,毛细渗透阻力变大,捻度高于100捻/米的缝线沿缝线轴向毛细渗透效应相对困难。因而在同一实验条件下,低捻度的缝线预成型体毛细渗透速率快,而高捻度缝线预成型体毛细渗透速率慢。在制件成型过程中,若树脂在注射时不能充分浸润缝线,成型后制件内部会存在贫胶区域,降低力学性能。

表 4.9　捻度对不同缝线毛细渗透效应的影响

时间/min	上升高度/mm						
	20	50	80	100	200	300	碳纤维束
0	0	0	0	0	0	0	0
10	2	2	2	0	0	0	2
20	2	2	2	0	0	0	2
30	5	5	5	3	3	3	4
60	9	9	9	5	5	5	6
90	10	10	10	5	5	5	6
120	12	13	13	7	7	7	9
150	15	16	15	7	7	7	12
180	20	20	20	7	7	7	12

(2)捻度对缝线纤维束与树脂界面结合状况的影响。图 4.35 给出 20、50、80、100、200、300 捻/米这六种不同捻度缝线与树脂界面结合情况。

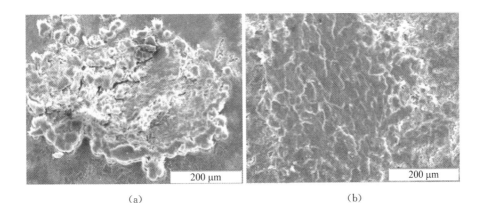

（a）　　　　　　　　　　　　　　　　（b）

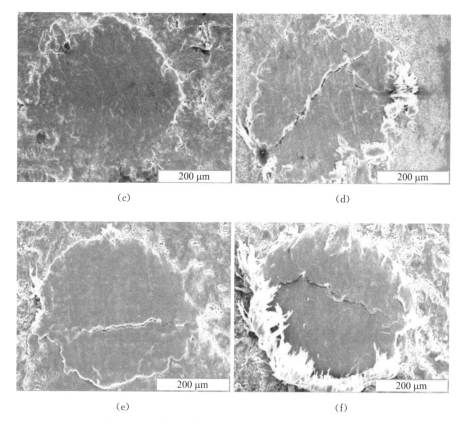

图 4.35　树脂与不同捻度缝线纤维束界面结合情况

(a) 20 捻/米　(b) 50 捻/米　(c) 80 捻/米　(d) 100 捻/米　(e) 200 捻/米　(f) 300 捻/米

缝线捻度为 20、50、80、100、200 捻/米时，树脂充分浸润其纤维束表面，因而缝线纤维束表面与树脂结合好。缝线捻度为 300 捻/米时，纤维束表面单丝不存在树脂。这是因为过高的捻度会导致过高缝线螺旋角，造成缝线表面单丝不能被树脂充分浸润，界面状况差，容易产生纤维拔出的现象。以上结果说明：捻度低于 200 捻/米，缝线的螺旋结构不足以影响树脂浸润缝线表面纤维，而捻度高达 300 捻/米，缝线的螺旋结构会使纤维束表面浸润难度增加，导致其表面不能被树脂充分浸润。

（3）捻度对缝线内部单丝浸润的影响。图 4.36 给出了 20、50、80、100、200、300 捻/米这六种不同捻度缝线内部单丝浸润效果。

捻度为 20、50、80、100 捻/米的缝线内部单丝上相对存在较多树脂；捻度为 200、300 捻/米的缝线内部单丝上几乎不存在树脂。这是因为，捻度高达 200 捻/米时，在树脂固化之前纤维单丝紧密贴合，树脂难以浸入，导致缝线单丝之间的空隙不能被树脂浸润。因而高捻度缝线内部单丝之间几乎没有树脂。以上结果说明：当捻度低于 100 捻/米时，树脂能较容易地浸润缝线内部单丝，减少制件出现缺陷的可能;而捻度高于 200 捻/米时,树脂浸润缝线内部单丝较困难,缝合复合材料容易产生缺陷。

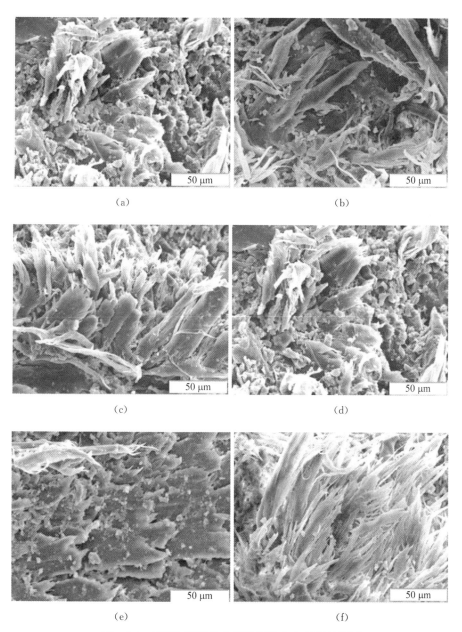

图 4.36　树脂与不同捻度缝线纤维束内部单丝界面

（a）20 捻/米　（b）50 捻/米　（c）80 捻/米　（d）100 捻/米　（e）200 捻/米　（f）300 捻/米

（4）捻度对缝线浸润后尺寸的影响。工作中研究了 20、50、80、100、200、300 捻/米六种不同捻度缝线浸润树脂后的尺寸变化，如图 4.37 所示。

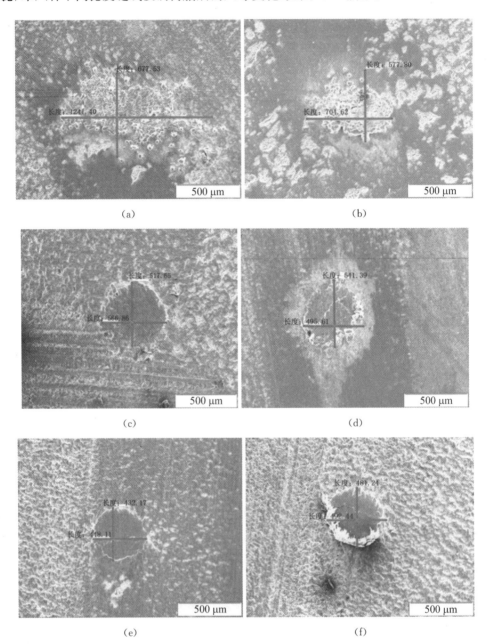

图 4.37 不同捻度缝线浸润树脂后尺寸图

(a) 20 捻/米 (b) 50 捻/米 (c) 80 捻/米 (d) 100 捻/米 (e) 200 捻/米 (f) 300 捻/米

从图可以看出,随着捻度的增加,浸润树脂后的缝线尺寸逐渐降低,浸润树脂的量减少,如表 4.10 所示。

表 4.10 不同捻度缝线浸润树脂后的尺寸

方向	尺寸/μm					
	20	50	80	100	200	300
水平	1241.40	704.62	566.86	541.39	448.11	492.44
竖直	677.53	577.80	517.65	495.61	432.17	481.24

对于加捻的纤维束,单丝不是沿纤维轴向排列,而是在纤维束中呈螺旋状态,如图 4.38 所示。其中螺旋角为

$$\theta = \arctan[\pi(D-d)T] \qquad (4.1)$$

式中:T 为捻度,D 为纤维束直径,d 为单丝直径。如果把单一的纤维束看成预成型体,纤维束理论纤维体积含量为

$$V_{\mathrm{f}} = n\left(1 + \frac{\tan\theta}{\pi DT}\right)^{-2} \qquad (4.2)$$

式中:n 为纤维单丝根数。缝线单丝直径为 $12\,\mu$m,根据扫描电镜测得的不同捻度缝线尺寸,可以近似计算得到不同捻度缝线纤维堆砌含量,它与缝线捻度关系如图 4.39 所示。

图 4.38 加捻纤维束几何结构

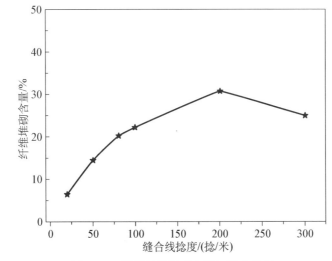

图 4.39 缝线纤维堆砌含量与捻度关系

　　捻度增加,缝线纤维堆砌含量先上升,后略有下降,但变化不大。根据 Kozeny-Carman 改进的模型,对于沿纤维轴向的流动,渗透率为

$$S_x = \frac{r_f^2}{4S_x} \frac{(1-V_f)^3}{V_f^2} \tag{4.3}$$

式中:S_x 为沿纤维方向的渗透率;r_f 为纤维半径;S_x 为实验确定的 Kozeny 常数,V_f 为纤维体积分数。实验中测得的渗透率与缝线捻度关系如图 4.40 所示。

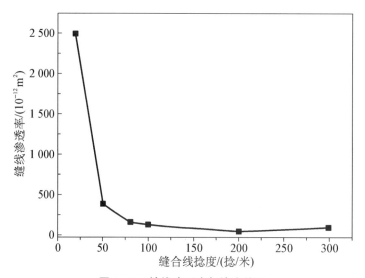

图 4.40　缝线渗透率与捻度关系

　　缝线捻度上升,纤维堆砌含量上升,沿纤维轴向的渗透率降低,因而沿纤维轴向,低捻度缝线毛细渗透快,树脂上升速率大于高捻度缝线,能被树脂充分浸润,缝线表面及内部单丝与树脂结合优于高捻度缝线。

　　若将缝线看成一层平行圆筒,根据液质半径模型可以建立轴向渗透率与空隙率函数关系:

$$S = \frac{\phi^3}{CA_v^2(1-\phi)^2} \tag{4.4}$$

式中:S 是渗透率;ϕ 为空隙率;C 为常数;A_v 为单位体积的表面积。根据扫描电镜测得的不同捻度缝线尺寸,可知随着缝线捻度增加,A_v 上升,ϕ 降低,S 降低。根据这一模型,缝线捻度上升,空隙率降低,渗透率下降。因而树脂沿低捻度缝线轴向上升速率大于高捻度的上升速率,树脂浸润缝线表面及内部单丝更充分,因而低捻度缝线表面及内部单丝界面结合好于高捻度缝线。

（5）捻度对力学性能的影响。缝线捻度的变化对拉伸性能的影响不规律,主要由两因素竞争导致。首先,缝线捻度增加,缝线自身回缩的张力增加,对外部牵引力抵抗增加,因而随着缝线捻度的增加,缝线受到的实际张力降低,这也会降低缝合织物的变形程度,富树脂区尺寸降低,从拉伸失效原理推断,富树脂区尺寸的降低会使拉伸性能有一定程度的提高;其次,缝线捻度增加,浸润效果下降,缝线纤维束内部大量单丝没有被浸润,复合材料内部存在着大量空洞缺陷,当平板受到拉伸载荷时,这些缺陷会降低其力学性能。因而缝线捻度增加,会产生两个相互竞争的因素(见表4.11)。

表 4.11　捻度对拉伸强度影响

缝合方式：捻度/(捻/米)	拉伸强度/MPa
锁式缝合：0	841.95
锁式缝合：50	845.34
锁式缝合：80	798.23

随着缝线捻度的增加,缝合板弯曲性能上升。当试样受到弯曲载荷时,这些在受压表面及受拉表面存在的,由缝线张力导致的平板富树脂区首先产生裂纹并向其他富树脂区扩展,直至最后失效。缝线捻度增加,缝线自身回缩的张力增加,对外部牵引力抵抗增加,因而随着缝线捻度的增加,缝线受到的实际张力降低,这也会降低缝合织物的变形程度,富树脂区尺寸降低,从弯曲性能破坏模式可以看出,富树脂区尺寸降低,缝合板弯曲性能必然升高。因而缝线捻度增加,弯曲性能上升(见表4.12)。

表 4.12　捻度对弯曲强度影响

缝合方式：捻度/(捻/米)	弯曲强度/MPa
锁式缝合：0	647.287
锁式缝合：50	652.094
锁式缝合：80	671.389

缝合板短梁剪切强度随缝线捻度的增加而降低。这是由于缝线捻度增加,浸润效果下降,缝线纤维束内部大量单丝没有被浸润,复合材料内部存在着大量空洞缺陷,当缝合板受到层间载荷时,这些缺陷成为试样失效的起始点,降低缝合板的短梁剪切强度(见表4.13)。

表 4.13 捻度对剪切强度影响

缝合方式：捻度/(捻/米)	剪切强度/MPa
锁式缝合：0	65.77
锁式缝合：50	55.94
锁式缝合：80	54.03

缝合密度对纤维织物的树脂浸润及力学性能造成影响，缝合密度越大，纤维层间的空隙增加，提供额外的树脂流动，树脂浸润效果越好，但层间空隙增加使得层间出现树脂缺陷的可能性增加，同时缝合使得面内纤维出现屈曲，对面内力学性能造成影响。

缝线加捻产生的缝线直径变化对缝合板产生的力学性能影响起关键作用，缝线直径越小，对缝线外部的碳纤维产生的影响越小，从而对缝合复合材料力学性能提高产生积极作用；但同时缝线捻度会影响缝线本身拉伸强度及缝线内部树脂渗透缺陷的产生，从而对缝合复合材料产生负面影响。因此，选择适当的较低捻度（一般不超过 80 捻/米）的缝线进行缝合，可以使得缝合对面内性能的降低程度最小（见表 4.14）。

表 4.14 缝合前后复合材料性能对比

缝合方式	面内性能	层间性能	树脂渗透	纤维定型	纤维损伤	纤维体积含量
缝合	较差	较好	较好	较好，对于复杂结构有促进	明显	低
未缝合	较好	一般	较好	较好，适用于简单结构	无	高

综上所述，缝合对于复合材料来说，对面内性能损伤较明显，并增加内部缺陷产生的可能性，但可提高层间性能，同时可在零件型面较为复杂时，作为一种纤维定位方式使用。因此，针对复杂结构或对层间性能要求较高的制件，适合采用缝合纤维预成型体进行成型[46—49]。

4.3.3 泡沫夹芯结构界面粘接控制技术

在泡沫夹芯结构的 VARI 工艺成型过程中，虽然树脂能较好地渗透面板纤维，制备的泡沫夹芯复合材料面板内部及外观质量都较好，但在泡沫夹层区域，泡沫与纤维面板界面存在弱粘接或者脱粘问题，造成界面树脂孔隙缺陷，难以满足设计与使用要求。如图 4.41 所示，这是由于在复合材料泡沫夹芯结构的成型过程中，NCF由于表面纤维束排布紧密，具有较强的毛细吸附作用，容易在成型过程中将泡沫与面板界面处的低粘度树脂吸附，从而造成界面孔隙，如图 4.42 所示。一般对于泡沫尺寸较大，或者纤维织物为纤维排布紧密程度稍低的机织物，界面粘接较好[50]。

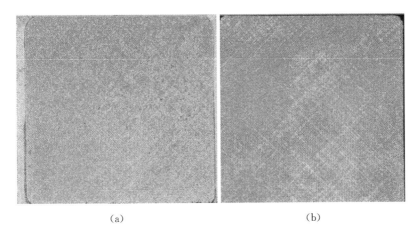

　　　　(a)　　　　　　　　　　　　　(b)

图 4.41　泡沫板无损 C 扫检测结果图

(a) 泡沫界面(上表面)　(b) 泡沫界面(下表面)

　　因此,要解决界面的粘接质量问题,需要从两个因素入手,一是控制界面附近树脂的流动,保证树脂能顺利填充泡沫单元,二是改善界面层增强材料的毛细作用。一般,可采用 5 种方法对纤维-泡沫夹芯界面粘接质量进行改善。

　　(1) 在蒙皮增强材料与泡沫组装之前,在泡沫表面预先涂敷本体树脂,使树脂预先填充泡沫单元,基本达到了界面改善的目的。这种方法必须在组装后尽快注胶

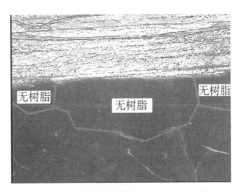

图 4.42　界面很差的泡沫夹芯结构

成型,否则在长时间放置过程或其他工艺实施过程(如预成型工艺),由于树脂自身的粘度仍然很低,会导致涂敷的树脂被逐渐吸附到干的增强材料中,导致界面改善状况不可控(见图 4.42)。

　　(2) 由于树脂粘度低,容易产生方法(1)所述的问题,因此采用具有高粘度特性的胶黏剂胶膜替代低粘度的树脂,将胶膜铺贴在泡沫表面然后与 NCF 组装,并预定型、注胶固化成型,也获得了泡沫界面良好的夹层结构,但外来材料的引入,容易对制件成型的原材料体系造成匹配问题,可能产生内部质量缺陷(见图 4.43)。

图 4.43　缝合泡沫制件界面超声检测结果

（3）针对 NCF 较为致密，容易产生毛细现象，在泡沫与 NCF 之间铺放一层机织物。由于机织物为纤维上下交错织造而成，每根纤维间和织造交错点都会存在相对较大空间，不会在注射工艺过程中形成连续大范围的毛细现象，从而保证树脂能顺利进入泡沫单元，改善复合材料泡沫界面，但会产生和上种方法相同的材料匹配问题（见图 4.44）。

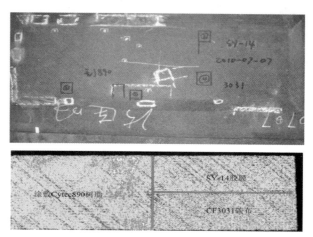

图 4.44　三种改进方案的界面改进效果

将上述试样解剖，采用金相显微镜观察表明，三种试样的泡沫表面开口单元基本全部被树脂填充，说明复合材料的泡沫界面得到改善（见图 4.45）。

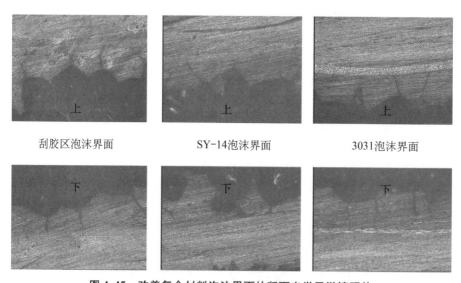

刮胶区泡沫界面　　　　　SY-14泡沫界面　　　　　3031泡沫界面

图 4.45　改善复合材料泡沫界面的断面光学显微镜照片

鉴于三种方法都有较明显的缺点,因此,在这三种方法改善的思路基础上,综合考虑材料匹配问题和改善质量,以不引入新材料为前提,再设计了下列两种方案进行界面改善。

(4) 采用预先向泡沫表面进行 VARI 工艺灌注,使树脂在较低粘度时被灌注到泡沫表面孔中,然后进行树脂升温及保温处理,使树脂产生预聚,粘度提高,从而固定保留在泡沫表面孔中,形成树脂层,使界面粘接效果改善。

试验中成型了两块泡沫层压板,其中一块泡沫采用灌胶预处理,针对采用的 CYCOM890 环氧树脂,预处理条件为 150℃,2.5h,如图 4.46 所示;另一块泡沫不作任何处理。在泡沫层压板界面处均匀排布 9 个直径 9 mm 的人工预埋缺陷(聚四氟乙烯薄膜),以便在进行界面无损检测时提供对照依据,如图 4.47 所示。成型后的两块泡沫层压板表面基本无缺陷,如图 4.48 所示。

图 4.46 预处理泡沫表面的树脂层

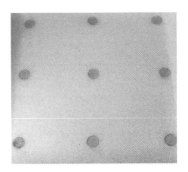

图 4.47 人工预埋缺陷

图 4.48 成型后的泡沫板(左边采用预处理)

由图 4.49 所示的界面无损检测结果可看到:预处理泡沫板的上界面可较清楚地反映出 9 个预埋缺陷的位置,考虑到泡沫板上下表面的层压板厚度一致,因此,将此表面的扫描参数应用在其余三个表面扫描中。扫描结果显示,空白泡沫板的上表面界面回波反射程度较高,界面脱粘严重,下表面在左上及左下区域界面回波反射程度较高,此区域界面存在脱粘;而在预处理泡沫板的上下表面,除9个预埋缺陷的位置,其余位置的界面粘接质量较好。

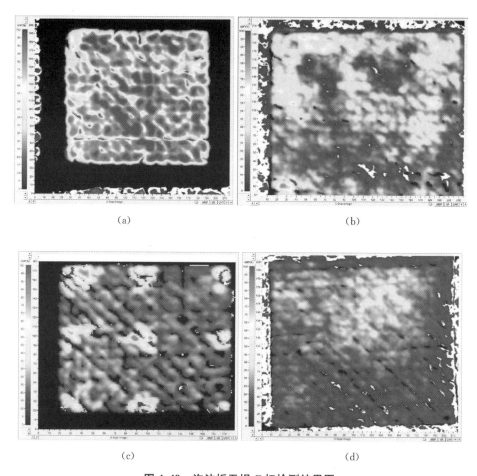

(a)　　　　　　　　　　　　　　　　(b)

(c)　　　　　　　　　　　　　　　　(d)

图 4.49　泡沫板无损 C 扫检测结果图

(a) 泡沫界面(上表面,空白泡沫板)　(b) 泡沫界面(下表面,空白泡沫板)
(c) 泡沫界面(上表面,预处理泡沫板)　(d) 泡沫界面(下表面,预处理泡沫板)

总体来说,对泡沫进行预处理,可明显改善泡沫界面粘接质量,使界面基本无空隙。泡沫预处理工艺条件参照定型剂制备工艺参数设定,泡沫预处理后,树脂需具备一定的固化度,但在升温加热后树脂需能熔融,具有一定的流动性,使层压板最终成型时能和灌注的树脂相互熔融,防止形成新的两相界面(见表4.15)。

表 4.15　泡沫预处理试验及检测结果

泡沫预处理工艺	尺寸/ mm×mm	表面质量	界面质量
150℃，2.5h	250×250	基本无缺陷	好,基本无脱粘
无	250×250	基本无缺陷	差,多处脱粘

但在后期的工作中发现,采用泡沫预灌胶的方法,使得零件增重较明显,且在灌胶过程中产生大量的树脂浪费。由于树脂在完成预处理后在室温下仍然具有很高的粘度,泡沫粘在辅助材料和工装上,难以脱开,用力过大则导致泡沫断裂,转移难度较大。

（5）对泡沫进行开槽打孔,在树脂灌注过程中,树脂沿泡沫槽孔进行流动,于纤维泡沫界面处进行树脂补充,起到界面改善的效果,并同时可通过槽孔使得树脂同时在泡沫上下表面渗透,改善树脂在夹芯结构中的上下表面渗透效果。针对第5种方案,试验中成型一块试板,贴袋面作开槽加工,槽深 3 mm,宽 2 mm,开槽密度为 20 mm×20 mm,交错处开通孔,孔径 2 mm。如图 4.50 所示。

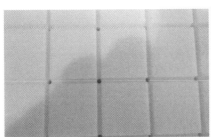

图 4.50　泡沫表面槽孔加工

泡沫表面槽孔加工,可使树脂浸入泡沫槽孔里,从而容易在表面形成树脂层,改善泡沫粘接界面,同时可改善泡沫夹芯结构中树脂在泡沫底部的树脂流动,但在一定程度上,增加了零件的重量。泡沫成型试板表面质量较好,无干斑,无损检测显示界面无宏观脱粘。如图 4.51 和图 4.52 所示。

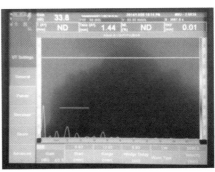

图 4.51　泡沫无损检测

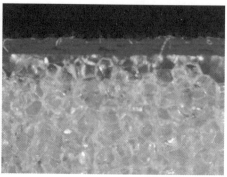

图 4.52　泡沫界面粘接金相

采用该种方案,可同时起到改善界面粘接及树脂渗透的问题,但由于槽孔中的树脂填充造成设计增重,并且槽孔成型后的印痕容易对表面成型质量造成一定程度的影响,因此需设计较合适的槽孔密度及尺寸,在保证树脂渗透和改善界面效果的同时,将填充树脂增重和印痕影响尽量降低,槽孔尺寸与密度则需根据树脂的注射粘度及纤维铺层厚度(纤维体积含量)进行针对性设计。

4.3.4　树脂流动数字仿真技术

复合材料成型工艺技术需要在生产之前设计、加工出合适的模具工装。如何在较低的成本和周期下设计出既能满足生产工艺需要,又能保证产品质量要求的模具一直是业界积极探讨的热点之一。传统的方法是凭经验进行试制,不仅耗时耗力,而且难以保证产品质量,已经很难满足现代复合材料模具设计生产的需要。随着CAE技术的不断发展,在模具设计和产品制造之前,对设计和生产过程进行合理的数字化仿真,通过仿真结果来指导设计和生产,能够避免生产和设计过程中的问题,提高产品质量和生产效率[51]。

随着计算机技术的发展,数值模拟代替工艺试验已成为可能。液体成型工艺模拟研究迅速发展,以数值模拟技术实现工艺的虚拟设计,替代通过小型试验件确定工艺参数的研究方法,为工艺提供设计依据,再进行相关制件的生产,这样可以显著降低液体成型工艺的制造成本。利用现有模拟软件进行仿真模拟,建立三维模型,通过改变流道布置、注射顺序、注射温度、注射时间等工艺条件,研究树脂在模型中的流动过程和孔隙形成,从而为模具设计和工艺参数的优化方法提供参考。目前使用较广泛的树脂流动模拟软件包括 PAM - RTM 及 RTM - WORX 等。在航空领域,主要使用 PAM - RTM。

该软件可以进行常规 RTM 工艺、非等温 RTM 工艺、VARTM、RFI、VARI 等各种液体成型工艺过程的快速仿真计算,并能实现液体成型模具优化设计等功能,软件计算速度快、操作简便。模型中可包含纤维方向、纤维密度等参数,软件自带常用材料数据库;后处理模块可以通过动画、曲线和云纹图等多种形式表现模拟结果,可以组合运用云纹图、等值线图、向量图以及数值标注法来显示模型的属性参数,以便对模型进行校核。

　　模拟过程中,通过前后处理模块可以应用有限元法仿真分析树脂注塑过程,软件能够快速自动地将几何模型划分为有限元网格,并根据模型的复杂程度选择一维、二维或三维单元。立体结构划分为可利用最大单元尺寸、最小单元尺寸和控制点密度等参数控制单元网格的划分密度。

　　PAM-RTM 还可以精确模拟多注胶口、多溢料口的情况;可以模拟顺序进胶、依次关闭溢料口等实际加工情况;可进行进胶口和流道填充情况研究;同时可以模拟预制件在模具中由于铺覆引起的纤维取向变形,从而预测局部渗透率变化。

　　在 RTM 过程中,树脂在温度保持不变的情况下填充。PAM-RTM 模拟等温填充过程中树脂的流动过程、压力变化过程、填充时间分布等。用户可以根据需要设置不同的进出口边界条件,包括注射口的压力和树脂温度,进口的树脂流率以及出胶口的压力等。还可以控制注射口和出胶口随时间的开启和关闭。

　　在 VARI 工艺过程中,密封靠软膜实现。PAM-RTM 能够考虑在外部压力作用下厚度/纤维体积分数的变化以及预成型过程中引起的纤维预应力/应变造成的渗透率的改变。模拟过程中用户可以根据需要设置不同的进出口边界条件,包括入胶口的压力和树脂温度,进口的树脂流率以及出胶口的压力等,还可以控制入胶口和出胶口随时间的开启、关闭以及设置成型件的边界厚度等。

　　树脂对于纤维增强体的浸润效果直接决定复合材料制件的成型质量。可能对浸润造成影响的因素包括:

　　(1) 材料的差异性:纤维种类,纤维走向,树脂种类;

　　(2) 过程的差异性:注射压力,速度,温度,注射流率等;

　　(3) 模具的差异性:模具材料,几何形状;

　　(4) 纤维的预成型:在注射模拟过程中考虑了纤维预成型引起的纤维剪切角和渗透率的改变。可以直接将 PAM-FORM/QUICK-FORM/Fibersim XML/Patran Laminate Modele 模拟的纤维预成型结果作为输入。

　　因此,在进行工艺模拟之前,需要采集上述数据,作为软件模拟的原始参数。

　　1) PAM-RTM 软件的工作界面

　　PAM-RTM 的用户界面主要有四部分组成:①工具栏;②模拟窗口;③图形窗口;④信息栏。如图 4.53 所示。

　　2) PAM-RTM 支持的输入格式

　　几何文件格式:CATIA、PROE、UG、SOLIDWORK、PARASOLID

　　网格文件格式:UNV、PC、CDB、NASTRAN

　　铺层文件格式:Pam-Form、Pam-Quickforu、Fibersim XML、Patran Laminate Modeler 等。

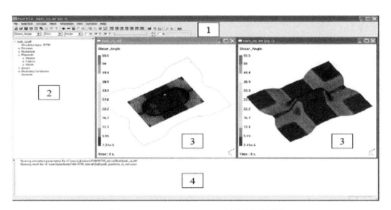

图 4.53　PAM‐RTM 的用户界面

3) PAM‐RTM 输入及输出数据形式

输入数据包括：

（1）网格数据：几何模型；

（2）工艺过程数据：注射口和出胶口位置、注射速度/压力/温度等。

（3）材料数据：纤维渗透率、树脂粘度、温度、密度、传导率、比热容。

主要输出结果包括填充过程（动画显示）、压力分布（动画显示）、固化度、温度、孔隙率、渗透率、速度、剪切角，如图 4.54 所示。

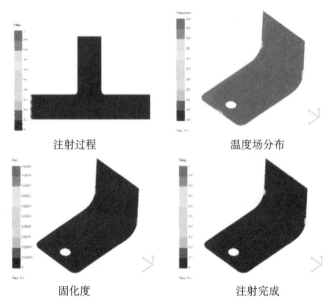

注射过程　　　　　　　　　　　温度场分布

固化度　　　　　　　　　　　注射完成

图 4.54　PAM‐RTM 主要输出结果

4) 成型材料体系的分析

在进行工艺模拟与零件成型之前,需积累树脂及纤维体系的基础工艺参数,因此要对工艺所选取的树脂和纤维进行工艺特性分析,包括对纤维预成型体的铺层进行渗透特性分析和树脂体系的固化流变特性分析,以确定树脂的固化特性、树脂与纤维的浸润、匹配与黏附性。

纤维预成型体的渗透率是零件成型过程中控制渗透方式和进行树脂流动模拟的关键参数,因此,在进行模拟和成型之前,要针对零件所有的铺层形式进行渗透率测试。渗透率大小主要由纤维体积含量 V_f 决定,但渗透率同时受其他诸多因素影响,如纤维的铺层结构、毛细压力、模具结构、测试方法等。

4.3.5 纤维体积含量(厚度)控制技术

制件的厚度(纤维体积含量)是设计需要实现的重要设计技术指标,也是制造过程中需要控制的重要技术指标。RTM 工艺为闭模工艺,零件厚度由模腔厚度决定,而 VARI 工艺为单面模低压工艺,零件厚度受各种因素影响,并且由于其为低压工艺,如何提高纤维体积含量一直是较受关注的一项技术。

在 VARI 成型工艺过程中,复合材料厚度主要受增强材料结构形式、成型压力、树脂粘度三大因素影响。对于特定的结构零件,增强材料结构形式是固定不变的,不受任何工艺参数的影响。树脂的粘度不仅与树脂本身的化学结构相关,也与外界环境相关,如温度、剪切速率和压力等,但是在成型工艺规范化后,树脂粘度可以认为是没有变化的。因此,影响复合材料厚度(纤维体积含量)的主要因素是压力。对于 VARI 成型工艺来说,影响复合材料厚度的压力因素的实质就是真空度。因此保证复合材料的成型压力就是保证复合材料成型系统的真空度,控制复合材料厚度(纤维体积含量)主要是采取措施控制复合材料成型工艺过程中的真空度。研究表明,主要采用两种措施确保成型过程中的真空度:

(1) 将具有透气不透胶的单向透气特种织物(Dahltexx SP-2)置于真空嘴和注胶嘴之间(第一层真空袋的内侧),防止注入的树脂溢出进入真空嘴而堵塞真空管路,防止系统内形成假真空或降低系统的真空度。

(2) 采用双真空袋封装,确保在第一层真空袋的真空管路被堵塞后,第二层真空袋仍能保证复合材料制件受到大气压所施加的压力。

4.4 液体成型工艺工程及质量控制

为了保证液体成型工艺的工艺稳定性及制件的产品质量,零件制造的整个过程中,需要对原材料、设备、工作场所、操作人员及产品质量等进行严格的控制。

4.4.1 材料的贮存要求

树脂有贮存温度要求,需按照相应的材料规范在低温库里进行低温贮存,贮存前,必须附带低温存放材料出入库记录单,在每次出入库时,检验员应按标签内容(包括材料编号、型、类、级、规格、形式、供应商的名称和产品标识、炉号、批号、桶/卷号、制造日期、实际的发运或接收日期、贮存寿命、操作寿命、出库/入库累积时间(精确到分钟)等)逐项填写。未使用的树脂和胶黏剂材料应贮存在原包装桶/袋中。

4.4.2 材料的使用要求

解冻要求如下:材料从低温环境中取出后,应放在洁净间内解冻,并保持密封状态。当其温度达到洁净间温度,并且在外包装膜擦干后无冷凝水产生时方能使用。

4.4.3 工艺设备要求

RTM 注射设备、真空泵及其配套的高压容器的设计、生产及检验需符合企业标准或相应工艺规范的规定。树脂需要加热注胶时,注胶设备应附带加热恒温系统和抽真空脱泡系统。气压注胶设备附带的高压气源要有过滤装置,保证压缩空气在1m 距离吹在清洁的玻璃板或铝板上无目视可见的油水滴印或渣尘。固化炉需具备循环空气,装备有抽真空和加温系统,且满足企业标准或相关工艺规范。

4.4.4 操作环境要求

(1) 该区域的温度控制在 18～32℃,相对湿度 25％～70％。

(2) 温度和湿度记录设备应位于能日常检查其与环境状况符合性的位置。

(3) 任何时候如果温度超过 32℃或者相对湿度超过 70％,则应中断施工并在2h 内将预制件放到密封袋中。

(4) 该区域应有良好的通风装置、除尘设备和照明设施。

(5) 要求封闭该区域,不使用时保持门窗关闭。

(6) 入口处应有控制污染设施,进入该区的空气应进行过滤。保证大于 $10\mu m$ 的灰尘粒子含量不多于 10 个/升。定期检查并清洗或更换过滤器以保证洁净间正常运行。

(7) 用不剥落的,易清洗材料,如塑料,油漆或乙烯瓷砖来密封和/或覆盖地面。

(8) 污染控制区应维持正压力,在验证设施时确保为正压力。

(9) 每个工作日应用湿拖把把洁净间的地板彻底清洗一次。在距离所使用的设备、工作台、地面 0.6～1m 处观察时,应无明显的脏物、灰尘和其他污染物,至少每天检查一次,当需要时应清扫;对其他诸如墙壁、天花板、灯具等在距离 1.8～2.4m 观察时,应无明显的脏物、灰尘和其他污染物,每 30 天检查一次,当需要时应清扫。

(10) 为防止零件受到污染,进入该区域的人员应穿干净的工作服、工作鞋和戴干净的工作帽,离开铺层区时应脱掉上述保护工作服等,进入该区与铺层接触的鞋或保护套不能与地板接触。

（11）在该区域搬运预制件和未完全固化零件的人员，在整个操作过程中应戴干净的薄橡胶手套，不允许赤手接触预制件。

（12）不允许在该区域进行可能产生大量粉尘的操作（如机械加工和打磨等）。

（13）接触预制件的设备表面不允许有油滴、润滑脂或其他的润滑剂，禁止产生非挥发性碳氢化合物的工序。

（14）不允许在该区域内从废料桶内直接倒空废料，但是，如果使用带有衬里的废料桶，则可以在该区域内将衬里扎紧后从桶内取出。

4.4.5 铺层要求

为了保证复合材料零件在装配区的配合关系以及零件的强度要求，要求在制备零件预成型体的时候，干纤维铺贴需要严格规定料片的拼搭接位置以及拼搭接的尺寸，铺层具体要求如表 4.16 所示。

表 4.16 铺层要求

项目	要 求		
织物拼搭接	搭接 13～25 mm （0.50～1.00 in）	搭接缝台阶 ≥25 mm （1.00 in）	对接间隙 ≤1.5 mm （0.06 in）
铺层方向	参照工程图规定的角度偏差要求		
铺层操作	a. 在铺贴时不要修剪先前铺好的加强层或者填充层。可用记号定位加强层，填充胶膜以及芯材 b. 为了避免轮廓复杂的区域出现空隙，可用额外铺层填充。填充材料类型应和其他部分一致 c. 铺层不允许出现皱褶		

4.4.6 预成型体接收与返工的偏差要求

为了保证复合材料零件的最后质量要求，需要对预成型体进行质量评价，预成型体接收与返工的偏差要求如表 4.17 所示。

表 4.17 预成型体接收与返工的偏差要求

偏差	接收限	返工限	返工程序
a. 纤维损伤	不允许纤维损伤	纤维损伤不允许返工	不适用
b. 纤维磨损	磨损末端距离铺层边缘不大于 2.5 mm（0.1 in）	不允许返工	不适用

（续表）

偏差	接收限	返工限	返工程序
c. 目视可见的夹杂	不允许夹杂	所有夹杂物被清除	清除外来夹杂物
d. 铺层穿透	不允许铺层穿透	不允许返工	不适用
e. 铺层皱褶	不允许有皱褶	发生皱褶的铺层被替换或者被重塑	如果可能,用熨斗加热预成型体的皱褶区域,使用新铺层替换皱褶铺层,新铺层应当按照要求执行。或者修整皱褶区域,重塑铺层
f. 铺层移位	允许铺层产生不大于±2.5mm(0.1in)的移位	去除并替换产生移位的铺层	如果可能,用熨斗加热预成型体的移位铺层并使用新铺层替换,新铺层应当按照要求执行

4.4.7　工序卡

（1）零件编号与图纸版本号；

（2）指定使用树脂原料；

（3）指定使用增强纤维原料；

（4）液体成型工装编号；

（5）液态定型剂的制备与应用；

（6）成型加压方式与压力上限；

（7）指定液体成型模具脱模剂类型与大致使用频率；

（8）指定装模压力或者模具紧固螺钉的扭矩（RFI 和 VARI 工艺不需要）；

（9）预成型体的构造与层数的草图；

（10）模具热电偶位置的草图；

（11）模具出胶口与注胶口位置的草图；

（12）预计树脂用量；

（13）预计纤维重量含量的百分比；

（14）预成型工装的编号；

（15）预成型体预压实温度；

（16）预成型体预热时间,压实循环次数；

（17）抽真空速率；

（18）树脂预热温度；

（19）若树脂预热温度超过了 120℃,则需要规定预热时间；

（20）注胶前为使模具达到注胶温度,需规定模具加热时间;

（21）注胶开始时的模具温度;

（22）设定真空度;

（23）注胶压力;

（24）注胶温度;

（25）树脂渗透时间,精确到分钟,包括 RTM 工艺注射时间,VARI 工艺树脂浸渍预成型体时间,RFI 工艺树脂膜浸润预成型体时间;

（26）静止保压时间与保压压力;

（27）从开始加热到开始固化总的累计时间;

（28）固化温度;

（29）固化时间,精确到分钟;

（30）注胶阀门关闭顺序;

同时,在零件制造过程中还需要记录其他信息,或者其他在液体成型过程中的附加工序,零件制造过程中至少对下列信息进行记录,以保证可追溯性,以备质保人员或适航管理人员审查:

（1）树脂的制造商、炉批号、批号和总的累积外置时间;

（2）纤维制造商、批次号、卷号;

（3）固化炉炉批号;

（4）零件号;

（5）工装标识。

4.4.8　检测要求

对于一般的航空零件,内部孔隙率一般有如下要求：A 区（工程规定）孔隙率小于 1%,B 区（如壁板、梁及肋零件的装配区）的孔隙率小于 1.5%,C 区孔隙率不大于 2%。在复合材料切边余量上对每一质量分区进行取样并检测孔隙率含量,无法在零件边缘取样的且无 A 区的零件,允许在随炉件试片上取样代替。

对于每一个复合材料零件、复合材料组件,必须对可达区域进行 100%面积的缺陷检查,以确定缺陷类型、位置、尺寸和数量。超声检查要求采用超声 C 扫描进行检测,检测结果文件必须保存完整,以便查对。对于因结构尺寸限制无法使用超声 C 扫的复合材料零件或部位,根据工程图样要求,允许使用超声 A 扫进行无损检测。

对于复合材料结构装配件,必须进行 100%目视或放大镜检查,对有缺陷的地方进行无损检测,以确定缺陷类型、位置、尺寸和数量。

4.5　液体成型工艺设计与制造应用实例

针对特定结构形式的零件,工艺设计与制造包括工装设计、注射工艺方案设计、

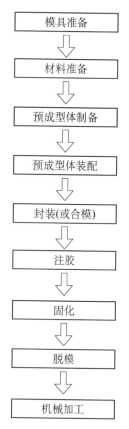

图4.55　液体成型工艺流程

零件注射成型、检测及机加装配等步骤,详细流程如图4.55所示。下面将结合两种结构形式的零件对两种典型液体成型工艺的设计与制造过程进行介绍。

4.5.1　工型肋结构RTM工艺应用实例

工型肋零件的数模结构如图4.56所示。肋结构的成型尺寸较小,并且由于装配的需要,肋结构的型面尺寸精度要求较高,适合采用RTM工艺成型。在RTM成型过程中,由于没有树脂导流介质的存在,树脂的流动相对壁板的VARI成型,更为复杂,因此,在进行工装设计和树脂注射之前,需针对肋结构进行树脂流动模拟,确定最优的注胶路径,为工装设计及注胶方案的确定提供参数支持。

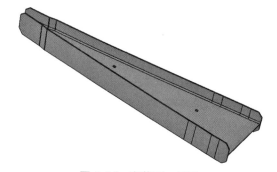

图4.56　变截面工型肋

工型肋长601.5mm,腹板高度24.7～156.9mm,腹板厚约2.7mm,上下缘条宽52mm,厚约2.7mm。设计为碳纤维层压板结构。铺层均为对称铺层。纤维体积含量设计为55%。

成型材料选取如下:

(1) 树脂:Cytec公司,CYCOM890 RTM树脂;

(2) 纤维:Saertex公司,无皱褶布(NCF, Non-Crimp Fabrics), 267gsm/(＋45,－45)/HTS40 F13 12K 800Tex/1500mm; 267gsm/(－45,＋45)/HTS40 F13 12K 800Tex/1500mm。

1) 材料工艺性能测试

对于RTM工艺,需要测定树脂的粘-时曲线以确定树脂的工艺操作区间及在工艺操作区间的可工作时间。图4.57是CYCOM890RTM树脂分别在80℃、90℃和100℃下的时间-粘度曲线。树脂在80℃条件下,200min时间内其粘度基本没有变化,粘度约为0.6Pa·s,对于纤维体积含量达到55%的复合材料制件来说,这一粘度偏大,注射时需施加较大压力,容易对纤维预成型体造成冲刷变形。树脂在90℃条件下,树脂的初始粘度下降到了 0.28 Pa·s 左右,而且随着时间的增加,树脂粘度也随时间有所增加,200 min 左右粘度为 0.33 Pa·s。树脂在 100℃ 条件下,树脂的初始粘度下降到了 0.18 Pa·s 左右,在 200 min 内树脂的粘度从 0.18 Pa·s 升高到了 0.2 Pa·s,对于 RTM 工艺来说,这一粘度偏小,注射时容易造成"流道效应"过于明显,不利于树脂对纤维的浸润,树脂的流动性控制相对困难。90℃ 的粘度基本能稳定在 0.3 Pa·s 左右,且能持续至少 200 min,对于成型小型变截面工型肋来说,工艺操作区间足够大。因此,选择树脂注射温度为 90℃。

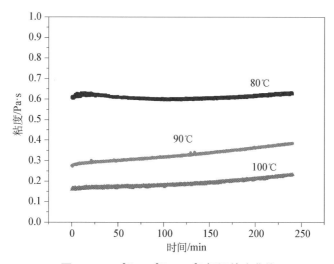

图 4.57 80℃、90℃、100℃恒温粘度曲线

纤维预成型体的渗透率是零件成型过程中控制渗透方式和进行树脂流动模拟的关键参数,因此,在进行模拟和成型之前,要针对零件所有的铺层形式进行渗透率测试。渗透率大小主要由纤维体积含量 V_f 决定,但渗透率同时受其他诸多因素影响,如纤维的铺层方式、毛细压力、模具结构、测试方法等。工型肋铺层的渗透率曲线如图 4.58 所示。

2) 工艺模拟

采用 PAM - RTM 软件进行树脂注射模拟,确定最优的注射流道设计,为工装的注射口和溢料口设计提供依据。根据零件数模建立模拟网格模型如图 4.59 所示。将材料性能测试数据代入,改变边界条件,得到不同设计方案的树脂流动结果,从中选取最优方案用于制造。根据零件结构形式及工艺特点,改变注射工艺参数,共进行了六种注射方案的设计,得到了相应的注射模拟结果。

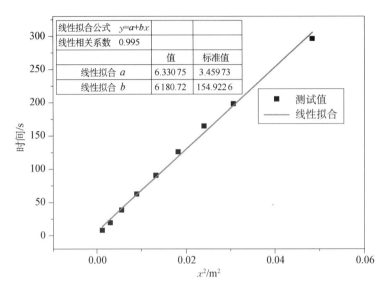

图 4.58　工型肋铺层渗透率 x^2 - t 曲线

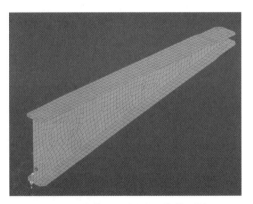

图 4.59　变截面工型肋网格模型建立

（1）工型肋的恒压端部点注射模拟（竖放，恒压注胶）。采用恒压端部点注射，注射口位置如图 4.60（a）所示，注射压力为 0.5 MPa，模拟结果如图 4.60（b）（c）（d）所示。

由模拟结果可看到，注射出胶时间为 1 513 s，树脂流动基本呈现均匀向前扩散，压力也呈线性下降趋势。

（2）工型肋的恒流端部点注射模拟（竖放，恒流注胶）。采用恒流端部点注射时的注射口位置同恒压注射，注射流量为 20 mL/min，模拟结果如图 4.61（a）所示。

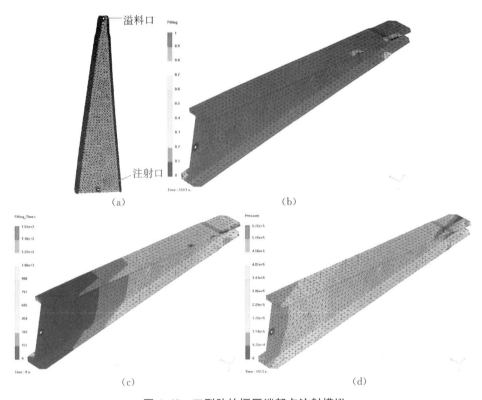

图 4.60 工型肋的恒压端部点注射模拟

(a) 开口位置   (b) 出胶(红色为树脂覆盖区域,以下同)
(c) 填充前锋   (d) 压力分布

采用恒流注射时,注射出胶时间为2311s,缘条梢部存在两处浸润不完全区域,如图 4.61(b)所示。恒压注射时,注射前期树脂流动较快,随着流动前锋不断向前扩散,注溢两端的压力降增大,使得注射速率逐渐减小。而恒流注射时,树脂为匀速向四周扩散,因此,可能在注射后期,为了保证树脂流动匀速,使得注射口的注射压力增大,而注射压力过大,则会导致纤维预成型体遭树脂冲刷变形严重和整个注射系统的操作危险程度提高。在图 4.61(c)所示的过程中,由压力分布可看到,在注射后期,注射口的注射压力达到了2MPa。因此,在选用恒流注射方式时,注射流量应选择较小值。对于纤维体积含量较低的制件,由于孔隙率较高,树脂流动时的阻力较小,在单位长度方向产生的压力降较小,可考虑采用恒流注射,对于高性能复合材料($V_f \geqslant 55\%$),一般采用恒压注射。

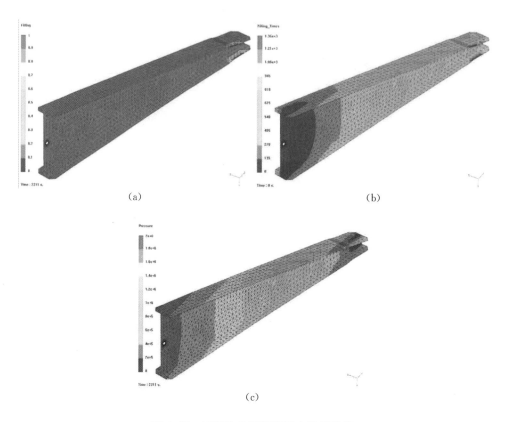

图 4.61　工型肋的恒流端部点注射模拟

(a) 出胶　(b) 填充前锋　(c) 压力分布

（3）工型肋的恒压梢部点注射模拟（竖放，恒压注胶）。采用恒压梢部点注射时的注射口位置如图 4.62(a)所示，注射压力为 0.5 MPa，模拟结果如图 4.62(b)(c)(d)所示。

梢部点注射时，与端部注射相比，注射口和溢料口位置调换。由模拟结果可看到，注射出胶时间为 7 293 s，这一值远远超过端部注射，注射效率较低；并且，由出胶情况[见图 4.62(b)]可看到，在端部和梢部位置都分布有浸润不完全区域，其中，端部在腹板和缘条处分布较多。相对端部注射，梢部注射的注射口位置较小，树脂流动时呈往外扩散式流动，在端部最大尺寸处压力降也同时达到最大，因此，树脂流动缓慢，出胶时间较长，端部出现浸润不完全的可能性和区域也增加。因此，在 RTM 注射过程中，如果制件整体没有较多的复杂异型结构，一般均采用大端注射，小端溢料的方式。

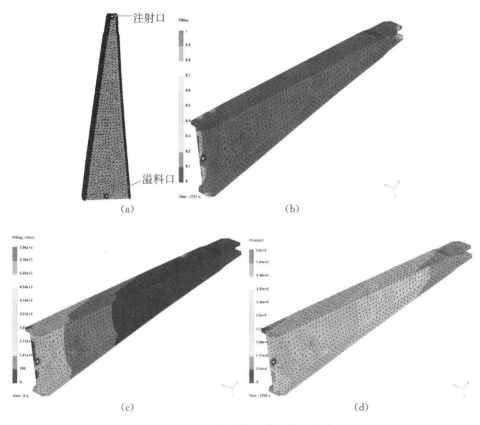

图 4.62　工型肋的恒压梢部点注射模拟

(a) 开口位置　(b) 出胶　(c) 填充前锋　(d) 压力分布

在以下注射模拟方案中,均采用端部注射。考虑到工型肋的长度为约 600 mm,注射时树脂本身的重力可能对流动造成影响,因此,设计三种树脂注射方向,考察树脂注射方向对流动的影响。

(4) 工型肋的恒压端部线注射模拟(竖放,恒压注胶)。采用恒压端部线注射(竖放)时的注射口位置如图 4.63(a)所示,注射压力为0.5 MPa,模拟结果如图 4.63 (b)(c)(d)所示。

由模拟结果可看到,注射出胶时间为1541 s,与端部点注射相比,出胶时间基本持平。但在端部没有出现树脂浸润不完全区域,并且,在梢部位置,出现浸润问题的区域面积明显减小。由于采用线注射,在制件腹板高度方向,树脂同时向前流动,相比端部点注射,无需从高度中点位置向两边扩散,因此可避免在缘条端部区出现树脂浸润问题。并且,在梢部区域,树脂流过缘条的时间和难度减小,使得浸润问题出现的可能性减小。

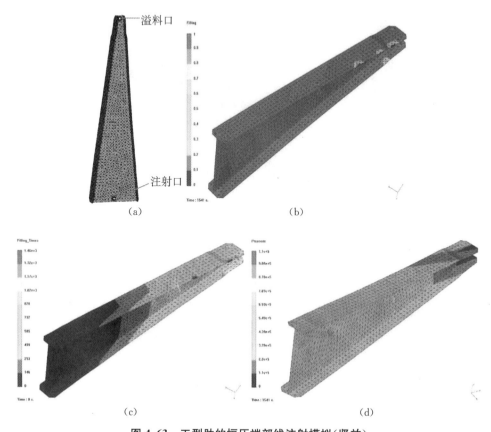

图 4.63　工型肋的恒压端部线注射模拟（竖放）

（a）开口位置　（b）出胶　（c）填充前锋　（d）压力分布

（5）工型肋的恒压端部线注射模拟（侧放，恒压注胶）。采用恒压端部线注射（侧放）时的注射口位置与上一方案相同，注射压力为 0.5 MPa，模拟结果如图 4.64 所示。

与竖放相比，侧放的出胶时间为 2078 s，注射出胶时间比竖放略长。竖放时，树脂可基本均匀沿流动方向浸润，而侧放时，由于树脂重力作用，在上下缘条的浸润会产生时间差，因此，达到溢料口的时刻不同。一般在 RTM 工艺中，若制件中某区域比其余区域先完成浸润，达到溢料口，则会造成树脂流动形成"快速流道"，影响其余区域的树脂浸润，所需时间增加，从而导致整个制件的浸润时间增加。

从出胶情况看，效果与竖放基本一致，均在上下缘条梢部有少量浸润问题出现。

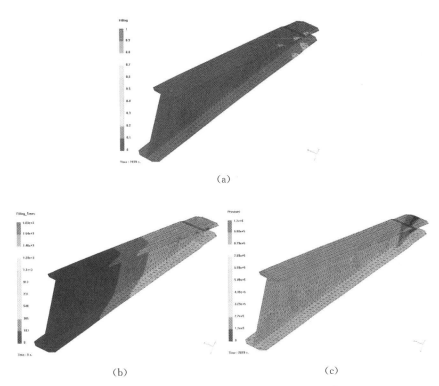

（a）

（b）　　　　　　　　　　　　（c）

图 4.64　工型肋的恒压端部线注射模拟（侧放）

（a）出胶　（b）填充前锋　（c）压力分布

（6）工型肋的恒压端部线注射模拟（横放，恒压注胶）。采用恒压端部线注射（横放）时的注射口位置与上一方案相同，注射压力为0.5MPa，模拟结果如图4.65所示。

采用横放方式时，出胶时间较侧放方式略长，为2612s。从填充前锋形状和位置及压力分布结果可看到，树脂流动结果与侧放及竖放差别较小。

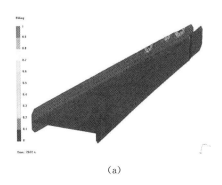

（a）

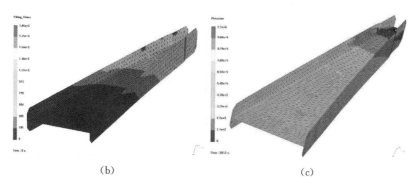

（b）　　　　　　　　　　　　　（c）

图 4.65　工型肋的恒压端部线注射模拟（横放）

（a）出胶　（b）填充前锋　（c）压力分布

从以上三种注射方式对比可得出结果，对于大尺寸大厚度制件，由于树脂注射时所需的树脂量较多，树脂浸润时间长，导致树脂重力造成的区域浸润时间差尤其明显，因此容易造成区域树脂浸润不完全。

六种注射方式对比结果如表 4.18 所示。

表 4.18　六种注射方式对比结果

序号	注射方式	树脂控制方式	出胶时间/s	可能出现缺陷位置
1	端部点注射（竖放）	恒压	1513	端部、梢部
2	端部点注射（竖放）	恒流	2311	梢部
3	梢部点注射（竖放）	恒压	7293	端部、梢部
4	端部线注射（竖放）	恒压	1541	梢部
5	端部线注射（侧放）	恒压	2078	梢部
6	端部线注射（横放）	恒压	2612	梢部

对六种注射方式进行综合对比可得出结果，端部点注射与线注射均可用于变截面工型肋的 RTM 注溢口设计，出胶及树脂浸润效果基本一致。制件注射时的摆放位置对注射效果影响较小，从出胶时间来看，竖放方式优于横放及侧放方式。为保证层间树脂浸润的均匀性，最终确定为端部线注射（竖放）为最优的注射方案。在工型肋的成型工装设计与制造中，将分别在模具的端部和梢部中点布置树脂注射口与溢料口。

3）纤维预成型体制备

在 RTM 工艺中，纤维预成型体铺放是保证产品最终成型质量的最重要步骤。工型肋的纤维预成型体分为左半腹板、右半腹板及上下缘条盖板四个部分。其中左半腹板和右半腹板铺贴分别在相应的 C 型分块上进行，在进行首层铺贴前，涂覆定型溶液，其余各层铺贴均采用涂撒粉末定型。完成每层铺贴后，沿模具边缘槽线将多余纤维切除,完成铺贴后,将端部纤维沿长度方向切除 10 mm,使注射口周围形成线性空腔,使注射方式由点注射转变成线注射,如图 4.66 所示。

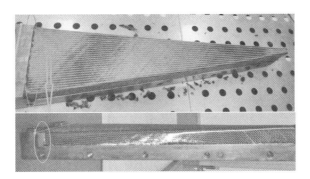

图 4.66　C 型分块预成型体铺贴

4)预成型体合模

预成型体合模过程如图 4.67 所示。

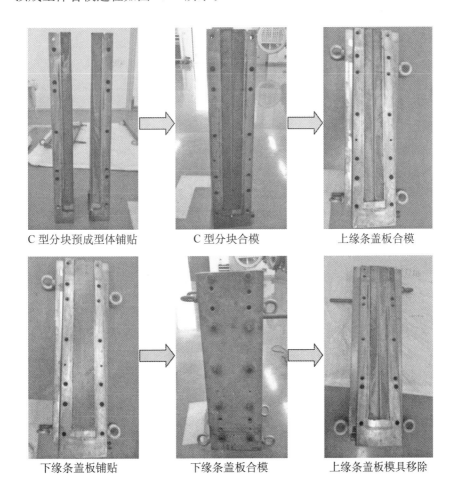

| C 型分块预成型体铺贴 | C 型分块合模 | 上缘条盖板合模 |
| 下缘条盖板铺贴 | 下缘条盖板合模 | 上缘条盖板模具移除 |

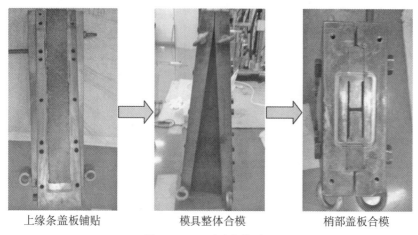

上缘条盖板铺贴　　　　　模具整体合模　　　　　梢部盖板合模

图 4.67　工型肋合模过程

5）RTM 注射成型

完成预成型体合模后,连接注射管路,模具置入烘箱进行加热。将模具竖直放置,分别在端部和梢部布置测温热电偶,将模具温度升至 90℃,再将 RTM 注射机与模具相连,树脂加热至 90℃时开始注射,设定注射压力为 0.5 MPa,待溢料口树脂出胶后继续注射,直至溢料口处树脂无气泡。实际测得出胶时间为 1800 s 左右,与模拟结果 1541 s 基本吻合。

完成注射后,关闭注射口及溢料口处阀门,模具升至 180℃,保温 2 h 后关闭烘箱,冷却后对工型肋制件进行脱模,机加,无损检测等处理。

6）脱模及机加检测

待模具冷却至 60℃以下对工型肋进行脱模,脱模时应采用不会对工装及零件造成损伤的辅助工具进行脱模。采用 RTM 工艺成型的Ⅰ型肋如图 4.68 所示,经目测,制件表面光滑,没有明显大面积的贫胶及干斑等缺陷出现。

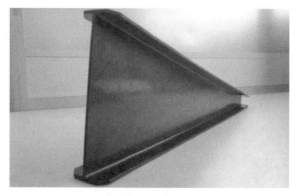

图 4.68　工型肋零件

4.5.2　多肋夹层结构壁板 VARI 工艺应用实例

由前面的内容介绍可知,VARI 工艺适合成型大型复杂结构形式的零件,由于 VARI 工艺为单面模工艺,因此在注射流道的设计方面具有更高的灵活性和可选性。选取带肋泡沫夹芯结构零件为例,对其成型工艺过程进行介绍。

带肋夹芯壁板组件由泡沫夹层结构下壁板蒙皮、五根肋、后梁、泡沫夹层后缘组成。5 根肋与下壁板蒙皮缝合在一起,2、3、4 号肋插入"C"型后梁中,1、5 号端肋直抵后缘。后缘上蒙皮由壁板蒙皮翻盖在泡沫芯材上形成,并与后梁翻边有 20 mm 的重合,夹芯壁板蒙皮外缘为曲面结构。所有组件均通过 VARI 工艺一次整体成型,上述描述如图 4.69 所示。

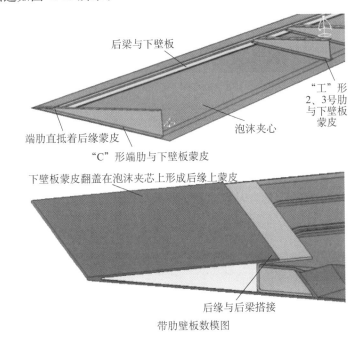

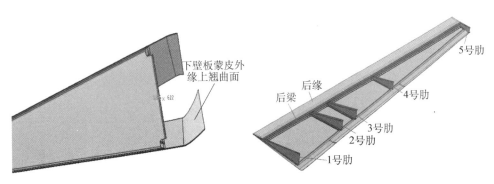

图 4.69　带肋壁板数模图

带肋壁板结构零件长5500mm,肋高度180～15mm,蒙皮厚约2.7～3.2mm,泡沫厚度为10mm,后梁高约50mm。肋设计为碳纤维层压板结构,蒙皮设计为泡沫夹芯结构。铺层均为对称铺层。纤维体积含量设计为55%。

成型材料选取如下:

树脂:Cytec公司,CYCOM890 RTM树脂;

纤维:Saertex公司,无皱褶布(NCF,Non-Crimp Fabrics),267gsm/(+45,-45)/HTS40 F13 12K 800Tex/1500mm;267gsm/(-45,+45)/HTS40 F13 12K 800Tex/1500mm;267gsm/(0,90)/HTS40 F13 12K 800Tex/1500mm;

泡沫:德固赛公司,Rohacell 71WF-HT PMI泡沫。

1) 成型模具的设计与加工

根据该零件的结构形式及成型工艺特点(见图4.70),首先需进行成型工装的型面及各部件预成型体装配时的定位工装设计。带肋壁板的VARI整体成型工装为

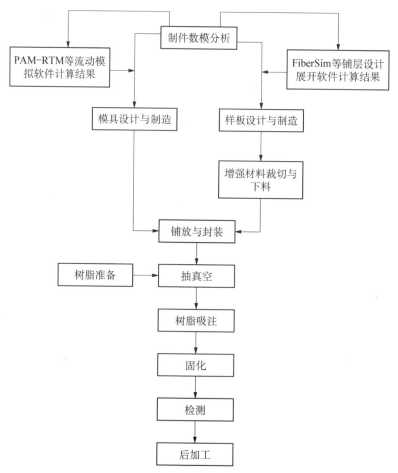

图 4.70　带肋壁板零件 VARI 工艺成型流程

带有成型及定位功能的典型框架式结构,包含以下几个部分:底架、型面、肋成型模块、后梁成型模块(分块)、后梁定位装置、后缘盖板。此外,还根据预定型及定位需要,增加了后梁预定型工装、泡沫外形卡板、前缘木模及后梁木模等辅助工装,如图4.71所示。

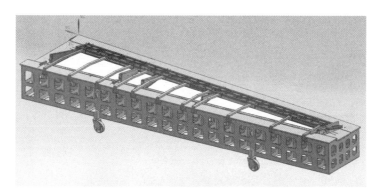

图 4.71　带肋壁板 VARI 整体成型工装

2) 材料工艺性能测试

CYCOM890 树脂材料的注射温度及固化特性见上一个实例,关于纤维铺层的渗透率测试,需将带肋夹芯壁板零件中的所有典型铺层提取出来,逐个进行渗透率测试,测试结果如表 4.19 所示。由于在 VARI 工艺中,一般采用导流网等高渗透介质辅助树脂流动,在渗透率测试时需考虑导流网对渗透率的影响。另外,与 RTM 工艺不同,VARI 工艺为单面模工艺,因此纤维铺层厚度可变,在工艺模拟中须进行压缩特性测试,测试结果如图 4.72 所示。

表 4.19　带肋壁板零件典型铺层渗透率测试

铺层结构	带导流网	
	拟合直线斜率/(s/m^2)	渗透率/($\times 10^{-9}$ m^2)
后缘	2290	0.7505
后梁,上翻区及泡沫框区	2553.5	0.7368
1 号肋	3365	0.5108
5 号肋	1528	1.1248
泡沫下部	1310	1.312
A 区	1537	1.1182
前缘 A 区	1488	1.1551
前缘泡沫区下部	2053	0.8372

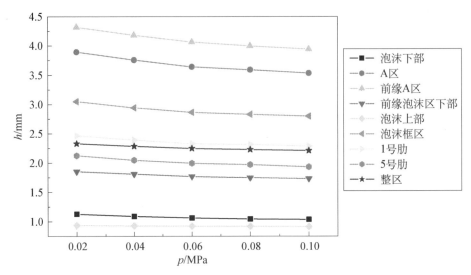

图 4.72 带肋壁板零件典型铺层压缩特性测试

3）工艺模拟

采用 PAM - RTM 软件对壁板树脂流动进行方案模拟，根据模拟结果可确定最佳的树脂注射方案，包括注溢口的布置及注射工艺参数的确定。

将壁板的结构设计模型导入 PAM - RTM 的前处理软件 Visual-Mesh，根据壁板的结构特点分多个 Part 进行有限元网格划分，网格如图 4.73 所示。总网格数量为 138 844，总节点数为 68 829，经网格检查，无畸形网格，最大单元面积为 $2.12 \times 10^{-3} \, \mathrm{m}^2$，最小单元面积为 $5.25 \times 10^{-6} \, \mathrm{m}^2$，无网格面积比例小于 10^{-3} 情况。

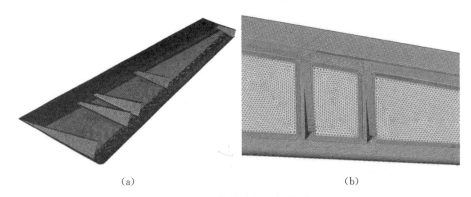

（a）　　　　　　　　　　　　　　　　　　　（b）

图 4.73 带肋壁板网格模型

（a）整体网格　（b）局部网格

根据壁板的结构形式，设计了四种不同的整体 VARI 成型树脂流道布置方案如表 4.20 所示。其中，方案 2 为方案 1 的改进方案，方案 4 为方案 3 的改进方案。

表 4.20　下壁板整体 VARI 成型注射方案设计

方案	注射流道布置	溢料通路布置	充模时间/s	流动状况
1	前缘	后缘	4 293	有树脂包裹现象
2	前缘和五个肋	后缘	4 050	有树脂包裹现象
3	后缘	前缘	4 006	无树脂包裹现象
4	后缘	前缘、后梁和五个肋	3 988	无树脂包裹现象

图 4.74 为方案 1 前期树脂流动状态,肋树脂流动严重落后于壁板,方案 2 改进后,在肋处增加树脂注射流道,显著改善这一问题,如图 4.75 所示。

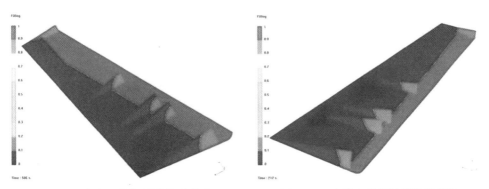

图 4.74　方案 1 前期树脂流动状况　　　　图 4.75　方案 2 前期树脂流动状况

图 4.76 为方案 2 后期树脂流动状态,可以看出,树脂在后缘处多处出现树脂干涉现象,且流动前锋比较混乱,难以控制,容易出现干斑缺陷。

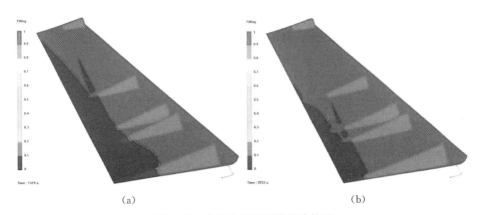

(a)　　　　　　　　　　　　　　　　　(b)

图 4.76　方案 2 后期树脂流动状况

(a) 充模:1379 s　(b) 充模:2233 s

图 4.77 分别为方案 3 在后期出现的树脂干涉现象,针对这一情况,方案 4 在后

梁和每个肋增加真空通道来解决这一问题。

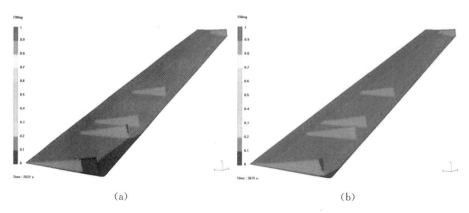

（a）　　　　　　　　　　　　　　　　（b）

图 4.77　方案 3 后期树脂流动状况

（a）充模：2622 s　（b）充模：3675 s

　　图 4.78 和图 4.79 分别为方案 2 和方案 4 的充模时间分布图。方案 2 在充模后期树脂前锋比较凌乱,容易出现干斑缺陷,且难以控制;方案 4 树脂流动前锋阶梯比较明显,不容易出现干斑缺陷,容易控制,且充模时间较短。所以,最终选择方案 4 作为最后的带肋下壁板整体 VARI 成型的树脂流道布置方案。

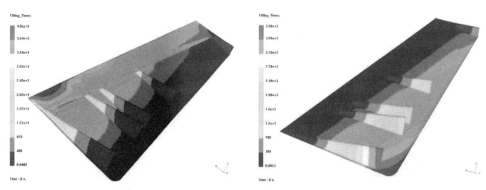

图 4.78　方案 2 充模时间分布图　　　　**图 4.79　方案 4 充模时间分布图**

　　4）预成型体制备

　　带肋下壁板的预成型体制备包括 7 个部分:下壁板蒙皮、5 根加强肋及后梁;在分别完成各部分预定型后,将其组合装配在一起,再整体进行封装及注胶。考虑到各部分的尺寸及预成型体制备的困难程度不同,按照困难程度递增的顺序进行预成型体制备,顺序为加强肋-后梁-下壁板蒙皮。由于此次研制使用的纤维幅宽为 1.5 m,超过下壁板铺贴时所需的最大宽度 1.4 m,因此,在铺贴过程中,不需要进行纤维的搭接或拼接操作。

（1）加强肋。按照5根加强肋的产品数模铺层进行纤维铺贴，先在模具表面涂覆定型剂溶液，再按照以下顺序进行铺贴：模具/四氟布/可剥布/纤维预成型体；在进行纤维铺贴时，纤维层间铺洒定型粉末，采用调温至90～120℃的电熨斗压实每层纤维，使相邻两层基本粘接在一起，保证各层纤维不滑移。尤其在拐角处或曲率变化剧烈的区域需反复进行熨烫，以确保经过真空袋预定型后，这些区域不会起皱、位移。

完成纤维铺贴后，将预成型体进行真空袋封装，置入烘箱，进行升温预定型，预定型工艺条件：真空值小于0.085MPa（注：值越小，真空程度越高），温度为120℃±5℃，时间为30min±5min，每4层预定型一次。

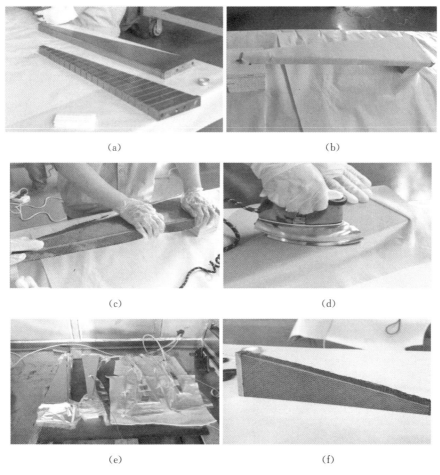

（a）　　　　　　　　　　　　　　　（b）

（c）　　　　　　　　　　　　　　　（d）

（e）　　　　　　　　　　　　　　　（f）

图4.80　加强肋预成型体制备过程

（a）加强肋模具　（b）辅料铺贴　（c）纤维铺贴　（d）熨烫　（e）封装　（f）预定型后

（2）后梁。后梁成型模具为分块连接形式，移动相对困难，且被加强肋隔开，因此，为了方便操作及保证预定型效果，设计有单独的预定型模具，如图4.81所示。

（a）　　　　　　　　　　　　　　　　　　　　　（b）

图4.81　后梁预成型体制备过程

（a）后梁预定型模具及纤维铺贴　（b）铺贴端部

对于具有"细、长、窄"外形特点和曲率小的下壁板后梁，在预定型时，需先在模具上涂覆一层定型剂溶液，以辅助定型，并在纤维铺层的两个末端铺贴一层窄条四氟布，以防止预定型完成后由于纤维与模具粘接过牢，难以脱模；然后在相邻两层纤维之间铺洒粉末定型剂，采用电熨斗等加热加压工具使相邻两层粘接在一起，不回弹、不移位。完成纤维铺贴后，将预成型体进行真空袋封装，置入烘箱，进行升温预定型，预定型工艺条件同加强肋。

图4.82　首层纤维预定型

第一层预定型一次，后续每三层预定型一次。

（3）壁板蒙皮。壁板蒙皮预定型在成型模具上进行，按照以下铺层进行：模具/四氟布/可剥布/纤维预成型体，完成第一层纤维铺贴后，进行壁板的第一次烘箱加热预定型，如图4.82所示。

由于壁板的各个整层均需要上翻到后缘楔形泡沫之上，因此需要上翻的区域采用四氟布隔开防止这些区域的纤维黏到一起而影响纤维之后需要上翻进行后缘圆角定型，如图4.83所示。泡沫以下铺层完成后，真空封装，进行壁板的第二次烘箱加热预定型。

图 4.83　后缘上翻区用四氟布隔开

　　完成第二次预定型后,安装泡沫定位卡板,将表面采用灌胶预处理的壁板泡沫安装到对应的位置并铺贴到完成预定型的纤维上,再卸下定型卡板,铺贴泡沫上各层纤维。在泡沫区和非泡沫区之间的过渡区,铺洒粉末定型剂,使各层能牢固粘接在一起,不变形、不起皱。铺贴完成后,同样将需要上翻的区域用四氟布隔开,在完成泡沫以上第一层纤维铺贴后,进行第三次烘箱加热预定型;完成所有壁板纤维铺贴后,进行第四次预定型。

| (a) | (b) |

图 4.84　壁板蒙皮预成型体制备过程

(a) 泡沫卡板定位放置　(b) 完成预定型的下壁板蒙皮

5) 封装

　　预成型体装配完成之后,在预成型体表面铺放辅助材料,辅料顺序:模具/四氟布/可剥布/纤维预成型体/可剥布/四氟布/导流网/四氟布/真空袋(内袋)/真空袋(外袋),具体位置如图 4.85 所示。

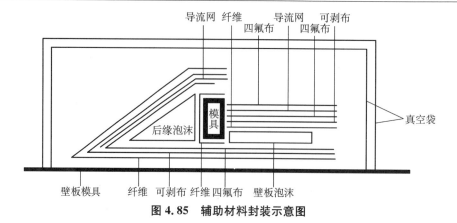

图 4.85　辅助材料封装示意图

辅助材料铺放完毕需布置树脂流道及溢料管路,在后缘处布置树脂流道,利用一根螺旋管布置在后缘处,并利用三通接头连接四根树脂进胶管。在前缘处为了方便控制树脂的流出,分四段布置真空溢料通道,且在每个肋靠近前缘端头布置一个真空溢料通道,在后梁处通长布置一根真空溢料通道,如图 4.86 所示。

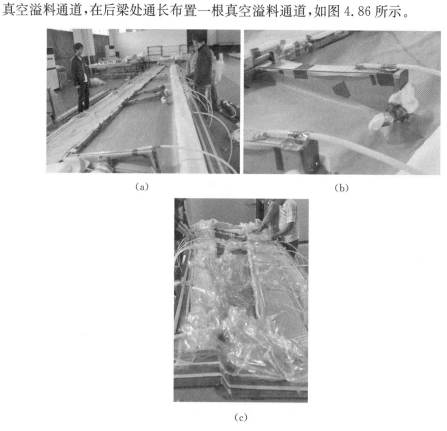

图 4.86　封装及管路布置

(a)树脂流道及溢料通道布置　(b)肋上的溢料通道　(c)封装完成

6）注胶及固化

将完成封装的模具放入到烘箱里,并将树脂桶同时放入烘箱,然后在模具和树脂桶上分散布置多个热电偶。打开烘箱后,将烘箱温度设置到注胶温度,待模具温度和树脂温度均达到设定温度后,即模具和树脂桶上所有热电偶温度均达到注胶温度,开始注胶。

7）脱模

固化完成后,关闭烘箱,持续抽真空直到模具低于60℃。模具完全冷却后,可进行脱模,由于下壁板在模具加热下完成固化,下壁板长度应为模具膨胀后的长度,模具冷却后收缩,下壁板的长度应大于模具长度,为了尽快释放下壁板内应力,应先脱掉下壁板的两个端肋(1号肋和5号肋)。由于中间肋模具(2、3及4号肋)被夹在后梁模具之间,所以应先脱掉后梁模具,最后再脱掉肋的模具。脱模后的下壁板见图4.87,下壁板表面无可见干斑缺陷。

图4.87 脱模后的带肋下壁板

8）带肋壁板的无损检测

壁板包括泡沫夹芯区域、层压板区域等几个部分,且各部位检测要求不一致,这就给超声检测的实施带来困难。一般来说,检测时可根据不同结构、不同检测要求选择检测方法,如可在泡沫夹芯区域选用喷水式脉冲反射法,层压板区域可选用接触法等。

4.6 本章小结

本章主要介绍了液体成型工艺,包括液体成型工艺的方法和材料,工艺关键技术、液体成型的工艺过程与质量控制,并结合已做研究工作,介绍了两个具体案例。本章不追求完整与系统性,偏重于具体研究工作与结果。目前航空液体成型领域有诸多重要进展,液体成型朝着自动化、高生产效率发展,应用领域也从次承力结构向主承力结构发展,出现了多项重要技术,特别是干纤维自动铺放技术、高压RTM技术等,上海飞机制造有限公司也正在开展相关研究工作,液体成型将会是一项极具发展前景的技术,应用在更多的航空部件上。

参考文献

［1］赵渠森.先进复合材料手册[M].北京:机械工业出版社,2003.

［2］段跃新,孙玉敏,谭朝元,等.LCM工艺实时监测技术的影响因素[J].复合材料学报,2006,23(5):89-95.

［3］童忠良.新型复合材料制备新技术［M］.北京：化学工业出版社,2010.

［4］梅启林,冀运东,陈小成.复合材料液体模塑成型工艺与装备进展［J］.玻璃钢/复合材料,
2014,9：52-62.

［5］刘兆麟,程灿灿.复合材料液体模塑成型工艺研究现状［J］.山东纺织科技,2011,(2)：50-53.

［6］陈吉平,苏佳智,郑义珠.复合材料在 A400M 军用运输机上的应用概述［J］.航空制造技术,
2013,15：82-85.

［7］赵渠森,赵攀峰.真空辅助成型技术［J］.高科技纤维与应用,2002,27(4)：21-26.

［8］李小兵,孙占红,曹正华.真空辅助成型技术及其配套基体树脂研究进展［J］.热固性树脂,
2006,21(5)：39-43.

［9］杨萍.脉动灌注一种新的液体模塑成型工艺［J］.玻璃钢,2013,1：41-43.

［10］李培旭,陈萍,苏佳智,等.复合材料先进液体成型技术的航空应用与最新发展［J］.玻璃钢/
复合材料,2016,8：99-104.

［11］沃西源.RTM 成型工艺技术进展［J］.航天返回和遥感,2000,21：48-52.

［12］魏俊伟,张用兵,郭万涛.真空辅助成型(VARI)工艺研究进展［J］.材料开发与应用,2010,6：
99-104.

［13］李培旭,陈萍,韩小勇,等.热压辅助预成型的超大厚度制件 VARI 成型工艺研究［J］.玻璃
钢/复合材料,2016,2：83-87.

［14］李培旭,陈萍,苏佳智,等.复合材料液体成型技术新探——闪电防护铜网在 VARI 工艺中的
导流应用［J］.民用飞机制造技术,2016,6：14-19.

［15］邱航波,胡清,黄智勇.先进复合材料整体壁板 RFI 成型工艺探讨［J］.装备制造技术,2013,
8：49-51.

［16］张国利,黄故.RFI 工艺树脂流动模型规律研究［J］.天津工业大学学报,2002,2：46-49.

［17］唐红艳,王继辉.结构反应注射成型技术及其研究进展［J］.工程塑料应用,2006,34(5)：72-74.

［18］曹魏,陈立新,董建娜,等.树脂膜熔渗(RFI)工艺及其发展现状［J］.中国胶黏剂,2008,3：41-46.

［19］邓京兰,祝颖丹,王继辉.SCRIMP 成型工艺的研究［J］.玻璃钢/复合材料,2001,5：40-44.

［20］周会.复合材料成型工艺的发展分析［J］.科技向导,2014,(12)：356.

［21］卢忠远.VARTM 用双马来酰亚胺树脂基体的研究［D］.西安：西北工业大学,2005.

［22］阳晓辉,孙占红,赵龙,等.RTM 工艺双马树脂体系的增韧改性研究［C］.第 17 届全国复合
材料学术会议论文,2012.

［23］郑力威,宁志强,牛永安,等.RTM 用低粘度环氧树脂体系的制备与性能研究［C］.化学与黏
合,2008,30(3)：60-62.

［24］管清宝.低成本液相成型工艺用高性能树脂的研究［D］.苏州：苏州大学,2011.

［25］克鲁肯巴赫·佩顿.航空航天复合材料结构件树脂传递模塑成型技术［M］.澳大利亚：航空
工业出版社,2009.

［26］唐邦铭,梁子青,益小苏.复合材料 RFI 成形用树脂膜的成膜工艺性研究［J］.材料工程,2005
(4)：46-49.

［27］张彦飞,刘亚青,杜瑞奎,等.复合材料液体模塑成型技术(LCM)的研究进展［J］.塑料,
2005,34(2)：31-35.

［28］张连旺,包建文,钟翔屿.VARI 工艺用海因环氧树脂性能研究［J］.玻璃钢/复合材料,2014
(3)：23-26.

［29］张国利,李嘉禄,杨彩云,等.RFI 工艺用环氧基树脂膜的研制［J］.固体火箭技术,2006,29

(2)：142－145.

[30] 刁岩,陈一民,洪晓斌,等. 真空辅助 RTM 成型技术应用及适用树脂体系[J]. 高分子通报. 2006,(12)：84－88.

[31] 李小兵,孙占红,曹正华. 真空辅助成型技术及其配套基体树脂研究进展[J]. 热固性树脂. 2006,21(5)：39－43,53.

[32] 张连旺,包建文,钟翔屿. 中温固化高性能环氧树脂基体研究[C]. 第 17 届全国复合材料学术会议论文,2012.

[33] 王汝敏,郑水蓉,郑亚萍. 聚合物基复合材料及工艺[M]. 北京：科学出版社,2004.

[34] 肖加余,曾竟成. 用软模辅助 RTM 整体制备复合材料主承力件[M]. 合肥：国防科技大学出版社,2010.

[35] 高艳秋,赵龙,黄峰,等. 纵横加筋复合材料壁板缝合/RFI 整体成型工艺研究[C]. 全国复合材料学术会议,2006：1002－1005.

[36] 徐肖霞. RTM 纺织复合材料超声检测方法研究[D]. 南昌：南昌航空大学：2012.

[37] 宋修宫. RTM 工艺在线监控的研究[D]. 武汉：武汉理工大学,2006.

[38] 陈吉平,高龙飞,苏佳智,等. VARI 工艺中纤维体积含量的影响因素及控制技术研究[J]. 玻璃钢/复合材料,2016,3：79－82.

[39] 庄恒飞,潘利剑,刘卫平,等. VARI 成型厚度稳定与抽真空时间的研究[J]. 玻璃钢/复合材料,2015,2：5－11.

[40] 潘利剑,刘卫平,陈萍,等. 真空辅助成型工艺中预成型体的厚度变化与过流控制[J]. 复合材料学报,2012,5：244－248.

[41] 李萍. RTM 制品缺陷分析与表征[D]. 武汉：武汉理工大学,2007.

[42] 韩琦. RTM 注射装置研究[D]. 西安：西北工业大学,2006.

[43] 高龙飞,陈萍,陈吉平,等. 复合材料预成型体本体粉末定型剂的制备[J]. 玻璃钢/复合材料,2013,6：21－26.

[44] 祝君军,段跃新,陈吉平,等. 碳纤维经编织物定型参数及渗透特性[J]. 复合材料学报,2012,3：42－47.

[45] 陈吉平,苏佳智,郑义珠. 缝线捻度对链式缝合复合材料的浸润及力学性能影响[J]. 玻璃钢/复合材料,2013,6：21－26.

[46] 潘利剑,刘卫平,陈萍,等. 缝合泡沫夹层复合材料滚筒剥离性能[J]. 玻璃钢/复合材料,2013,3：39－42.

[47] Xiwen Jia, Jizhi Su, Yizhu Zheng, etc. Mechanical response and damage analysis of 3D multi-structured knitted composite under quasi-tensile loadings [J]. Advanced Materials Research, 2012,476：767－770.

[48] Lijuan Yu, Limin Jin, Zhilin Niu, etc. Experimental investigation on the low-velocity impact damage of 3D angle-interlock woven composites [J]. Advanced Materials Research, 2012, 487：793－797.

[49] Zhilin Niu, Limin Jin, Lijuan Yu , etc. Ballistic Penetration Damage of 2D Basalt Fiber Plain Woven Composite [J]. Advanced Materials Research, 2012,487：530－533.

[50] 熊美蓉,段跃新,董安琪,等. 真空辅助树脂灌注工艺成型泡沫夹芯结构工艺设计与控制[J]. 复合材料学报,2013,3：28－33.

[51] 梁志勇,段跃新,尹明仁,等. 复合材料 RTM 制造工艺计算机模拟分析研究[J]. 航空学报,2000,21：66－71.

5 自动化铺放及先进拉挤成型技术

5.1 概述

随着复合材料在民用飞机上的用量逐步增加,采用复合材料制造的飞机零部件越来越大型化、复杂化,传统的手工制造方式已经不能适应民用飞机对复合材料制造质量、效率和成本的要求。因此,复合材料自动化制造技术已经在逐步替代传统的手工制造方式。目前国际上比较先进的复合材料自动化制造技术主要为的自动铺带以及自动铺丝技术。由于复合材料先进拉挤成型技术与自动化铺放技术有一定的相似性,因此一并在本章进行介绍。

5.2 自动铺带技术

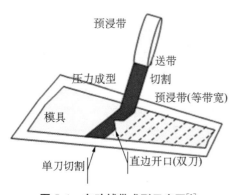

图 5.1 自动铺带成型示意图[1]

自动铺带技术(Automatic Tape Layer, ATL)是以带有隔离衬纸的单向预浸带为原料,在切割区域完成预定形状的切割,经加热装置加热(按需)后,产生适于铺放的黏性,然后在压实装置的作用下直接铺贴到模具或者上一层预浸带表面的铺放方式[1],如图 5.1 所示。预浸带的组成中除了预浸料之外,还包括隔离膜和背衬纸或单独的衬纸。在铺放过程中,需要将隔离膜(若有)和背衬纸去除,这两个操作分别由两个收卷轴完成。在自动铺带过程中,所有的操作均采用数控技术自动完成,铺带头完成铺带位置的自动定位,核心部件中的放卷、切割、加热(按需)、压实、收卷系统依次完成预浸带的输送、切割、加热、铺贴压实、薄膜和背衬纸的收卷等动作,自动铺带成型技术实现了复合材料铺贴的完全自动化(见图 5.2)。

图 5.2　典型自动铺带机

5.2.1　自动铺带成型工艺参数

自动铺带成型是在预浸料输送装置的引导下,经过加热系统的加热后,由压实装置压至模具或者上一层表面上的。在自动铺放成型过程中,温度、压力、速度是主要的三个成型工艺参数。在自动铺带成型过程中,为保证预浸带铺放成型质量,在预浸带铺贴过程中需要对预浸带铺放速度、铺放温度、铺放压力等成型工艺参数进行协调控制,以使预浸带状态始终处于铺贴成型的工艺窗口内。温度、压力、铺放速度等成型工艺参数对复合材料制品的质量产生了重要的影响。

5.2.1.1　温度的作用

在自动铺带过程中,温度对复合材料制品质量的影响最大。自动铺放成型的温度参数主要由构成预浸料的树脂体系决定,而温度对预浸料性能的影响主要是通过对树脂基体的作用而产生的。控制温度的最终目的是控制预浸料的粘性、树脂流动度以及铺覆性。

对于热固性树脂基体来说,其成型温度较低,可调节范围较窄,这给温度控制带来了困难。此外,温度的偏差会导致铺放过程无法顺利进行:温度过高,预浸带容易与背衬纸粘结,使预浸带无法顺利铺贴在模具或者上一层表面,甚至导致树脂提前固化;温度过低,预浸带粘性不足、无法与模具顺利贴合、预浸带发生褶皱、树脂流动性差、预浸带中的气泡无法完全赶走,使复合材料制品存在缺陷。另外,为了实现低成本制造,需要提高自动铺带成型速率。这种高速、动态的工况给温度控制带来了许多难题。

目前,国内开展了热固性树脂体系的相关工艺及应用研究。南京航空航天大学在已经研发的自动铺带机工程机、自动铺丝原理样机的基础上,也开展了相应的自动铺放成型中温度等工艺参数控制的研究。张建宝等人进行了关于改性 602 热固性树脂基预浸带自动铺放成型的温度研究[2]。

表 5.1　铺放温度对改性 602 预浸带的影响

温度/℃	实 验 现 象
≤17	粘性很差,自身无粘结性,不能铺层
18～22	粘性较差,易于从背衬分离,但无法与模具粘结
22～27	粘性良好,能进行正常的铺带实验
28～32	粘性较大,不易于从背衬分离,出现粘辊现象

从表 5.1 可以看出,温度偏离预浸带的工艺窗口之后,粘度都不能满足铺放要求,造成铺放过程困难或者复合材料制品产生缺陷。粘性作为预浸料的主要工艺性能之一,不仅可以表征预浸料的性能是否发生变化,而且是影响铺放工艺的重要因素。

同样,在自动铺放成型过程中,树脂基体还必须具备合适的流动度。受制备工艺的影响,预浸料中各处树脂含量不是十分均匀。为此,在铺放成型过程中,需要对预浸料进行加热,使其具备一定的流动性,这样在压力的作用下,树脂发生流动、扩散,增强纤维被均匀浸渍,避免了树脂含量不均匀现象的产生。另外,在铺放路径的设计或者实践过程中,存在带间间隙,这些间隙容易形成贫胶区,为了有效地控制这些缺陷的存在,树脂也必须具备适度的流动性。但是,如果预浸料加热温度过高,树脂流动性过大,在压实机构的压力作用下,会导致预浸料中的树脂流失,而且过高的温度甚至可能导致预浸料提前固化,造成预浸料的质变,导致后期的固化工艺无法进行。

铺覆性主要是指在自动铺放成型中,预浸料对不同型面的铺贴能力,虽然用于自动铺放的预浸料的厚度非常小,但是它仍具有一定的刚性。加热除了使树脂发生流动之外,还可以使增强体的刚性降低。这样,预浸料就具有很好的型面适应能力,在经过铺贴后能与模具或者上一层保持良好的结合。

5.2.1.2　压力的作用

自动铺放成型中施加压力是为了消除铺层之间的间隙,赶除层间或预浸料中的气泡,并控制复合材料制品厚度。压力过大将造成预浸料中增强纤维不均匀分布、预浸料出现褶皱、铺层厚度不均匀等现象。压力过小,层间间隙、气泡不能有效地消除,使零件产生缺陷。因此,在自动铺放成型中必须控制压力稳定,使预浸料受压均匀,减少缺陷率,使制品厚度在要求的偏差范围之内。南京航空航天大学张建宝等开展了自动铺带成型中压力参数的研究,针对自动铺带成型中出现的问题,分析了预浸带受压后的变形行为,并进行了分类。通过理论分析,建立自动铺放中的压力控制算法(见图 5.3),并设计了相应的压力控制方案[3]。

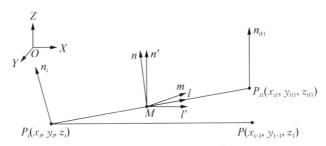

图 5.3　压力控制算法[3]

5.2.1.3　速度的影响

作为高速高效的自动铺放成型,理想状态是铺放速度越快越好,这样有利于提高制造效率。但是受到机械结构及温度、压力等工艺参数的限制,它只能在有限的范围内调节。只有当工艺条件都满足的条件下,才能最大地提高铺放速度。铺放速度并不是直接影响复合材料零件的性能,它是通过影响温度、压力对预浸料的作用时间进而对零件质量产生影响。作为一个协同影响因素,在不同的铺放速度下,要求给预浸料输入不同温度、压力参数。因此,它是一个自动铺放成型工艺次级影响因素。但是,作为自动铺放成型中的可监测、可控制变量,是控制复合材料制品质量的一个有效途径和方法。随着复合材料在航空航天领域的广泛应用,以提高铺放效率的高速铺放成型成为一种趋势。自动铺放成型速度的提升给温度、压力控制带来了挑战。速度这一变量的引入给铺放工艺的研究带来了新课题,从这个角度来讲,关于速度的研究主要是在铺放成型许可的工艺范围之内,探讨温度、压力等工艺参数与速度的关系,以及高速下温度、压力对铺放成型工艺的综合影响。

5.2.2　自动铺带预浸料

自动铺带成型中使用的材料为预浸料,在确定了所使用复合材料体系的前提下,探讨温度、压力等对预浸料影响或者铺带成型工艺参数的确立具有重要的指导意义。

复合材料自动铺带机所用材料采用料卷的形式,如图 5.4 所示,由卷芯及缠绕

图 5.4　用于自动铺带机的材料形式

在芯轴上的预浸料组成。料带宽度根据设备选用所定，一般为 75 mm、150 mm 和 300 mm。

　　复合材料自动铺带机对所使用的料卷形状有很高的要求，因为这影响料卷与设备的配合，从而影响材料的铺覆性。同时料带在卷芯上的缠绕质量也将影响到材料与设备的配合。料带缠绕过紧或过松，或者料带缠绕平面与卷芯平面偏差太大（见图 5.5），都将造成料带在铺贴过程中出现错位、偏移等问题。

图 5.5　料带缠绕平面与卷芯平面出现偏差

　　以西班牙 M. Torres 公司自动铺带机为例，通过研究发现，最合适的料卷形式应该满足如下条件：

　　（1）材料宽度的测定值应当在规定的宽度±0.50 mm 的范围之内。

　　（2）每 305 mm 长度的预浸料带边缘相对料卷中心直线的偏离程度应不大于 0.64 mm，并且边缘应当同预浸料带卷中的分离纸齐平。

　　（3）预浸料带卷的直径，应当不大于 635 mm。

　　（4）卷芯的内径为（255±1）mm。

　　（5）卷芯的厚度为（7.87±2.29）mm。

　　（6）卷芯宽度应当等于预浸料的名义宽度加上预浸料的宽度公差的两倍。卷芯宽度的公差应当为＋1.5/－0.0 mm。

　　（7）卷芯两个端面应当平行，平行度的误差在 0.75 mm 之内；并且端面应当同外侧表面垂直，垂直度在 0.75 mm 之内。

　　（8）卷芯内侧直径和外侧直径应当是同心的，同心度应当在 1.2 mm 之内。

　　（9）料卷应当绕紧。当遇到有自动铺带机拉力时，卷芯不能移动，并且预浸料在卷上不能有横向的移动。对于预浸料在卷芯上的附着，预浸料要至少绕芯轴一圈。要用全幅宽度的预浸料带，来将预浸料带的端头附着在芯轴上。修整预浸料带的边缘，使得预浸料带不会超出芯轴边缘。

5.2.3 自动铺带设备(ATLM)

5.2.3.1 自动铺带机工作原理与数控系统设计

自动铺带技术采用带背衬纸的单向预浸带铺贴,预浸带的剪裁、定位、铺贴、辊压均采用数控技术自动完成,由铺带机实现。多轴龙门式机械臂完成铺带位置的自动定位;核心部件铺带头上装有预浸带输送和预浸带切割系统,根据待铺放工件边界轮廓自动完成预浸带特定形状的切割,预浸带加热后在压辊的作用下铺贴到模具表面,如图 5.6 所示。为满足工艺需求,铺带机一般由 5 轴龙门式定位平台与专用铺带头组成:除了传统数控机床 X、Y、Z 三坐标定位以外,增加了沿 X 轴方向的转动轴 C 轴和沿 X 轴方向摆动的 A 轴,5 轴联动以满足曲面铺带的基本运动要求。而铺带头核心一般集成了 3 轴超声切割系统与预浸带张力控制系统:超声切割系统有超声切割横向进给轴、切刀转角与送带进给三个运动轴,张力系统则由收放带力矩电机控制实现。切割系统根据切割模式可以随动于龙门定位平台,而带张力控制系统相对于前两者独立运行。除此之外,还有主、辅压辊,加热等若干动作量协调工艺实现[4]。

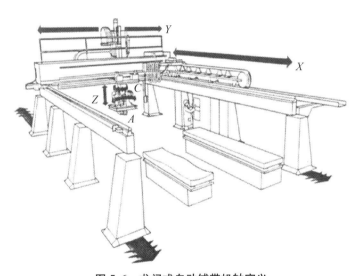

图 5.6 龙门式自动铺带机轴定义

5.2.3.2 自动铺带机数控硬件

复合材料铺贴的工艺特性决定了铺带机数控系统的硬件结构体系,如图 5.7 所示,通常铺带机专用数控系统由工控机、可编程多轴控制器、开关量控制板卡、I/O接口、伺服驱动装置和电源驱动装置组成。作为数控系统的核心,工控机负责整个控制系统的信息处理与后台操作,并向各下位机发出命令,协调运动量与开关动作量的联合操作。运动控制器接收上位机的控制指令,以此控制各轴电机运动实现数

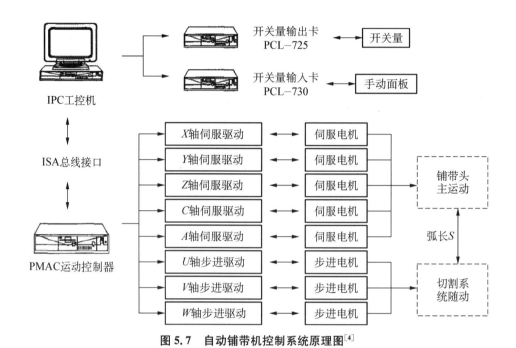

图 5.7　自动铺带机控制系统原理图[4]

控加工[4]。

5.2.3.3　铺带数控软件系统

铺带机数控软件系统是一个实时多任务软件系统,按照任务与加工控制过程的触发频繁程度,数控软件可分为实时任务和非实时任务两大类:直接与数控加工相关的任务为实时任务,除此之外的辅助任务为非实时任务。根据任务执行的时间不同,还可以分为周期性任务和突发任务:周期任务为有规律的按照时间间隔周期性地执行,突发任务在时间上是随机的。如图 5.8 所示,实时周期性任务主要包括

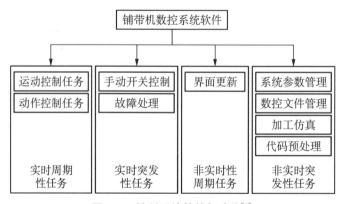

图 5.8　控制系统软件与功能[4]

运动控制和动作控制任务,它们是铺带加工过程中的核心任务,必须优先执行,不允许被其他任务强占。实时突发性任务主要包括手动开关控制与故障处理,当这些任务被触发时,系统应立即中断正在执行的任务,转入对这些事件的处理,处理完再恢复到中断前的状态。非实时周期性任务主要为界面显示刷新任务,它周期性地更新当前加工状态和各轴位置等显示信息,其主要目的是使操作者可以监控当前的系统信息。非实时性任务的优先级较低,只有当实时任务完全执行之后才能得到运行。非实时突发性任务是指实时性要求很低的任务,主要包括系统参数管理、数控文件管理、加工仿真、代码预处理及其他辅助性操作[4]。

5.2.4　主要自动铺带设备简介

目前国内外航空领域成熟运用的自动铺带设备主要来自美国 MAG Cincinnati 公司、西班牙 M. Torres 公司两家供应商(原有制造自动铺带设备的法国 Forest - line 公司已被 Cincinnati 公司收购)。同时国内也有部分高校在从事自动铺带及设备的研究工作。

5.2.4.1　Cincinnati 自动铺带机

MAG Cincinnati Machine 公司是一家有着 125 年机床制造历史的机械加工设备制造厂商,设计并生产非常广泛的机床产品及相关设备,用户遍布世界各地。主要产品包括:立式加工中心、卧式加工中心及加工单元、通用加工中心、大型的龙门五轴加工中心、大型落地镗铣中心、复合材料加工设备及专机等。在世界各地拥有近百个安装实例,拥有世界最大的复合材料自动铺放设备安装总数,图 5.9 给出了应用 Cincinnati 自动铺带设备生产零件的飞机型号示例。

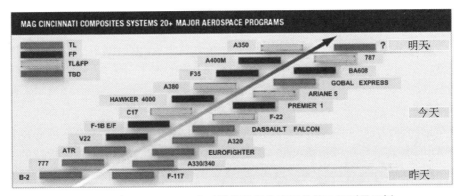

图 5.9　应用 Cincinnati 自动铺带设备生产零件的飞机型号示例

MAG Cincinnati 的主要产品 CHARGER™铺带机可实现高速和精密铺设功能,有助于加快工作流程,缩短加工时间,并降低成本,如图 5.10 所示。这种最新一代的 MAG Cincinnati 铺带机采用了相应的工程设计,具有世界领先的铺设速度,以及更快捷、更方便的设备设置。能够在自由设定的方向上铺设任意层数的75、150 或 300 mm 宽度的预浸带,确保质量一致的部件形状、厚度和强度。通过具有专利设计的铺设头,将复合材料铺设到具有平面的,曲面的或是具有几何曲面过渡变化的不同形状零件上,从而为大多数复杂铺设任务提供了灵活性和可靠度。

图 5.10　MAG Cincinnati 的 CHARGER™ 铺带机

为满足复合材料细长结构件的加工需要,例如长桁、缘条和横梁,MAG 扩展了其复合材料铺带机的产品系列,提供了新的加工平台,即带状料层合机。带状料层合机专门针对复合材料细长结构件的加工而设计制造,所使用的 ATL 级预浸料宽度可达 300 mm。专门用于铺贴细长结构的平板件,后续可将平板件进行热隔膜或热压等工艺形成桁/梁结构。该设备采用高容量层压头,分段式真空吸附工作台和重型支撑结构,大大优化了细长型复合材料结构件的加工。多头设计,可兼容铺设单向带和编织纤维预浸料,以及各种不同厚度的薄膜/箔。

由于进口限制问题,目前国内仅有上海飞机制造有限公司采购了 Cincinnati 公司的自动铺带设备,设备采用龙门式结构,为国内第一台美国企业生产的自动铺带机,其功能为采用自动铺带机及其配套应用软件通过模拟仿真和实际铺贴的完整过程,采用热固性复合材料预浸料带,实现壁板和蒙皮类具有较大表面积的平面或平缓曲面零件的高效和精确铺设。具有从转模、模拟、编译、仿真到实际自动铺放的完整能力,铺设过程较少或不需要人工干预。设备主要技术参数如表 5.2 和表 5.3 所示。

表 5.2　上飞公司 Cincinnati 自动铺带设备主要参数汇总

轴定义	行程	最小进给速率	最大进给速率
X 轴（长向）	25 000 mm	5 mm/min	50 000 mm/min
Y 轴（横向）	8 000 mm	5 mm/min	50 000 mm/min
Z 轴（垂向）	1 200 mm	5 mm/min	22 000 mm/min
A 轴（铺头偏摆）	+/−25°	1°/min	1 600°/min
C 轴（铺头旋转）	+/−190°	1°/min	9 000°/min

表 5.3　上飞公司 Cincinnati 自动铺带设备切刀参数汇总

轴定义	行程	最小进给速率	最大进给速率
E 轴（铺头 2 号切刀转动）	0～180°	1°/min	90 000°/min
Q 轴（铺头 2 号切刀横移）	360 mm	5 mm/min	38 000 mm/min
D 轴（铺头 1 号切刀转动）	0～180°	1°/min	90 000°/min
V 轴（铺头 1 号切刀横移）	360 mm	5 mm/min	38 000 mm/min

5.2.4.2　M. Torres 自动铺带机

M. Torres 公司的主要产品 TORRES‐LAYUP 是龙门式数控铺带机,是针对平面或曲面类复合材料航空结构件的高速铺带加工而专门设计的设备(见图5.11)。这种龙门框架式结构与桥式龙门结构相比,开敞性更佳,便于运送工装和监控加工过程,同时使得设备安装、调整和维护过程更加便捷。

图 5.11　M. Torres 公司铺带机结构

　　M. Torres 铺带机采用单工位集成式，所有功能均集成在一个铺带头上，如图 5.12所示。该设备功能齐全，如带料加热、超声切割、工装防撞仿真、带卷上下料自动叉车、铺层边界检测、工装定位平移、摄像系统等许多功能皆可具备。

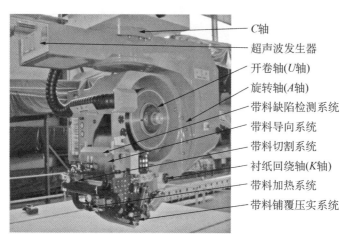

C轴
超声波发生器
开卷轴(U轴)
旋转轴(A轴)
带料缺陷检测系统
带料导向系统
带料切割系统
衬纸回绕轴(K轴)
带料加热系统
带料铺覆压实系统

图 5.12　M. Torres 多功能自动铺带头

　　M. Torres 公司还针对 TORRES - LAYUP 复合材料自动铺带机开发了配有仿真模拟功能的编程软件 TORLAY，如图 5.13 所示。该软件使编程人员能够在M. Torres 所提供的后置处理程序生成数控程序之前，事先对每条带料、铺层、带层和工件相关的参数进行适当模拟、分析和修正。

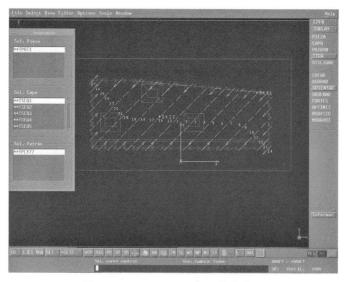

图 5.13　TORRESLAYUP 编程界面

国内中航工业哈飞、成飞、西飞、沈飞等主要公司均采购了该型号自动铺带机。其布置结构如图 5.11 所示。以成飞自动铺带机设备为例，设备主要参数如表 5.4 和表 5.5 所示。

表 5.4　成飞 M. Torres 自动铺带设备主要参数汇总

轴定义	行程	最小进给速率	最大进给速率
X 轴（长向）	16 000 mm	—	60 000 mm/min
Y 轴（横向）	7 800 mm	—	60 000 mm/min
Z 轴（垂向）	850 mm	—	25 000 mm/min
A 轴（铺头偏摆）	$+/-25°$	—	1 200°/min
C 轴（铺头旋转）	$+/-185°$	—	8 500°/min

表 5.5　成飞 M. Torres 自动铺带设备切刀参数汇总

轴定义	行程	最小进给速率	最大进给速率
E 轴（铺头 2 号切刀转动）	0～360°	1°/min	8 700°/min
Q 轴（铺头 2 号切刀横移）	310 mm	5 mm/min	20 000 mm/min
D 轴（铺头 1 号切刀转动）	0～360°	1°/min	90 000°/min
V 轴（铺头 1 号切刀横移）	310 mm	5 mm/min	8 700 mm/min

5.2.4.3　Forest-line 自动铺带机

Forest-line 公司于 19 世纪中叶成立于法国，一直是世界上提供铣削硬、软质金属材料和非金属材料的高效能、高精度、复杂大型结构零件类机床的主要供货商。20 世纪 80 年代初 Forest-line 公司开始了对纤维树脂复合材料切割和铺设的研究开发，其研发的双头铺带机承担了铺设 A380 飞机机身中央翼盒上所需的所有零件。切割机与双头铺带机在 2004 年也在波音和为波音 B787 分包生产碳纤维整体机翼及中央翼盒、机身的日本企业（三菱重工、富士重工等）所使用。

Forest-line 公司在自动铺带铺放技术方面，提供了与其他两家自动铺带公司不同的设备，主要包括以下三种：

1）单工序铺带机 WR ALTAS

这类产品同世界上其他几家同类产品制造商的设计思想一样，是在同一个铺带设备上将切割工序和铺设工序集合起来（见图 5.14）。其优点为不需另备一台下料机，缺点为需要人工干

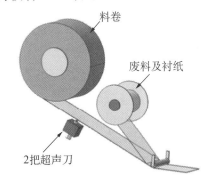

图 5.14　WR ATLAS 单工序铺带机工作原理

涉,非全自动化铺设,生产效率低,且需要在铺设工程中单独停止铺设去排除废料。

2) 双工序下料机及铺带机 ACCESS 及 ATLAS

此产品是单设一个复合材料料带的下料切割机,将下料切割和铺设分离开来(见图 5.15),其优点为全自动化铺设、生产效率高、废料率低,一台下料机可配数台铺设机。缺点为前期需另投入一笔下料机的采购资金。

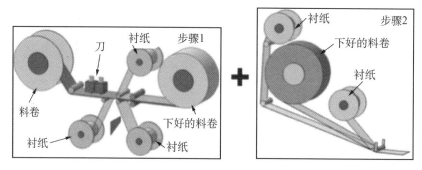

图 5.15　双工序 ACCESS 下料机和 ATLAS 铺带机工作原理

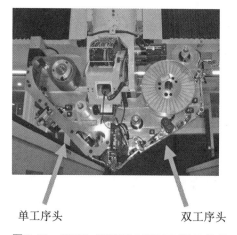

图 5.16　DUAL SYSTEM HEAD 双工位头铺带系统的集成

3) 双工位头铺带系统 DUAL SYSTEM

该产品集合了铺带需要,优化了铺带工艺,将单工序铺带头和双工序铺带头集成在同一个铺带机上(见图 5.16)。其优点为它可根据所要铺设零件每一层不同的形状、料带宽度、厚度、铺设路径等自动进行两种铺设头的选择和优化,真正实现全自动化、高效的铺设。这一独特双工位头铺带已用于空客 A380 和波音 B787 机翼和中央翼盒的制造。

目前国内仅中航工业复合材料有限责任公司采购了 Forest - line 公司的双工序下料机和双工序铺带设备。

5.2.4.4　国内自研自动铺带机

国内自动铺带装备的发展势头也比较强劲,从事相关技术研究的单位主要集中在航空院所和航空航天类高校。2004 年,南京航空航天大学与北京航空材料研究院合作,共同进行关于自动铺带技术的研发工作。合作主要包括小型铺带机的设备研究、铺带成型用预浸带的制备工艺研究、铺带成型的 CAD/CAM 软件开发,为研制具有完全自主知识产权的自动铺带技术奠定了基础。此外,"十一五"期间,南京航空航天大学联合国内多家航空院所开展了 6 m×20 m 大型工业自动铺带机研制工

作,通过引进国外铺带设备的关键技术,研
制了大型工业化自动铺带机。在吸收、消
化国外自动铺带技术的基础上,通过创新,
南京航空航天大学针对航天器成功研制了
2.5 m×18 m卧式自动铺带机。目前南京航
空航天大学复合材料工程自动化技术研发
中心已经成熟地掌握了自动铺带的装备技
术,具备了独立设计、制造工业级自动铺带
机的能力(见图 5.17)[5]。

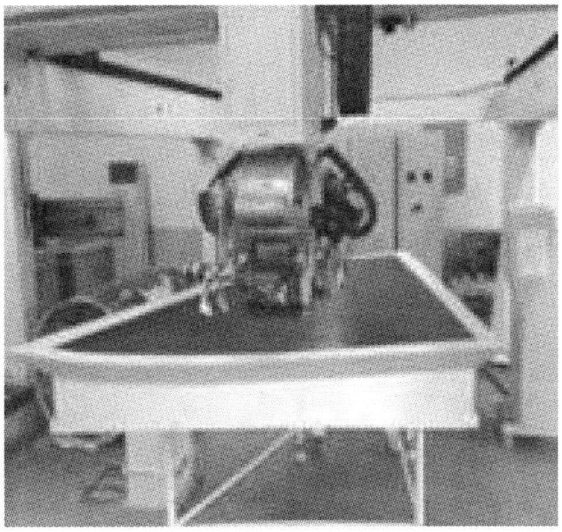

图 5.17　龙门式自动铺带机

5.3　纤维自动铺放技术

　　复合材料自动铺丝技术(automatic
fiber placement,AFP)简称自动铺丝或纤维铺放,是于 20 世纪 70 年代作为缠绕与
铺带技术的改革提出的。该技术既克服了纤维缠绕成型的三大限制,即周期性、稳
定性、非架空,又较自动铺带有着更大的灵活性,综合了两类技术的优点。因此,自
动铺丝机一经出现,就在飞机复合材料结构件制造中得到了广泛应用。自动铺丝的
特点是自动化快速成型,质量可靠,主要适用于大型复合材料零件成型,在成型形状
复杂的双曲面零件(如机身、翼身融合体等)时优势尤为明显,有些甚至是其他方法
无法实现的。

5.3.1　自动铺丝材料

　　自动铺丝所用原材料为预浸丝束,丝束是由数千根未捻的纤维丝组成,由热塑
性或热固性树脂预浸,宽度一般为 3.18~25.4 mm(1/8~1 in),厚度 0.1~0.3 mm,
由于它的宽度相对自动铺带所用原材料小,故又称为窄带,如图 5.18 所示。

图 5.18　丝束预浸料

图 5.19　实际铺放效果

5.3.2　自动铺丝技术特点

自动铺丝技术采用多根（最多可达 32 根）预浸纱或分切后的预浸带通过独立输送、切断，在压辊压力下集束成一宽度可调的预浸带（由预浸纱数目控制），加热软化后经铺丝头压实定型，铺放至模具表面或上一层预浸料上[5]，实际铺放效果如图 5.19所示。

一般纤维铺放系统包含三个位置轴（X、Y、Z 方向平移），三个方向轴（偏摆、俯仰、转动）和一个芯模转动轴组成，通过这些轴的联动可以保证铺贴过程中铺放头始终垂直于铺贴面。

多条纱束由纱架通过张力控制器，来实现纱束的独立输送并维持精确的张力，多条纱束经纤维输送系统进入铺丝头，在铺丝头内数根预浸纱集束成一条预浸带后逐层铺贴到工作表面。铺贴过程中，铺放头能够实现任意纱束的切断或重送。这使得纤维带的宽度能够以单条丝束的宽度渐变的增大或减小。通过调整预浸带的宽度可以消除相邻带的间隙或重叠。加热装置使预浸料的粘性增强，配合压辊装置将纱束铺覆到铺贴面。一次铺贴的结束阶段，剩余的纱束被切断形成铺层的边界外形。

由于自动铺丝设备在机械装置上的特点，使其较纤维缠绕和自动铺带又具有自身独特的优势。

与缠绕相比，自动铺丝具有表面压实和可以改变铺放宽度的特点[6]：

（1）自动铺丝使用一个机械压实装置将预浸纱束层压到模具表面，能够起到排除空气和消除纱束宽度方向间隙的作用。纤维的压实控制使得制件的性能有很大的提高，主要作用于以下几个方面：自动铺丝的压实力由施加在压辊上的推力决定，且它的压实力很均匀，能得到较高质量的制件；可以制造凹曲表面。若预浸带有足够的黏性，在压实力的作用下，预浸带能直接压覆于凹曲表面，而这种凹曲表面不能用缠绕制造，因为张力会使纤维在凹曲面上产生架空；自动铺丝的路径是可控制的,不受曲面测地线或半测地线的限制,为纤维束提供了很大的制造工艺柔性。对于自动铺丝,任何芯模表面曲率的大小都有足够的压实力来控制纤维的方向,自动铺丝的路径仅受预浸带皱褶的限制。

(2)自动铺丝能够自动切断或再启动铺放纱束,这个特点允许所有或任何结合在一起的纱束被剔除或添加来改变纱带的宽度,其带宽的变化量等于一束纱束宽度的整数倍。有了这个功能后,就可以通过减少纱带宽度来避免多余的材料浪费。同时在制件边缘切断所有纱束来节省余量面积上材料的浪费。

与自动铺带相比,自动铺丝具有独立纱束和不同进纱速度的特点[7]:

(1)对于自动铺带,可以通过纤维方向撕开预浸带来改变带的宽度,这些从预浸带的侧边撕下来的材料被丢弃。而自动铺丝可以通过增加或去除独立的纱束改变带的宽度,这种改变带宽度的方法不会产生废料。并且可以完成局部加厚/混杂、铺层递减和开口铺层补强等满足多种设计要求[8]。

(2)当预浸带铺到模具表面上时,它必须在自然路径下铺放,否则将产生皱褶。在自然路径下,带的两个边缘是等长的。一个弧形的路径不是自然路径,不可能采用自然路径铺放,这是因为内边缘的弧长比外边缘的弧长短。带越宽,这种现象越明显。自动铺丝不受自然路径的限制,这是因为每条纱束最窄只有 3.18mm 宽,并且可以以不同的速度进纱。这使得纤维带能够铺放弧线,因为外侧的纱束可以调整到长度比内侧的纱束长,如图 5.20 所示。这种控制纱带的能力使自动铺丝工艺可以制造形状更复杂的制件。

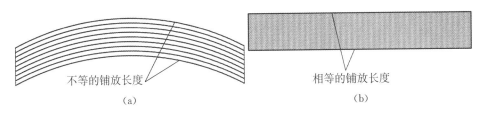

(a)   (b)

图 5.20 按弧形和"自然路径"铺放

(a)弧形铺放 (b)"自然路径"

5.3.3 自动铺丝设备

5.3.3.1 自动铺丝硬件系统

自动铺丝机可采用自动铺带类似的龙门架或卧式结构,也可采用工业机器人式,但由于成型零件一般为型面复杂的回转体类结构,所以通常设计有一个驱动芯模转动的旋转坐标轴,也称为芯模旋转轴。自动铺丝头是实现自动铺丝独特功能的核心部件,其原理结构如图 5.21 所示,自动铺丝系统如图 5.22 和图 5.23 所示。

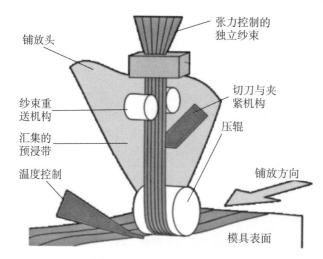

图 5.21　自动铺丝头原理图

（a）　　　　　　　　　　　　（b）

图 5.22　MAG 公司 VIPER® 6000 自动铺丝系统

（a）铺丝头部分　（b）整体效果图

（a）　　　　　　　　　　　　（b）

图 5.23　法国 Coriolis Composites 自动铺丝系统

（a）局部放大　（b）整体图

5.3.3.2　自动铺丝 CAD/CAM 软件系统

　　复合材料不同于其他材料，设计过程独特而复杂，其零件涉及不同的材料、形状、纤维方向和位置。航空航天到汽车行业的实践证明，应用新型的复合材料成型仿真软件,复合材料工程的质量可进一步提高,而风险、成本、生产周期得到相应的降低[7]。因此,自动铺丝 CAD/CAM 软件技术决定铺丝成型的铺放质量和生产效率,影响材料利用率和制造成本,是自动铺丝技术的关键技术之一[9],是实现复合材料零件数字化成型的基础。

国外的自动铺丝 CAD/CAM 软件技术已趋于成熟,商业化软件产品种类较多。为防止设计人员设计出违背制造原则的产品结构,一个理想的自动铺放 CAD 软件不仅能够支持复合材料的设计,还能准确地反映铺放预浸带/纱在铺放凹凸曲面时的物理极限以及铺放系统的能力。因此,自动铺丝设备制造商尽早介入设计环节是一个明智之举。

自动铺丝软件最初多由自动铺丝设备制造商所编写,专用性较强,仅适用于专用的或是所在公司生产的铺放设备。

ACES®(Advanced Composites Environment Suite)软件是 MAG 集团开发的适用于 MAG 铺放设备的编程仿真软件,能够根据不同机床进行个性化定制。CM100 AFP 控制系统[见图 5.24(a)]能够采用 G 代码控制多达 32 丝束的铺丝过程,实现了 CAD 数据到机代码的转换。

Ingersoll 公司的自动铺丝软件为 Ingersoll 复合材料软件套件(Ingersoll Composite Software Suite-iCPS,见图 5.24(b)),由四个不同功能的模块组成,用于复合材料的集成编程、后处理、仿真和前端设计。Ingersoll 正与 Lockheed Martin 公司合作开发第二代专用软件 CPS2,将能兼容更多的 CAD 软件,且带有与 FiberSim®软件的直接接口。

Coriolis 公司开发的 CADFiber®软件[见图 5.24(c)],可进行铺放轨迹规划、铺放模拟、材料及时间估算、机器代码生成,并且能与 CatiaV5 和 DELMIA 集成。

Mikrosam 公司开发的离线编程与分析软件 MikroPlace(见图 5.24(d))提供了铺丝零件的设计环境和设备运行的执行程序,方便设计人员进行自动铺丝产品的开发、仿真和生产。该公司开发的在线控制与数据采集程序 MikroAutomate 将现代化的电脑数控系统、采集与监视控制(SCADA)和实时控制等功能集成到一个单一易用的界面,能够实现运行铺放程序、实时更改设备参数、跟踪反馈重要数据信息等功能。

随着自动铺丝产业的发展壮大及小规模铺丝设备制造企业的出现,一些第三方软件公司通过合作开发的形式加入到自动铺丝 CAD/CAM 软件的竞争中来。

法国 Dassualt(达索)公司为 M. Torres 开发的 TORFIBER 仿真软件包,采用基于 CAA 的编程技术,可在 CATIA 环境内进行轨迹生成、加工仿真分析。

美国 VISTAGY 公司(全球领先的专用工程软件供应商)开发了 FiberSIM®[见图 5.25(a)],一款集成于 CAD 软件的复合材料设计、分析和制造软件,适用于各种主要的大型商用 3D CAD 软件,如 CATIA、UG 等。FiberSIM®能够采用多种设计与制造方法完成复合材料零件的自动设计,大大节约成本和时间。

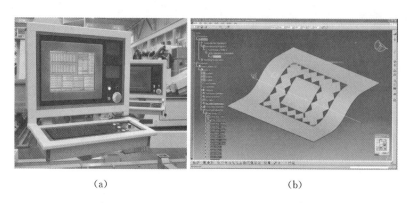

(a)　　　　　　　　　　　　　　　　　(b)

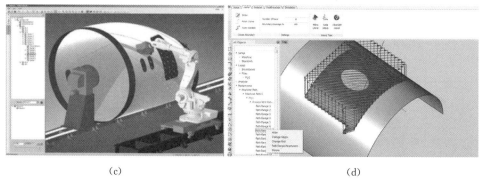

(c)　　　　　　　　　　　　　　　　　(d)

图 5.24　自动铺丝设备制造商自行研发的自动铺丝专用 CAD/CAM 软件

(a) CM100 AFP 控制系统　(b) Ingersoll 复合材料软件套件 iCPS
(c) CADFiber® 软件　(d) 离线编程与分析软件 MikroPlace

美国 CGTech 公司开发的数控加工仿真软件 VERICUT®，是当前数控加工程序验证、机床模拟、工艺优化软件领域的领先者。2004 年起，CGTech 为波音 B787 开发适用于自动铺丝设备的软件——VERICUT 复合材料应用软件，该软件独立于 CAD/CAM/PLM 设计系统，且独立于自动铺丝设备。该软件的编程内容包括：EI 多头铺丝机制造大型的整体机身仿真（见图 5.25(b)）；Cincinnati Viper® 1 200 铺丝机铺放飞机进气道仿真；M‐Torres 7 轴自动铺丝机铺放"U"型梁结构仿真（见图 5.25(c)）；模拟 6 轴铺丝机铺放飞机蒙皮面板。

2008 年，VISTAGY 公司与 CGTech 公司达成战略合作关系，通过 FiberSIM® 和 VERICUT 复合材料编程与仿真软件（VCP）的联用（见图 5.25(d)），能够进行快速设计与制造反复迭代，优化 AFP 复合材料零件生产。在 CATIA V5 CAD 模块中使用 FiberSIM® 进行复合材料机身铺层设计后，设计数据能够快速无缝传输至 VERICUT 中生成自动铺丝设备的制造数据并进行仿真验证。

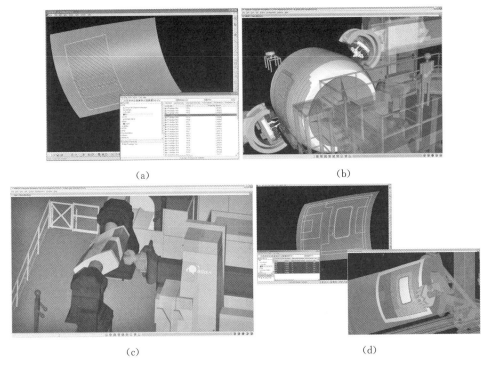

图 5.25　第三方软件公司研发的自动铺丝专用 **CAD/CAM 软件**

(a) VISTAGY 公司 FiberSIM® 软件　(b) VERICUT EI 多头铺丝机制造整体机身仿真
(c) VERICUT M－Torres 铺丝机铺放"U"型梁仿真　(d) FiberSIM® 与 VERICUT 联用

5.3.4　主要自动铺丝设备简介

自动铺丝技术由美国航空制造界在 20 世纪 70 年代开发,最早进行该技术开发的主要有 Boeing、Cincinnati 及 Hercules 等公司,主要针对缠绕技术的不足进行创新,用于复合材料机身结构制造,其核心技术是铺放头的设计研制和相应材料体系与设计制造工艺开发[9]。20 世纪 80 年代 Boeing 公司提出了"AVSD 铺放头(automatic variable strained dispensing head)"设想,解决了预浸料丝束的切断、重送和集束压实问题。1985 年 Hercules 公司研制出了世界上第一台自动铺丝原理样机。80 年代后期,一些专业数控加工设备制造商开始积极介入这一领域,进一步进行自动铺丝机的研发,Cincinnati 公司于 1989 年设计出其第一台自动铺丝系统并于 1990 年投入使用,该系统申请注册的专利多达 30 余项。Ingersoll 公司于 1996 年研制出其第一台自动铺丝机,该自动铺丝机采用 FANUC 数控系统和自行开发的软件进行控制,其铺丝头结构独特轻便,适于大型产品生产。美国的其他公司,包括设备制造商、飞机部件制造商和各种研究机构也不断开发自动铺丝新技术,包括双向铺丝技术、丝束重定向控制、预浸丝束整型、Fiber steer 铺放、柔性压辊等技术。最新的自动铺丝技术包括预浸丝束气浮轴承传输、多头铺放、可换纱箱与垂直铺放、丝-带混合铺放、旋转刀具切割等。20世纪90年代由专业软件制造商在高端CAD/CAM环境（CATIA、UG等）下进一步开发CAM软件（如美国Vistage公司的Fibersim等），各大设备制造商也将其控制软件集成在CAD/CAM环境下，可进行丝束铺放的工艺计算、模拟、参数优化等，目前铺丝机的切割、夹紧、重送、加热、铺贴等动作均可在计算机协调控制下完成，大大提高了自动铺丝工艺的效率和精度，极大的扩展了自动铺丝工艺的使用范围。

目前国际上的自动铺丝机主要分为立式和卧式两种，由于自动铺丝工艺很适用于大型回转体结构，且生产厂商一般使用一台自动铺丝机只进行一种制件的生产，因此国外主流自动铺丝机均采用卧式结构。用于自动铺丝的丝束主要由预浸长纤维组成，铺丝头一旦确定后丝束的数量及宽度也都相应确定。目前碳纤维丝束的标准宽度分为 1/8 in（3.2 mm）、1/4 in（6.4 mm）及 1/2 in（12.7 mm）三种，铺丝头常见的丝束数量为 4、8、12、16、24、32 这几种。因此，现在进行自动铺丝工艺可以同时铺放的最大条带宽度可达 400 mm，比现有的自动铺带最大宽度（300 mm）还大，其铺贴效率可见一斑。然而，由于一般采用自动铺丝工艺进行复杂型面制件的成型，丝束宽度越小则拐弯半径越小，越能满足小曲率制件的要求，且型面复杂的制件一般不会有很大的型面，丝束数量过多有可能造成浪费，因此丝束宽度和数量的选择往往根据具体制件决定。国外常用的自动铺丝工艺一般选择丝束张力 1～3 N，铺放精度可达 0.005 mm。目前国际上主要的铺丝机生产商包括美国 Cincinnati、Ingersoll公司，西班牙 M. torres 公司，法国 Forest-line 公司等。自动铺丝工艺也向着更高速、更精确、使用范围更广的方向发展。

5.3.4.1　Cincinnati 自动铺丝机

MAG集团美国Cincinnati公司的Viper®系列铺丝机已经从Viper® 1200更新至Viper® 7000［见图5.26(a)］，能够成型超大尺寸的零件，美国Astraeus风能公司用于叶片制造。2012年，MAG又推出了新式"GEMINI™"复合材料加工系统，可

(a)　　　　　　　　　　　　　　　(b)

图 5.26　Cincinnati 公司铺丝设备

(a) Viper® 7000 铺丝机　(b) 复合材料机身零件铺丝成型

安装 VIPER® 系列铺丝头和 CHARGER™ 系列铺带头,能够在几分钟内实现自动铺丝/自动铺带两种成型方法的转换,首台机床已被美国 Alliant Techsystems (ATK)公司所购买,为 ATK 公司第 8 台 MAG 铺放设备,其中两台 VIPER® 6000 铺丝机用于 F-35 战斗机 BMI 基体复合材料机翼的制造。该系列已被 Vought 公司用于机身、引擎盖、进气道、锥形喷管等部件的生产。图 5.26(b)所示为 Hawker Beechcraft 公司采购的 Viper® AFP 机床,用于制造 Hawker 4000 超中型级别公务机的复合材料机身零件(最大直径超过 2m)。

5.3.4.2　Ingersoll 自动铺丝机

美国 Ingersoll 机床公司目前拥有两个系列的自动铺丝系统:Lynx 系列与 Mongoose 系列。两系列铺丝机均可分为卧式和龙门式,安装有可更换式铺丝头,适用 1/8、1/4、1/2in 的预浸纱,并采用红外加热系统,其光照强度可随铺放速度自动调节。但不同系列铺丝设备的纱箱安装于不同的部位,Lynx 系列铺丝机的纱箱位于铺丝小车或龙门横梁上[见图 5.27(a)],且能控制温度与湿度,铺丝头最多可同时铺放 32 根预浸纱。而 Mongoose 系列铺丝机的纱箱安装于铺丝头上[见图 5.27(b)],能够在三分钟内快速更换铺丝头模块。纱箱集成于铺丝头上的设计,增加了铺丝头的重量,限制了纱筒的数目,一般能够进行 16 或 24 丝束铺放。2007 年与 2008 年起,Goodrich 公司为生产 GEnx 和用于波音 B787 客机的 Trent 1000 发动机短舱复合材料内涵道支撑结构件(IFS),购置了两台 Ingersoll 铺丝机分别用于外蒙皮和内蒙皮的铺放,并且为扩大生产,于 2012 年采购了第三台铺丝机[11]。

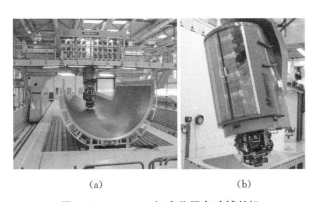

(a)　　　　　　　　　　　　(b)

图 5.27　Ingersoll 机床公司自动铺丝机

(a) Lynx 系列铺丝机　(b) Mongoose 系列铺丝机

5.3.4.3　M. Torres 自动铺丝机

西班牙 M. Torres 公司生产的 Torresfiberlayup 系列铺丝机,被英国 GKN 集团采购并用于空客 A350 XWB"C"型主翼梁验证件制造(见图 5.28),高近 2m,翼缘约 0.25m,而美国 Spirit 公司也购置了两台铺丝机,用于制造 A350 XWB 前翼梁(31.2m 长)[12]。

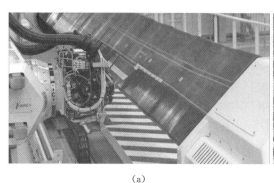 

(a)   (b)

图 5.28   A350 XWB"C"型主翼梁验证件制造

(a) 验证件铺丝成型   (b) 验证件实物图

图 5.29   Forest-Linè 公司自动铺丝机

5.3.4.4   Forest-linè 自动铺丝机

法国 Forest-linè 公司(已被 MAG 集团收购)一直以独特的"两步法"和"双工位"铺带法闻名于业界,而在自动铺丝方面,与法国 Coriolis 复合材料公司作制造出 ATLAS FP 铺丝机(见图 5.29)。

5.3.4.5   其他小型自动铺丝机

近年来,其他的规模较小的企业发挥自身特点,在自动铺丝方面也有着十分活跃的表现。法国 Coriolis 复合材料公司是基于商用机器人平台的自动铺丝机(见图 5.30(a))开发的先驱,2011 年,其基于机器人的自动铺放设备被庞巴迪 C 系列支线飞机项目选为复合材料零件制造装备,用于后机身制造。同年,Coriolis 为美国国家复合材料中心(NCC)提供一台双机械手自动铺丝机。美国 Electroimpact 公司(EI)是自动铺放领域的新兴力量(见图 5.30(b)). 2003 年起,该公司开始研究并实现了"模块化铺丝头"的概念,利用多个铺丝头来实现各类生产需求,并能在 30 秒内实现快速更换。EI 首台铺丝系统(包括一台机床和两个铺丝头)售往 Spirit 公司,用于波音 B787 机身 41 段的制造。美国 Automated Dynamics 公司(ADC)自 1990 年起就开始供应小型铺放设备,在基于机器人的铺放设备方面经验颇丰。2010 年,ADC 交付加拿大肯高迪大学一台 6 轴 4 丝束铺丝机器人。同年,交付 GKN 集团一台高性能复合材料铺丝设备,用于环境友好风扇叶片(ELF)研究项目,生产全复合材料航空发动机风扇叶片。

2012 年,交付英国谢菲尔德大学先进制造研究中心(AMRC)一台 4 丝束铺丝机器人,用于热塑性材料的铺放。其铺丝头为更换式,可安装 AMRC 研制的 12 丝束铺丝头,提高了 AMRC 热塑性材料的铺放效率和灵活性。2012 年,ADC 的 4 丝束小型铺丝机[见图 5.30(c)]交付美国海军航空作战中心,用于复杂几何形状的零件成型。ADC 为大学和小型复合材料实验室推出一款小型自动铺放装置 Research Workcell,是 ADC 铺丝设备的简化版本,被认为是实验简单小型热塑性部件的理想选择,包括柱面、扁形板件、环状材料。目前,ADC 在其纽约工厂使用 Research Workcell 支持各种能源材料相关科研项目。美国 Accudyne Systems 公司是一家以客户零件为目标的自动化设备制造商,主要提供热固性和热塑性铺放设备,是热塑性铺放方面领先者。马其顿 Mikrosam 公司是一家复合材料相关产品机床制造商,该公司自行开发并成功研制出自动铺丝设备[见图 5.30(d)]。

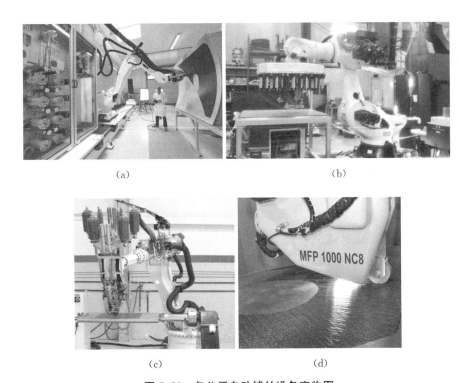

(a)　　　　　　　　　　　　　　　　(b)

(c)　　　　　　　　　　　　　　　　(d)

图 5.30　各公司自动铺丝设备实物图

(a) Coriolis 复合材料公司自动铺丝机　(b) Electroimpact 公司自动铺丝机
(c) Automated Dynamics 公司自动铺丝机　(d) Mikrosam 公司自动铺丝机

5.4　先进拉挤成型

先进拉挤成型技术(Advanced Pultrusion,ADP),也称预浸料拉挤成型技术,它是采用单向或编织预浸料为原材料,通过放带、铺贴、折弯机构预成型,然后经过热压模具部分固化定型后,进入烘道中进行后固化,达到所需固化度,最后再经过切割加工和自动检测完成产品制造的一种先进成型技术。该技术综合自动铺放成型、热压固化等工艺过程的优势,使拉挤进程实现全程自动控制,可以制备高性能、低成本的各类复合材料型材。由于采用预浸料,其纤维含量及均匀性远优于传统的湿法纤维束拉挤、有效地提高了产品的力学性能,已经广泛应用于商业飞机[13]。

ADP 制件具有长度不受限制和工艺历史一致的特点,该技术可用于飞机长桁和加筋壁板的筋条制造,并且可以用于长桁、梁等零件的捻条成型。

5.4.1 先进拉挤技术的产生

飞机上常用的加筋壁板结构中,筋条和梁的基本结构都是型材结构,具有横截面尺寸远远小于其长度尺寸的特点。传统的复合材料型材结构制造主要采用手工铺贴和热压罐成型的方法,劳动强度大、生产效率低、制造成本高;而 ATL 和 AFP 等大型设备又不能显著提高型材类结构的自动化成型。20 世纪 80 年代中期,日本 JAMCO 公司首先提出先进拉挤(ADP)成型技术,并经过不断工艺改进,已应用于波音 A380 飞机的地板梁和 A330 飞机垂尾蒙皮的筋条[14]。随着复合材料在大型商用飞机中的大量使用,复合材料的长桁、梁型材的制造日益凸显其重要地位。采用先进拉挤成型技术制造复合材料梁、桁等型材成为该类复合材料结构自动化制造的发展趋势。

5.4.2 先进拉挤成型的特点

先进拉挤成型复合材料零件的突出优点是纤维取向性好、纤维体积含量高(可达到 65%)和零件制造成本低,尤其是采用航空认证的预浸料体系时,零件成型的质量成本大大降低。ADP 成型零件的孔隙率 <1%(与传统拉挤成型的孔隙率 <3% 相比较,全尺寸零件可以通过自动超声检测),可用于航空主承力零件,这也是 ADP 成型的重要优点。ADP 成型型材后加工包括精修、钻孔和后胶接等,由于 ADP 成型型材不采用脱模剂,二次胶接时其表面甚至不需要打磨等处理。精修、钻孔等工序可以在研制拉挤成型系统时加上精修、钻孔设备等模块。ADP 成型不仅局限于直的全预浸料型材,同样可用于带有蜂窝芯的长零件以及曲梁,除了用于航空航天领域外,还可以推广用于高性能汽车和其他工业领域[15]。

相比于上述其他成型工艺方法,先进拉挤成型具有以下优势:

(1)相比于模压成型工艺,可实现连续化生产,产品的长度只受限于生产空间的大小,与设备本身及工艺因素无关,尤其适合生产长条类型材。

(2)可实现自动化生产,无需大量的人工操作,生产效率高,成本相对较低。

(3)由于先进拉挤成型采用预浸料作为原材料,树脂含量更为精确,纤维含量高。

（4）通过预浸料铺层的设计，可以弥补传统拉挤制品横向强度不足的问题，实现拉挤型材力学性能的可设计性。

（5）产品尺寸不受热压罐尺寸限制。

5.4.3　拉挤成型的主要工序

ADP 成型过程主要包括以下五道工序[16]：

（1）将包含单向纤维束或者双向纤维织物的预浸料卷以及成卷的脱模薄膜安放在放卷机构的卷筒上。

（2）在进行预浸料的铺贴之前，脱模薄膜的运动要先于预浸料，防止预浸料中的树脂加热后粘贴芯模，影响预浸料沿牵引力方向的运动，每铺贴两到三层需要进行一次预成型和压实操作，在预浸料的最上一层即预浸带与加热模具的接触面之间加入一层脱模薄膜，同样也为了防止预浸料坯粘贴加热模具，便于制品的脱模。在预成型的过程中需要对制品进行加热、加压，以便铺层之间更好地贴合，同时排除铺贴过程中铺层之间裹入的空气。

（3）在热压金属模具内对预成型料坯进行加热加压，模具内的压力和温度都维持在一定值并保持一定时间，在此过程中牵拉装置停止牵引。

（4）热压模具打开，将部分固化的制品牵拉出热压模具，并进入烘道内完成全部固化，另一段预成型后的叠层预浸料坯再进入热压模具中固化，定型后再牵引出模，如此固化一段牵引一段，而制品是连续不断的整体；每次最大牵拉出与加热模具长度相当的制品。

（5）牵拉设备将完全固化成型的制品拉出，与生产线同步的切割锯刀将成型制品切割成所需的长度。

ADP 的工艺流程如图 5.31 所示，需注意的工艺参数主要包括：送料张力、固化温度、成型压力、固化时间、拉挤速度、牵引力和夹持力等。

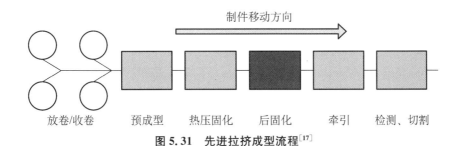

图 5.31　先进拉挤成型流程[17]

5.4.4　先进拉挤系统

ADP 系统主要包括放带装置、预成型装置、预加热装置、热压成型装置、后固化装置、牵引夹持装置、切割装置和控制系统八大模块，如图 5.32 所示[17]。

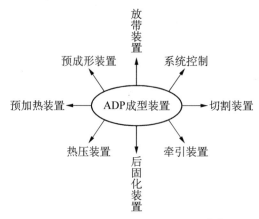

图 5.32　先进拉挤成型主要装置[17]

(1) 放带装置：包括气胀轴、电机、同步带等，其主要功能是剥离预浸料的薄膜及背衬纸，提供张力，防止产生褶皱。

(2) 预成型装置：包括若干个辊轮，其可将若干层预浸料铺覆压实并逐步使其变形为所需截面形状。

(3) 预加热装置：降低树脂粘度，使其更加充分的浸渍纤维，改善预浸料工艺性能；进一步去除低分子挥发物；缩短固化成型时间，提高效率；减小预浸料坯件进入热压模具时的温差，降低收缩率，防止产生较大的翘曲变形。

(4) 热压装置：提供预浸料坯件固化成型所需的温度和压力，为整个 ADP 系统的核心部分。热压模具的开合与坯件的步进相结合，可根据需要得到不同固化度的型材。

(5) 后固化装置：拉挤出来的型材在烘道里进行后加热处理，一方面可消除型材的内应力，减小变形，提高尺寸稳定性；另一方面可弥补固化度的不足，使树脂里未反应的基团进一步发生交联反应，缩短型材达到所需固化度的成型周期。

(6) 牵引装置：牵引装置是整个 ADP 系统的主动力部分，其将已固化的一段型材牵出热压模具，同时未固化的一段预浸料坯件进入热压模具加热加压，一定时间后再将其牵引出模，以此方式不断循环。牵引机构可根据不同的树脂体系，不同的工艺要求，提供不同的牵拉长度。由此可知，先进拉挤属于间歇式拉挤成型，但成型后的型材是连续的，并且长度不受制约。

(7) 切割装置：可将拉挤出来的型材切割成所需长度以及进行修边处理。

(8) 系统控制模块：ADP 系统压力部分的控制以 PLC 作为主控制单元，控制信号的采集与监控，完成对压力控制系统以及牵引控制系统的数据处理和动作信号的输出；温度部分的控制由 PID 温控仪实现。

5.5 应用实例

5.5.1 自动铺带技术的运用

自动铺带技术主要用于制造大尺寸、中小曲率的复合材料部件,如机翼蒙皮、壁板零件等[16, 17]。国外从 20 世纪 70 年代中期开始研制自动铺带机,1983 年第一台自动铺带机投入商业使用,主要用于军用飞机机翼蒙皮等零件的制造,如美国的 F16 战斗机 80% 的蒙皮采用自动铺带技术铺贴完成。早期设备由于技术尚未成熟,只能够完成简单曲面形体的铺贴,而且相应的预浸带较窄,仅为 75 mm,这也限制了应用范围。随着航空航天领域对自动铺带技术需求的不断增加,铺带机也不断升级。相比于早期的铺带机,第二、三代机在应对复杂型面的能力及铺放效率上都有了大幅提高;第二代铺带机使用的预浸带更宽(带宽 300 mm),铺放大平板零件时效率更高;第三代铺带机可以铺贴复杂双曲面。

80 年代,自动铺带机还主要用于军用航空复合材料结构件的制造,而近年来,自动铺带机越来越多地用于民用飞机复合材料零件的制造,今后这种趋势还将继续。波音公司是世界航空界使用自动铺带机的先驱者。随着飞机复合材料用量的增加,80 年代,波音公司为大型复合材料结构(B2 隐形轰炸机项目)大力投资采用全复合材料尾翼,并采用自动铺带机制造水平和垂直安定面壁板。空客 A330/A340 飞机也采用自动铺带机进行尾翼复合材料零件的制造(见图 5.33)。

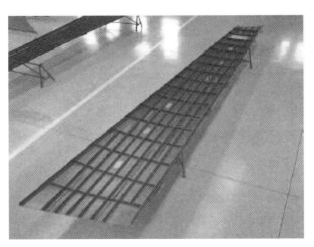

图 5.33 采用自动铺带技术制造的 A340 水平尾翼壁板

经过 90 年代的蓬勃发展,自动铺带技术日趋成熟。其在成型设备、控制软件、铺放工艺和原材料标准化等方面得到了长足的发展,自动铺带成型各项技术的成熟极大地提高了铺放效率,复合材料制品的质量可靠性也大幅度提高。2006 年以后,

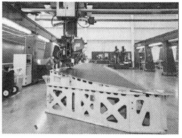

图 5.34　采用自动铺带技术制备的 B777 尾翼

欧美将自动铺带技术应用于民用飞机的复合材料成型,包括波音 B787(中央翼盒、尾翼和机身 47 段、机翼蒙皮),空客 A400M(机翼、翼梁)、A350XWB(机翼、蒙皮、中央翼盒)等型号飞机。经过几十年的发展,自动铺带技术在大型运输机、轰炸机和商业飞机上的应用不断增加,自动铺带技术也不断成熟(见图 5.34 和图 5.35)。

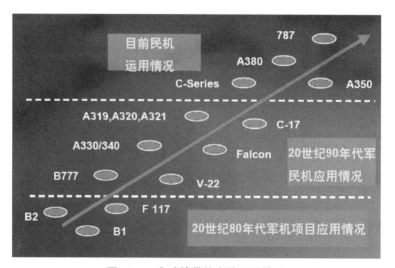

图 5.35　自动铺带技术的运用情况

A350XWB 是空客公司首个使用复合材料机翼的民用飞机机型,复合材料用量占整个机体结构重量的 50% 以上,其中外翼上下壁板和前后梁为全复合材料结构,中央翼盒使用了 40% 的碳纤维增强复合材料,外翼上下壁板分别由空客公司位于德国 Stade 和西班牙 Illescas 的工厂生产,中央翼盒则由空客公司位于法国 Nantes 的工厂制造。A350XWB 机翼选用的主要材料为 Hexcel 公司提供的 M21E/IMA 预浸料。

A350XWB 复合材料机翼上壁板长 31.6 m、宽 5.6 m,由空客公司位于德国 Stade 的工厂制造,如图 5.36 所示。机翼上壁板采用自动铺带技术铺贴,目的是为了确保快速的生产以及始终如一的高产品质量。

A350XWB 复合材料机翼下壁板长约 32 m,宽约 7 m,表面积接近 100 m²,由空

图 5.36 德国 Stade 制造的 A350XWB 机翼上壁板

客公司位于西班牙 Illescas 的先进复合材料中心制造。机翼下壁板是空客公司有史以来制造的最大的碳纤维复合材料零件,具有双曲率并且要求极高的精度,是空客公司遇到的最主要的技术挑战之一,壁板蒙皮同样采用了自动铺带技术。2011 年 9月,空客公司西班牙的工厂制造完成并交付了首个外翼下壁板,如图 5.37 所示。

图 5.37 西班牙 Illescas 的工厂制造的 A350XWB 机翼下壁板

B787 翼展长约 60 m,单个机翼长约 30 m,宽约 5 m,总体结构布局为典型的双梁多肋结构型式。其中梁为 C 型截面层压板结构;上、下壁板为带加筋的整体复合材料壁板(见图 5.38),材料均为日本东丽公司提供的 3900 - 2 增强 T800S 预浸料,肋则采用铝合金整体机加而成。在机翼壁板制造过程中使用了法国 Forest-line 提供的双工序自动铺带机,其中包括用于铺贴的 4 台 Atlas 和用于切割的 2 台 Access,其中双头的 Atlas 铺带机是采用主铺设头铺放 300 mm 宽的单向带,而用第二个铺设头铺贴 150 mm 宽的单向带。

图 5.38　B787 复合材料机翼上下壁板

A400M 复合材料机翼梁展长 42.4 m,单个翼盒长约 23 m,宽约 4 m,重 3 t(见图 5.39)。翼盒梁及上下蒙皮均为复合材料整体件,只有翼肋采用铝合金。每个机翼的翼梁由两段组成,前梁分成 12 m 和 7 m 两段,后梁分为 14 m 和 5 m 两段,均由英国 GKN 公司制造。在制造过程中,首先使用西班牙 M. Torres 公司提供的自动铺带机进行铺层(其铺放效率达 25 kg/h),随后用英国 Aeroform 公司提供的热隔膜成型机成型出 C 字形截面梁。机翼上下壁板,长约 20 m,均由空客位于德国 Stade 的工厂制造(见图 5.39),采用 T 型长桁共胶接成型工艺,蒙皮也采用自动铺带工艺完成。

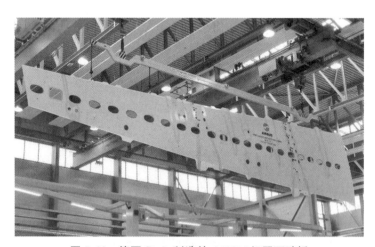

图 5.39　德国 Stade 制造的 A400M 机翼下壁板

A380 复合材料水平安定面(HTP)展长 38.8 m,翼面面积约为 205 m² (见图 5.40),其尺寸与 A320 和 B737-200 的机翼相当。在 A380HTP 蒙皮、长桁、梁和肋的制造过程中均采用了自动铺带等自动化制造技术,以提高生产效率并降低制造成本。

图 5.40 A380 水平安定面装配

5.5.2 自动铺丝技术应用

目前复合材料自动铺丝技术在国外已经比较成熟,在民机和军机复合材料制造的过程中已经得到了大量应用。自动铺丝工艺现在在民机上主要用于一些机身段或尾段、尾椎等回转体结构,自动铺带工艺不适用于这些结构,而如果采用传统的手工铺贴工艺,需要将筒段结构分解成几块,再进行几块的装配,这样一方面增加了制造难度,降低了效率,另一方面由于需要进行装配而增加了大量紧固件,加重了机身重量。而自动铺丝工艺是最适合这种结构制造的。

国际上比较先进的民用飞机均采用了自动铺丝工艺进行机身段的制造。空客公司的 A380 飞机是世界上最大的民用客机,其机身的 19、19.1 段(见图 5.41)壁板均为自动铺丝工艺成型。

图 5.41 A380 尾段自动铺丝成型

波音公司的 B787 飞机的机身 43、47、48 段也采用了自动铺丝工艺制造。B787 的机身段最大尺寸为 7 m×6 m,结构为包括桁条在内的整体结构,应用计算机控制的自动铺丝机完成纤维铺放。模具被安装在回转轴上,随着铺丝过程的进行,该回转轴带动筒型工装进行旋转,然后将该零件整体放入热压罐中进行共固化,形成带加强筋的壳体结构,固化后进行脱模。B787 的机身段自动铺丝如图 5.42 所示。

图 5.42　自动铺丝工艺制造 B787 机身段

空客公司 A350 飞机中 92% 的机身段都采用自动铺丝工艺成型。A350 中机身长 18 m,由 Spirit AeroSystems 公司制造,Electrolmpact 公司为 Spirit 公司设计制造了专用于中机身壁板铺放的双头自动铺丝机,该机不但可完成铺放,而且可执行切割动作,能够完成复杂表面的双向铺贴,进给速度可达 50 m/min。前机身由 MAG 公司的 VIPER 系列自动铺丝机铺放完成(见图 5.43)。

图 5.43　A350 飞机机身壁板铺贴

　　较为传统的自动铺丝工艺一般用于回转体制件的成型。随着自动铺丝机机械精度的提高,自动控制技术的不断完善,很多非回转的复杂制件也可使用自动铺丝工艺进行制造,从而大大提高了制造效率,降低了成本。这其中的一个重要应用就是梁的自动铺丝成型。一般的工字梁是由两个 C 型梁组合而成的,在没有将自动铺丝工艺用于梁的成型之前,采用手工成型 C 型梁是依靠手的压力将平板件压成 C 型阳模模具的形状,这样的成型只能应用于很薄且制件不大的梁的成型,一般用于长桁结构。对于厚度比较大的梁,一般采用热隔膜成型进行预固化,热隔膜成型梁的方式也有其限制因素,即梁的厚度不能过大,如果厚度太大就不能靠真空压力进行成型。但对于机翼梁这种厚度大且变截面的结构,热隔膜成型就很难使用了。自动铺丝工艺的进步改善了梁的成型工艺,为梁的成型提供了一条便捷的道路。

　　自动铺丝工艺进行梁的成型一般是采用阳模成型,将 C 型梁的阳模置于自动铺丝机的回转轴上,回转轴带动模具与自动铺丝头进行联动,自动铺丝头配合回转轴进行碳纤维丝束的铺放,从而实现 0°、±45°、90°碳纤维的铺贴(见图 5.44)。使用自动铺丝机进行梁类零件的成型,不受梁的构型、厚度等因素的限制,成型精度好,效率高,废料率低,远远优于梁的其他成型工艺。目前,A350 公司的机翼梁即为自动铺丝完成,西班牙 M. Torres 公司专门为 Spirit 公司及 GKN 公司提供了用于梁零件铺放的自动铺丝设备,分别用于机翼前梁和后梁的制造。

图 5.44　梁类零件自动铺丝成型

　　自动铺丝工艺除用于大型客机外,还广泛用于支线客机。霍克公司的 Beechcraft 商务喷气式飞机的机头与前机身为自动铺丝工艺整体成型(见图 5.45),没有使用任何紧固件,大大降低了结构重量。这种复杂结构只有使用自动铺丝工艺

图 5.45 Beechcraft 飞机的机头与前机身自动铺
丝整体成型

才可能整体成型。

5.5.3 先进拉挤成型技术应用

图 5.46 先进拉挤机构

日本 JAMCO 公司提出了预浸料拉挤成型（ADP）技术，即采用单向和织物预浸料间歇连续拉挤成型制造型材类零件。经过多年的研究和探索，完善了 ADP 工艺流程及参数，使制件孔隙率小于 1%、纤维含量最高可达 65%，等同于标准热压罐制件性能。1995 年 JAMCO 公司采用 ADP 技术生产出符合空客要求的 T 形型材，并于 1996 年向空客公司交付 ADP 成型的加筋壁板和简支梁，应用于 A330 - 200 的垂直尾翼上。

目前，JAMCO 公司相继发明了 C 型、H 型、T 型以及 I 型板材加筋的成型设备以及相关成型方法。JAMCO 公司用 ADP 生产出的型材截面尺寸范围 50 mm×50 mm ～ 250 mm×100 mm，厚度范围 0.2 ～ 10 mm。虽然客舱地板横梁代表了目前 ADP 生产的最大的产品尺寸（250 mm×100 mm×7 m），但理论上 ADP 制件没有实际长度的限制。图 5.46 为 JAMCO 公司 ADP 成型机构[15]。

采用 ADP 技术制造的复合材料型材自 1996 年开始应用于 A330 - 200 的垂尾以来，空客公司该机型所有垂尾上复合材料的拉挤零件全部改用 JAMCO 公司 ADP 型材。

同样，近年投入航线运营的空客 A380 机体结构中也大量使用了采用 ADP 成型技术生产的梁、长桁零件。空客 A380 不仅在面积达 122.3 m² 的垂尾中大量采用了 JAMCO 公司的拉挤型材,而且,由于 A380 机身客舱分为上下 2 层,为了支撑中间的甲板,空客采用了 JAMCO 公司的碳纤维增强环氧拉挤"工"字梁(见图 5.47)。A380 飞机所用的拉挤型材尺寸远大于以往的拉挤复合材料零件,该"工"字梁两端固支于机身,可以承受很大的载荷[15]。

图 5.47　A380 先进拉挤工艺制造的地板梁

近年来,随着复合材料在飞机结构中的大量使用,飞机中复合材料结构件日益朝着大型化方向发展。B787、A350 等大型飞机大量使用复合材料筋肋与蒙皮整体成型的工艺技术。采用 ADP 技术制造的长桁和梁类零件容易实现制件固化度的控制,达到一定固化度的型材既能保持截面形状又能在热力作用下通过微变形适应不同型面,如翼面、机身壁板,最终与壁板整体成型得到加筋壁板结构件。

虽然国外已将先进拉挤技术运用到民用飞机制造领域,但是国内由于起步较晚,先进拉挤工艺尚不成熟,该技术的运用还是主要处于样机及试制件的研究阶段。

国内南京航空航天大学于 2010 年展开先进拉挤技术的研究。从工艺角度出发,以预浸料典型的固化工艺为参考,借助差示扫描量热法对预浸料中树脂的固化动力学进行了研究,设计正交试验,探索与先进拉挤各阶段相适应的固化工艺制度。从设备角度出发,针对典型的 II 形截面梁,进行铺层设计,结合以预浸料为原料的先进拉挤成型工艺,对实施这一工艺技术的设备方案进行总体研究,并完成部分关键设备的详细设计。从控制角度出发,从整体上对先进拉挤成型的工艺参数控制进行了分析,阐述了放料张力系统、热压温度控制与压力控制系统的控制策略,并提出各子控制系统工艺参数控制的方案;依据先进拉挤的工艺特性,采用主程序与子程序相结合的方式,运用顺序设计法,编制了先进拉挤的控制程序,采用先进拉挤原理样机(见图 5.48),试制了 C 形、帽形和"工"形型材结构[15]。

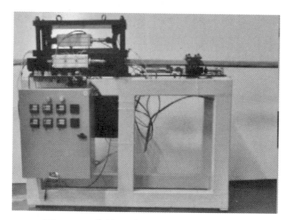

图 5.48　南航制造的先进拉挤原理样机

北京航空航天大学也采用先进拉挤成型的理念,自行设计、制造了专用于长桁、梁等结构捻条制造的拉挤设备(见图 5.49)。该设备可根据零件本身的需求,制造不同长度,不同截面的捻条,将原来全部手工制造的捻条采用自动化设备成型,即能保证捻条成型质量,又大大提高了成型效率[18]。目前该设备已经计划运用到国产 C919 客机的研制过程。

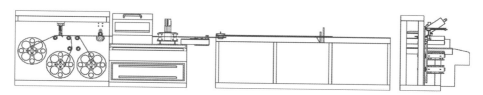

图 5.49　北航制造的先进拉挤设备示意图[18]

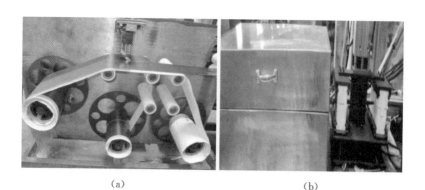

(a)　　　　　　　　　　　　　　　　(b)

(c)　　　　　　　　　　　　　　　　(d)

图 5.50　北航制造的先进拉挤装置实物图

(a) 料卷收放装置　(b) 压实系统装置　(c) 压力成型装置　(d) 牵拉系统装置

参考文献

[1] Vincenza A，Michele G，Kuang T H，et al. A methodology to reduce thermal gradients due to the exothermic reactions in composites processing [J]. Heat and Mass Transfer，2002,3 (45)：1675 - 1684.

[2] 张建宝. 复合材料自动铺带控制及工艺关键技术研究[D]. 南京：南京航空航天大学,2010.

[3] 张建宝,文立伟,肖军,等. 自动铺带成形压力控制技术[J]. 航空学报,2009,10(10)：1973 - 1977.

[4] 刘林,文立伟,陈瑞斌,等. 复合材料自动铺带机专用数控系统[J]. 南京航空航天大学学报，2007,39(4)：486 - 490.

[5] 肖军,李勇,文立伟,等. 树脂基复合材料自动铺放技术进展[J]. 中国材料进展,2009,6(28)：28 - 32.

[6] 赵渠森,郭恩明. 先进复合材料手册[M]. 北京：机械工业出版社,2003.

[7] 肖军,李勇,李建龙. 自动铺放技术在大型飞机复合材料零件制造中的应用[J]. 航空制造技术,2008,(1)：50 - 53.

[8] Guillermin O，Grape J. Advanced CAD software tools for cost-effective composite [A]. In：Repecka L，Saremi F F ed. 2001：a Materials and Processes Odyssey：46th International SAMPE Symposium and Exhibition [C]. Long Beach：the Society, 2001：1900～1912.

[9] 还大军,肖军,李勇. 复合材料自动铺放 CAD/CAM 软件技术[J]. 航空制造技术,2010,(17)：42 - 45.

[10] Marsh G. Automating aerospace composites production with fibre placement [J]. Reinforced Plastics, 2011,55(3)：32 - 37.

[11] SLOAN J. ATL and AFP：Signs of evolution in machine process control [EB/OL] http://www. compositesworld. com/articles/atl-and-afp-signs-of-evolution-in-machine-process-control. aspx.

[12] Griffith B. GKN A350 rear spar program update [J]. High-Performance Composite, 2011，(1)：30 - 31.

[13] 宋伟.复合材料零件先进拉挤工艺研究[D].南京：南京航空航天大学,2011.

[14] 王健,熊文磊,等.基于预浸料的先进拉挤成型复合材料结构基本力学性能的试验研究[J].复合材料学报,2013.

[15] 齐俊伟.ADP 基本工艺理论和方法调研报告[R].

[16] 齐俊伟.ADP 型材试制及其基本性能测试总结报告[R].

[17] 齐俊伟.ADP 系统原理样机研制总结报告[R].

[18] 段越新.捻子条制造及设备制造方案和调试参数研究[R].

6 复合材料成型模具

6.1 概述

模具在复合材料零件铺层和固化成型过程中起支撑作用,并赋予复合材料零件以期望的形状、质量,决定最终产品的性能、尺寸和精度,无论工艺形式怎么改变,都离不开成型的载体——模具,所以航空制造业有"造飞机就是造工装"这一说法,模具的质量直接影响复合材料零件的质量,可见模具在复合材料零件制造中的重要性。

不同的零件结构形式、成型工艺需要选择不同的模具材料和模具结构。按复合材料成型工艺方法分,常见的有:热压罐成型工艺模具,热压成型模具,树脂转移模塑成型(RTM)模具,真空辅助树脂渗透工艺(VARI)模具,树脂膜熔浸(RFI)模具等;按模具材料又可分为:金属模具和非金属模具,金属成型模具主要包含普通钢模具、Invar 钢模具、铝模具等;非金属模具主要是指以复合材料为模具材料的成型模具。

本章就复合材料成型模具的选材、设计、制造、检测等环节进行介绍,并辅以一些案例加以说明。

6.2 模具设计的一般流程

当模具设计者接收到某一复合材料零件的模具设计任务时,首先要对工程输入进行分析,包括产品的工程结构、质量要求、工程界面及成型工艺等,通过这些分析,设计者会较为全面地了解到工程及工艺对模具各个方面的需求,从而对成型该产品所需的模具材料、模具结构、模具精度等形成初步的设计概念,然后进行详细设计、细节设计;同时根据设计经验及有限元计算等不断完善优化设计,从而完成整个设计任务。

简而言之,一个模具的设计过程就是先从了解零件要求开始,不断将零件的要求转化为对模具的需求,最终在设计图纸中通过选材设计、结构设计来落实需求的过程。

6.2.1 工程输入分析[1]

6.2.1.1 分析零件的结构形式

飞机上的复合材料零件通常有蒙皮、长桁、梁、肋、接头以及整体盒段等结构形式。根据零件的结构形式,可对模具结构形成初步的设计概念,例如蒙皮类零件模具通常为薄壁框架结构;梁类模具一般较长,常有阴模、阳模或组合模等形式;长桁类模具一般为细长结构;整体盒段一般需考虑合模的形式。

6.2.1.2　分析零件的质量要求

零件的外形轮廓尺寸精度直接影响到模具的质量要求及成本,可通过设计合理的模具结构、定位方法及合理的公差、基准设计等来达到精度要求。

6.2.1.3　分析零件的工程界面

零件上是否有气动面、装配面、胶接面等,一般情况下可确定这些面为贴模面;但如果这些面结构较复杂时,工程设计可考虑在工程界面侧添加补偿层,此时贴模面可设计在工程界面的背面;有时在设计时会遇到对零件的两个表面都有表面质量要求的情形,这就要使用组合模具或均压板等来实现。

6.2.1.4　分析零件的成型工艺方法

不同的工艺方法用于成型复合材料零件时,根据其工艺自身特点,相应的模具也有所差异,在成型及定位工装的数量及难易程度上亦有所不同。例如热压罐工艺可分为共固化、共胶接与二次胶接。共固化工艺中,所有层为湿铺层一次进罐,需要较多模具组合到一起同时使用,通常整套模具较为复杂;共胶接为干湿件进罐固化,需要一部分零件的成型模具,及已固化零件与湿铺层二次进罐固化的模具;二次胶接时所有零件已固化,通过胶膜把他们固化到一起,需要所有零件的成型模以及二次胶接的定位模具。

6.2.2　模具技术要求

通常工程及工艺对模具的要求可以归纳为以下几个方面。

6.2.2.1　模具刚度和强度要求

模具具有足够的刚度和强度,在起吊、运输、使用等过程中不变形,应用于量化生产的模具需要在复合材料零件的固化压力和固化温度下长期正常使用不会发生损坏。但一些特殊结构的复合材料零件模具,在通过结构设计和工艺方式的改进很难保证自身刚度和强度的情况下,只要保证其在起吊、运输过程中的变形控制在弹性形变以内,并且在使用过程中能够保证在使用精度范围以内,此设计方式也是可行的。

6.2.2.2　模具的热均匀性要求

中高温使用的模具在升降温过程能够快速均匀地传递热量,通过模具结构设计、优化设计以及合适的模具材料选择,尽可能提高模具在升降温过程中的热均匀性,从而保证复合材料零件上各处温度尽量一致。

6.2.2.3　模具的选材要求

通过了解复合材料零件的结构、成型工艺方法、批量、精度要求、制造周期、制造成本等因素,选择出合适的模具材料。

6.2.2.4　模具结构要求

模具结构需要根据复合材料零件的成型工艺、装配要求等进行设计,例如 VARI工艺模具为单侧模具,RTM工艺模具则为闭合模具;对于同一个加筋壁板结构,采用共固化工艺与采用共胶接工艺所需要的模具形式是不相同的;而对于不同的梁的成型模具,按照装配面的不同可以选择阴模、阳模或组合模等不同结构。

对于工艺过程中有定位要求的零件,模具应该设计合适的定位装置和定位方式。对于闭口的零件,模具设计应该考虑到脱模问题,要求脱模容易且不损伤零件。对于要求预制装配孔的复合材料零件,需要在模具上设计出钻模板。

6.2.2.5　模具型面精度及表面粗糙度要求

根据复合材料零件的外形精度要求来考虑模具的型面精度。需要注意的是,模具的公差和制造成本有着直接的关系,过大的公差不能制造出合格的产品,过小的公差又大大增加了加工难度和制造成本。模具工作区域的表面粗糙度通常为 $Ra1.6$,并且要求模具表面光滑、平整、密实、无裂缝、无针眼。

6.2.2.6　模具气密性要求

对于加热、加压固化成型的复合材料零件,为了保证固化质量,通常对模具工作面的部分区域或全部区域有严格的气密性要求。

6.2.2.7　模具转移要求

根据实际使用需求,在模具上设置叉车孔、牵引环、吊环及脚轮等转移组件。

6.2.2.8　模具与相关设备的配套要求

当模具按照工艺要求应用于某些设备时,模具应满足相关设备的特殊配套要求。例如:应用于热隔膜预成型工艺时,模具设计应考虑热隔膜设备使用的边界条件,控制模具的高度、重量及外形轮廓等;对于应用于自动铺带设备的模具,需要模具有足够的高度、预留废料台以及设置自动铺带设备定位用的十字刻线等;对于应用于激光投影设备的模具,需要在模具周边设置靶标孔;应用于自动铺丝设备的模具需设计与自动铺丝设备连接的回转接头并考虑模具的重量低于自动铺丝设备的最高承载重量等,如图6-1和图6-2所示。

6.2.2.9　人性化设计

设计者要考虑模具使用时的安全、便利性,比如模具的高度要适于铺贴、检查;模具铺贴、搬运时要稳定,避免模具倾倒的危险;当模具重量超过人工搬运的重量时,要设计辅助工装协助模具转运;零件固化完成后脱模困难,需要考虑设计脱模装置,避免零件和模具意外损伤。

6.2.2.10　其他要求

此外,模具上还需要有许多细节设计来体现工艺的需求:如铺贴刻线、靶标孔、气流方向、使用标识、坐标基准、留有足够的工艺操作空间以及返修再加工余量等。

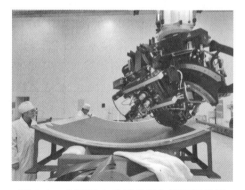

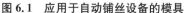

图 6.1　应用于自动铺丝设备的模具　　　图 6.2　应用于自动铺带设备的回转模具

以下着重从模具选材、模具结构及模具优化设计三个方面对模具设计过程进行详细阐述。

6.3　模具的选材

6.3.1　模具选材的重要性

选材是模具设计的一个重要步骤，它不仅关系到加工周期、成本及转移设备的选择，更为关键的是在固化过程中，不同模具材料将影响复合材料零件的固化变形。模具材料对固化变形的影响体现在两个方面：一方面是模具的热导率影响零件表面的温度场分布，引起零件变形；另一方面是模具材料的热膨胀系数导致模具与零件之间产生相互作用，引起零件的变形[2]。

模具与复合材料零件的热膨胀系数不匹配是导致两者之间相互作用从而沿零件厚度方向产生残余应力的主要原因。模具的热膨胀系数与零件的热膨胀系数越接近，它们之间的相互作用程度就会越小，产生的残余应力也会越小。因此选择与复合材料零件热膨胀系数相近的模具材料可以有效减小由于模具原因导致的固化变形。研究者研究了三种不同材料的模具对复合材料零件固化变形的影响，发现零件尺寸小于某一临界值时，使用热膨胀系数不同的固化模具对零件的变形影响很小；当零件尺寸超过这一临界值时，尺寸越大，使用不同模具材料时零件固化变形的差值也越大，即对于尺寸越大的复合材料零件，模具材料对其固化变形的影响越大[3, 4, 5]。所以对于大尺寸、复杂型面的复合材料零件，应尽可能选择与复合材料零件热膨胀系数相近的模具材料，如 Invar 钢、复合材料等。

6.3.2　常用模具材料介绍

目前，复合材料零件的模具材料一般选用普通钢材、铝材、Invar 钢及复合材料。表 6.1 材料的基本性能和图 6.3 不同材料的热膨胀系数可以对这些材料有一些了解。

表 6.1 材料的基本性能

基本性能 \ 模具材料	普通钢材	铝材	Invar 钢	复合材料（碳纤维/环氧）
热膨胀系数（/℃，RT-200℃）	12×10^{-6}	26×10^{-6}	2.5×10^{-6}	3.6×10^{-6}
密度(kg/m³)	7 800	2 700	8 100	1 600
弹性模量/GPa	210	71	142	120
泊松比	0.3	0.334	0.25	0.2
硬度	HRC60	HB85	130Hv(74HRb)	—
比热容（J·kg⁻¹·K⁻¹）	434	960	515	862
热传导率（W·m⁻¹·K⁻¹）	60.5	120	10.7	0.5
制造方法	电弧焊接+数控	MIG 焊+数控	MIG/TIG 焊+数控	铺贴+固化
表面粗糙度	好	一般	好	一般
气密性	好	一般	好	好
制造难度	较高	低	高	高
材料成本	低	较高	高	高
制造成本	低	低	高	高
使用寿命	500 次以上	200 次	500 次以上	100~200 次

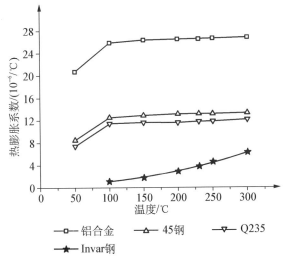

图 6.3 不同模具材料的热膨胀系数比较[6]

普通钢模具刚性好、加工精度高、表面粗糙度与气密性好、热传导率较高、升温速率较快、使用温度高、寿命长、成本低；但普通钢制模具由于密度大，重量大，不利于模具的周转，且制造周期相对较长。同时它的热膨胀系数较高，尺寸稳定性较差。因此普通钢制模具适用于零件尺寸精度与型面精度不高、无复杂型面的复合材料零件制造。

铝制模具密度小重量轻、数控加工性好、热传导率高、模具升温速率快且成本低；但铝制模具刚性差，尺寸稳定性不好，表面粗糙度一般，在焊接过程中容易产生砂眼与微裂纹、气密性不易保证；同时其热膨胀系数大，铝的热膨胀系数是 Invar 钢的十倍，直接影响零件精度，容易造成零件报废；另外，铝制模具硬度、强度不高，刚性差，使用温度低，寿命短。因此铝制模具只适用于固化温度不高、对复合材料零件尺寸精度与型面精度不高、无复杂型面的复合材料零件制造。

Invar 钢模具热膨胀系数与复合材料相匹配，可避免复合材料零件成型后变形，成型质量好，报废率低，在批量生产的情况下能够降低总成本；但是 Invar 钢含镍高，不易数控切削，焊接时为了更好地保证模具气密性，建议采用 Tig 焊打底，但效率较低，加上原材料价格昂贵，模具材料成本与加工成本很高。因此 Invar 钢模具适用于批量生产，对复合材料零件尺寸精度与型面精度要求高、有复杂型面或加筋壁板结构的复合材料零件制造。

复合材料模具重量轻、可修复性好而且热膨胀系数与复合材料一致，零件不易发生变形。其从母模上铺贴翻制而来，成型复杂型面时要比金属模具的加工简便很多。但相比金属模具，其寿命短，易发生胶衣层脱落，固化变形及漏气等问题，同时制造时需要的母模制造成本高。因此复合材料模具适用于小批量生产有复杂型面结构的复合材料零件制造以及有重量限制的模具，如图 6.4 所示。

图 6.4　某机型复合材料模具

硅橡胶模具是利用硅橡胶受热膨胀原理,将压力传递到零件上,达到对零件加压的作用。一般在成型过程中,将硅橡胶模具与金属模具结合起来使用。但是它的线膨胀系数太大,使用多次后,需要进行修形或补偿。

6.3.3　模具选材的经验

选择何种模具材料与复合材料零件的结构、批量、精度要求、制造周期、制造成本等多种因素密切相关,需要综合考量后做出一个平衡的最佳选择。对于大尺寸、复杂型面的零件,应尽可能选择与复合材料零件热膨胀系数相近的模具材料。一般而言,对于机身、翼面、舵面等大尺寸、大曲率的模具,为了保证成型精度,通常选择 Invar 钢作为模具材料,对于一些配合要求高的梁、肋、长桁等也常选择 Invar 钢;对于形状复杂的零件如发动机进气道,机翼前缘等通常选择复合材料模具;对于自动铺丝需要回转的模具,考虑到重量因素,复合材料模具是一个不错的选择;对于形状不太复杂、曲率很小或是等截面的零件结构,通常选择普通钢或铝以降低成本,但膨胀和变形因素需要在模具设计时进行补偿。

6.4　模具结构设计

6.4.1　按零件类型分类

飞机结构多为蒙皮、筋条、肋、梁等类型的零件装配而成。模具按零件结构形式分为:带型面的蒙皮类成型模具,带筋条的壁板成型模具,梁、肋、框成型模具,整体零件成型模具等。一般蒙皮、梁、肋、框等模具都是单件成型,与共固化整体成型的模具相比,相对简单一些。

6.4.1.1　蒙皮类典型件模具

蒙皮类零件是飞机结构中最为常见的一种,它主要用于形成飞机的气动外形表面。大型蒙皮类零件成型模具通常为框架式支撑结构,如图 6.5 所示,主要由以下几个部分组成。

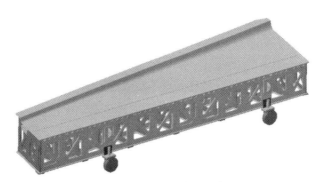

图 6.5　蒙皮成型模具示意图

1) 模具型面

模具型面由零件的外形提取而来,对于保证零件的外形及精度起关键的作用。应满足以下设计要求:

(1) 选取精度要求比较高的气动外形表面或者有装配关系的表面为模具的型面。

(2) 型面应有较高的表面粗糙度及轮廓度要求。

(3) 表面应光滑、平整、致密、无龟裂和渗漏,保证模具的真空系统不出现泄漏。

(4) 应标有产品线、铺贴线、铺层方向线,如图 6.6 所示。

产品线:即产品的外形轮廓线,用于非数控切边时使用,决定了产品的外形尺寸的精度;设计时应考虑模具材料的膨胀因素作适当缩放处理,产品线的位置精度和宽度精度都需要根据复合材料零件外形尺寸精度要求在模具设计中定义。

铺贴线:由于零件边缘铺贴不完全整齐,以及流胶、挡胶条、打真空袋等因素导致固化后产品边缘质量不高,需要在产品线外一定距离开始铺贴,在零件上将留有一定余量待加工掉。同时,铺贴线用于无激光投影时手工铺贴定位,以控制铺贴余量,既不浪费太多的材料,又能保证产品质量。通常铺贴线到产品线可留 20~30 mm。

铺层方向线:用于铺贴时的纤维角度参考。

(5) 按照模具检测、铺放工艺及装配要求设置基准孔、靶标孔、定位标识及定位孔,如图 6.6 所示。

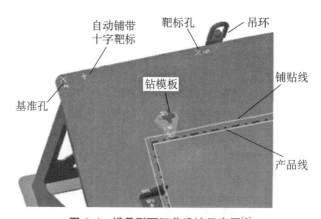

图 6.6　模具型面细节设计示意图[1]

基准孔:用于模具机加工和检测时作为基准,精度要高,并保证可重复使用。基准孔坐标值通常刻于模具上便于使用。

靶标孔:用于手动铺贴时放置激光投影的靶标,以定位铺层区域。靶标孔坐标按实测值标注即可,坐标值刻于模具上。

自动铺带十字刻线：十字刻线中心用于自动铺带时铺贴区域定位，十字线中心点的坐标刻于模具上。

复合材料零件定位孔：也叫零件工艺耳片孔，用于复合材料零件在脱模后检测、机加工和装配时作定位基准，精度要求高。此孔需要有相应的钻模板来准确定位，钻孔需要在脱模前进行，孔轴线通常是模具的法线方向。

（6）模具周边要留出足够的操作空间。在铺贴线到模具边缘需要留有一定距离用于打真空袋及自动铺带退料。通常手工铺贴模具的余量区在 $100\sim200\,\mathrm{mm}$，而自动铺带则需要 $200\sim300\,\mathrm{mm}$。

（7）对于曲率较大的蒙皮应在模具设计时考虑到回弹。

2）支架结构

对于中高温使用的模具，模具自身的刚度和热分布对于复合材料零件的成型质量有重要的影响，需要在保证刚强度的情况下减少模具重量，且热分布均匀。因此小尺寸模具通常在实体块上设计减轻槽，以减少热容量。大尺寸模具通常采用框架式支撑结构，模具结构厚度相对均匀，可在保证刚强度的前提下减轻重量；且通风好，升降温快，有利于模具各点温度均匀，可减小模具在升降温过程中因各部位温度不同引起的模具变形。

支架结构由多个支撑板组成。支撑板结构如图 6.7 所示。

设计要求：

（1）模具型面由产品数模而来。

（2）支撑板与模具型面的下表面完全贴合。

（3）两个方向的支撑板尽量相互垂直，卡槽正好在支撑板交点位置。

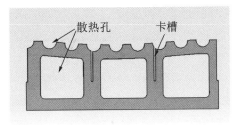

图 6.7　内支撑板结构

（4）根据模具形状和支架高度的不同，设计人员可选择不同形状的散热孔类型。目前应用的散热孔形状有：长条形，圆形，矩形，X 形，/形等。

（5）外侧支撑板的散热孔和内侧支撑板的散热孔在一条直线上，以满足空气流动的顺畅。

3）钻模板结构

有时需要在复合材料零件固化完成后脱模之前在零件上钻出工艺耳片孔，则需要设计钻模。钻模板一般使用螺销定

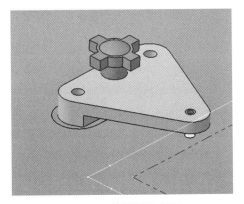

图 6.8　钻模板示意图

位,钻孔内加钻套,需要保证钻孔的位置精度,如图 6.8 所示。

　　4）转移装置

　　模具按实际需要安装万向轮、吊装孔、拖车孔及叉车孔,方便运输及移动。吊环的设置需考虑整体吊装重量以及保证模具吊起时平衡,叉车孔的设置需考虑叉车的行程要求,按需在模具的端头设置牵引装置,在底部配装轮子,轮子需考虑能够承载模具整体的重量。

6.4.1.2　梁结构典型件模具

　　梁结构件是一般主承力件,有刚度大,强度高等特点,多数有连接装配的关系。梁按剖面形状可分为 C 形梁、工形梁、J 形梁等。

　　C 形梁模具根据装配要求可选用阴模、阳模或组合模,如图 6.9 所示。考虑到铺贴及脱模的方便,除非有特殊要求,一般情况下优先选择阳模。大型梁模具通常为框架式结构,可参考蒙皮类模具设计,如图 6.10 所示。

阴模　　　　　　　　　　　　阳模　　　　　　　　　　　　组合模

图 6.9　梁成型模具结构

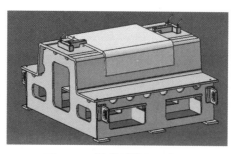

图 6.10　梁成型模具示意图

　　梁模具在设计过程中要考虑回弹影响设计回弹角。回弹角与模具材料,零件铺层方向及结构对称性有关,可通过数字模拟及试验测试的方法得到,目前采用较多的方式是通过经验值结合试验值来获得回弹角的大小。在模具设计时,预先把回弹角考虑进去,即零件夹角加上回弹角等于模具夹角,使零件在脱模回弹后符合工程要求。根据试验件制造经验,对于热压罐成型工艺阳模成型的 C 形梁结构,模具设计时通常按照图 6.11 来考虑回弹方向;对于热压罐成型工艺阴模成型的 C 形梁结构,模具设计时通常按照图 6.12 来考虑回弹方向;回弹角度 α 则需要根据零件的实际情况确定。

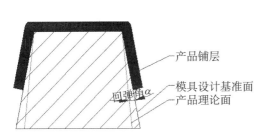

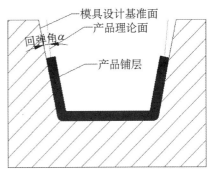

图 6.11　阳模成型的 C 形梁回弹方向[7]　　图 6.12　阴模成型的 C 形梁回弹方向[7]

6.4.1.3　筋条类典型件模具

飞机上主要采用以下几种筋条形式:"工"形、"T"形、"J"形、"Z"形及帽形。

固化"工"形长桁可以采用两种摆放姿态:"H"形摆放姿态可以很好地解决 R 区的压实问题,但是其上下缘条外表面是非贴模面,该型面不易保证,为了与壁板共胶接/二次胶接时能很好地贴合,需要加硬模或软模盖板,如图 6.13 所示;"工"形摆放姿态正好相反,长桁下缘条下表面与壁板共胶接时可以很好地贴合,但腹板加压效果较差,R 区孔隙率很容易超标,如图 6.14 所示,图 6.19 为某工型长桁成型模具示意图。

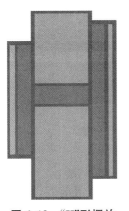

图 6.13　"H"形摆放

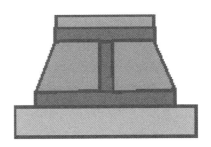

图 6.14　"工"形摆放

固化"T"形长桁可以采用图 6.15 所示模具形式,芯模可为双侧硬模,或一侧为硬模,另一侧为软模。

固化"J"形长桁可以采用图 6.16 所示模具形式,芯模可为双侧硬模,或一侧为硬模,另一侧为软模。

固化"Z"形长桁可以采用图 6.17 所示模具形式,芯模可为双侧硬模,或一侧为硬模,另一侧为软模。

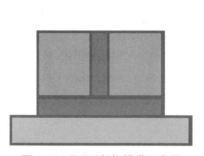

图 6.15   "T"形长桁模具示意图

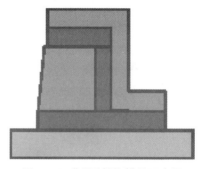

图 6.16   "J"形长桁模具示意图

帽形长桁模具主要考虑 R 区的压实问题,可设计软模或硬模盖板,如图 6.18 和图 6.19 所示。

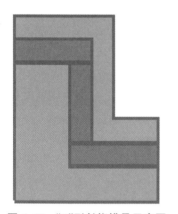

图 6.17   "Z"形长桁模具示意图

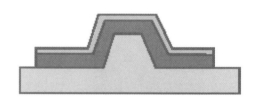

图 6.18   帽形长桁模具示意图

图 6.19   某工形长桁成型模具示意图

6.4.2   按成型工艺分类

根据复合材料零件的几何形式和材料构成,可以选择适当的成型工艺方法。飞机复合材料零件的成型工艺方法主要包括以下 3 类:①预浸料工艺方法。在零件固化工序前预先将基体树脂浸渍增强纤维,并将被树脂浸渍的纤维铺放于特殊载体之上,形成布/带状预浸料。然后将布/带状预浸料在模具上铺叠,形成零件叠层,并将叠层固化成型。主要使用的有热压罐成型,模压成型,拉挤成型等工艺。②树脂转移工艺方法。在零件固化工序中将基体树脂转移至增强纤维预成型体内部,使基体树脂与增强纤维合为一体,进而固化成型。主要使用的有 RTM,VARI,RFI 等工艺。③纤维丝束缠绕/铺放工艺方法。在零件固化工序前将被基体树脂浸渍的增强纤维束缠绕或铺放于零件的模具表面,形成零件叠层,并将叠层固化成型。鉴于国内当前发展状况,大型飞机复合材料结构研发先期涉及的成型工艺方法较多地集中于前两类。

当采用不同的工艺方法成型复合材料零件时,根据其工艺自身特点相应的模具形式也有所差异。如使用热压罐工艺成型时预浸料在模具上的铺贴定位及自动铺放需要相应的定位孔及标识;而 RTM 工艺则需要闭合模具,在模具设计上要考虑分型面的选择、注胶口及排气口的位置和锁模装置等;VARI 工艺模具则是仅在真空作用下的单面模具,要考虑流道的布置使工艺优化。在模具设计时要着重结合复合材料零件的成型工艺,与工艺人员一起讨论来明确模具的技术条件。

6.4.2.1　热压罐成型工艺模具

热压罐成形工艺中,主要的成型方法有三种:共固化、共胶接与二次胶接,常用于成型复合材料的加筋壁板类零件。三者分别采用湿与湿、湿与干、干与干的材料固化或胶接,在进罐次数、工艺难度、成型质量的保证上有所差异,且在使用的成型及定位工装的数量及难易程度上亦有所不同。尤其共固化或整体成型工艺的模具数量较多,而且需要定位及装配协调,难度较大。

以加筋壁板(蒙皮与工字型长桁)为例进行说明,加筋壁板零件如图 6.20 所示。

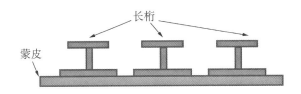

图 6.20　加筋壁板示意图

采用共固化工艺时,需要蒙皮成型模具、长桁芯模、长桁盖板及蒙皮盖板等模具,对于较长的长桁,为了保证长桁轴线度,还可以使用定位卡板,如图 6.21 所示。

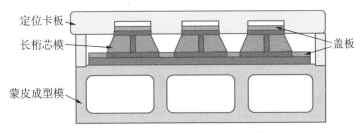

图 6.21　长桁与蒙皮共固化所需模具

采用干长桁湿蒙皮共胶接工艺时,可先使用长桁芯模、盖板及底板来成型长桁(见图 6.22),然后与湿蒙皮胶接,胶接过程可使用蒙皮成型模具、蒙皮盖板(见图 6.23),并可根据定位要求采用定位卡板、长桁端头定位板(见图 6.24)等长桁定位装置,模具整体结构如图 6.25 所示。

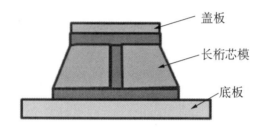

图 6.22　长桁单独固化所需模具

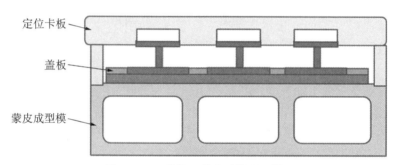

图 6.23　干长桁湿蒙皮胶接所需模具

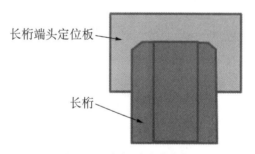

图 6.24　长桁端头定位板

采用湿长桁干蒙皮共胶接工艺时,可先使用蒙皮成型模与蒙皮盖板(按需)来成型蒙皮(见图 6.26),然后与湿长桁胶接,胶接过程可使用蒙皮成型模、长桁芯模、长桁盖板,对于较长的长桁,为了保证长桁轴线度,还可以使用定位卡板(见图 6.27)。

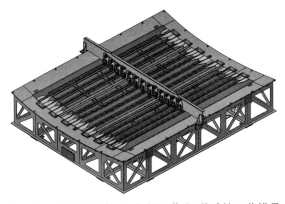

图 6.25　某加筋壁板(干长桁湿蒙皮)共胶接工艺模具

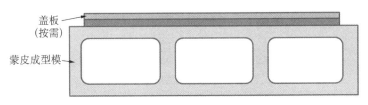

图 6.26　蒙皮单独固化所需模具

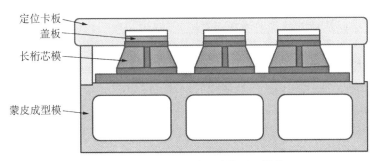

图 6.27　湿长桁干蒙皮胶接所需模具

采用二次胶接工艺时,可使用蒙皮成型模与蒙皮盖板(按需)来成型蒙皮(见图 6.28),使用长桁芯模、长桁盖板及底板来成型长桁(见图 6.29),然后将干长桁与干蒙皮进行胶接,胶接过程可使用蒙皮成型模,对于长桁有定位要求的零件,可以采用定位卡板、长桁端头定位板等长桁定位装置(见图 6.30)。

图 6.28　蒙皮单独固化所需模具

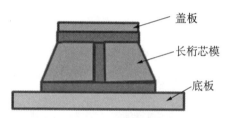

图 6.29 长桁单独固化所需模具

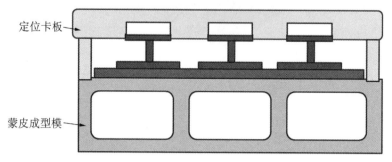

图 6.30 长桁与蒙皮二次胶接所需模具

6.4.2.2 RTM 成型工艺模具

树脂转移模塑(resin transfer molding)工艺是首先在模具的型腔内铺放好按性能和结构要求设计好的纤维增强预成型体,然后利用真空或注射设备提供的压力将专用树脂注入闭合的模腔内,直至整个型腔内的纤维增强预成型体完全被浸润,最后进行固化成型和脱模。由此可见,RTM 模具是闭合的模具,由于 RTM 成型工艺过程中树脂流动、加热固化及压力变化的特征,RTM 模具设计需要在以下方面有特殊要求,图 6.31 所示为 RTM 模具设计实例:

(1) 合模时,压缩预成型体,模具不能变形;

(2) 树脂注射充模时模具不能变形;

(3) 对于真空辅助成型,极为重要的是模具的密封性,否则容易吸入大量气体,导致孔隙缺陷;

(4) 模具的夹持力必须满足合模、树脂注射的要求;

(5) 模具具备加热装置,或者可以放入烘箱,压机中加热;

(6) 具备注射、排气系统,具体的注射口、排气口位置和数量可依据经验和数值模拟确定。

因此模具设计通常着重考虑以下几个方面[8]:

1) 注射口、排气口的设计

注射口通常位于模具下方的几何型心附近,排气口通常位于模具上方的最远端或树脂流动的死角。要充分结合所成型零件的特点,选择最佳的注射口和排气口的位置和数量。

2）模具的夹紧设计

RTM模具在使用过程中要反复装配和拆卸，因此，在保证密封可靠的前提下，要使模具的锁紧和拆卸方便。模具的夹紧一般采用高强度的螺栓、螺母。螺栓直径的大小和数量取决于锁模压力及注射过程中模具的内压（见图6.31）。

3）模具的密封设计

有多种密封方式可以防止树脂泄漏和空气进入模腔。采用凹槽、圆形密封圈组合方法密封比较常见。

4）模具加固方案设计

RTM工艺的注射压力通常在0.1～0.6 MPa，当模具尺寸不大时不必考虑模具刚度对复合材料零件尺寸精度的影响；但对于大尺寸的模具，必须考虑刚度影响。为了防止模具刚度不够导致的"气球"及开裂导致的零件精度不够和模具报废，在模具设计时要考虑模具的加固。现大多采用方钢、型钢或钢板焊接的方法对模具进行加固。

5）脱模机构设计

一般来说，尺寸较小、结构形式简单的零件的脱模可通过模具表面喷涂脱模剂的方法来实现，但对于尺寸较大、结构形式复杂的零件脱模，则必须通过专门的脱模机构来实现。

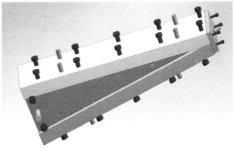

图6.31　某肋及其成型所用RTM模具

6.4.2.3　VARI成型工艺模具

VARI成型只需要一个单面的刚性模具用于铺放纤维增强体，上模为柔性的真空袋薄膜，只需一个真空压力，无需额外压力。模具设计、制造相对简单。模具的选材、结构、脱模等应满足复合材料成型模具的一般要求。

（1）在真空辅助成型工艺中最重要的是流道设计，包括树脂流道和真空通路，而流道有时会反映在模具上。目前国外的流道设计主要有以下几种形式[9]：在模具表面上加工导流槽，树脂从零件下表面往上表面进行渗透。在模具表面上加工出合适的沟槽作为流胶通道。沟槽的尺寸和数量要根据零件的形状、尺寸以及树脂的粘度通过实验来确定。对于复杂型面的模具,沟槽加工也有一定的困难,并增加了模具的成本。

(2) 在模具表面加工出真空通路,使用高渗透性介质作为树脂的流动通道,树脂从预成型体的上表面向下表面渗透。

(3) 在模具表面上加工出主导流槽和高渗透性的介质配合使用。这种形式不需要在模具上加工出很多沟槽,只需加工出一个或几个主要的沟槽作为进胶的通道。也可以用管子来代替沟槽,不需要在模具表面加工。树脂从下往上渗透,整个零件表面的树脂流动就通过高渗透性介质来完成。

(4) 在泡沫芯材上开孔或制槽来作为树脂流动的通路。

(5) 使用打孔和制槽的金属板代替高渗透性介质作为树脂和真空通道。

VARI 模具可视性好,在经验和实验模拟的基础上进行吸注,可布置补胶口,防止流胶死角。注胶过程中注胶口应尽可能位于下方,使树脂从下往上逐渐渗透,可有效避免从上往下注胶形成的快速通道,避免包裹大量的气泡,如图 6.32 所示。

图 6.32　某 VARI 工艺模具注胶前

6.4.3　模具设计优化

复合材料成型模具在使用过程中往往出现各种问题如热变形、温度分布不均匀等,将对复合材料零件的固化质量产生负面的影响。为了最大可能避免这些问题的产生,需要在模具设计阶段就考虑到多种因素的影响,在大量实验及样件制造基础上积累经验,并结合有限元分析的方法,对模具的变形及温度场进行预报,根据预报结果指导并优化模具设计。

6.4.3.1　模具尺寸补偿

一般情况下,模具材料的热膨胀系数(CTE)大于复合材料零件的热膨胀系数

(CTE)。高温固化的复合材料成型过程是一个热成型过程,所带来的模具热胀是不可避免的。零件未固化时,与模具一起受热膨胀;固化后降温时,模具可收缩到原始状态,而复合材料零件则不能收缩,于是这种收缩量不同带来了复合材料零件固化后长度准确度的误差(见图 6.33)。小尺寸模具的热膨胀对零件影响很小,但当模具尺寸很大时必须要考虑热膨胀带来的影响,在模具设计时对型面尺寸进行补偿。

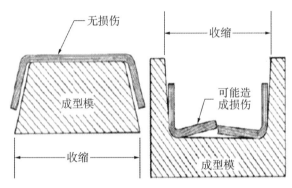

图 6.33 热膨胀不匹配导致零件尺寸偏离与零件损伤

补偿系数为

$$热膨胀系数 = 1/\{[(T-P)\times\Delta T]+1\} \tag{6.1}$$

式中:T 为模具热膨胀系数;P 为零件热膨胀系数;ΔT 为温度变化量,固化温度与环境温度的差值。

例如:普通钢的 CTE 为 $12\times10^{-6}/℃$;环氧树脂碳纤维复合材料零件的 CTE 为 $3.6\times10^{-6}/℃$,ΔT 为固化温度(177℃)与环境温度(20℃)的差值 157℃,则

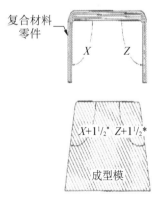

$$热膨胀系数 = 1/\{[(12-3.6)\times10^{-6}\times157]+1\}$$
$$= 0.99868$$

即大尺寸普通钢模具用于成型环氧树脂碳纤维复合材料零件时,模具设计尺寸需要将理论尺寸缩小0.99868,使用补偿后的模具进行固化后才能得到理论尺寸的复合材料零件。

图 6.34 回弹现象

6.4.3.2 回弹变形及补偿

对于曲率较大的复合材料蒙皮类零件和梁、肋、筋条等复合材料零件的模具设计需要考虑回弹影响,如图6.34所示。回弹与成型工艺、零件结构、模具材料、模具形式等多种因素相关。回弹的补偿可在一定程度上减小零件固化后的变形,

降低装配应力,但补偿系数难以确定。

对模具型面的补偿,传统方法是在经验和工艺实验的基础上对加工制造后的模具型面进行反复的调整和补偿性修正加工,以减小乃至抵消零件变形的影响,虽然这种方法可以在一定程度上降低固化变形的影响,但是会耗费大量的工时、人力和材料,步骤相当复杂烦琐。

现在采用在模具设计时对模具型面进行预先补偿设计的方法来减小固化变形的影响[10]:首先需要进行复合材料零件的变形预测,在此基础上建立一个基于零件型面节点变形量的模具型面补偿模型,结合零件变形的预测结果采用数值方法在模具的设计阶段对模具型面进行调整。与传统的模具设计相比,这样的模具设计流程减少了在制造加工后再对模具型面进行反复的调整和补偿性修正,在早期的模具设计阶段就对模具零件的变形进行预测,对模具型面进行补偿性修正,降低了生产成本并缩短生产周期。通过补偿模具型面以减少复合材料零件变形的方案如图 6.35所示。

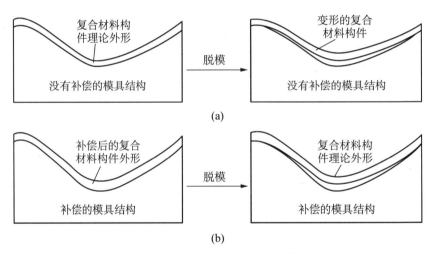

图 6.35 模具型面补偿方案示意图

(a) 通过没有补偿的工装成型复合材料构件 (b) 通过补偿后的工装成型复合材料构件

根据以上模具型面补偿的思路,将复合材料零件成型模具设计流程描述如下:

(1) 首先提取复合材料零件产品的原始理论曲面;

(2) 通过预测模型对复合材料零件成型过程中零件的变形进行模拟,获得复合材料零件的变形量;

(3) 判断零件的变形量是否允许,若是,则转步骤(6),若变形超差,则进行步骤(4)、(5);

（4）对模拟分析的输出数据进行处理，提取零件型面变形数据，基于这些数据建立模具型面的补偿模型；

（5）利用模具型面补偿模型对模具型面进行修改，获取补偿后的模具型面；

（6）通过当前的模具型面进行模具结构设计。

6.4.3.3 模具刚度和强度计算

复合材料零件是直接在模具型面上进行铺贴、固化及转运的，在这一系列的使用过程中，模具自身的变形会直接造成复合材料零件外形的不准确，因此要对模具结构的刚强度进行分析，避免模具在使用过程中产生变形而影响零件质量。

传统控制模具变形的方法主要是依据经验，设计人员往往在隔板的厚度、间距、通风孔的制定上采取保守设计，如增大隔板厚度，缩小隔板间距，采用自己偏好的或前人已选择的通风孔类型等以减小模具型面变形。这种方法在一定程度上可以改善模具的性能，但更多的后果是造成材料的浪费、模具的笨重，甚至由这些而影响到一系列的加工、吊装、运输等设备的选择与使用，这对于大型复合材料零件的模具影响更为严重。

因此需要在模具设计过程中对模具结构在各种使用工况下的应力及应变情况进行有限元分析，根据分析结果来调整模具结构，使在减轻模具重量同时获得较小的变形量，使最恶劣工况下的应力应变值小于材料许用值乘以某一安全系数，从而减小模具自身变形对零件质量的影响。

模具应力分析需要考虑的工况通常包含以下几项。

（1）垂直起吊时：将整套模具与零件的重量作用在模具的所有吊点上。

（2）垂直起吊过程中的紧急刹车情况：将整套模具与零件的重量，加上由于急刹车产生的冲击载荷作用在模具的所有吊点上。

（3）手工铺层时：将铺贴模具与零件的重量作用在模具底座上。

（4）自动铺层时：将铺贴模具与零件的重量，以及铺带头的压力作用在模具底座上，以及铺带头压力作用在局部型面上。

（5）转运时：将整套模具与零件的重量作用在模具的轮子上。

（6）固化时：在固化温度下，将整套模具与零件的重量作用在模具底座上；注意此时材料的许用值小于常温下的许用值。

6.4.3.4 模具温度场模拟

对于尺寸较大的模具结构，在固化过程中模具型面温度场分布的不均匀性会影响到复合材料零件表面温度及其固化质量；另一方面分布不均匀的模具温度场对模具自身的变形也有影响。经研究，框架式金属模具在整个固化工艺过程中型面会出现随时间变化的翘曲变形。工艺过程中复合材料零件是在较高温度和真空压力下与模具一起放在固化设备中固化成型的，模具在这个过程中承受分布不均匀的高温热载荷、自身重力及模具压力的共同作用,因此将会产生变形[11]。

为了更好地控制及保证模具温度场均匀性,降低模具因素对零件固化变形的影响,保证零件固化后的外部尺寸及内部质量,在模具设计过程中可使用专业分析软件模拟模具在固化过程中温度场分布,若模具温度场分布不均匀,温度领先与滞后位置的温差较大,则需对模具结构重新进行调整。此外,还可以通过温度模拟的结果找出温度领先与滞后位置,在该处放置热电偶准确有效监控整个固化过程。

热压罐内的温度场为:罐内空间分为流体区域(空气)与固体区域(模具及零件),即是一个流固耦合区域。模具固体区域与罐内流体之间存在强迫对流热交换,模具本身存在固体区域的热传导。其中固体与流体之间的强迫对流热交换最终通过流固交界面的流体非流动层的热传导实现。流体的流动存在湍流现象,需使用湍流模型进行计算[12]。

一般情况下,热压罐内模具温度场的模拟分析主要步骤为:

(1) CATIA 几何建模,根据热压罐尺寸数据和实地对模具的考察测量,结合热压罐的工作原理,建立热压罐的几何模型;

(2) 将 CATIA 模型导入有限元软件中,并利用有限元软件进行网格划分;

(3) 使用 FLUENT 数值模拟。

综上所述,复合材料模具设计主要分为工程输入分析、模具技术要求、模具选材、模具结构分析、模具设计优化五部分。

为了保证模具设计质量,模具设计需要分三个阶段进行设计评审。模具初步设计评审(PDR)、模具详细设计评审(CDR)、模具最终设计评审(FDR)。

6.5 模具制造

数字化传递逐步取代了传统的模量传递,现如今的模具制造往往通过模具的三维数模和二维图纸来加工。本节以加筋壁板热压罐成型模具为例着重介绍目前广泛应用的框架式金属模具的制造过程。

首先,模具制造之前,需根据模具的模型及图纸确定采用何种材料,以及材料、标准件的规格及用量。

然后,按照如图 6.36 所示流程(参考)进行生产制造。

6.5.1 底架的制造

板材的下料如图 6.37 所示有很多种方式,如火焰切割、等离子切割、激光切割和水切割等,火焰切割效率虽高但端面质量不如后三种。切割后需对焊接部位进行打磨以保证焊接的质量。

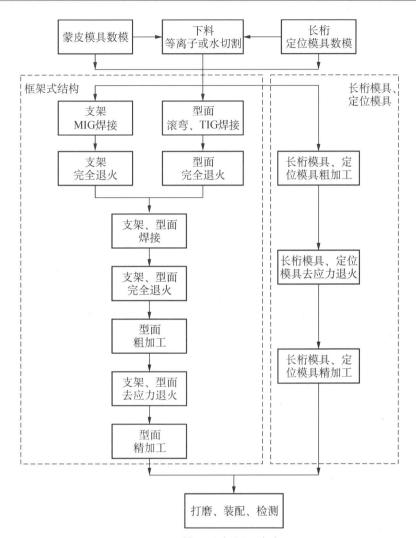

图 6.36　模具制造流程（参考）

图 6.37　底架激光切割板料

下料完成后,需进行拼装工作,按照数模将下料板在平台上按顺序进行拼装,如图 6.38 所示。

图 6.38 底架的拼装

底架拼装完成后对各个拼接处进行焊接,将各个部分连接成一个整体框架,如图 6.39 所示。

图 6.39 底架的焊接

底架焊接完成后将在机床上以蒙皮的下表面为基准进行一次加工,用于底架与面板的焊接。

6.5.2 面板的制造

面板一般由零件的型面经过一定的工艺设计衍变而来,面板的质量决定着零件的成型质量,所以面板的制造至关重要。如果零件是单曲率型面,往往通过滚弯的形式进行制造,如果是双曲率型面,那么多采用压弯成型的方式进行制造。(注:国外模具供应商还采取小平板拼焊的方式进行制造,将面板分成无数个小平板,焊接后形成带曲率的型面,这样对焊接的要求非常高)。压弯可采用压弯机或者特制的压弯成型模具来完成,如图 6.40 所示。

图 6.40　面板的压弯成型

面板压型完成后,将面板焊接到底架上,成型模具的雏形就完成了,如图 6.41 所示。

图 6.41　完成焊接后的模具雏形

因为焊接完成后,模具的应力会很大,所以需进行一次热处理并时效,以消除模具内部的残余应力。

6.5.3　模具的机加工

模具的加工基本分为粗加工、半精加工、精加工几个步骤,在粗加工之前需对模具的底面进行一次加工,加工后底面就作为机加的基准底面,机床按照此基准进行参数设置后进行机加操作,如图 6.42 所示。

模具粗加工完成后视情况会对模具再进行一次热处理,以进一步消除模具内部

图 6.42　模具的机加工

的残余应力。在加工过程中会对模具的基准、定位孔、刻线等一并加工出来。

6.5.4　模具的打磨、定位装置安装

复合材料零件对模具型面的粗糙度要求非常高,所以模具机加完成后还需对型面进行机器或人工打磨。打磨完成后,会在型面上安装一些装置,如定位装置、钻模板等,详见典型案例6.7节。

6.5.5　模具的检测

模具制造完成后需对模具的型面及定位孔等设计提出公差要求的特征进行检测,检测合格后还需对模具进行气密性检测。详见 6.6 节复合材料模具检测与验收。

6.5.6　模具的交付

在模具完成以上步骤后,还需根据模具技术要求,对模具进行喷漆、标识、防锈、包装等处理,完成后通过验收方可交付。

6.6　复合材料模具检测与质量控制

复合材料模具的检测与验收的结果决定模具是否可以交付给用户,决定模具使用是否存在安全隐患,决定模具是否需要返修加工。检测与验收是复合材料模具使用前的最后一道程序,也是最重要的一道程序。模具能否生产出合格的复合材料零件,很大程度上取决于检测验收是否符合验收程序要求、是否符合技术条件要求。以下介绍一般的验收流程。

6.6.1　复合材料模具检测

(1)模具光洁度检测,模具工作面和非工作面在设计初都会规定其粗糙度要求,模具使用往往主要关注模具工作面的粗糙度,通常要求为1.6,良好的模具工作面粗糙度可以保证复合材料零件表面平整光滑。目前一般采用手持式粗糙度仪进

行检测。

（2）模具气密性检测，复合材料模具通常都会有气密要求。当复合材料零件通过真空袋封装在模具上时，为了保证模具在高温高压下还能保持良好的密封性，我们需要对模具进行常温（室温）和高温（材料固化温度）气密检测。

（3）模具型面检测，为了满足零件尺寸公差要求和工艺细节要求，模具设计图纸上会对模具型面的精度及检测基准进行标识，模具制造完成后需要制定检测计划，并按检测计划在模具基准上建立检测基准，进行模具型面精度检测。根据精度和实际生产需求，可以采用激光跟踪仪、三坐标检测、激光扫描检测等不同的检测设备及方法检测。

6.6.2 质量控制

（1）设计标准检查：模具设计需采用使用方提供的设计标注要求、国标、航标等设计标准。若制造方采用企业标准或其他标准时，需得到使用方认可；

（2）模具制造工艺过程检查：制造方制造模具的工艺过程需满足使用方的要求，若制造方的制造工艺过程与使用方的要求发生偏离，并产生质量问题，需形成文件记录提交使用方，由使用方进行评估。

（3）制造检测符合性检查：制造过程中的检测记录，每份零件图纸与模具实物都需对应，并具有唯一标识。

（4）图纸尺寸检测检查：检查零/组件图纸/总图及图纸上技术要求/附注等标注尺寸的检测信息，检查激光跟踪仪、坐标测量机、数字化测量检测的原始数据和报告，所有的测量要求和测量基准需与模具图纸保持一致。

（5）状态检测报告（模具零组件齐全、状态良好、表面不得有划痕、尖角、毛刺及锈渍、外观无缺陷；紧固件连接牢靠；松散件连接完好；喷漆完好无损；各实测值及标牌清晰并粘贴牢靠；衬套无松动或丢失，安装到位；模具入箱前已油封；包装箱牢固无损坏）。

6.7 典型案例

以复合材料中央翼加筋壁板试验件成型模具为例，该模具用于复合材料中央翼壁板长桁制造及加筋壁板共胶接制造。案例将重点介绍壁板模具设计、制造、检测的过程。

6.7.1 中央下翼壁板模具设计

模具设计主要分为三步骤：初步设计，详细设计和最终设计。

初步设计阶段：需要完成概念设计，完成初步设计评审（PDR）后，可以进行下料、切割、焊接。

详细设计阶段：需要完成 3D 模型和详细设计评审（CDR）后，可以进行机加工。

最终设计阶段：完成二维图纸、详细装配，再完成最终设计评审（FDR）。

6.7.1.1　输入条件分析

中央翼下壁板采用长桁加筋结构,壁板包括 13 根长桁,其中 11 根为工型长桁,2 根为 T 型长桁,如图 6.43 所示。

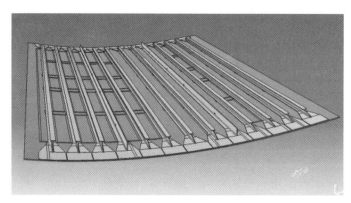

图 6.43　中央翼下壁板零件

首先分析确定模具技术条件,技术条件基本信息包括模具的用途、实现功能、工程数模(设计主要依据)、使用条件、模具材料、精度、光洁度、气密要求、工艺细节尺寸、工艺特殊要求等。

6.7.1.2　模具材料选择

因零件尺寸较大,模具材料要求采用 Invar 钢,Invar 钢材料与复合材料热膨胀系数近似,固无需考虑模具热补偿。

6.7.1.3　整体设计

分析模具边界尺寸条件,开始模具整体尺寸设计。提取壁板工程数模模具面,根据技术要求,预留零件余量,预留打袋封装区域,预留靶标孔位置,型面整体外扩 400 mm 左右。然后进行实体拉伸,蒙皮厚度 12 mm。按要求均布靶标孔、铺层方向线。初步布置卡板、长桁、钻模板安装位置,如图 6.44 所示。

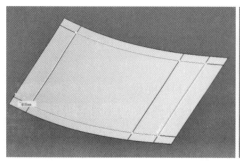 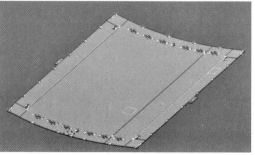

图 6.44　分析模具边界尺寸

在未安装脚轮的情况下,模具高度 900 mm 左右。壁板型面为曲面,在曲面最低点取一平面,偏移 400 mm作为整体模具框架地面基准面。底板边界尺寸比型面边界尺寸四周缩小30 mm 左右,同时实体拉伸厚度6.3 mm,均布 600 mm×600 mm 镂空孔,考虑预留安装撑角位置,如图6.45所示。

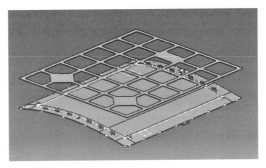

图 6.45 生成框架基准面

设计横纵支撑板,均做镂空处理,且横纵支撑板相互嵌入,厚度 6.5 mm,如图6.46所示。

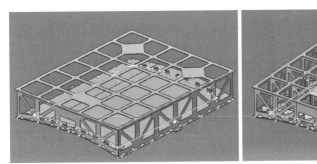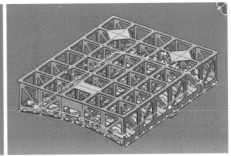

图 6.46 横纵支撑板镂空处理

设计机加垫板,支撑板连接板,吊环连接板,如图 6.47 所示。

设计撑角组件,如图 6.48 所示。

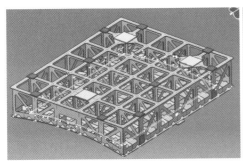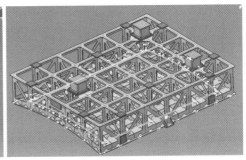

图 6.47 设计机加垫板、各连接板   图 6.48 设计撑角组件

限位卡板设计,根据技术要求,为保证长桁共胶接后有良好的轴线度,在壁板中间设计一套限位卡板,如图6.49所示。

6.7.1.4　强度校核

至此模具总体框架设计完成,在进一步细节设计之前需要对设计的模具进行强度校核。首先选取加载模具材料为钢,如图 6.50 所示,然后考虑模具在各种使用情况下的极限强度和形变情况。

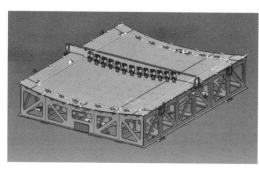

图 6.49　设计限位卡板

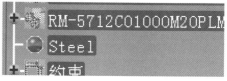

图 6.50　材料加载

分别针对底板平面支撑、撑角支撑、起吊使用情况进行正常情况和极限情况的应力应变分析。

模具在设计完成后需要对各种使用工况进行数值模拟。根据模具的使用、运输、转移等工况使用有限元分析软件进行模拟及分析。目的在于对模具设计进行校验以判断其合理性。

6.7.1.5　细节设计

设计脚轮及牵引环,如图 6.51 所示。脚轮选取常温脚轮,进罐前拆除,脚轮的选取需考虑 4 倍的安全系数。

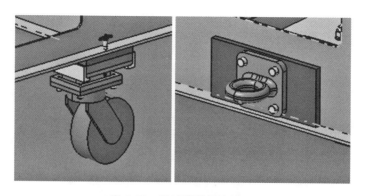

图 6.51　设计脚轮及牵引环

设计长桁定位卡板及钻模板,均采用快拆的结构形式,如图 6.52 所示。确认最终安装孔位。

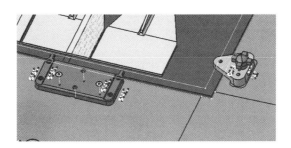

图 6.52　设计长桁定位卡板及钻模板

完善细节信息，画出刻线、方向线等辅助线，如图 6.53 所示。

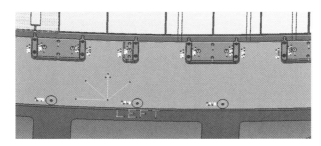

图 6.53　完善细节信息

至此，模具总体设计完成，如图 6.54 所示。

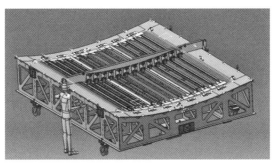

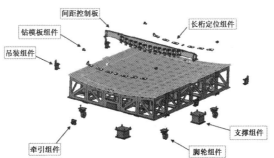

图 6.54　模具设计完成

6.7.2 中央翼壁板模具制造

6.7.2.1 下料

以殷菲公司提供的 Invar 钢标准板为例,板材尺寸为 $6\,000\,\text{mm} \times 2\,000\,\text{mm}$,需要将其切割成所需要的尺寸,采用等离子切割 Invar 钢板,可以对厚度在 $4 \sim 75\,\text{mm}$ 之间的材料进行切割;支架厚度一般采用 $6\,\text{mm}$,面板厚度一般采用 $20\,\text{mm}$,都在其切割范围内,如图 6.55 所示。

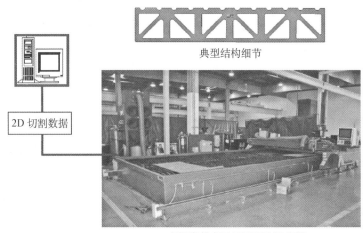

典型结构细节

2D 切割数据

高精度等离子切割INVAR钢板

图 6.55 板材切割

6.7.2.2 预成型

壁板模具型面尺寸为 $4\,500\,\text{mm} \times 3\,500\,\text{mm}$,考虑尺寸和曲率,型面预成型的时候将整个型面切割分成 6 块(按图 6.56 中虚线位置分块,$3\,500\,\text{mm}$ 方向有曲率),每块分别预成型,预成型设备是普通液压机,在预成型过程中采用样板进行型面的过程检测,最后采用激光跟踪仪检测型面是否符合要求,型面精度控制在 $\pm 0.15\,\text{in}$。

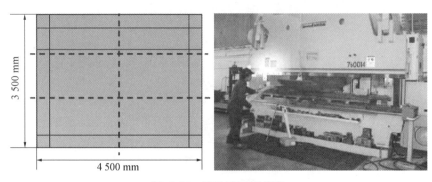

3 500 mm

4 500 mm

图 6.56 模具型面预成型

6.7.2.3 焊接

模具支架采用镶嵌式,焊接时采用 50 mm 间断焊,可以保证支架不变形,如图 6.57所示。焊接方式型面采用 TIG 焊,支架采用 MIG 焊,一般情况下,可满足支架与型面精度±3 mm。型架底部留有很大的加工余量,因此底架的型面可以通过机械加工保证。

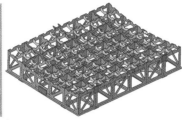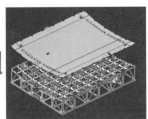

图 6.57　模具焊接

6.7.2.4 热处理

焊接过程中积累了大量的内应力,这些内应力会慢慢地释放出来,导致模具变形,因此需要采用热处理的方式将模具的内应力全部释放出来。热处理工艺如下:在加热炉(见图 6.58)中装载模具,在模具上加热电偶(最少 7 片) 以 2℃/min 速度升至 843℃,保温 2 小时,炉温降至 315℃,开炉冷却。若发生型面变形,可通过校正方法将变形校正回来,使型面轮廓精度保证在±2.5 mm 内。

图 6.58　热处理炉(23 000 mm×7 000 mm×3 000 mm)

6.7.2.5 机加工

由于 Invar 钢含镍量较高,虽然提高了钢的淬透性、可淬性,提高了钢的耐气性、耐蚀性和耐磨性,但 Invar 钢机加较为困难。通过 Invar 钢的化学成分、金相组织及力学、物理性能分析可知,Invar 钢的切削加工性与奥氏体不锈钢类似,但比奥氏体不锈钢还要难加工。Invar 钢在加工中主要具有切削力大、切削温度高、刀具磨损快等特点。因而 Invar 钢在加工过程中,出现软、粘和很大的塑性,切屑不易折断,增加了切屑和前刀面的摩擦,加剧了刀具的磨损,这样不仅降低了刀具的耐用度,而且降低了工件的加工精度。这就要求加工机床主轴刚性好,选择切削刃锋利的刀具。

　　加工设备采用大型龙门铣床,加工 Invar 合金时需要采用高速切削,高速切削时切削力小、变形小,切削型面精度高,如图 6.59 所示。切深从 3 mm(粗加工)到 0.50 mm(半精加工)再到 0.25 mm(精加工),切削参数如表 6-2 所示。

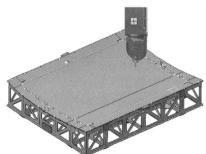

图 6.59　Invar 钢型面加工

表 6-2　Invar 钢切削参数

加工工序	刀具直径/mm	转速/(r/min)	切深/mm	进给速度/(m/min)
粗加工	75	6 000	3	20
精加工	25	12 000	0.5	30

6.7.2.6　装配

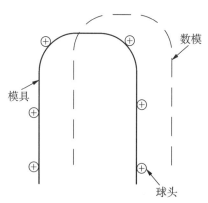

图 6.60　采用激光跟踪仪方式安装

　　钻模板、定位卡板采用激光跟踪仪的方式安装,如图 6.60 所示,虚线是理论模型,实线是安装模具时的初始位置(用螺纹固定,内螺纹与外螺纹之间有间隙,可以微调),用激光跟踪仪测出其曲面的实际位置,并与理论数模相比较,对模具进行调整,直到调整至能接受的位置,然后配钻,用销钉固定。

6.7.2.7　抛光

　　采用抛光机对模具表面进行最后抛光,型面精度控制在 ±0.20 mm 以内,型面厚度为 12±3 mm,如图 6.61 所示。

图 6.61 模具表明抛光

6.7.3 检测

模具制造完成后采用激光跟踪仪对型面进行检测,采用针探头对刻线的位置进行检测,如图 6.62 所示。

图 6.62 模具检测

对于型面的气密性,国外多采用氦气检测,这种方法相比国内的抽真空法有以下优点:①更为精密、敏感;②能够精确找出漏点。

氦气检测主要分为三个步骤:①制真空袋,抽真空;②喷射氦气;③检测真空度、氦气浓度,如图 6.63 所示。

制袋、抽真空

喷射氦气

检测真空度、氦气浓度

图 6.63　氦气检测

参考文献

［1］ 晏冬秀,刘卫平,黄钢华,等.复合材料热压罐成型模具设计研究[J].航空制造技术,2012,
(7)：49 - 52.

［2］ 岳广全,张博明,杜善义,等.模具对热固性树脂基复合材料固化变形的影响[J].玻璃钢/复
合材料,2010(5)：62 - 65.

［3］ Twigg G, Poursartip A, Fernlund G. An experimental method for quantifying tool-part
shear interaction during composites processing [J]. Compos. Sci. Technol. , 2003(63)：
1985 - 2002.

［4］ Twigg G, Poursartip A, Fernlund G. Tool-part interaction in composites processing, Part I,
experimental investigation and analytical model [J]. Composites PartA, 2004,(35)：121 -
133.

［5］ Twigg G, Poursartip A, Fernlund G. Tool-part interaction in composites processing, Part
II, numerical modeling [J]. Composites PartA, 2004,(35)：135 - 141.

［6］ 黄钢华,张冬梅,晏冬秀,等. Invar 钢模具制造工艺研究[J].航空工程进展,2011,4(2)：
485 - 488.

［7］ 王霖,程杰,苏佳智,等.浅析复合材料框架式成型模具设计技术[J].航空制造技术,2016
(12)：100 - 104.

［8］ 张国利,李学明.树脂传递成型(RTM)工艺中的模具设计技术[J].产业用纺织品,2002,18
(2)：14 - 18.

［9］ 赵渠森,赵攀峰.真空辅助成型工艺研究[J].纤维复合材料,2002,27(3)：22 - 27.

［10］ 李桂东.复合材料零件热压罐成型工装设计关键技术研究[D].南京：南京航空航天大
学,2010.

［11］ P. Salagnac, P. Dutournie, P. Glouannec. Simulations of heat transfers in an autoclave
Applications to the curing of composite material parts [J]. Journal de physique IV, 2004
(120)：467 - 472.

［12］ 王永贵,梁宪珠,张博明.热压罐工艺的传热分析和框架式模具温度场分布[J].航空制造技
术,2008 (22)：80 - 87.

7　热压罐温度场仿真与固化变形预测

7.1　概述

随着复合材料在飞机主承力结构中的大量使用,提高零件尺寸精度,实现零件之间的无应力精准对接装配,成为提高飞机可靠性,实现安全飞行的重要保证,同时也是制造环节需要解决的核心关键问题。

热压罐工艺目前仍然是民用航空复合材料结构使用最广泛,也最为成熟的制造方法,95％以上民机复合材料零件由热压罐工艺生产。目前热压罐热分布及外形控制还主要依赖试错法,即对每一类复合材料零件,都要有一个1∶1的全尺寸件进行热分布测试,确保零件固化过程中温度分布均匀;以及通过反复试模来修正模具参数,减少零件的翘曲变形和内部缺陷。由于复合材料本身高昂的价格、较长的结构制造周期以及热压罐工艺本身的复杂性,试错法需耗费大量的时间和经济成本,而复合材料性能的分散性也为归纳总结经验制造了不小的障碍。

随着有限单元法(FEM)和计算流体动力学(CFD)仿真手段的发展,利用仿真手段替代部分试错试验,预测试模的结果已成为可能。通过仿真手段可以模拟热压罐工艺过程中罐内的流场情况、温度场分布、预浸料的固化过程,以及最终零件的变形情况和残余应力等,国内外已有学者对此进行了大量的研究,并编制了相关计算软件或程序,然而由于热压罐成型工艺及复合材料结构的复杂性,目前国际上还没有开发出经过适航认证且被广泛应用的商业软件。波音及空客公司对复合材料结构固化变形预测与控制技术也开展了相应的研究:据悉,波音合作开发的软件COMPRO已经在B767翼梢小翼的制造过程使用。但由于该软件没有公开发行,国内尚无途径获得相应的技术内容及在其他结构的应用情况。

国内在复合材料结构热压罐成型工艺技术方面,还落后于先发工业国家,中国商用飞机有限责任公司(下称中国商飞)首次提出在热压罐制造过程中控制热分布的要求,但由于国内对复合材料零件变形的控制主要通过反复试模和经验积累,缺乏系统性认识,目前还不能依赖仿真技术进行有效预测。建立一套基于仿真计算的复合材料固化过程和变形预测方法,可以弥补我国航空复合材料零件制造的关键环节的缺失,并推进国内复合材料结构虚拟制造的发展,全面掌握热压罐成型复合材料结构的技术,充分提高我国先进复合材料结构的制造能力。

近年来,中国商飞不断探索复合材料零件的变形控制方法,通过与国内高校、研究院所及国外仿真领域知名公司合作,将仿真模拟技术与复合材料结构工艺验证试验相结合,着重研究复合材料结构在热压罐工艺过程中的温度分布和固化变形问题。通过对热压罐内的流场进行研究,建立空气流动-对流传热-固化放热之间的耦合关系模型,建立复合材料内部温度、固化度的预测方法;同时,结合影响复合材料变形的诸多因素,建立零件固化变形仿真方法。并将该技术应用在我国自行研制大型客机的中央翼、升降舵、复合材料机翼翼梁等零件的制造过程中,制造出高质量的零件,有效降低了模具制造风险与修模成本。在积累了大量的虚拟仿真实验数据之后,则可利用仿真方法,建立热压罐工艺的知识库和数据系统,从而指导热分布测试、零件摆放、工装设计以及诸多热压罐工艺参数的优化,这是改进大型复合材料结零件制造水平的必然选择。

本章的部分研究成果源自上海飞机制造有限公司与法国 ESI 集团开展的国际合作项目"大型民用飞机复合材料结构热压罐制造工艺模拟"(2013DFG52420)。

7.2　热压罐温度场仿真计算

热压罐成型工艺是目前广泛应用的先进复合材料层压板结构、蜂窝夹芯结构及金属/复合材料胶接结构的主要成型方法之一,制造的零件可应用于航空航天领域的各主/次承力结构,其主要优点如下:

(1) 罐内压力均匀。罐内通常使用压缩空气或惰性气体(CO_2、N_2)或惰性气体与空气混合气体向热压罐内充气加压,作用在真空袋表面各点法线上的压力一致,使真空袋内的零件在均匀压力下成型和固化。

(2) 罐内空气温度均匀。热压罐内装有大功率风扇和导风套,加热(或冷却)气体高速在罐内循环流动,罐内各点气体温度基本一样,在产品简单且模具结构合理的前提下,可保证密封在模具上的零件升温过程各点温差不大。

(3) 适用范围较广。模具相对比较简单,效率高,适合大面积复杂型面的蒙皮、壁板和壳体的成型。也可以成型或胶接各种飞机结零件。若热压罐尺寸大,一次可放置多层模具,同时成型或胶接各种较复杂的结构及不同尺寸的零件。热压罐的温度和压力条件几乎能满足所有聚合物基复合材料的成型工艺要求,无论是中温成型的环氧基复合材料,还是高温(300～400℃)、高压(>10 MPa)成型的 PMR-15 和PEEK 复合材料,还可完成缝纫/RFI 等工艺的成型。

(4) 成型工艺稳定可靠。由于热压罐内的压力和温度均匀,可保证成型或胶接零件的质量稳定。一般热压罐成型工艺制造的零件孔隙率较低,树脂含量均匀,相对于其他成型工艺,成型的零件力学性能稳定、可靠,能保证航空航天胶接结构的胶接质量,迄今为止,要求高承载的绝大多数复合材料零件都采用热压罐成型工艺。

热压罐是能够为固化过程提供可控压力及温度环境的工艺设备,通过罐内加热气流使复合材料制件固化,加热气流的方法可通过电阻丝或油液换热的方法进行热交换。风扇为罐内空气流动提供动力。冷却过程中,罐内通过交换器中的冷却水/冷却液进行热交换以使温度冷却至指定温度。图 7.1 和图 7.2 为典型的热压罐结构(引自 ASC 公司官网),其中图 7.1 中的热压罐采用底部气道,加热/冷却装置和气道均在热压罐底部,而图 7.2 中的热压罐采用的是罐壁气道,加热/冷却装置在罐尾。两种布局各有优势,是目前热压罐布局的主流方式。

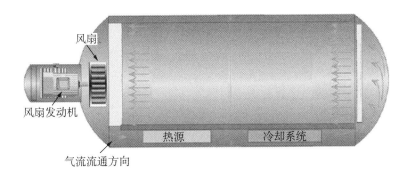

图 7.1 热压罐结构示意图

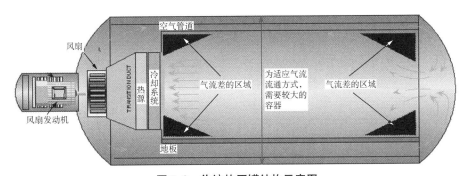

图 7.2 传统热压罐结构示意图

虽然热压罐工艺存在诸多优势,如加热均匀、高压能够保证零件的致密性等,热压罐工艺在使用过程中也面临如下一些问题:

首先,与其他成型工艺相比,热压罐系统庞大,结构复杂,属于压力容器,投资建造一套大型热压罐的费用很高;由于每次固化都需要制备真空密封系统,将耗费大量价格昂贵的辅助材料,同时成型中要消耗大量能源。对于工艺未定型或者在研发阶段的零件制造,往往需要进行大量的前期研究和经验的积累,在此过程中如果使用实验方法进行,必然浪费大量的人力物力。

其次,热压罐作为一种压力容器,是一个完全密闭的环境,一般只能使用热电偶对罐内特殊点以及工装、零件上事先布置的位置进行温度检测,难以对其他物理量或者零件的固化状态进行实时监测。对于尺寸较大的零件,由于零件本身尺寸和工装导热的原因,零件内部往往会形成较大的温差,为了使零件内所有区域温度均满足工艺规范要求,需要进行热分布测试来确定领先和滞后热电偶的布放位置。进行热分布测试时,有时需要进行多次试验,不仅浪费,也难以确定满足工艺规范的热分布结果。

根据这一现状,完全依赖热分布测试方法进行热压罐工艺参数确定的成本太高,对工艺研发和零件质量精确控制也带来不利影响,因此采用仿真方法对热压罐内部的流场、温度分布、零件的固化过程进行模拟,以减少试验次数、降低成本和加速研发周期,是复合材料结构现代化生产的必然趋势。目前在气体流动(流场)、热传递(温度场)方面的数值模拟已经比较成熟,因此可以实现对热压罐环境、内部工装以及复合材料零件的流场和温度场的模拟。

7.2.1　理论模型

7.2.1.1　热压罐传热模型

热压罐成型工艺的传热规律,是建立复合材料零件温度场模拟模型和变形预测模型的基础。当前关于复合材料零件热压罐成型过程温度场分布模拟的研究,大部分都是将固化温度作为载荷直接加载到复合材料零件表面,仅针对复合材料零件本身的热传导进行分析。然而在实际的热压罐成型过程中,由于热压罐、模具、真空袋等辅助成型装置的影响和相互作用,复合材料零件上表面、下表面和侧表面的传热情况是不一致的,其内部传热系统如图7.3所示。

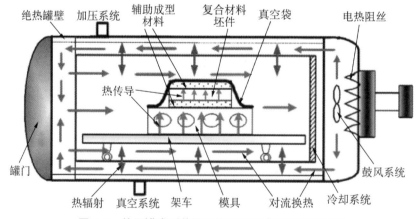

图7.3　热压罐成型装置结构及热压罐工艺传热过程

针对热压罐成型工艺特点,可将热压罐内的区域分为三类:流体区域(罐内气体)、无放热源的固体区域(辅助材料、模具)、有放热源的固体区域(复合材料)。本章仿真项目采用了所谓的精化模拟,即在分析大型框架式模具在热压罐成型工艺过程中的温度和热变形响应时,综合考虑流体、复合材料、辅料、模具之间耦合作用和复合材料固化放热等影响因素,采用流固耦合的方法来实现大型框架式模具温度和热变形响应的预报。因此,在模拟热压罐成型工艺过程中需要对有放热源固体区域和无放热源固体区域加以区别对待。

由于模具在罐内的升温方式是通过强制对流换热实现,则与之相关的流体区域的流动状态在模拟过程中也必须加以考虑。流体的流动通常分为层流和湍流两种状态。根据热压罐的工作空间,应将罐内的流体当作管内流动的流体加以判断。管内判断层流还是湍流,通常以雷诺数 Re 的值作为判断标准:当 $Re \leqslant 2300$ 时,管流一定为层流,当 $Re \geqslant 8000 \sim 12000$ 时,管流一定为湍流,当 $2300 < Re < 8000$ 时,流动处于层流与湍流的过渡区。雷诺数是判别粘性流体流动状态的无因次数(即量纲为 1)群,其表达式为

$$Re = Lu\rho/\mu \tag{7.1}$$

式中:u 为流体流动速度;L 为流场的几何特征尺寸(如管道的直径);ρ 为流体的密度;μ 为流体的粘度。固化过程中,罐内气体为空气。

7.2.1.2 流场模型

流体流动与热交换现象出现在自然界及各个工程领域中,但它们都受基本的三个物理规律支配,即质量守恒、动量守恒及能量守恒。将流体运动和热交换的基本规律用数学方法描述出来就构成了流体力学和传热学的基本方程。在固定的笛卡尔坐标系(i,j 和 k)下,微分形式的连续方程、动量方程和能量方程表示如下:

连续性方程为

$$\frac{\partial \rho}{\partial t} + \operatorname{div}(\rho U) = 0 \tag{7.2}$$

其中:ρ 为流体的密度。

在动量守恒方程中,引入 Newton 切应力公式及 Stokes 的表达式,可得 3 个速度分量的动量方程:

$$
\begin{aligned}
\frac{\partial(\rho u)}{\partial t} + \operatorname{div}(\rho u U) &= \operatorname{div}(\eta \operatorname{grad} u) + S_u - \frac{\partial p}{\partial x} \\
\frac{\partial(\rho v)}{\partial t} + \operatorname{div}(\rho v U) &= \operatorname{div}(\eta \operatorname{grad} v) + S_v - \frac{\partial p}{\partial y} \\
\frac{\partial(\rho w)}{\partial t} + \operatorname{div}(\rho w U) &= \operatorname{div}(\eta \operatorname{grad} w) + S_w - \frac{\partial p}{\partial z}
\end{aligned}
\tag{7.3}
$$

式中：η 为流体动力粘度；p 为流体压力；S_u、S_v、S_w 为 3 个动量方程的广义源项，其表达式为

$$S_u = \frac{\partial}{\partial x}\left(\eta \frac{\partial u}{\partial x}\right) + \frac{\partial}{\partial y}\left(\eta \frac{\partial v}{\partial x}\right) + \frac{\partial}{\partial z}\left(\eta \frac{\partial w}{\partial x}\right) + \frac{\partial}{\partial x}(\lambda \mathrm{div}U)$$

$$S_v = \frac{\partial}{\partial x}\left(\eta \frac{\partial u}{\partial y}\right) + \frac{\partial}{\partial y}\left(\eta \frac{\partial v}{\partial y}\right) + \frac{\partial}{\partial z}\left(\eta \frac{\partial w}{\partial y}\right) + \frac{\partial}{\partial y}(\lambda \mathrm{div}U) \tag{7.4}$$

$$S_w = \frac{\partial}{\partial x}\left(\eta \frac{\partial u}{\partial z}\right) + \frac{\partial}{\partial y}\left(\eta \frac{\partial v}{\partial z}\right) + \frac{\partial}{\partial z}\left(\eta \frac{\partial w}{\partial z}\right) + \frac{\partial}{\partial z}(\lambda \mathrm{div}U)$$

上式即为三维非稳态 Navier-Stokes 方程，无论对层流或湍流都是适用的。

由能量守恒定律，再引入导热 Fourier 定律，可得出用流体比焓 h 及温度 T 表示的能量方程：

$$\frac{\partial(\rho h)}{\partial t} + \frac{\partial(\rho u h)}{\partial x} + \frac{\partial(\rho v h)}{\partial y} + \frac{\partial(\rho w h)}{\partial z} = -p\,\mathrm{div}\,U + \mathrm{div}(\lambda\,\mathrm{grad}\,T) + \Phi + S_h$$

$$\tag{7.5}$$

式中：$h = h(p, T)$，与流体压强和流体温度相关；λ 是流体的导热系数；S_h 为流体的内热源；Φ 为由于黏性作用机械能转换为热能的部分，称为耗散函数（dissipation function），其计算式如下

$$\Phi = \eta\left\{2\left[\left(\frac{\partial u}{\partial x}\right)^2 + \left(\frac{\partial v}{\partial y}\right)^2 + \left(\frac{\partial w}{\partial z}\right)^2\right] + \left(\frac{\partial u}{\partial y} + \frac{\partial v}{\partial x}\right)^2 + \left(\frac{\partial u}{\partial z} + \frac{\partial w}{\partial x}\right)^2 + \left(\frac{\partial v}{\partial z} + \frac{\partial w}{\partial y}\right)^2\right\} + \lambda \mathrm{div}\,U$$

$$\tag{7.6}$$

对于湍流，如果直接求解三维非稳态的动量方程，需要采用对计算机的内存与速度要求很高的直接模拟方法（direct numerical simulation），目前无法应用于工程计算。工程中广为采用的是对非稳态 Navier-Stokes 方程做时间平均的方程，并且还需要补充能反映湍流特性的其他方程。本文将在以下内容中加以分析解释。

另外，对 4 个基本方程可用通用的方程形式来表示

$$\frac{\partial(\rho\phi)}{\partial t} + \mathrm{div}(\rho U\phi) = \mathrm{div}(\Gamma_\phi\,\mathrm{grad}\,\phi) + S_\phi \tag{7.7}$$

式中：ϕ 为通用变量，可以代表 u、v、w、T 等求解变量；Γ_ϕ 为广义扩散系数；S_ϕ 为广义源项。不同求解变量之间的区别除了边界条件与初始条件外，就在于 Γ_ϕ 与 S_ϕ 的表达式不同。

因为在固体区域内认为没有气体流动存在，可以将对流项和扩散项取消，并且在固体区域内只有热传导传热方式存在，所以在固体区域中能量守恒方程简化为

$$\frac{\partial(\rho c T)}{\partial t} = \frac{\partial}{\partial x_j}\left(\lambda \frac{\partial T}{\partial x_j}\right) + S_T \tag{7.8}$$

式中：T 为固体温度；ρ 为固体密度；c 为固体比热容；S_T 为固体内部能量源项。

7.2.2 CFD 模型

根据 7.2.1 建立的仿真理论模型，配合相应的离散方法和模型处理，即可以对热压罐内的流场进行模拟计算，计算完成后可以使用专用的后处理软件对结果进行显示和输出。目前市面上已经形成了多款通用的流场模拟和仿真软件，利用这些软件能够比较便利地建立热压罐模型和结果输出，例如 fluent、CFX 以及法国 ESI 公司专门为复合材料成型开发的流体模拟软件 CFD - ACE＋等，本节中采用了 CFD - ACE＋软件进行仿真研究。

在计算之前需要对模型进行简化，并将无限连续的物理模型划分为有限离散的网格，网格节点上记录流体的流动、温度等信息。如图 7.4 所示为热压罐及内部附件几何模型，在网格划分过程中尽量减少几何清理及修改，同时增加了 H 型槽整流面板的几何结构。

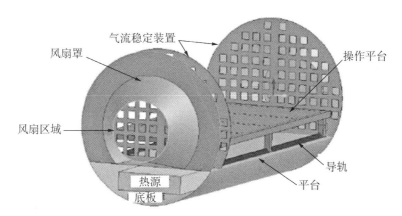

图 7.4　热压罐几何结构

首先利用 CFD-Viscart 划分计算网格，初始网格数量为 12 000 000，如图 7.5 所示。由于网格数量庞大将导致 CPU 计算时间延长，在计算中采用迭代算法以优化并减小网格数量。如图 7.5 所示，在平台上沿厚度方向定义了四列网格便于更有效地进行热交换计算。

经过迭代优化最后得热压罐网格划分为7 000 000 单元，如图 7.6 所示。同时在需要的地方进行网格细化。

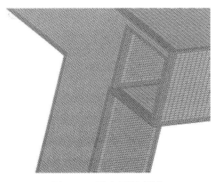

图 7.5　平台网格划分

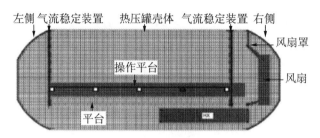

左侧 气流稳定装置   热压罐壳体   气流稳定装置 右侧

风扇罩

风扇

操作平台

平台

图 7.6   热压罐网格划分

网格划分后,利用 CFD‐ACE‐GUI 进行材料属性、体积、边界条件和初始条件设置。

热压罐模型网格划分为三个不同区域,即为流体单元区、固体单元区(下面又分为金属及复合材料区),各区域参数设置如表 7.1 所示。为简化模型并减少 CPU 计算时间,模拟过程中对某些特殊位置的区域可忽略其固体性能。

表 7.1   区域设置性能参数设置

参　数	类　型	数　值
密度	空气	29 kg/kmol
	钢	7810 kg/m³
	复合材料	1540 kg/m³
粘度	空气	$1.846×10^{-5}$ kg/m·s
空气热容 C_ρ	空气	1007 J/kg·K
	钢	481.5 J/kg·K
	复合材料	961 J/kg·K
热传导系数	空气	0.0263 W/m·K
	钢	46.47 W/m·K
	复合材料	4.83 W/m·K
		4.83 W/m·K
		0.9 W/m·K

边界条件设置中共考虑两种边界条件:薄壁和厚壁(绝热及外界热传导)。薄壁结构适用于模拟热压罐的隔板、平台等的物理性能,该类结构厚度较薄以致阻热性基本可以忽略,但在动量、热传递等方面不可忽略。在流场中,薄壁仅起到将流体分隔开的作用,也即在薄壁两边并没有动量传递。模型中热压罐内平台和风扇整流罩均为薄壁结构,其厚度及热传导系数可以考虑为零。

厚壁又可分为两个子类型:绝热厚壁和外部热源厚壁。绝热厚壁附近热流为零,由求解器计算厚壁的温度。模型中热压罐壁、平台小车、轨道及 H 型槽均为绝热厚壁。外部热源(热传导)厚壁对于与外界环境存在热传导的结构进行模拟,该结构的温度及热流状态并非常数。

厚壁的温度由能量输入及输出之差计算得到。模型中热压罐左右罐体为该厚壁类型,外界热传导系数设为 $700\,\mathrm{W/m^2 \cdot K}$,其温度为 $295\,\mathrm{K}$,该温度设定也同时能够模拟降温过程。

风扇模型能够对电机、螺旋桨及相关结构进行有效模拟。该模型考虑了系统中动量及热交换等因素并最终考虑了系统的热效率及力学效率。然而在实际模拟过程中按原结构对其复杂叶片结构及其转动进行仿真并不现实,且在准静态模拟过程中亦不需要该部分的仿真,在本模型中采用风扇对流体的平均力作用对风扇模型进行简化。

ACE+软件共有两种风扇模型设置。其一为叶片风机模型:考虑叶片几何构型、数量、转速及局部流速等因素进行模拟;另一种风扇曲线模型:不考虑真实几何结构或叶片数量,利用风扇两边压力下降及旋转产生的推力表征风扇的作用。

第一种模型需要定义风扇的尺寸及叶片数量,而第二种模型需要定义风扇两边压力下降值及对风扇平面产生的剪切力,第二种定义方法又称为风扇曲线定义。ACE+中设置了这两种定义方法并可以计算局部推力和扭力并将其产生的动量应用于全局计算之中。

如果制造供应商提供了风扇前部压力及扭力/速率关系等参数,那么风扇曲线定义是更便于使用并准确的定义方法。需要注意的是,风扇曲线设定中并不需要在模型中创建风扇的几何外形(见表 7.2)。

表 7.2　风扇参数

几何位置	风扇中心为坐标(2197, 0, 0)	几何位置	风扇中心为坐标(2197, 0, 0)
风扇法向	(1, 0, 0)	转轴半径	20.6 mm
风扇功率	15 hp, 380 V±10%, 3 相	推力	40 N/m²
风机半径	203.2 mm		

7.2.3　实验验证

7.2.3.1　算例一:平板结构验证

本算例对热压罐中放入平板预浸料层及工装的罐内流场和预浸料内部温度分布进行了模拟分析,预浸料层在热压罐中的状态如图 7.7 所示。

为了与实验研究保持一致,模拟中采用的固化制度和实验研究相同,如图 7.8 所示,从曲线上看共分成为五步完成整个固化周期。

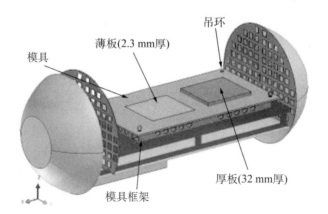

图 7.7 热压罐带有零件及模具的模型

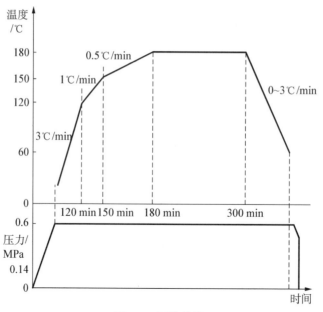

图 7.8 固化曲线

通过模拟得到在加热过程中的流场云图如图 7.9 所示,从图 7.9 中可以看出,由于热压罐加热装置在罐底部,所以底部温度很高,从底部进入罐主体后由于空间变大热空气与罐体内空气进行热量交换,温度降低,而罐主体内温度升高。同时也可以看出,从罐门至罐尾存在温差,这一温差必然导致零件上的温度存在领先和滞后的差别。

两块平板预浸料上表面的温度分布云图如图 7.10 所示,从图 7.10 中可以看出,因为薄板位置靠近罐门,所以其温度高于厚板,并且罐内流场分布比较均匀,所

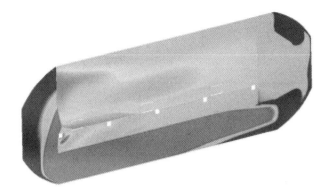

图 7.9 热压罐内温度场分布云图

图 7.10 在两块层压板上的温度场分布(第 3 步)

以在两板宽度方向温度分布基本均匀,根据这一结论可以十分便捷地得出领先和滞后热电偶布置的位置。

为了验证模拟结果的正确性和精度,根据模拟相同的条件进行了实验研究,按照图 7.11 中所示热电偶布置图对厚板进行了温度数据监测,与模拟仿真结果比较如图 7.12 所示。

通过对比图 7.12 中的温度曲线可以看出,仿真计算得到的温度发展曲线与实际试验数据总体上趋近,在加热结束阶段略有不同,主要原因在于计算中使用的加热曲线为图 7.8 中所示的标准加热曲线,而热压罐在进行温度控制时热压罐会根据各热电偶的实际数据对加热和冷却过程进行自动调整。从图中也可以看出,在加热阶段和冷却阶段温度曲线基本一致。

7.2.3.2 算例二:C 型梁结构验证结果

C 型梁结构与平板结构略有不同,由于 C 型梁为空间立体结构,具有一定的高

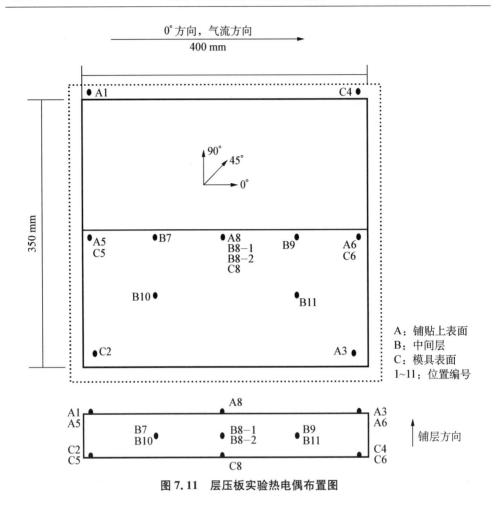

图 7.11　层压板实验热电偶布置图

度,因此其在热压罐中的放置方式会对流场及温度场造成一些影响,研究中考虑了两种不同的摆放方式,如图 7.13 所示,位置 1 是模具长度方向顺着气流,位置 2 是模具长度方向垂直于气流方向。

为了进行比较精确的流场及传热分析,对 C 型梁及模具进行网格剖分时都采用实体单元划分网格,如图 7.14 所示,整个模型约 760 万个网格数量。

对于 C 型梁两种不同摆放姿态在稳定状态计算后的流速云图和速度矢量图如图 7.15 所示。

对比两种放置方法可以看出,当 C 型梁及工装顺着气流方向放置时,热压罐中的流场分布比较均匀,从速度矢量图中可以看出基本上没有涡流形成,这意味着在流场中基本不存在驻点,热空气能够十分平滑地流过零件表面区域,零件整体受热会比较均匀。而垂直流场方向放置时,由于 C 型梁和工装的高度较高,靠近罐门侧的缘条对流场有阻挡作用,在罐门侧缘条底端形成一个涡流,意味着热空气在这一

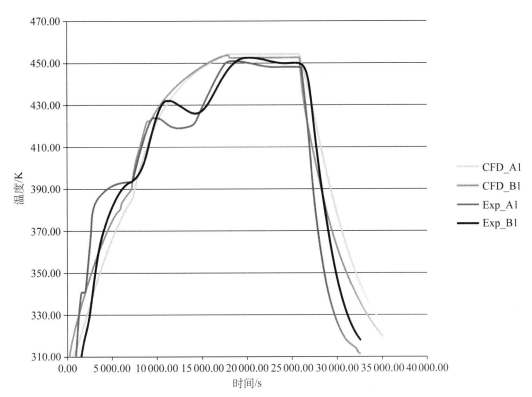

图 7.12　层压板实验温度场评估曲线

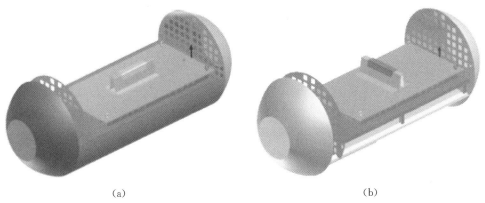

（a）　　　　　　　　　　　　　　　　（b）

图 7.13　C 型梁模具在热压罐中的位置示意图

（a）位置 1　（b）位置 2

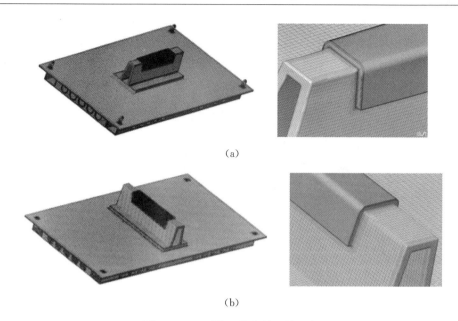

(a)

(b)

图 7.14　C 型梁及模具的网格细化

(a) 位置 1　（b）位置 2

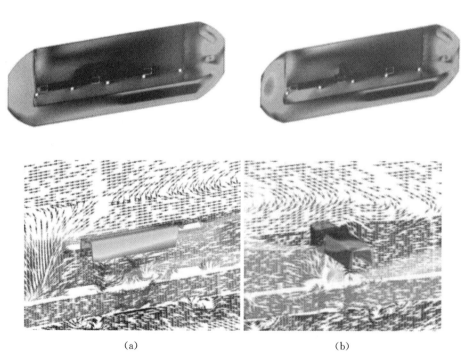

(a)　　　　　　　　　　　　　　　　　（b）

图 7.15　热压罐中的流速云分布云图及速度矢量图

(a) 位置 1　（b）位置 2

区域产生回旋,导致温度会高于其他区域。稳定状态下热压罐内的温度场如图 7.16所示。

(a) (b)

图 7.16 热压罐中的温度分布云图(Y 方向)

(a) 位置 1 (b) 位置 2

罐内温度场对比得到相同的结论,C 型梁平行流场方向放置时,热压罐内部的温度分布比较均匀,而垂直流场方向放置时,靠近罐门侧的温度明显高于罐尾侧的温度。两个零件表面和 C 型梁横截面上的温度分布如图 7.17 所示。

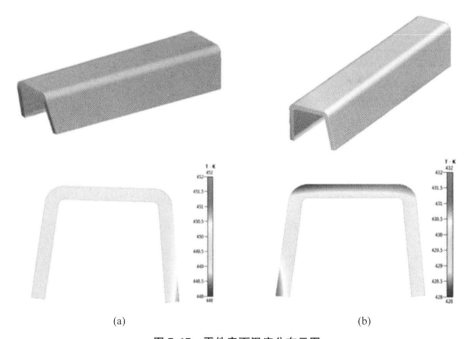

(a) (b)

图 7.17 零件表面温度分布云图

(a) 位置 1 (b) 位置 2

虽然两种摆放姿态条件的 C 型梁固化温度曲线相同,但由于摆放方向的不同,按照图 7.15 中速度矢量分布可以看出,使用位置 2 姿态进行摆放时,气流直接吹零件的一侧缘条上,另一侧的缘条难以第一时间受热,导致 C 型梁两侧缘条存在较大的温度差,并且零件上表面的温度甚至低于工装面,如图 7.17 所示,这也意味着零件内部固化历程不同步的程度较为严重。

7.2.3.3　算例三：T 型加筋壁板结构验证结果

与平板和 C 型梁不同,T 型加筋壁板结构为组合结构,包含一块壁板、T 型筋及固定 T 型筋的模具,零件及模具在热压罐中的位置如图 7.18 所示。

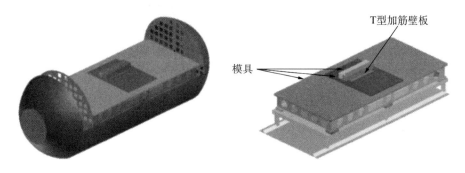

图 7.18　带有复合材料零件和模具的热压罐模型

通过模拟得到稳态计算结束后的流速云图和温度分布云图如图 7.19 和图 7.20 所示,从图中可以看出,由于 T 型筋结构较为简单,高度较小,罐内流动场和温度场分布比较均匀,意味着零件能够均匀受热。

图 7.19　稳定状态下罐内流场分布云图　　图 7.20　稳定状态下罐内温度场分布云图

零件表面和截面上的温度分布如图 7.21 和图 7.22 所示。

图 7.21　零件表面的温度云图

图 7.22　T 型加筋壁板截面上的温度云图

从图中可以看出,由于罐内温度分布均匀,零件表面温度分布比较均匀,但是由于固定工装的作用,零件沿截面上存在很小的温差。

通过对热压罐内流场及温度场的仿真,获得复合材料及模具表面温度场分布,为热电偶布置提供依据,减少试验次数;同时也为复合材料零件固化变形的计算提供输入条件,下一节重点介绍复合材料固化过程的变形计算。

7.3　复合材料结构固化变形预测

复合材料属于各向异性材料,且零件的制造工艺一般较为复杂,制造完成后会发生不同程度的固化回弹变形问题。欧美发达国家针对成熟复合材料体系下复合材料结构的变形问题进行了深入研究,已经发展出一套有效的结构制造变形仿真技术,在波音 B787 和空客 A350 等机型上成功应用。

第 7.2 节介绍了热压罐内流场与复合材料零件的温度场分布的仿真方法,在进行固化变形仿真计算时,一般会将流场热分析得到的零件温度分布作为边界条件。由于结构的变形情况与零件的固化状态有密切联系,因此,结构变形的仿真计算涉及温度场、固化度场与结构变形的耦合求解,比较复杂。一般情况下,在进行此类问题的计算时,会基于 Abaqus,Marc,Ansys 等非线性有限元软件进行二次开发得到求解程序。但是,在实际应用中发现,此类计算方法工程应用情况不理想,在求解某些变形时精度不佳。这主要是由于固化变形问题非常复杂,目前已有的理论模型尚无法全面反映不同因素对结构变形的影响。事实上,对于不同结构形式,不同材料体系,固化变形影响因素的作用和权重都是不一样的,无法用统一的理论模型进行计算。

7.3.1　固化变形影响因素分析

一般情况下可以将复合材料结构变形的因素,归结为材料特性、几何结构、模具形式与固化工艺等,如图 7.23 所示。

影响复合材料固化变形的因素众多,且很多因素之间可能相互的耦合,因此,精确分析各种因素对固化变形的影响难度很大。

图 7.23　制造变形的影响因素

7.3.1.1　结构因素的影响

1）铺层对固化变形的影响

铺层形式对复合材料零件回弹的影响较大，不同铺层之间无法进行有效比较。但是，通常认为对称铺层的回弹与翘曲小于非对称铺层[1, 12]。对于 C 型和 L 型零件而言，0°单向材料的回弹要小于准各向同性铺层和其他的铺层形式[2, 3, 4]，如图 7.24 所示。Jain[5]研究发现，[90/0/90/0]与[0/90/0/90]铺层零件回弹值相差很小，这表明，在一定铺层角度下，铺层顺序可能对回弹结果影响不大。

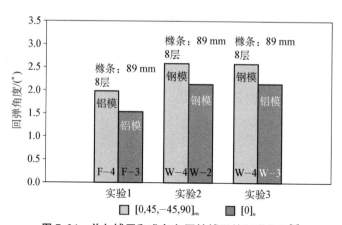

图 7.24　单向铺层和准各向同性铺层的回弹角度[3]

Radford[6]较为详细地研究了 L 型零件铺层对回弹变形的影响，如图 7.25 所示。图 7.25 给出了不同铺层材料、在不同温度下的固化回弹值，斜率较大的曲线表明热膨胀效应对该铺层复合材料零件的固化回弹值影响较大，而斜率较小接近水平的曲线表明，热膨胀效应对该铺层复合材料零件的回弹值影响小，导致回弹的因素可能主要与复合材料零件模具相互作用和化学收缩有关。

由图 7.24 及图 7.25，可以看出$[0]_n$度铺层与$[0/+30/0/-30]_s$的回弹值较小，同时在降温过程中回弹值增加不多，说明这种情况下的回弹可能与模具等其他

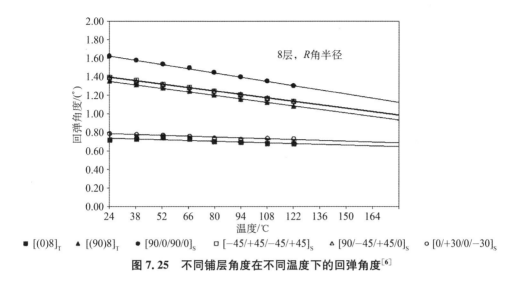

图 7.25　不同铺层角度在不同温度下的回弹角度[6]

因素相关,受热膨胀系数的各向异性影响不大。而[90/0/90/0]s 正交铺层回弹最大,且随温度降低,回弹值急剧增加,说明热膨胀效应对回弹影响较为明显。我们还可以发现,准各向同性铺层的回弹值居中。

2) 厚度对回弹的影响

当材料体系和工艺制度一定的前提下,有研究表明,复合材料零件的厚度越大则回弹越小[3,6,7,8],如图 7.26(a)所示。

Albert[3] 针对 C 型和 L 型零件,比较了 8 层厚度和 16 层厚度在不同工艺条件下的回弹值,可以发现当工艺条件一定,厚度为 16 层零件的回弹要明显小于 8 层

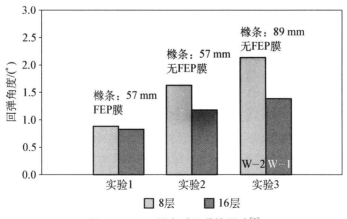

图 7.26(a)　厚度对回弹的影响[3]

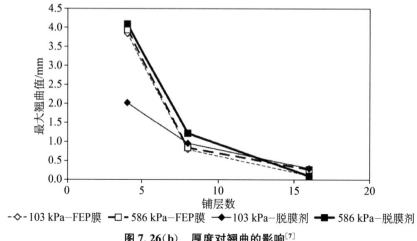

图 7. 26(b)　厚度对翘曲的影响[7]

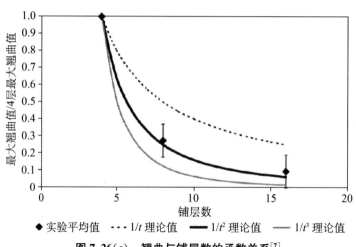

图 7. 26(c)　翘曲与铺层数的函数关系[7]

厚度的零件,如图 7.26(a)所示。Twigg[7]研究了层压板零件,在 4、8 和 16 层厚度情况下的翘曲值,可以发现在一定工艺条件下,铺层厚度越厚,翘曲越小,且回弹减小呈非线性趋势,如图 7.26(b)所示。

　　研究表明,对于层压板零件而言,一般情况下翘曲值与厚度的平方成近乎反比的关系,厚度越大翘曲越小,如图 7.26(c)所示。零件厚度增加,增加了截面的惯性矩,相同残余应力产生的面外弯矩引起零件的变形更小,因此,零件厚度越大,固化变形越小。但是厚度较大的层压板内温度梯度较大,可能会引起较大残余应力。然而,有一些文献研究表明,厚度对回弹的影响规律不明显[2, 4, 8],这可能是由于其他工艺条件不同所造成的。

3) 夹角对回弹的影响

对于 L 型零件与 C 型零件而言,其设计角度是由模具角度决定的。研究表明,设计夹角越大,零件的回弹越小[5, 9, 10]。Huang[9, 10]利用不同角度的模具,分别制作了夹角为 45°,75°,135°,165°的零件,研究了在一定铺层下不同夹角复合材料零件的回弹[见图 7.27(a)]。

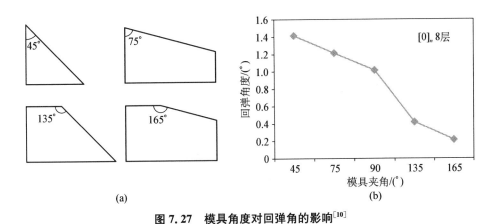

(a)

(b)

图 7.27   模具角度对回弹角的影响[10]

(a) 不同角度模具图   (b) 模具角度与回弹角

由图 7.27(b)可以看出,随着模具角度的增加,零件的回弹值下降明显,规律性较强,且呈非线性的变化。这可能是由于角度增大,降低了转角处纤维和树脂分布不均匀的情况,从而减小了转角区域的面外弯矩。

4) R 角半径对回弹的影响

除了零件夹角的角度,我们也关心 R 角设计半径的大小对回弹的影响。但另外一些研究表明,随着半径增加,回弹角改变不显著[6, 9, 10]。由图 7.28 可以发现,随

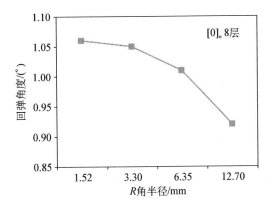

图 7.28 R 角半径对回弹的影响[9]

着 R 角半径的增大,回弹不断减小,但是事实上,这种变化非常不明显的。但是也有研究表明,R 角半径越小,回弹也越小[11]。

Huang[2]认为,复合材料零件 R 区成型机理与金属不同,金属 R 区的形成是由材料产生弹塑性变形导致的,因此,R 角越小,塑性区越大,残余应变越大,回弹就越小。但是预浸料在固化前与模具紧密贴合无残余应力,所以 R 角大小可能与回弹值没有明显关系。但是对于阴模或者阳模,转角处的纤维体积含量的变化和铺层的形式不同,都可能在转角引起附加弯矩,从而对变形结果造成影响。因此,R 角半径对回弹的影响机理尚不明确。

7.3.1.2　模具因素的影响

1)模具材料热膨胀系数的影响

一般情况下,模具热膨胀系数与复合材料的越接近,在界面附近产生的残余应力越小,复合材料固化变形量也就越小。模具通常选用 Invar 钢、普通钢和铝等材料,其中 Invar 钢的热膨胀系数最小与复合材料最接近,因此制件的回弹就小,而铝模的热膨胀系数最大,零件的回弹也会较大[3, 5, 12, 13]。

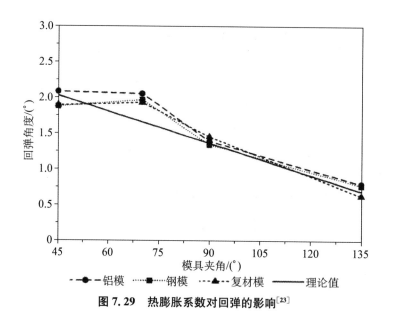

图 7.29　热膨胀系数对回弹的影响[23]

Jain[3]比较了铝模,钢模和复合材料模具对回弹的影响,可以发现模具热膨胀系数与复合材料越接近,回弹越小,与理论预测值也是一致的。同时也可以发现,模具的夹角越大零件的回弹值越小,与之前的结论一致。虽然实际情况中,有时使用钢模和 Invar 钢模的回弹差别很小,但是这个变化趋势一般是确定的。

2)界面的影响

零件固化完成后为了便于脱模,一般会在模具与复合材料的界面处涂刷脱模剂或铺隔离膜(FEP 膜),以减小复合材料与模具的界面作用力。研究表明,改变涂刷脱模剂的次数和铺贴隔离膜可能会影响零件的固化变形[2, 3]。

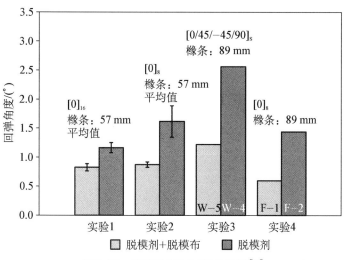

图 7.30　界面处理对回弹的影响[21]

图 7.30 表明在其他工艺条件相同的情况下,脱模剂加隔离膜的界面处理方法可以有效减小零件的回弹,比单纯使用脱模剂的效果要好[3]。但是也有研究表明增加脱模剂与脱模布对减小回弹影响不明显,甚至出现相反的结论[2]。这可能是由于其他一些工艺条件改变造成的。

3)"几何锁闭"的影响

零件的形状特征,应该归结为影响固化变形的内在因素,但是研究发现,C 型零件由于可能与模具相互作用出现"几何锁闭"现象,导致不能及时释放残余应力,因此,会比相应的 L 型零件的回弹更大[2],这属于与模具作用的结果,因此将该因素归为外在因素。但是有些研究发现,这样的几何锁闭现象不明显,C 型和 L 型零件的回弹差别不大[3],如图 7.31 所示。学者认为"几何锁闭"现象的发生与模具和复合材料的界面处理有密切关系,因此很难准确描述这种现象[3]。

4)零件长度的影响

零件长度是属于几何外形参数,较长的长度会增加复合材料与模具的接触面积,从而增加了界面力,引起零件内部更大的残余应力,导致了更大的翘曲变形[7, 3]。对于 C 型和 L 型零件橼条和腹板的长度越长,形成的残余应力越大,零件的固化变形也越大,如图 7.32 所示。Twigg[7]对复合材料平板的长度与翘曲进行了更细致的研究,研究表明翘曲可能与零件长度的 3 次方成正比。

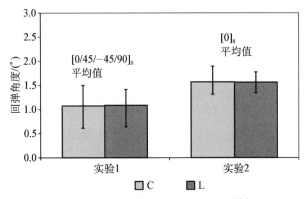

图 7.31 "几何锁闭"对回弹的影响[3]

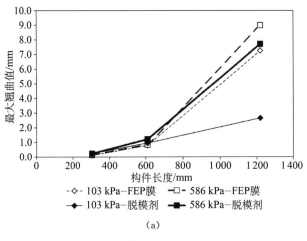

（a）

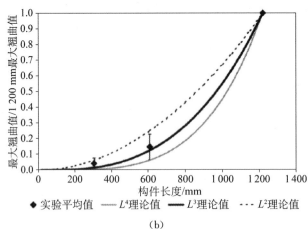

（b）

图 7.32 零件长度与翘曲的关系[7]

7.3.1.3 工艺因素的影响

1）保温平台对变形的影响

目前，复合材料零件常用的固化制度分为一个保温平台和两个保温平台。对于一个保温平台的工艺设计，树脂的凝胶过程和固化过程均在这个平台上发生。而对于两个保温平台的工艺，在第一个保温平台树脂凝胶，第二个平台进行固化。因此，选择不同的固化制度和材料体系特性有很大关系，一般情况下，灵活的固化制度选择可以更好地减小复合材料的固化变形[14]。

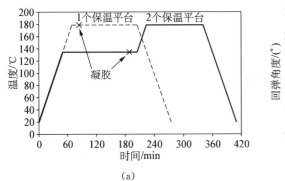
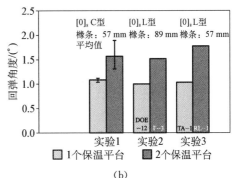

图 7.33 固化制度对回弹的影响[3]

（a）固化制度示意图 （b）不同固化制度对回弹的影响

经研究表明，一个保温平台的工艺设计产生的回弹值要小于两个保温平台的[2,3,15]，如图 7.33 所示。但是 White[16] 的研究结果却是相反的，这可能和材料体系不同有关，还需要进一步研究。

2）固化压力对变形的影响

Twigg[17] 认为不同固化压力会改变复合材料与模具界面的接触压力，较大的固化压力会引起较大的界面摩擦力，从而增加复合材料内部的残余应力，导致变形增大。

由图 7.34 可见，除了一组零件试验外，其他零件的翘曲均随固化压力的增加而增加，且近似呈线性关系。较小的固化压力引起的零件变形较小，但是可能会导致材料的密度下降等质量问题。同时，也有研究表明[17]，较大的固化压力会增加复合材料与介质件的换热，有利于提高复合材料温度的均匀性，从而减小残余变形，提高零件成型质量。因此，固化压力对变形的影响程度大小也很难确定。

7.3.1.4 小结

通过归纳已有的研究成果，可以发现影响固化变形的因素非常多，它们直接或者间接影响零件的固化变形，而且这些因素之间也可能相互耦合，有时会导致试验结果前后矛盾。

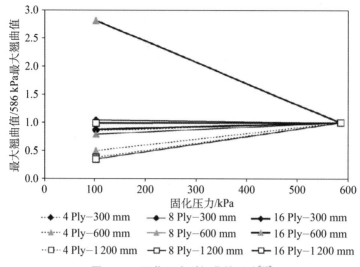

图 7.34 固化压力对翘曲的影响[17]

由分析可知,以下几个因素对固化变形的影响是基本可以确定的:

(1) 零件厚度越大,固化变形越小。但是需注意厚度较大的层压板内温度梯度较大,可能会引起较大残余应力,从而影响变形。

(2) 对于 C 型与 L 型零件的夹角越大(模具夹角越大),零件的回弹越小。

(3) 零件的长度越大则与模具的接触面积越大,从而界面力越大,导致变形越明显。

(4) 模具的热膨胀系数与复合材料的热膨胀系数越接近,固化变形越小。

另外,还有其他一些因素对固化变形的影响规律不明显,或者作用机理不明确:

(1) 复合材料的可设计性很强,铺层形式很多,因此很难确切描述铺层对固化变形的影响,但是通常认为,对称铺层的固化变形要小于非对称铺层。

(2) R 角半径对回弹影响不显著,但是影响机理尚不明确,与采用的模具形式(阴模/阳模)也有关系,因此,也很难准确预测。

(3) 一个保温平台和两个保温平台的固化工艺制度对变形的影响机理尚不明确,不同学者的研究结果也不尽相同,这可能与材料体系和某些工艺条件的不同有关。

(4) 增加隔离膜或者增加脱模剂涂刷次数可以减小复合材料与模具的界面作用力,但是这个现象有时并不明显,说明还与其他工艺参数有密切联系,但相关机理也尚不明确。

(5) 固化压力对变形的影响机理较为复杂,对变形的影响程度也很难确定。

以上结论均来自科研实验数据,一般情况下,实验室条件可认为是理想的,但是实际工程会面临零件尺寸较大,温度均匀性差,工艺参数控制的精确度降低等问题,会使复合材料零件固化变形的预测更加困难。

7.3.2　固化变形基本理论

本节对固化变形过程涉及的相关理论进行分析,主要涉及固化动力学理论、树脂流动理论、弹性力学等。

7.3.2.1　固化动力学方程

树脂基复合材料的热固化成型是一个力、热与化学反应相互耦合的过程。固化阶段树脂基本不发生流动,忽略对流传热的影响,根据固体区域的能量守恒方程有

$$\rho_c C_{pc} \frac{\partial T}{\partial t} = \nabla(\lambda_c \nabla T) + (1-f)\dot{q}_r \tag{7.9}$$

式中:ρ_c、C_c、λ_c 分别为复合材料等效的密度、比热容和热导率张量,可按照混合定律来确定

$$\rho_c = f\rho_f + (1-f)\rho_r \tag{7.10}$$

$$c_{pc} = \frac{f\rho_f c_{pf} + (1-f)\rho_r c_{pr}}{\rho_c} \tag{7.11}$$

$$\lambda_c = \frac{\lambda_f \lambda_r \rho_c}{f\rho_f \lambda_f + (1-f)\rho_r \lambda_r} \tag{7.12}$$

式中:f 为纤维体积分数;下标 r 表示树脂;下标 f 表示纤维;下标 c 表示复合材料。内部热源项 $\dot{q}_r$ 为树脂发生交联反应放出的热量,可以表示为

$$\dot{q}_r = \rho_r H_r \frac{d\alpha}{dt} \tag{7.13}$$

式中:ρ_r 为树脂密度;H_r 为固化反应完成时单位质量树脂放出的总热量;$d\alpha/dt$ 为树脂固化率;α 为固化度。

常用的固化反应动力学模型有自催化和 n 级反应模型。

$$\frac{d\alpha}{dt} = k_0 \exp(-\Delta E_c/RT)\alpha^m(1-\alpha^n) \tag{7.14}$$

上述方程常用来描述聚酯树脂的化学动力学行为,而式(7.15)则用来描述环氧树脂的化学动力学行为。

$$\frac{d\alpha}{dt} = (k_1 + k_2\alpha^m)(1-\alpha^n) \tag{7.15}$$

式中:$k_1 = A_1\exp(-\Delta E_1/RT)$,$k_2 = A_2\exp(-\Delta E_2/RT)$,式中 R 为普适气体常数;T 为温度;k_0,A_1,A_2,ΔE_c,ΔE_1,ΔE_2 为实验确定的常数。

7.3.2.2　固化反应过程数值解法

根据变分原理,引入虚温度 ∂T,则有

$$\int_V \left(\rho_c C_{pc} \frac{\partial T}{\partial t}\right)\delta T dV = \int_V (\nabla(\lambda_c \nabla T) + (1-f)\dot{q}_r)\delta T dV \tag{7.16}$$

利用有限元方法离散方程,单元内任意点温度可由节点温度表示为

$$T = \sum_{i=1}^{m} N_i T_i \tag{7.17}$$

式中:N_i 和 T_i 分别为单元形函数和第 i 节点的温度;m 为单元包含的节点个数。采用线性插值将单元分布式体积载荷集中成节点集中载荷。

将方程代入离散方程,经过一系列推导,则最后的离散方程可以写成如下形式:

$$\boldsymbol{CT} + \boldsymbol{\lambda T} = \boldsymbol{F} \tag{7.18}$$

式中:$\boldsymbol{C}$ 是比热容矩阵;$\boldsymbol{T}$ 是节点温度向量;$\boldsymbol{\lambda}$ 是热导率矩阵;$\boldsymbol{F}$ 是热载荷向量,它们分别由下列各式来确定

$$\boldsymbol{C} = \int_V \rho_c c_{cP} N_i N_j \mathrm{d}V \tag{7.19}$$

$$\boldsymbol{\lambda} = \int_V (\nabla N_i \lambda_c \nabla N_j) \mathrm{d}V \tag{7.20}$$

$$\boldsymbol{F} = \int_V N_i (1-f) \dot{q}_r \mathrm{d}V \tag{7.21}$$

$$\boldsymbol{T} = \frac{\partial T}{\partial t} \tag{7.22}$$

利用节点控制体积方法来计算等效节点集中载荷,可以避免对单元上的分布式体积载荷做积分,控制体积 j 中树脂体积为

$$V_r^j = (1-f)V^j \tag{7.23}$$

式中:V_r^j 为控制体积 j 中树脂所占体积;V^j 为控制体 j 的体积。

$$Q^j = \rho_r H_r V_r^j \frac{\mathrm{d}\alpha^j}{\mathrm{d}t} \tag{7.24}$$

式中:Q^j 为控制体积 j 的生成热,该项作为节点集中载荷加到节点 j 上。

$$\boldsymbol{F} = \boldsymbol{Q}^j \tag{7.25}$$

至于固化度的求解,可假设在某一小时间间隔内温度是常量,用时间积分的方法来计算固化度

$$\alpha^{t+\Delta t} = \alpha^t + \left(\frac{\mathrm{d}\alpha}{\mathrm{d}t}\right)^{t+\Delta t} \Delta t \tag{7.26}$$

由于 α^t 为上一步计算值是已知的,而 $(\mathrm{d}\alpha/\mathrm{d}t)^{t+\Delta t}$ 也事先由化学动力学模型确定,因此很容易得到 $\alpha^{t+\Delta t}$。

7.3.2.3 模量变化与树脂流动

在固化过程中,树脂的弹性模量是随着固化度的变化而变化的。弹性模量的变

化一般假定为符合混合定律,可以表示为

$$E_{\mathrm{m}} = (1 - \alpha_{\mathrm{mod}})E_{\mathrm{r}}^0 + \alpha_{\mathrm{mod}}E_{\mathrm{r}}^\infty \tag{7.27}$$

式中：E_{r}^0 为尚未固化时树脂的弹性模量；E_{r}^∞ 为完全固化时的弹性模量；α_{mod} 可以表示为

$$\alpha_{\mathrm{mod}} = \frac{\alpha - \alpha_{\mathrm{gel}}}{\alpha_{\mathrm{virif}} - \alpha_{\mathrm{gel}}} \tag{7.28}$$

式中：α_{gel} 为凝胶时的固化度；α_{virif} 为达到玻璃态时的固化度。

另外,固化反应时,树脂会发生化学收缩。假定收缩是均匀的,则可以得到树脂的固化收缩应变为

$$\Delta\varepsilon^{\mathrm{sh}} = (\sqrt[3]{1 + \Delta V_{\mathrm{r}}}) - 1 \tag{7.29}$$

式中：$\Delta\varepsilon^{\mathrm{sh}}$ 为化学收缩应变；ΔV_{r} 为体积变化。

在热压罐固化时,由于压力较大,因而,固化压力导致的预浸树脂流动和重分布比较明显。加压过程中,树脂流动服从斯托克斯方程

$$\nabla \cdot u^{\mathrm{r}} = 0 \tag{7.30}$$

$$-\nabla p^{\mathrm{r}} + \mu \nabla^2 u^{\mathrm{r}} = 0 \tag{7.31}$$

假设纤维层为不可压缩多孔介质,内部的树脂流动满足 Darcy 定律为

$$\nabla u^{\mathrm{f}} = 0 \tag{7.32}$$

$$u^{\mathrm{f}} = w - \frac{\kappa}{\mu} \nabla p^{\mathrm{f}} \tag{7.33}$$

式中：w 的表达式为 $[0, h_{2k}(t)]^{\mathrm{T}}$,其中 $h_{2k}(t)$ 为纤维层移动速度；μ 为树脂粘度；κ 为各向同性材料渗透率；p^{f} 为纤维层的压力。

纤维增强复合材料固化变形的根本原因是复合材料物理属性的各向异性。表现为复合材料结构在升温和降温的过程中,各铺层间、复合材料与模具间的热膨胀量不一致,引起层间剪应力而导致结构的变形。

7.3.2.4 铺层间的剪切效应

由于各铺层方向不同,层间的物理属性呈现方向性,因此,在零件升温和降温的过程中,各层间的热变形不匹配,从而在界面产生剪切应力,如图 7.35 所示。

图 7.35 复合材料各铺层间的剪切作用

剪切应力释放后,结构发生变形,重新回到平衡状态。根据弹性力学原理,单层压板二维问题的平衡方程为

$$\frac{\partial \sigma_{xi}}{\partial x_i} + \frac{\partial \tau_{yxi}}{\partial y_i} = 0, \quad \frac{\partial \tau_{yxi}}{\partial x_i} + \frac{\partial \sigma_{yi}}{\partial y_i} = 0 \tag{7.34}$$

几何方程为

$$\varepsilon_{xi} = \frac{\partial u_i}{\partial x_i}, \quad \varepsilon_{yi} = \frac{\partial w_i}{\partial y_i}, \quad \gamma_{yxi} = \frac{\partial u_i}{\partial y_i} + \frac{\partial w_i}{\partial x_i} \tag{7.35}$$

相容方程为

$$\frac{\partial^2 \varepsilon_{xi}}{\partial y_i^2} + \frac{\partial^2 \varepsilon_{yi}}{\partial x_i^2} - \frac{\partial^2 \gamma_{yxi}}{\partial y_i \partial x_i} = 0 \tag{7.36}$$

本构方程为

$$\begin{cases} \varepsilon_{xi} = \frac{1}{E_i}(\sigma_{xi} - \mu_i \sigma_{yi}) + \alpha_i T_i \\[2mm] \varepsilon_{yi} = \frac{1}{E_i}(\sigma_{yi} - \mu_i \sigma_{xi}) + \alpha_i T_i \\[2mm] \gamma_{xyi} = \frac{\tau_{xyi}}{G_i} = \frac{2(1 + \mu_i)}{E_i} \tau_{xyi} \end{cases} \tag{7.37}$$

式中:T_i 为第 i 层温度分布函数 $T(x, y)$;α_i 为第 i 层热膨胀系数;E_i 为第 i 层弹性模量;G_i 为第 i 层剪切模量。

因此,可以得到问题的控制方程为

$$\frac{\partial^4 U_i}{\partial x_i^4} + 2\frac{\partial^4 U_i}{\partial x_i^2 \partial y_i^2} + \frac{\partial^4 U_i}{\partial y_i^4} = -\alpha_i E_i \left(\frac{\partial^2 T_i}{\partial x_i^2} + \frac{\partial^2 T_i}{\partial y_i^2} \right) \tag{7.38}$$

单层的弹性力学控制方程为

$$\frac{\partial^4 U_i}{\partial x_i^4} + 2\frac{\partial^4 U_i}{\partial x_i^2 \partial y_i^2} + \frac{\partial^4 U_i}{\partial y_i^4} = -\alpha_i E_i \left(\frac{\partial^2 T_i}{\partial x_i^2} + \frac{\partial^2 T_i}{\partial y_i^2} \right) \tag{7.39}$$

式中:U_i 为第 i 层的艾里热应力函数 $U(x, y)$;T_i 为第 i 层温度分布函数 $T(x, y)$;α_i 为第 i 层热膨胀系数;E_i 为第 i 层弹性模量。

艾里热应力函数 $U_i(x, y)$ 与应力分量有如下关系:

$$\sigma_{x_i} = \frac{\partial U_i}{\partial y_i^2}, \quad \sigma_{y_i} = \frac{\partial U_i}{\partial x_i^2}, \quad \sigma_y = -\frac{\partial U_i}{\partial x_i \partial y_i} \tag{7.40}$$

铺层的界面满足以下应力平衡条件:

$$\sigma_{y_i} = \sigma_{y_{i+1}}, \quad \tau_{xy_i} = \tau_{xy_{i+1}} \tag{7.41}$$

铺层的界面还满足以下位移平衡条件：

$$u_i = u_{i+1}, \quad v_i = v_{i+1} \tag{7.42}$$

7.3.2.5 模具的作用

在热压罐固化压力的作用下复合材料零件紧贴在模具表面,升温过程中,具有不同热膨胀系数的模具与复合材料之间产生剪切应力,模具承受压应力而零件将承受拉应力(见图 7.36)。

通过研究,学者认为模具与复合材料界面的界面摩擦剪力是影响固化变形的主要因素。Melo[20]提出,模具与复合材料界面的摩擦剪力对固化变形有影响,靠近模具型面的复合材料第一层和第二层间的摩擦剪力对固化变形也有影响。后来,Flanagan[22]在此基础上又补充了 4 条假设:

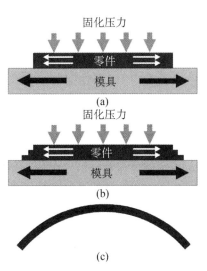

图 7.36　模具与复合材料零件相互作用

(1)复合材料层间的摩擦系数小于复合材料与模具界面的摩擦系数。

(2)复合材料内部层间剪切应力只出现在第一层和第二层之间,不在厚度方向形成应力梯度,因此,截面弯矩只由第一层和第二层间的剪力决定。

(3)忽略固化过程中的模量和界面摩擦力变化。

(4)对于单向带铺层的复合材料零件,认为每层热膨胀系数都一样。

基于上述假设,Flanagan 建立了一个针对单向铺层层压板翘曲的固化变形计算公式:

$$W_{\max} = \frac{2\tau_{\mathrm{net}}L^3}{Et^2} \tag{7.43}$$

式中：$W_{\max}$ 为翘曲变形的最大值；τ_{net} 为剪力净值 $\tau_{\mathrm{net}} = \tau_1 - \tau_2$，$\tau_1$ 为模具与复合材料界面摩擦剪力,τ_2 为复合材料平板内部第一层合第二层间的摩擦剪力;L 为复合材料平板的长度;E 为复合材料平板长度方向的弹性模量;t 为复合材料平板厚度。

通过该模型可以发现最大的翘曲值与长度 L 的 3 次方成正比,与厚度 t 平方的倒数成正比,说明零件越长翘曲越大,零件越厚翘曲越小。

该模型比较简单,也有一定合理性,但是使用时需要提前确定剪切应力 τ_{net} 的值。将式(7.43)改写为

$$\tau_{net} = \frac{W_{max}Et^2}{2L^3} \tag{7.44}$$

然后通过基准实验,测定任意一个零件固化的最大翘曲 W_{max}。由于零件的长度 L、厚度 t 和模量 E 是已知的,因此将这些量代入式(7.44),可以求得剪切应力 τ_{net}。然后再代入式(7.43),就可以计算任意厚度和长度材料在相同条件下的翘曲值了。

7.3.3　材料性能与测试

复合材料固化变形研究所需材料性能输入分为 4 类:分别为材料热力学性能、热化学性能、力学性能和力学–化学性能。

1) 热力学和热化学性能

仿真计算复合材料中树脂热化学性能分为玻璃态和橡胶态两种状态,仿真过程所需预浸料的热力学性能输入数据如表 7.3 所示。

表 7.3　复合材料的热力学和热–化学性能参数表

性　能	单　位	备　注
ρ	kg/m³	密度
λ_x	W/(m·K)	热传导系数
λ_y	W/(m·K)	热传导系数
λ_z	W/(m·K)	热传导系数
C_ρ	J/(kg·K)	比热容
V_f	%	纤维体积分数
H_{tot}	J/kg	固化放热
$d\alpha/dt$	1/s	固化度变化

热分析所需模具材料的性能参数,如表 7.4 所示。

表 7.4　模具材料的性能属性表

性　能	单　位	备　注
ρ	kg/m³	密度
λ	W/(m·K)	热传导系数
C_ρ	J/(kg·K)	比热容

2) 力学、力学–化学性能

仿真计算所需材料力学性能也分为玻璃态和橡胶态两种,有模量、热膨胀系数、固化收缩系数等,如表 7.5 所示。

表 7.5 复合材料的力学和力学-化学性能需求表

性 能	单 位	备 注
E_{11}	Pa	面内杨氏模量
E_{22}	Pa	面内杨氏模量
E_{33}	Pa	面外杨氏模量
G_{12}	Pa	面内剪切模量
G_{13}	Pa	面外剪切模量
G_{23}	Pa	面外剪切模量
ν_{12}		主泊松比
ν_{13}		面外泊松比
ν_{23}		面外泊松比
α_{11}	$10^{-6}/K$	面内热膨胀系数
α_{22}	$10^{-6}/K$	面内热膨胀系数
α_{33}	$10^{-6}/K$	面外热膨胀系数
β_{11}	$1/K$	面内固化收缩率
β_{22}	$1/K$	面内固化收缩率
β_{33}	$1/K$	面外固化收缩率
T_{g0}	K	玻璃化转变温度(固化度为 0)
$T_{g\infty}$	K	玻璃化转变温度(固化度为 1)
λ		材料常数
X_{gel}		凝胶时固化度

按照理论仿真所需的材料属性对复合材料的热学性能、树脂固化性能及预浸料热-力学性能分别进行测试。其中部分材料参数也可以通过纤维和树脂的性能获得,利用混合公式计算得到如下参数。

预浸料密度:

$$\rho = \frac{\rho_r \rho_f}{w_f \rho_r + (1 - w_f)\rho_f} \tag{7.45}$$

预浸料热容:

$$C_p = w_f C_{pf} + (1 - w_f)C_{pr} \tag{7.46}$$

预浸料热传导系数:

$$K_{11} = \nu_f K_{lf} + (1 - \nu_f)K_r \tag{7.47}$$

$$K_{22} = K_{33} = \nu_f K_r\left(\frac{K_{tf}}{K_r} - 1\right) + K_r\left(\frac{1}{2} - \frac{K_{tf}}{2K_r}\right) + K_r\left(\frac{K_{tf}}{K_r} - 1\right)\sqrt{\nu_f^2 - \nu_f + \frac{\left(\frac{K_{tf}}{K_r} - 1\right)^2}{\left(\frac{2K_{tf}}{K_r} - 2\right)^2}}$$

$$\tag{7.48}$$

预浸料的模量：

$$E_1 = (1-\nu_f)E_r + \nu_f E_{lf} \tag{7.49}$$

$$E_t = E_r[(1-\sqrt{\nu_f})]\frac{\sqrt{\nu_f}}{1-\sqrt{\nu_f}(1-E_r/E_{tf})} \tag{7.50}$$

预浸料剪切系数：

$$G_{12} = G_r[(1-\sqrt{\nu_f})]\frac{\sqrt{\nu_f}}{1-\sqrt{\nu_f}(1-G_r/G_f)} \tag{7.51}$$

预浸料泊松比：

$$\nu_{12} = (1-\nu_f)\nu_r + \nu_f \nu_{12f} \tag{7.52}$$

预浸料的固化收缩系数：

$$\gamma_1 = \frac{(1-\nu_f)E_r\gamma}{(1-\nu_f)E_r + \nu_f E_{lf}}$$
$$\gamma_t = (1-\nu_f)\gamma + \nu_r(1-\nu_f)\gamma - \nu_{12}\gamma_1 \tag{7.53}$$

预浸料的热膨胀系数：

$$\alpha_1 = \frac{(1-\nu_f)E_r\alpha_r + \nu_f E_{lf}\alpha_{lf}}{(1-\nu_f)E_r + \nu_f E_{lf}}$$
$$\alpha_t = (1-\nu_f)\alpha_r + \nu_f\alpha_{tf} + \nu_r(1-\nu_f)\alpha_r + \nu_f\nu_f\alpha_{lf} - \nu_{12}\alpha_1 \tag{7.54}$$

纤维和树脂的性能，如表 7.6 所示。

表 7.6　纤维与树脂性能表

名　称	所需材料参数
树脂（resin）	树脂密度（随温度和固化度的变化关系）
	树脂比热容（specific heat）（随温度和固化度的变化关系）
	树脂热传导率（heat conductivity）（随温度和固化度的变化关系）
	固化反应放热，并拟合固化反应动力学方程
	树脂凝胶点
	树脂玻璃化转变温度
	树脂的模量和泊松比（E、G、ν 随温度和固化度的变化关系，应力应变曲线）
	树脂热膨胀系数（随温度和固化度的变化关系）
	树脂粘性（或拟合黏性随温度和固化度变化关系）
	树脂的拉伸和剪切强度（固化后）

（续表）

名　称	所需材料参数
纤维（fiber）	纤维密度 纤维半径 纤维的模量和泊松比（弹模 E_{11}、E_{22}、E_{33}、剪切模量 G_{12}、G_{13}、G_{23}、泊松比 ν_{12}、ν_{13}、ν_{23}） 纤维热传导率

根据纤维和树脂的性能，可以通过公式计算出单项带预浸料的相关性能。

对于预浸料的各项性能通过以下方法进行研究，具体的测试方法建议如表7.7所示。

表7.7　预浸料性能研究测定方法及仪器

预浸料热学性能	材料参数	测定方法/仪器
	热导率 λ_x	MDSC
	热导率 λ_y	MDSC
	热导率 λ_z	MDSC
	比热容 C_p	MDSC
	树脂含量及碳纤维单位面积重量	称重
树脂固化性能	固化动力学方程 $\mathrm{d}\chi/\mathrm{d}t$	DSC
	玻璃化转变起始温度（$\chi=0$）	DSC
	玻璃化转变完成温度（$\chi=1$）	DSC
	材料常数 λ	DSC
预浸料力学性能	杨氏模量 E_{11}	拉伸试验机
	杨氏模量 E_{22}	拉伸试验机
	热膨胀系数 α_{11}	热膨胀仪
	热膨胀系数 α_{22}	热膨胀仪
	热膨胀系数 α_{33}	热膨胀仪
	垂直纤维方向固化收缩率	

7.3.4　仿真计算与实验验证

7.3.4.1　层压板结构

层压板净边线内尺寸为 $400\,\mathrm{mm}\times350\,\mathrm{mm}$，余量线内尺寸为 $450\,\mathrm{mm}\times400\,\mathrm{mm}$。层压板厚度为 $2.292\,\mathrm{mm}$，共 12 层预浸料，其单层厚度为 $0.191\,\mathrm{mm}$，其铺层顺序为 $[-45/0/45/90/-45/0/45/90/45/-45/0/-45]$（见图 7.37）。

为能准确提取层压板铺层的变形数值，在厚度方向上对应每一层预浸料划分了

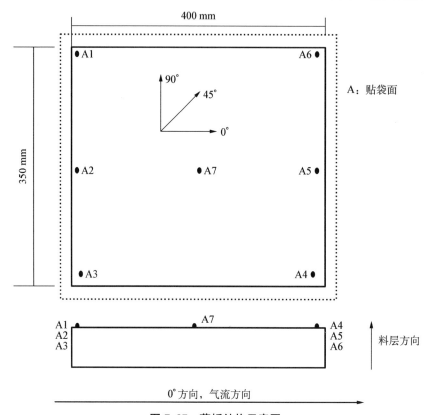

图 7.37　薄板结构示意图

一层单元。对不同的单元宽厚比进行了收敛性分析以得到最佳比率(见图 7.38),分析结果显示宽厚比在 15～20 之间能够保证变形量足够准确的基础上提高计算效率。该模型采用 3D 线性实体单元(8 节点),宽厚比为 15,共 269 232 个网格。根据机加方案薄板共划分为 24 个区域,如图 7.39 所示。

薄板工艺曲线时长如图 7.40 所示,总时长为 32 654 s。

边界条件用于制件固化过程中的位移限制及机加工艺边界条件限制。

计算过程中边界条件共分三步,如图 7.41 所示。

(阶段 1)如图 7.42 中薄板底面固定;

(阶段 2)如图 7.43 零件脱模后底面准静态边界条件;

(阶段 3)如图 7.44 零件机加后底面准静态边界条件。

提取计算过程中的温度场及固化度,利用凝胶时的固化度及 Di Benedetto 方程可以计算出 T_g 并界定材料相态转换,如图 7.45 所示。

由 T_g 曲线可以看出在零件完全固化前材料有一个玻璃态转变,该转变位于过程中间。在玻璃态时材料收缩系数为零,即计算中忽略了材料转变为橡胶态后开始进行化学收缩,材料固化变形计算结束后显示该结构的全局位移变形(见图 7.46)。

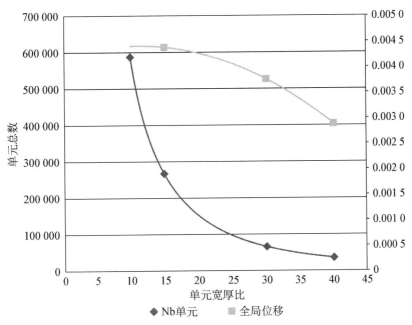

图 7.38　不同宽厚比的收敛性分析

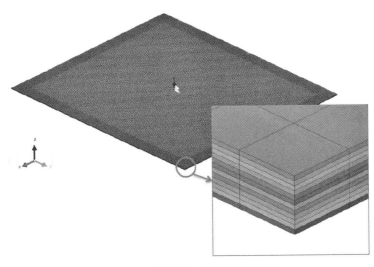

图 7.39　薄板结构网格划分示意图

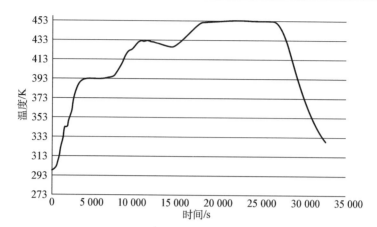

图 7.40　层压板类结构固化曲线

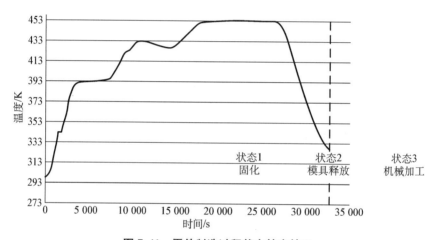

图 7.41　零件制造过程状态转变情况

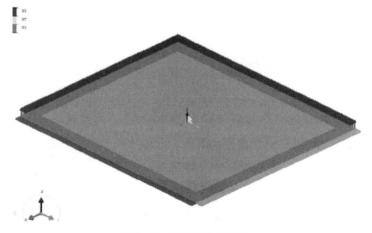

图 7.42　阶段 I 边界条件

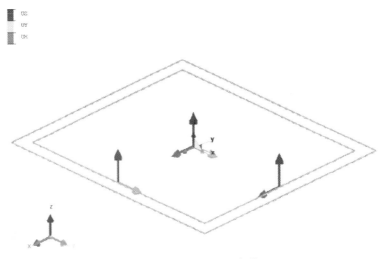

图 7.43　阶段Ⅱ边界条件

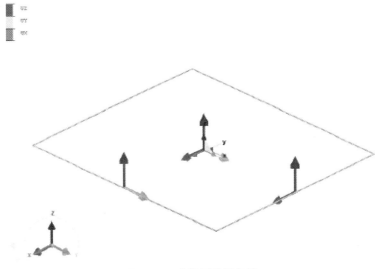

图 7.44　阶段Ⅲ边界条件

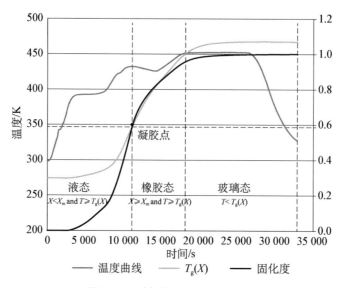

图 7.45 壁板中部材料相态转变

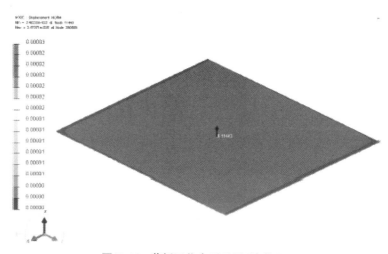

图 7.46 薄板固化变形云图(阶段 Ⅰ)

固化过程中层压板下面被固定且沿厚度方向位移可以忽略(见图 7.47)。

脱模后由于其是非对称铺层结构,薄板发生马鞍形变形。

图 7.47 及图 7.48 的区别在于前者所示为经过机加工后薄板的变形,经对比机加工后的薄板变形减小了 16%。对薄板进行激光扫描变形检测,图 7.49 为试验测量结果。

为进行对比验证,将实测结果位移扩大 20 倍并将每个节点相连并生成一个变形后网格型面,如图 7.50 所示。

将该型面与阶段Ⅲ仿真结果型面进行对比,其对比云图如图 7.51 所示。

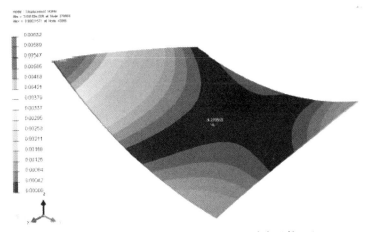

图 7.47　薄板固化变形云图（阶段Ⅱ，放大系数 20）

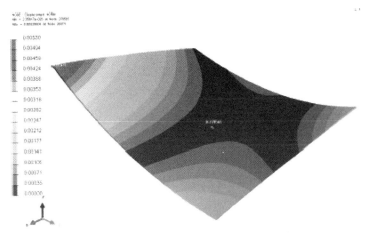

图 7.48　薄板固化变形云图（阶段Ⅲ，放大系数 20）

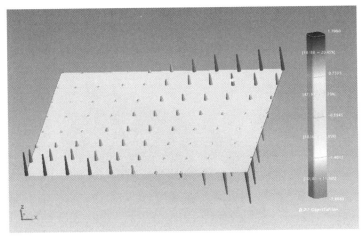

图 7.49　实测变形结果

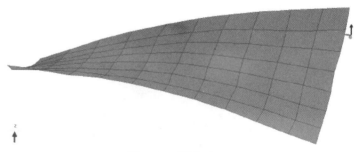

图 7.50　网格型面

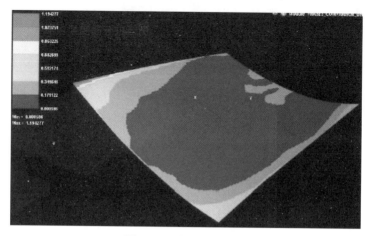

图 7.51　结果对比云图

通过对比,仿真结果与试验结果相差小于工程误差的 10%。

7.3.4.2　C 型梁结构

该结构净边线以内尺寸为 350 mm×93 mm×68 mm,余量线以内尺寸为 288 mm× 93 mm×43 mm,如图 7.52 所示。C 型梁厚 8.404 mm,共 44 层预浸料,其铺层顺序 为[45/−45/0/90/0/−45/45/0/−45/45/45/−45/90/−45/0/0/45/0/−45/0/45/0]$_s$, 对称铺层设计。

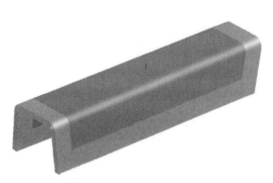

图 7.52　C 型梁结构示意图

厚度方向上每一层预浸料划分为一层单元,当然也可以使用材料性能均一化处理。在 R 角区域划分 6 个网格,其宽厚比为 20。依据机加方案,模型划分为两个区域,共 232 276 个 3D 的 8 节点实体单元(见图 7.53)。

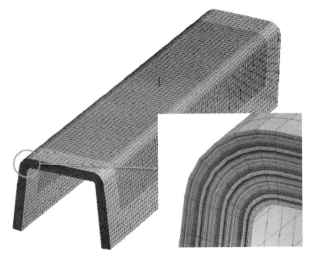

图 7.53　C 型梁结构网格划分示意图

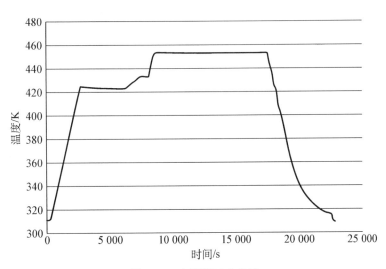

图 7.54　C 型梁工艺曲线

对于 C 型梁类结构的仿真的边界条件共分为三步。其中,阶段 I 为 C 型梁内型面在固化中固定,如图 7.55 所示,阶段 II 及阶段 III 为准静态过程中将外形面固定,如图 7.56 和图 7.57 所示。

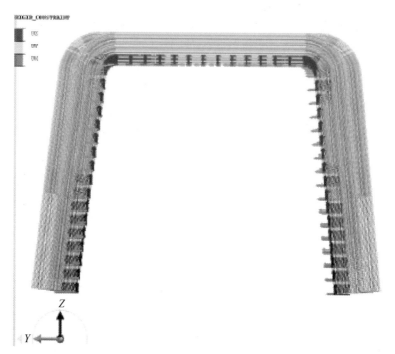

图 7.55　C 型梁阶段 I 边界条件

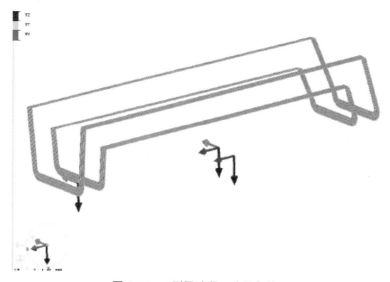

图 7.56　C 型梁阶段 II 边界条件

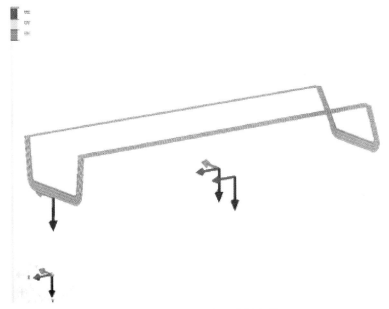

图 7.57 C 型梁阶段 Ⅲ 边界条件

通过计算，可以得到相应的计算结果如下。

1）温度分布

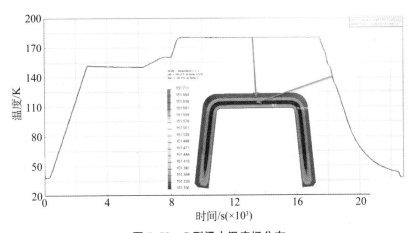

图 7.58 C 型梁内温度场分布

图 7.58 为 C 型梁结构在仿真过程中内部温度变化，随着过程中周围温度的升高，复合材料零件本身也会随之升温，但是当表面温度稍高于中心温度时，固化反应放热亦不影响零件内部的温度分布，取材料中心点固化度及 T_g 变化曲线，如图7.59所示。图中可以看出当过程结束后其固化度为1，即表明零件整体均已固化。

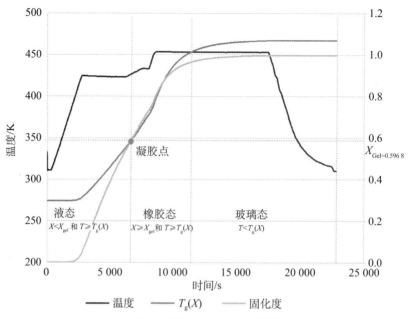

图 7.59 C 型梁中心点 T_g 及其固化度

2）变形仿真

图 7.60～图 7.63 为全局坐标系下不同阶段下 C 型梁固化变形云图。

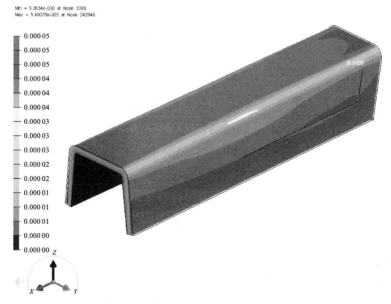

图 7.60 阶段 I 变形结果云图（×20）

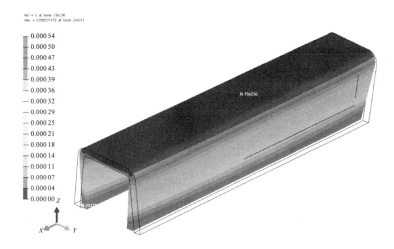

图 7.61 阶段Ⅱ变形结果云图(×20)

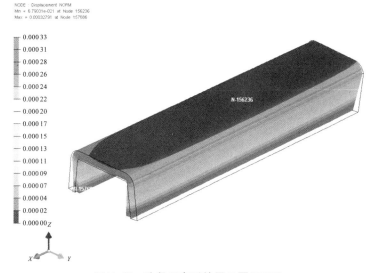

图 7.62 阶段Ⅲ变形结果云图(×20)

在脱模后 C 型梁即发生回弹变形,具体表现为缘条与腹板间呈现收口变形趋势,在 Y 方向上向内收进 0.3 mm,与试验结果基本一致(见图 7.63)。

上述计算中尚未考虑模具在固化过程中对零件的影响,比如由于模具可能给热分布带来的影响或模具自身对零件变形的影响等因素。

下面考虑模具作用下结构的固化变形,在模型中加入模具的网格(见图 7.64)。

将该处模具划分为四面体网格共 188 854 个。在整个计算过程中,模具单元参与了仿真分析以便加入模具的热传导对温度场分布的影响,同时在后续的变形计算时也保留模具单元以模拟热膨胀系数的差异对零件变形的影响,但是在零件完全固

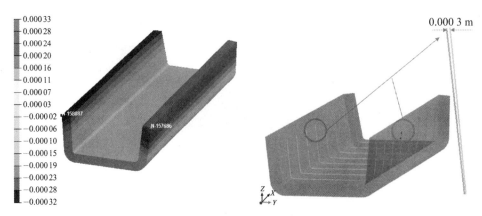

图 7.63   C 型梁固化变形云图及对比

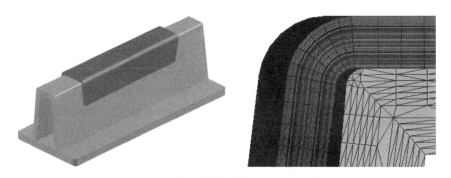

图 7.64   流场计算中模具和 C 型梁示意图

化及机加工步骤中去掉该部分模具单元以模拟脱模后情况。计算的初始边界条件为在制件及模具表面施加均一的初始温度载荷,在复合材料和模具接触面设置接触热阻为 $10\,\mathrm{W/m^2 \cdot K}$,模具材料为普通钢。在第一阶段计算中仅固定工装的下底板,如图7.64 所示;在第二及第三阶段中计算约束条件仅施加在 C 型梁上。

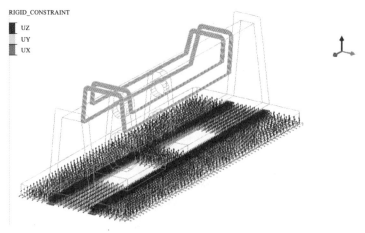

图 7.65   第一阶段中的边界条件设置

图 7.65 为第一阶段计算中零件及模具温度分布,从计算结果中可以看出,由于模具材料本身良好的导热性,在制造过程中模具表面及内部几乎没有明显的温度梯度出现。图 7.66 中浅色线为模具底部温度随时间变化,深色线为制件内部温度随时间变化;同样的,由于制件内部固化反应放热导致的差异也几乎可以忽略不计。

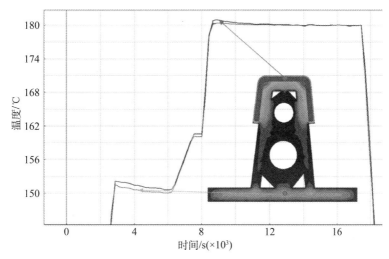

图 7.66 零件内部及模具底部温度随时间变化曲线

图 7.67 为在温度 450 K 下工装变形云图,其变形最大值为 1.13 mm。由于工装本身几何不完全对称及复合材料零件在热压罐中的摆放位置,工装变形并非完全对称。

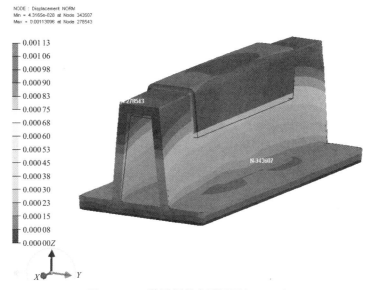

图 7.67 工装及制件变形云图(11 141 s)

　　在第一阶段计算完成后,零件脱模前仅在零件四角处稍有向内收口的变形趋势,如图 7.68 所示。

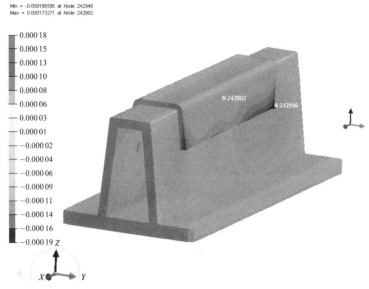

图 7.68　脱模前零件与模具相对变形趋势

　　当仿真继续进行至第二阶段(脱模阶段),零件发生向内收口变形,其最大变形量相对无模具作用时稍有增加,且变形由四个角引起的向内收口趋势更加明显,这稍有别于无模具作用时的变形趋势,其最大变形量为 1.12 mm(见图 7.69)。

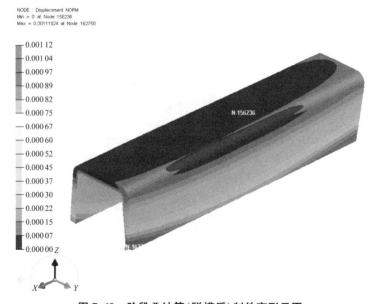

图 7.69　阶段 Ⅱ 计算(脱模后)制件变形云图

在第三阶段计算后(机加后),制件变形大幅降低,且其变形量与无模具作用下变形量相近。由此得知由模具作用为制件变形带来的变形增量经机加后几乎被完全抵消,其沿 Y 轴(向内收口)最大变形量为 0.46mm(见图 7.70)。

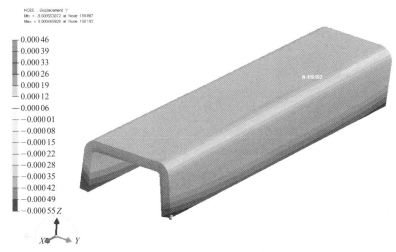

图 7.70　阶段Ⅲ(机加后)制件变形云图

7.3.4.3　T 型加筋壁板

对于 T 型加筋壁板结构,考虑到不同工艺(共胶接及共固化),准备了两个不同的模型。其中共胶接模型的仿真工艺分为两步,第一步为 T 型筋条固化,然后是 T 型筋条胶接至预浸料平板上。T 型加筋壁板净边线尺寸为 120mm×340mm×57mm,余量线内尺寸为 80mm×340mm×43mm(见图 7.71)。

图 7.71　T 型加筋壁板结构(浅色区域机加部分)

T 型筋条厚度为 2.292mm,共 12 层单向带预浸料,每层厚度 0.191mm,每个 L 型结构铺层顺序为 $[45/0/-45/90/0/45]_s$(见图 7.72)。

T 型加筋壁板净边线内尺寸为 200mm×340mm×57mm,余量线内尺寸为

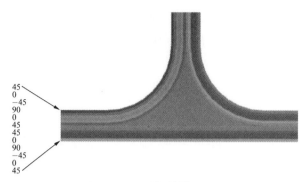

图 7.72　T 型加筋铺层结构

$160\,\text{mm} \times 300\,\text{mm} \times 43\,\text{mm}$（见图 7.73）。

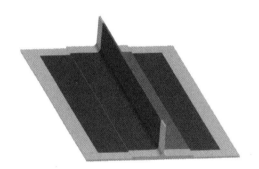

图 7.73　T 型加筋壁板结构（浅色区域机加部分）

　　T 型加筋壁蒙皮 2.292 mm，共 12 层预浸料，铺层顺序为非对称铺层［－45/0/ －45/－45/90/90/0/－45/90/45/45/90］（见图 7.74）。

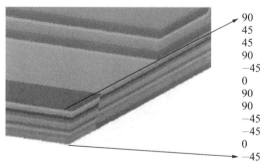

图 7.74　蒙皮铺层顺序

　　蒙皮每层预浸料划分一层单元，采用宽厚比为 20 的 8 节点实体单元，共 113 900 个单元组成，如图 7.75 所示，固化工艺如图 7.76～图 7.78 所示。

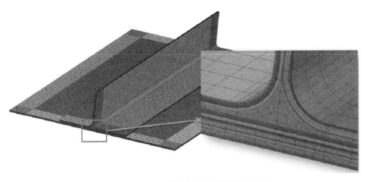

图 7.75　T 型加筋壁板网格划分

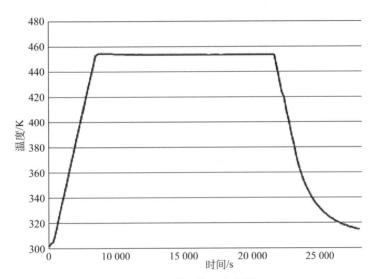

图 7.76　共固化工艺曲线

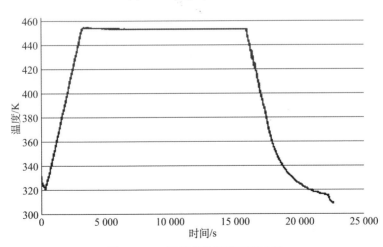

图 7.77　T 型筋单独固化工艺曲线

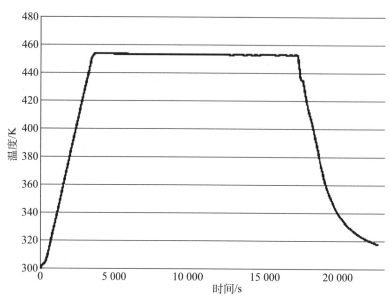

图 7.78　共胶接工艺曲线

计算中采用三个阶段分别对 T 型加筋壁板的制造工艺进行模拟。其中对于加筋壁板共胶接成型工艺,其模拟仿真的阶段描述及边界条件设置如下:

阶段 I 为 T 型加筋壁板与模具接触部位固定,如图 7.79 所示;

阶段 II 及阶段 III 为蒙皮下表面中部施加准静态边界条件,如图 7.80 及图 7.81 所示;

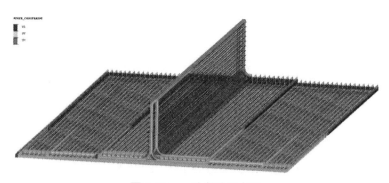

图 7.79　一阶段边界条件

其中对于加筋壁板共胶接成型工艺,制造工艺共分两步:

第一步为 T 型加筋制造,仿真共分三个阶段。

阶段 I 是 T 型加筋与模具接触部分固定,如图 7.82 所示;

阶段 II 与阶段 III 是在 T 型加筋下部施加准静态边界条件,如图 7.83 及图 7.84 所示。

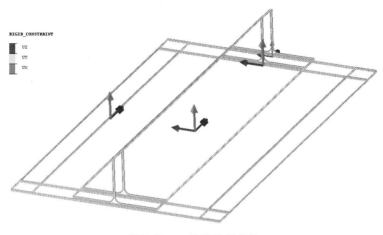

图 7.80　二阶段边界条件

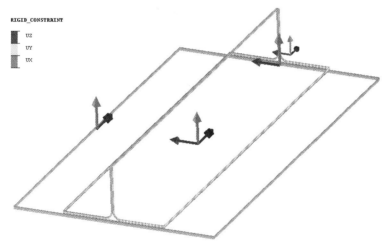

图 7.81　三阶段边界条件

第二步为 T 型筋条与蒙皮共胶接工艺,将固化好的 T 型筋条胶接于蒙皮表面后固化。凝胶时固化度设置为 0.001,以避免材料属性在橡胶态及玻璃态间发生混淆(T 型筋条已固化,没有固化收缩现象),计算过程将 T 型筋条的变形考虑到计算过程中。

阶段Ⅰ:T 型加筋壁板与模具接触区域固定;

阶段Ⅱ及阶段Ⅲ:蒙皮下表面中部施加准静态边界条件固定。

加筋壁板共固化成型工艺:

图 7.85 为 T 型加筋壁板共固化成型过程中温度及材料相态变化对比。从图 7.85中可以看出,T 型加筋壁板成型过程中的固化放热现象基本可以忽略。由

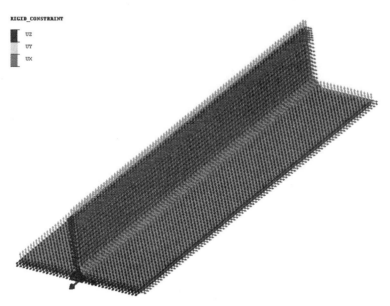

图 7.82　阶段 Ⅰ 边界条件

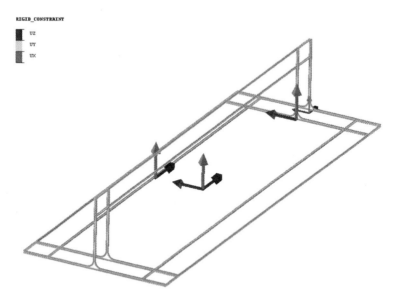

图 7.83　阶段 Ⅱ 边界条件

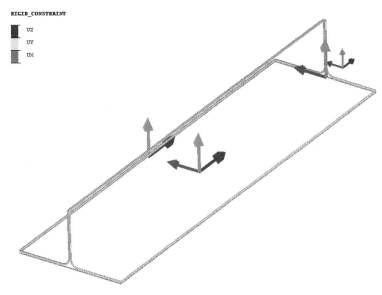

图 7.84 阶段Ⅲ边界条件

于试验中 T 型加筋壁板厚度较薄,故在全过程中温度分布相对均匀,制造完成后该壁板固化度为 1,完全固化。

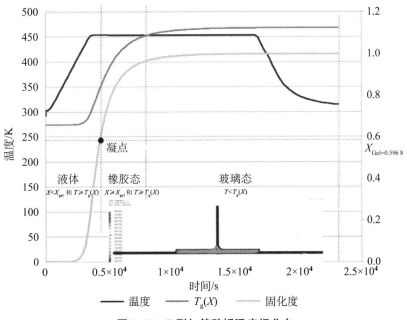

图 7.85 T 型加筋壁板温度场分布

下列组图中所示为共固化工艺制造加筋壁板每阶段的固化变形情况。由于蒙皮铺层顺序设计为非对称形式,故蒙皮翘曲量很大,但经过机加后其翘曲量值减小。三个阶段的变形量如图 7.86～图 7.88 所示。

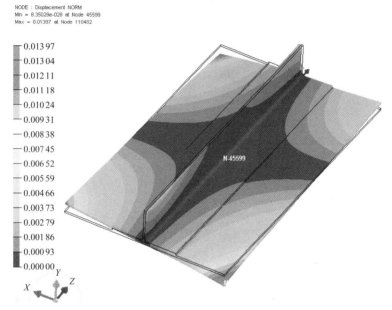

图 7.86　共固化成型工艺阶段 Ⅰ 固化变形

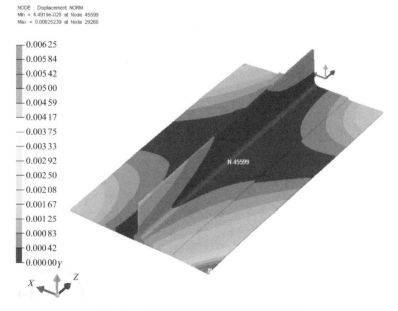

图 7.87　共固化成型工艺阶段 Ⅱ 固化变形

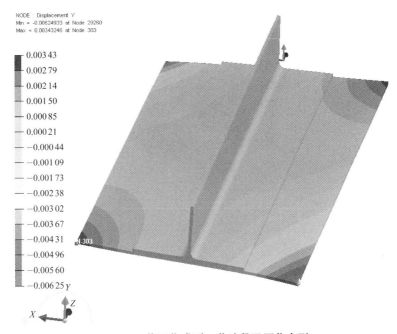

图 7.88　共固化成型工艺阶段 Ⅲ 固化变形

　　为与试验值进行对比,在仿真结果上选取结果坐标系尽可能贴近检测坐标系基准,结果坐标系基准点如图 7.89 所示。

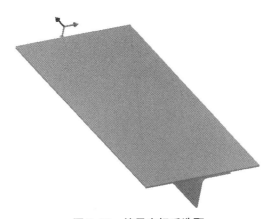

图 7.89　结果坐标系选取

图 7.90 为在新建立的结果坐标系下 T 型加筋壁板的变形检测云图。

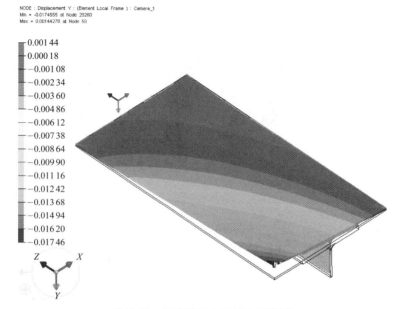

图 7.90　三阶段复合材料变形检测

将检测结果与仿真结果图 7.90 合并显示，如图 7.91 所示。

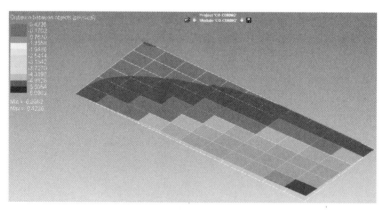

图 7.91　结果验证对比云图

从图中可以看出，仿真结果与 T 型加筋壁板实测变形值吻合较好。

加筋壁板共胶接成型工艺模拟结果验证：

在共胶接工艺中，T 型长桁先于壁板进行固化与机加，图 7.92 和图 7.93 为在阶段Ⅱ及阶段Ⅲ的固化变形云图。从图 7.93 中可以看出，在 T 型长桁固化后出现了缘条翘起的变形趋势。

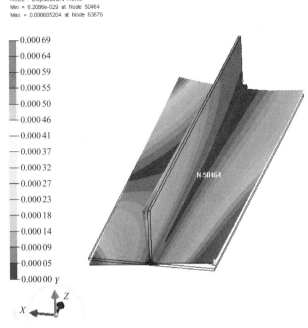

图 7.92 T型长桁阶段 Ⅱ 变形云图(×10)

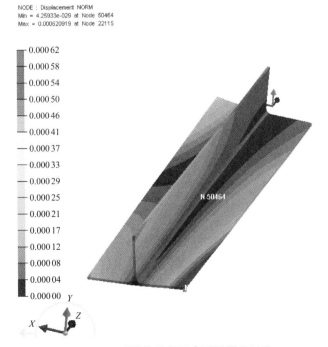

图 7.93 T型长桁阶段 Ⅲ 变形云图(×10)

  T 型长桁计算完成后，将计算结果文件转移至蒙皮进行整体固化计算，由于该结构已固化完成，故在下一步计算中仅考虑复合材料的热膨胀作用（见图 7.94 和图 7.95）。

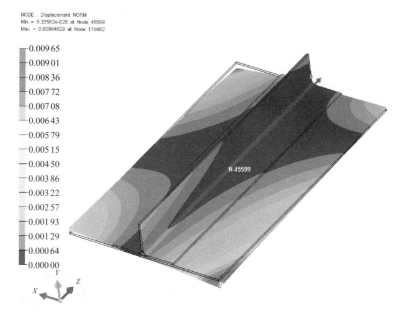

图 7.94　阶段 Ⅱ 加筋壁板变形云图（×1）

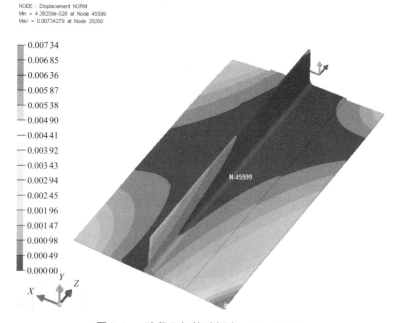

图 7.95　阶段 Ⅱ 加筋壁板变形云图（×1）

对共胶接仿真结果和试验结果进行对比,其结果如图 7.96 所示。

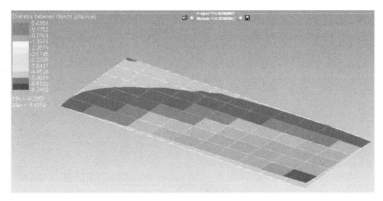

图 7.96　T 型加筋壁板仿真与试验结果对比云图

由图 7.96 可以发现,仿真结果和试验结果变形趋势一致,但是计算结果的数值有一定差异,这说明与共固化工艺不同,共胶接工艺情况下的零件变形问题更加复杂,仿真计算难度更高。

7.3.5　应用案例

7.3.5.1　翼稍小翼梁变形应用案例

本案例为仿真在复杂梁结构变形计算中的成功应用案例,为型号研制过程中存在的实际问题提出解决方案。翼稍小翼梁采用了复合材料结构设计方案,在制造的过程中发现固化变形较大,可能会影响后续与机翼蒙皮的装配,采用仿真计算分析的方法,对结构的变形与变形的原因进行分析,以达到实现模具补偿,提高零件外形精度的目的。

翼稍小翼梁结构的模型如图 7.97 所示。

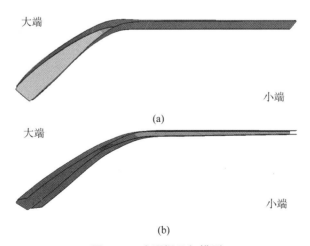

图 7.97　小翼梁几何模型

(a) 小翼梁几何模型侧视图 1　(b) 小翼梁几何模型侧视图 2

由图 7.97 可以发现,该三维梁结构,轴线在空间呈弯曲和扭转状态,梁两端的截面尺寸也不一致,且沿轴线方向梁还存在厚度变化,因而,结构变形可能是由多种结构因素共同导致的。

通过计算,发现结构存在以下几个变形特征:

(1)结构的弯曲变形。由于固定约束靠近左侧大端,因此,可以看出结构小端发生了向下变形的趋势,而这主要是梁中部具有较大曲率造成的(见图 7.98)。

图 7.98　结构弯曲变形(变形放大 5 倍)

(2)截面收口变形。由图 7.99 可以看出,大端缘条发生了收口的现象,也称为梁的回弹,计算结果与试验检测结果一致。

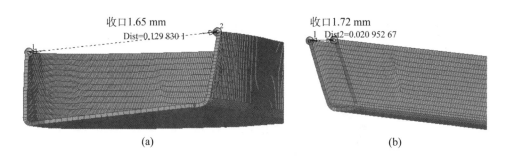

(a)　　　　　　　　　　　　　　　　　　(b)

图 7.99　翼梢小翼梁结构变形情况

(a)大端的变形情况图　(b)小端的变形情况图

(3)结构的扭转变形。通过图 7.100 可以发现,梁大端截面发生了明显的扭转变形情况,靠近上缘条位置向左侧发生位移变形,而靠近下缘条处向右侧发生位移变形。这主要由于梁的轴线扭曲,从而导致结构发生了扭转的变形。计算结果与检测结果非常接近。

另外,结构还存在厚度变化的情况,经过计算结果和试验结果对比,发现上述由

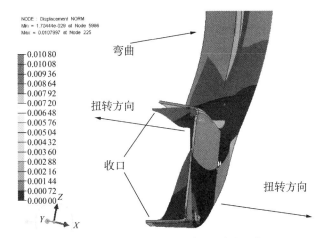

图 7.100　大端截面变形情况（放大 5 倍）

于结构因素引起的变形均可通过仿真分析较为准确地反映出来,因此,在后续的模具型面修改工作中,可以使用仿真计算分析结果进行零件的质量改进工作。

7.3.5.2　中央翼壁板缩比件变形应用案例

项目成果在中央翼加筋壁板的研制中进行了应用,主要针对壁板和长桁的共固化成型工艺、干蒙皮湿长桁共胶接成型以及干长桁湿蒙皮共胶接成型这三种工艺下的变形问题进行了研究。

壁板上包括 13 根长桁,其中 11 根工型长桁,2 根 T 型长桁,结构如图 7.101所示。

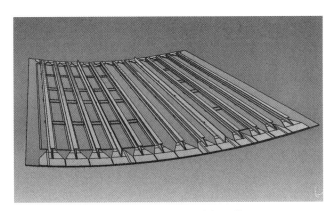

图 7.101　中央翼下壁板结构

中央翼下壁板结构选取典型结构进行变形情况研究,对模型进行网格划分后,进行铺层设置、然后输入材料参数,提交软件进行计算,有限元模型如图 7.102所示。

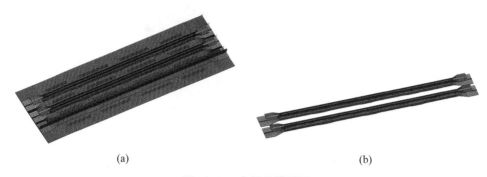

(a)　　　　　　　　　　　　　　　　　　(b)

图 7.102　有限元模型图

（a）壁板的有限元模型　（b）长桁的有限元模型

通过计算得到了结构的变形情况如图 7.103 所示。

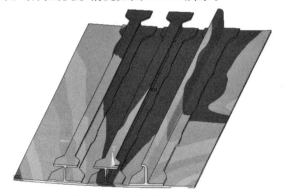

图 7.103　壁板的变形结果

由图 7.103 可以发现,壁板主要在边缘发生翘曲变形,其中通过三种工艺进行比较,共固化成型工艺的变形量最大,干长桁湿蒙皮共胶接成型工艺变形量最小。

接下来,针对计算得到变形量最小的工艺方法进行试验验证,按照干长桁湿蒙皮共胶接成型的方法制造壁板一块,采用三坐标检测变形量与计算所得结果一致,误差小于工程误差的 10%。

分析结果显示,仿真计算方法可以较为有效地进行不同工艺条件下结构的变形计算,并且与试验结果较为一致,可以为中央翼后续全尺寸壁板的制造工作提供相应指导。

7.4　本章总结

本章介绍了复合材料制造工艺虚拟仿真技术在目前民机复合材料领域的一些应用。目前数字化的虚拟仿真技术是未来民机复合材料结构制造发展的重点,是提高工艺控制水平、降低研发成本、提升制造竞争力的重要手段。

　　由于复合材料制造工艺的复杂性,目前,相关虚拟仿真制造技术也在不断完善与发展,尤其是面向复合材料"设计—制造"一体化的虚拟设计制造平台发展非常迅速,各个软件厂商积极整合相关软件资源,打通各专业软件之间的通道,形成分析平台,打造出与复合材料零件实际制造流程一致的虚拟设计制造体系。

　　在仿真技术与软件平台发展得如火如荼的时候,也需要清醒地看到,软件平台的发展可以提高工程问题的计算效率,但是材料特性的表征、工艺机理的理论建模、非理想状态下边界条件的处理问题仍然是提高仿真计算准确度的决定性因素,是虚拟仿真技术发展的核心,所以,发展一套完善的工艺虚拟仿真计算技术仍然需要大量的理论创新与试验验证才能推广到工程应用中。

参考文献

[1] Bogetti T A, Gillespie J W. Process-induced stress and deformation in thick-section thermoset composite laminates [J]. Journal of Composite Materials, 1992,26(5): 626 – 659.

[2] Fernlund G, Rahman N, Courdji R, et al. Experimental and numerical study of the effect of cure cycle, tool surface, aspect ratio, and the lay-up on the dimensional fidelity of autoclave-processed composite parts [J]. Composites Part A , 2002(33): 341 – 351.

[3] Carolyne Albert, Go Fernlund. Spring-in and warpage of angled composite laminates [J]. Composites Science and Technology, 2002(62): 1895 – 1912.

[4] Patterson J M, Springer G S, Kollar L P. Experimental observations of the spring-in phenomenon [J]. Proceedings of the 8th international conference on composite materials (ICCM8), 1991: 10D1 – 10D8.

[5] Jain L K, Lutton B G, Mai Y W, et al. Stress and deformations induced during manufacturing [J]. Part II: A study of the spring-in phenomenon. Journal of composite materials, 1997 (31): 696 – 719.

[6] Radford D W, Rennick T. Separating sources of manufacturing distortion in laminated composites [J]. Journal of Reinforced Plastic Composites, 2000,19(8): 621 – 641.

[7] Twigg G, Poursartip A, Fernlund G. Tool part interaction in composites processing: Part I: Experimental investigation and analytical model [J]. Composites: Part A, 2004 (35): 121 – 133.

[8] Kim C G, Kim T W, Kim I G, et al. Spring-in deformation of composite laminated bends [J]. Proceedings of the 7th international conference on composite materials (ICCM7), 1989: 83 – 88.

[9] Huang C K, Yang S Y. Study on accuracy of angled advanced composite tools [J]. Materials and Manufacturing Processes, 1997,12(3): 473 – 486.

[10] Huang C K, Yang S Y. Warping in advanced composite tools with varying angles and radii [J]. Composites Part A, 1997(28A): 891 – 893.

[11] Ridgard C. Accuracy and distortion of composite parts and tools causes and solutions [J]. SME Tech Paper, Tooling Compos'93, 1993: 93 – 113.

[12] Wiersma H W, Peeters J B, Akkerman R. Prediction of springforward in continuous-fibre/ polymerl shaped parts [J]. Composites Part A, 1998: 29A(11): 1333 – 1342.

[13] Jogsnton A, Hubert P, Fernlund G, et al. Process modeling of composite structures employing a virtual autoclave concept [J]. Science and engineering of composite materials, 1996, 5(3 – 4): 235 – 252.

[14] White S R, Hahn H T. Process modeling of composite materials: residual stress development during cure. Part II. Experimental validation [J]. Journal of Composite Materials, 1992, 26(16): 2423 – 2453.

[15] Fernlund G, Poursartip A. The effect of tooling material, cure cycle and tool surface finish on spring-in of autoclave processed curved composite parts [J]. Proceeding of the 12th international conference on composite materials (ICCM12), 1999: paper 690.

[16] White S R, Hahn H T. Cure cycle optimization for reduction of processing-induced residual stress in composite materials [J]. Journal of Composite Materials, 1993, 27 (14): 1352 – 1378.

[17] Andrew A. An integrated model of the development of process-induced deformation in autoclave processing of composite structure [D]. The University of British Columbia, Canada, 1997.

8 热塑性复合材料工艺

8.1 概述

高分子树脂可分为热塑性和热固性两种,目前航空领域使用的复合材料一般为连续纤维增强的环氧或者双马来酰亚胺等热固性树脂。这些树脂在固化过程中产生交联,高度交联使得热固体系具有优异力学性能的同时又表现出不同程度的脆性。热塑性树脂则是线性的大分子结构,加工之前已经充分反应。它们在加工时可以熔融、流动,一般不发生交联,所以可以重复利用。只要重新加热到加工温度,它们就可以再次热成型。

8.1.1 热塑性

复合材料的优点得益于良好的综合性能,连续碳纤维增强热塑性树脂基复合材料是当今航空航天新材料的研究重点和发展方向。它们相较于传统的热固性复合材料有如下的突出优点[1—3]。

(1)韧性好、冲击损伤容限高,可以满足航空工业中较高的损伤容限要求,可用于环境苛刻、承载能力要求较高的场合。

(2)热塑性预浸料可长期在室温下存储,而环氧树脂等热固性预浸料存储条件苛刻且有操作寿命和剩余力学寿命的限制。

(3)成型周期短、生产效率高,可以采用原位自动铺放、热模压等工艺成型,成型周期以分钟计。

(4)在装配方式上,热塑性复合材料结构件之间可焊接成型、无需钻铆,可大大降低飞机的重量和制造成本,提高结构效率。

(5)边角料或废料可再熔融成型或回收利用,环境友好。

(6)产品设计自由度大,可制成复杂形状,成型适应性广。

近年来,热塑性航空结构件的制造技术成为国际民航领域的研究热点,以波音和空客为代表的航空制造企业纷纷开展相关技术的研究,并在一些服役机型上进行了应用。先进的热塑性复合材料制造技术也得到了快速发展,尤其以原位成型、热模压成型等低成本制造技术代表了未来民用航空热塑性复合材料结构件制造的发展方向。

8.1.2 连续纤维增强热塑性复合材料的应用情况

航空工业对热塑性复合材料的关注由来已久,其需求成了推动热塑性复合材料发展的动力。国外从 20 世纪 70 年代开始研制先进的热塑性复合材料,1980 年英国帝国化学工业公司(ICI)的聚醚醚酮(PEEK)预浸料 APC - 2 投放市场,并在此之后被制成首批航空航天用最具实用价值的先进热塑性复合材料。在 80 年代末至 90 年代,高性能连续纤维增强热塑性复合材料已在国外各类型的飞机上得到试用或实用,表 8.1 和表 8.2 分别给出了目前在生产型和验证型上的实际应用,采用的热塑性基体材料有聚苯硫醚(PPS)、聚醚酰亚胺(PEI)和聚醚醚酮(PEEK)。

表 8.1 生产型飞机上的应用

公 司	飞机型号	零 件	材 料
福克	福克 100、空客 Bkluga 弯流 V	地板	玻璃纤维/PEI 碳纤维/PEI
福克	多尼尔 328	襟翼肋	碳纤维/PEI
福克	弯流 IV 和 V	方向舵肋 方向舵前缘	碳纤维/PEI
福克	弯流 V	增压隔框	碳纤维/PEI
空客/福克	A340 - 500 A340 - 600	带检查口盖的前缘 带检查口盖的前缘	玻璃纤维/PEI 碳纤维/PEI

表 8.2 验证机上的应用

公 司	飞机型号	零 件	材 料
福克	福克 50	方向舵前缘翼肋	碳纤维/PEI
空客/福克	A330 - 200	方向舵前缘翼肋	碳纤维/PEI
空客(法国)	A340 - 500/600	副翼翼肋	碳纤维/PPS
空客	A380 A400M A380	副翼翼肋 副翼翼肋 升降舵辅助翼肋	碳纤维/PPS 碳纤维/PPS 碳纤维/PPS
比利时 Sonaca	A380	前缘缝翼	碳纤维/PPS
空客	A380 A400M	油箱口盖 油箱口盖	三种材料竞争(长纤维玻璃/PPS 与凯芙拉蜂窝、单向碳纤维/PEEK、单向碳纤维/PEEK)

（续表）

公　司	飞机型号	零　件	材　料
空客（西班牙）	A300－600 A380	HTP 整体油箱口盖 HTP 整体油箱口盖	短纤维/PEEK 注塑成型 件与传统铝面板，螺接 短纤维/PEEK 注塑成型 件与传统铝面板，焊接

　　图 8.1 和图 8.2 则分别给出了碳纤维/聚苯硫醚（PPS）复合材料在空客 A340/A380 机翼前缘上的应用及在飞机龙骨梁结构上的应用。目前 PPS 也是几种飞机内饰件（包括座椅架、支架、横梁及管道之类）的候选材料。

**图 8.1　碳纤维/PPS 复合材料在空客 A340/A380
机翼主缘上的应用**

（摘自 TenCate 公司产品资料）

　　2005 年，空客公司联合多家荷兰热塑性复合材料原材料供应商、制造企业和高校，成立了"可负担的航空主结构热塑性材料组织"（Thermoplastic Affordable Primary Aircraft Structure Consortium，TAPAS），其成员由最初的 9 家已发展至 12 家，致力于开发满足航空要求的低成本高性能的热塑性复合材料解决方案。其应用目标为空客民用飞机的热塑性复合材料主结构等部件，如热塑性复合材料机身、机翼。目前主要开发的制造技术有热塑性复合材料的焊接技术、自动铺放技术、模压成型技术等。该研究组织已于 2011 年研制出可用于平尾等结构的热塑

图 8.2　碳纤维/PPS 复合材料在飞机龙骨梁结构上的应用

（摘自 TenCate 公司产品资料）

性复合材料扭力盒段、带有加筋结构的热塑性复合材料机身壁板等典型结构件。同时，据该组织报道空客公司已启动热塑性复合材料制造的双曲率机身壁板的验证工作。

2009 年 9 月，波音公司发起并建立了由 Fokker 公司、TenCate 公司和 Twente 大学参与的热塑性复合材料研究中心（Thermoplastics Composites Research Center，TPRC），在热塑性复合材料的工艺性、低成本、数据库建立、界面研究、性能表征等各个方面开展进一步的研究。目前，B787 行李厢的 L 型和 T 型导轨、输气系统等均采用了热塑性复合材料结构。

8.1.3　连续纤维增强热塑性预浸料的材料特性

目前，航空热塑性复合材料主要以 PEEK、PPS、PEI 等特种工程塑料为基体树脂，采用连续碳纤维为增强材料。

8.1.3.1　连续纤维增强的聚醚醚酮(PEEK)预浸料

聚醚醚酮(PEEK)是主链结构中含有一个酮键和两个醚键重复单元所构成的高聚物。图 8.3 是以 $4,4'$-二氟/氯苯酮和对苯二酚/钠盐为单体制备 PEEK 的分子结构。由于大分子链上含有刚性的苯环、柔顺的醚键及提高分子间作用力的羰基，结构规整，因而该类树脂具有高耐热性、高强度、高模量、高断裂韧性等优异的综合性能[5]。纤维增强 PEEK 复合材料还具有良好的自熄灭性、低烟和燃烧产物无毒等卓越阻燃特性，可用于内饰件和电缆元件。PEEK 复合材料也可以作为高强度复合材料替代铝和其他金属材料制造飞机零部件。据报道[5, 6]，PEEK 基体的碳纤和玻纤增强复合材料可用于飞机的机翼前缘、机舱、门把手、操纵杆以及直升飞机尾翼等。空客还采用 PEEK/30%GF 复合材料制作飞机电缆夹头和护套口，使得零件减重50%，可节约成本 75%，有望代替以往的铝夹头和护套。

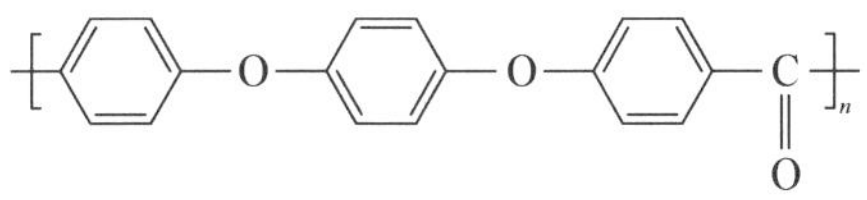

图 8.3　PEEK 的结构式

目前，市场上对 PEEK 基复合材料供应可分为预浸料和成品层压板两种，预浸料有 Cetex® TC 系列、Thermo-lite® 系列、Tenax® TPUD（热塑性单向带）、APC–2，具有商品牌号的层压板为 Tenax® TPCL。其中，Cetex® TC 系列、Thermo-lite® 系列来自 TenCate 公司，Tenax® TPUD 和 Tenax® TPCL 来自日本东邦公司，而 APC–2 则来自 Cytec Solvay。

1）Cetex® TC 系列

Cetex® TC 系列来自 TenCate 公司，基体树脂 PEEK 主推 TC 1200，并用不同的碳纤维浸渍成为预浸料。TC 1200 树脂为部分结晶的 PEEK，其玻璃化转变温度 T_g 为 143℃，熔点为 343℃，长期使用温度上限为 121℃，加工温度为 370℃～400℃。具有优异的耐化学性、耐溶剂性、阻燃以及优异的高温韧性。以 TC 1200 为基体的预浸料有预浸布和单向带两种。单向带有标准模量以及中等模量的碳纤维或者 S–2 玻璃纤维几种。单向带带宽为 75～305 mm，典型的为 304.8 mm。可以采用热压、热成型、原位自动铺放、热压罐成型等技术进行成型加工。将 TC 1200 的物理参数列于表 8.3，基本力学性能见表 8.4。

表 8.3　TC1200 系列产品的物理参数

	碳纤维种类	纤维面重 /(g/cm²)	预浸料面重 /(g/cm²)	树脂含量	
				%（质量）	%（体积）
AS–4	标模碳纤维	146	218	34	41
5HS (T300 JB 3K)	标模碳布	208	—	42	50
IM–7	中模碳纤维	146	218	34	41
S–2	玻璃纤维	205	—		29*

注：带有 * 标志的数据为原厂家未给出树脂含量类型。

数据来源：www. tencate. com。

表 8.4　TC1200 系列产品力学性能对比

增强纤维	拉伸强度 /MPa	压缩强度 /MPa	弯曲强度 /MPa	层间剪切强度 /MPa	OHT /MPa	OHC /MPa
AS-4	2 280/76	1 296/—	—/148	88.9/—	387	318
IM-7	2 758/86.2	1 103/—	—	110/—		
5HS (T300 JB 3K)	776/827	585/595	—/859	—		
S-2	1 517/—	800/—	1 600/—	90/—		

注："/"前后分别为 0°和 90°的数据；
OHT：Open Hole Tension；OHC：Open Hole Compression；两者均为民用航空材料的重要指标。
数据来源：www.tencate.com。

2）Thermo-lite® 系列

Thermo-lite® 系列来自 TenCate（美国）公司，其产品根据增强纤维的不同有 1467I、2667I、4268I、4474I 四种 PEEK 基预浸料。Thermo-lite® 系列预浸料的物理参数见表 8.5，力学性能参数如表 8.6 如下。

表 8.5　Thermo-lite® 系列物理参数

型号	纤维类型	纤维含量 %（质量）	纤维含量 %（体积）	树脂含量 %（质量）	树脂含量 %（体积）	纤维面重 /(g/cm²)	预浸料面重 /(g/cm²)
1467I	AS-4	67±3	59±3	33±3	41±3	146	218
2667I	IM-7	67±3	59±3	33±3	41±3	145	217
4474I	S-2	74±3	60±3	26±3	40±3	204	276
4268I	E-glass	68±3	52±3	33±3	48±3	313	460

数据来源：www.tencate.com。

表 8.6　Thermo-lite® 系列力学性能

型号	拉伸强度 /MPa	压缩强度 /MPa	弯曲强度 /MPa	剪切强度 /MPa
1467I	2 221/86	1 253/—	2 233/—	83/—
2667I	2 760/86	—	—	175/—
4474I	1 750/—	1 110/—	1 540/—	86/—
4268I	1 207/51	1 172/—	1 276/—	70/—

注："/"前后分别为 0°和 90°的数据。
OHT：Open Hole Tension；OHC：Open Hole Compression；两者均为民用航空材料的重要指标。
数据来源：www.tencate.com。

3）Tenax® 系列[1,7]

目前的 Tenax® 系列 PEEK 复合材料有两种产品：Tenax® TPUD（热塑性单向

带)和 Tenax® TPCL(热塑性固结层压板),见图 8.4。这两种产品在湿热条件下提供良好的性能,对微裂纹不敏感,并且具有良好的阻燃性、低放烟性和低毒性。

图 8.4 Tenax® ThermoPlastics 产品:Tenax® TPUD(左),Tenax® TPCL(右)

TPUD 有两个型号的产品,将其基本参数列于表 8.7。

表 8.7 Tenax® TPUD 性能

	增强材料	纤维面重 /(g/cm²)	纤维	基体	树脂含量 /%(质量)	厚度 /mm
TPUD PEEK‐HTS45	UD	145	HTS45 12K	PEEK	34	0.136
TPUD PEEK‐HTA40	5HS	285	HTA40 3K	PEEK	41	0.310

Tenax® TPUD 产品由 Tenax® E HTS45 12K 800tex(拉伸模量:240 GPa,拉伸强度:4 300 MPa)构成,使用针对热塑性基体的定制浸润剂,以提供非常好的纤维-基体分布,并对 PEEK 基体有良好的粘接性。该产品的宽度在 6.35~304.8 mm 之间,可以采用手工或自动铺放(自动铺带、自动纤维铺放)成型。还可采用原丝缠绕工艺制造管状部件。

Tenax® TPCL 是由热塑性粉末浸渍数层 5-通纱缎的 Tenax® E HTA40 E13 3K 200tex 制成。成型方式类似金属冲压。层压板可简单地加热到熔融温度以上,然后在压机的金属模具上冲压成型,过程仅需几分钟。该产品非常适合于制造大量形状相似并具有高力学性能的部件。

4)APC‐2

APC‐2 的基体数脂为 PEEK,增强纤维为 AS‐4、IM‐7 或 S‐2。其中,基体 PEEK 的 T_g 为 143℃,耐蠕变,耐疲劳。该预浸料可以适用于热压罐、自动铺放、模压以及冲压成型等,广泛应用于航空航天以及其他工程领域的结构件。将 APC‐2 系列的力学性能列于表 8.8。

表 8.8 APC-2 系列的力学性能

增强纤维	碳纤维种类	拉伸强度 /MPa	压缩强度 /MPa	弯曲强度 /MPa	层间剪切 强度/MPa	OHT /MPa	OHC /MPa
AS-4	标模碳纤维	2070/86	1360/—	2000/—	186	386	384
IM-7	中模碳纤维	2900/60	1310/—	2170/103	179	476	324
S-2	玻璃纤维	1170/—	1100/—	1551/—			

注:"/"前后分别为 0°和 90°的数据。

OHT: Open Hole Tension; OHC: Open Hole Compression;两者均为民用航空材料的重要指标。

数据来源:http://www.cytec.com/。

8.1.3.2 连续纤维增强的聚苯硫醚(PPS)预浸料

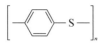

图 8.5 聚苯硫醚 的结构式

聚苯硫醚(PPS)是主链结构中以亚苯基硫醚为重复单元所构成的高聚物。常用单体为二氯苯和硫化钠。PPS 结构式见图 8.5。由于其结构为苯环和硫交替连接,分子链刚性大、规整性好,因此 PPS 为结晶型聚合物。它具有较高的强度、模量以及良好的制品尺寸稳定性、蠕变小,有极高的耐疲劳性、良好的阻燃性,低吸湿性。尤其是在高温高湿条件下不变形并能保持优良的电绝缘性,且耐辐射能力强。由于硫原子上的孤对电子使得 PPS 树脂与纤维、无机填料及金属具有良好的亲和性,故而易于制造复合材料[8],并且广泛地应用航空航天领域。

目前,市场上对 PPS 基复合材料的供应以 TenCate 公司为主,该公司有两个系列,分别为 Cetex® TC 系列、Thermo-lite® 系列。

1) Cetex® TC

Cetex® 下的 PPS 产品为 Cetex® TC1100,T_g 为 90℃,T_m 为 280℃,长期使用温度为 100℃。该型号的产品可做主承力结构和次承力结构,如翼面类结构前缘、发动机短舱、雷达罩等。可以与 AS-4、IM-7、7781(一种玻璃纤维)、5HS(T300-3K 碳纤维)复合,形成单向带和织物两种产品形式。将 Cetex® TC 1100 系列复合材料的物理参数列于表 8.9,力学性能列于表 8.10。

表 8.9 Cetex® TC 1100 系列复合材料的基本参数

增强纤维	纤维面重 /(g/m²)	树脂含量 /%(质量)	增强纤维	纤维面重 /(g/m²)	树脂含量 /%(质量)
AS-4	150	34	5HS (T300-3K)	280	43
IM-7	146	34	7781	300	37

表 8.10 TC1100 系列预浸料产品复合材料的力学性能

增强纤维	拉伸强度/MPa	压缩强度/MPa	弯曲强度/MPa	层间剪切强度/MPa	OHT/MPa	OHC/MPa
AS-4	2160/39	1110/—	—/68	88.9	—	267
IM-7	2760/39	1280/—	—/65	—	—	—
5HS (T300-3K)	757/754	643/637	1027/831	—	279	256
7781	339/338	425/295	512/390	—	158	183

注:"/"前后分别为 0°和 90°的数据。

OHT：Open Hole Tension；OHC：Open Hole Compression；两者均为民用航空材料的重要指标。

2) Thermo-lite® 系列

Thermo-lite® 系列根据增强纤维的不同有 1466P、2666P、4268P、4473P 四种型号。Thermo-lite®（PPS 单向带）系列预浸料的物理参数列于表 8.11,力学性能列于表 8.12。

表 8.11 Thermo-lite®（PPS 单向带）系列物理参数

型号	纤维类型	纤维含量/%(质量)	纤维面重/(g/m²)
1466P	AS-4	66±3	150
2666P	IM-7	66±3	146
4473P	S-2	73±3	204
4268P	E-glass	68±3	260

表 8.12 Thermo-lite®（PPS 单向带）系列复合材料的力学性能

型号	拉伸强度/MPa	压缩强度/MPa	挠曲强度/MPa	剪切强度/MPa
1466P	2045/50	1117	1672	77
2666P	2765/50	—	—	175
4473P	1475	763	—	—
4268P	1118/135/46	—	1201	63

8.1.3.3 连续纤维增强的聚醚酰亚胺（PEI）预浸料

聚醚酰亚胺（PEI）是一种主链结构以醚基和酰亚氨基为结构特征的高聚物,主要单体为芳香二酚和二硝基双酰亚胺。聚醚酰亚胺起源于聚酰亚胺,为了克服聚酰亚胺树脂加工难度大,韧性不足的弱点,研究者们在芳杂环主链上引入了柔性醚键,从而得到了聚醚酰亚胺[9]。经过四十多年的发展,现在 PEI 已经成为特种工程塑料家族中不可或缺的一员,并且广泛应用。

目前 PEI 树脂家族中产量最大的是 Ultem® 系列,该品牌也是目前 PEI 所有产品中唯一万吨级规模的品牌,现在 Ultem® 经过改性之后因为其质轻高强、阻燃,可加工性好,Ultem® 在目前 PEI 的产品中,价格相对低廉,因此得到了最广泛的应用,其主要应用场合为航空内饰,如结构支座、扶手、脚踏板、咖啡机底座等客机厨房应用和桌盘支撑架。除了航空内饰,空客公司的多尼尔-328 的襟翼肋、湾流 4/5 的方向舵肋和方向舵前缘、湾流 5 的增压隔框以及石川岛播磨公司的飞机发动机外壳和静子叶片均为 PEI[10—13]。制成预浸料的 PEI 复合材料则更能满足以上零部件的要求。

目前,市场上对 PPS 基复合材料的供应以 TenCate 公司为主,该公司有两个系列,分别为 Cetex® TC 系列、Thermo-lite® 系列。

1) Cetex® TC 系列

Cetex® TC 系列产品的树脂分为 Cetex® TC1000Design 以及 Cetex® TC1000 Premium 两种,两者的 T_g 均为 217℃,T_m 均为 310℃,V-0 级阻燃,除悬臂梁缺口差异较大外(Design 为 1335J/m,Premium 为 53.4J/m),其他性能均相同。

Design 主要与 7581 复合成织物,而 Premium 则与 7781 复合成织物,两者均含树脂 50%(质量分数),织物面重 296g/m²。将 Cetex® TC 复合材料的力学性能列于表 8.13,更多材料信息见 www.tencate.com。

2) Thermo-Lite® 系列

CETEX Thermo-Lite® 系列仅有一种产品,牌号为 1467U。该牌号的产品为 AS-4 碳纤维增强,纤维质量含量为(67±3)%,纤维面重 146g/m²,预浸料面重为 218g/m²,带宽为 305mm。现将该产品的力学性能,并将该牌号与 TC1000 的两个牌号一并列于表 8.13 中。

表 8.13 Cetex® TC 及 1476U 复合材料的力学性能

性能	拉伸强度 (0°/MPa)	拉伸模量 (0°/GPa)	压缩强度 (0°/MPa)	压缩模量 (0°/GPa)	挠曲强度 (0°/MPa)	挠曲模量 (0°/GPa)
测试方法	ISA 527 (type3)		ASTM D6641		ISO 178	
Design	515	25	612	29	781	24.5
Premium	451	26.3	560	29	650	26
1467U	1917	130	1030	114	1855	123

8.1.4 总结

目前,市场上的高端特种工程塑料及其增强纤维基本被国外公司占据,国内相关产品种类少,且同一牌号不同批次间性能离散性大,不符合航空工业中对材料适航性能的要求。近年来,国际商用航空制造领域对高性能热塑性复合材料的需求逐渐增大,相关制造技术的研发方兴未艾。国产大型客机的立项为热塑性复合材料的国产化和推广提供了难得的机遇,大力发展连续纤维增强的高性能热塑性预浸料及其制造技术将是我国未来复合材料产业的重要方向。

8.2 热塑性复合材料的焊接技术

8.2.1 引言

在热塑性复合材料零件制造的过程中,不可避免地需要用各种连接技术将零件组装起来,形成一个结构更复杂的部件。常见的连接方式有三种,分别为机械连接(铆接)、胶黏剂胶接和焊接连接。

机械连接是最常见的连接技术,常用于金属和复合材料的连接。机械连接可靠性高,连接成本也较低,连接强度可以满足飞机的全寿命需求。另外机械连接的维护性也较好,易于拆解,拆解过程对其他组件的损伤也较小。机械连接也具有较多的局限性,首先,连接之前需要在被组合的零件上打孔,打孔会导致零件强度的损失,因此设计者会增大零件的厚度以抵消打孔带来的强度损失,同时由于铆钉自身也有显著的重量,最终会导致部件重量的显著增加。其次,连接处常常会发生应力集中,长时间使用会导致金属或复合材料的疲劳性能下降,若维护不当,可能导致重大事故。

胶黏剂胶接是现代飞机制造工艺中非常重要的连接方式。胶接可同样用于金属和复合材料的连接。与机械连接相比,胶接不会对零件带来损伤,且避免了零件自身和连接件带来的增重。另外,胶接面的承担的应力载荷均匀,无应力集中现象,因此,使用得当时疲劳性能较好。尽管如此,胶黏剂胶接也有一定的局限性。在金属胶接时,需对待胶接表面进行复杂的化学处理,处理过程耗时较长,且往往产生有毒有害的物质;同时,胶接操作需在净化间内进行,对施工环境要求较高;最后,胶黏剂的固化需要在热压罐中进行,投资较大且耗能较高。目前,胶黏剂胶接是热固性复合材料最佳的连接方法。与金属胶接相比,热固性复合材料胶接前的表面处理更为简便,仅需要在复合材料预浸料铺贴完成后再在表面施加一层合适的可剥布,并在胶黏剂施工前撕下即可。即便如此,胶黏剂固化同样需要在热压罐中进行,同样需要较大的投资和能耗费用。热塑性复合材料同样也可以使用胶黏剂胶接,但面临更多的问题。首先,热塑性复合材料的树脂基体极性均较弱,而胶接使用的环氧或酚醛胶黏剂的极性都较大,胶黏剂与树脂基体的结合力也较弱。若非对待胶接表面进行等离子喷涂等活化处理,最终的胶接强度往往较差。由于热塑性预浸料成型温度较高,往往在 $300℃$ 以上,无法像热固性复合材料一样通过施加可剥布获得合格的待胶接表面,目前较为成熟的工艺仅有人工打磨,来增加表面粗糙度,而人工打磨受人员因素较大,易造成纤维的损害并因此可能导致零件的报废。因此机械连接和胶黏剂胶接在应用于热塑性复合材料连接都有一定的局限性。

由于热塑性树脂具有可熔性,可以通过将被连接界面处的树脂加热熔融,施加压力使两面的树脂完全融合,再冷却重新凝固,即可获得高强度的连接,该方法称为热塑性复合材料的焊接技术。

8.2.2　热塑性复合材料的焊接的基本原理

焊接是一种通过加热或高压的方式结合金属或其他热塑性材料等制造工艺及技术。焊接广泛应用于金属连接,如钢材、铝合金、镁合金等。焊接可用于通用塑料的连接,本质上是一种基于自粘接过程的塑料连接工艺[14]。热塑性复合材料焊接的本质也是一种塑料的焊接,只不过被焊材料并非普通通用塑料,而是高性能工程塑料。目前有两种塑料焊接理论,即扩散理论和粘弹接触理论。扩散理论认为,在焊接加工时,由于有剧烈的运动,两个焊件的表层分子相互扩散,最终表面层消失。粘弹理论认为,在焊接加工时,两个焊件的表面在焊接压力的作用下变形,分子间的吸引力作用于接触的表面,最终分子间吸引力达成平衡,表面消失。

不同的塑料焊接方法不外乎加热方式的不同。除了大多与塑料的熔融特性及流动特性有关外,可能还遵循各自特有的机理。目前,常用于热塑性复合材料焊接的方式有电阻焊、超声焊、感应焊、激光焊等。其中,电阻焊和感应焊属于电磁焊接,超声焊属于一种摩擦焊接,而激光焊接则属于传统意义的热焊接。不同的焊接方式有各自适用的场合。

8.2.3　热塑性复合材料焊接的种类及对应的应用场合

8.2.3.1　电阻焊接技术

电阻焊接操作时,在两个焊件的待焊表面之间放置植入式加热元件。电流通过时,加热元件通过发热来加热被焊接表面的树脂,使得树脂熔融。再通过外加压力使得焊接接头处紧密结合,冷却后即完成焊接操作,如图 8.6[15] 所示。

电阻加热焊具有工艺流程短、设备简单灵活、费用低廉、对表面质量要求不高等特点。同时研究发现[16],电阻焊搭接接头的拉伸剪切强度与模压成型的试件相当,但加热电阻焊所需要的时间更短。电阻焊可以连续焊接大面积区域,且焊接过程不需要移动工件。

电阻加热焊也固有一些缺点。由于加热电阻丝最终会残留在焊接界面,易在接头处出现应力集中、热变形不统一、易出现异电位腐蚀等问题。另外由于树脂及空气的导热较差[17],容易使得电阻丝周围的树脂温度与非电阻丝周围的出现较大差异,在焊接连续纤维增强的热塑性复合材料时,不得不使用大功率加热使整个界面处树脂熔化,从而导致部分的树脂过度熔化,使得纤维与电阻丝的直接接触而破坏整个界面,最终使得焊接强度下降。

在飞机型号研制或应用领域,电阻焊接已有相关应用报道。在空客 A340-600

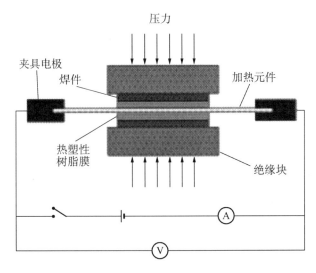

图 8.6 电阻焊接示意图

型号研制时,就采用电阻焊接技术制造出了碳纤维增强聚醚醚酮的机翼前缘试验件,加热元件为不锈钢网[18]。

8.2.3.2 超声焊接技术

超声焊接技术是热塑性塑料常见的焊接方法之一。通过采用高频振动使表面的分子摩擦,产生焊接所需的热量。焊接接头在压力下固定,再施加 $20\sim120\,\mathrm{kHz}$ 的超声波振动。机械波能择优在焊接界面上使热塑性树脂表面的分子链由于摩擦生热并使树脂熔化,同时在压力和超声振动的共同作用下形成焊缝,如图 8.7[19] 所示。

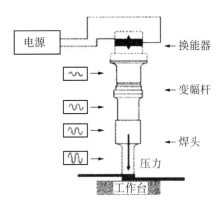

图 8.7 超声波焊接示意图

超声焊接最突出的优点是速度快。此外,依据现代化的控制设备和监控设备,超声焊接易于实现自动化,尤其适用于批量生产[20]。在小部件、临时固定用的焊接时具有独特的优点。

超声焊接也有一些固有的缺点:由于超声探头和焊接接头需直接接触并保持一段时间,因此无法实现连续化的焊接操作;由于超声探头大小所限,不适宜用于大面积的焊接操作;超声振幅需严格控制,否则会振断纤维。

在超声波焊接连续纤维增强的热塑性复合材料时,关键在于保持连续熔融。熔膜在时间和空间上的连续性决定了焊接接头的质量。"导能筋"的焊接接头设计形式能达到空间上的连续性,如图 8.7 所示。焊接时熔化首先在"导能筋"出现,再慢慢扩展直至铺满整个焊接界面。时间上的连续性是指避免熔膜在铺满整个焊接界面之前就凝固的现象。在焊接连续碳纤维增强的高性能热塑性复合材料时,由于碳纤维的导热性能远远好于树脂基体,尤其是熔化以后的树脂基体,在超声场中摩擦生热能力大大降低。两种因素叠加使得熔膜在时间上的连续性难以保持。通过在焊接表面附加一层起绝热效果的纯树脂层,可以降低明显降低焊接界面处的热损失速度[19]。

通过改变焊接振幅和焊接压力能够始终在焊接过程中保持熔体在时间上的延续,并且可以避免熔体从焊接区溅出[22]。

目前,超声波焊接的主要研究方向有:通过优化"导能筋"的形状来获得高强度接头;通过实时控制振幅和压力来提高接头质量;采用双频率的超声波焊机来提高焊接界面处的生热效率,缩短焊接时间减轻振动对连续纤维的破坏。

在飞机型号研制或应用领域,超声焊接已经开始得到应用。如空客 A380 的前缘结构在研制时,就采用超声波对前缘蒙皮铺层时进行焊接固定[23]。

8.2.3.3　激光焊接技术

由于激光的高能性和穿透性,使用激光焊接热塑性树脂时,需确保被焊材料同时有吸收激光和透过激光两种。在焊接时,两待焊接部件搭接在一起,激光透过上部透光材料,在下部吸收材料表面处被吸收,在界面处产生热量使上下两种材料发生熔化,在压力的作用下形成焊缝,如图 8.8[15]所示。

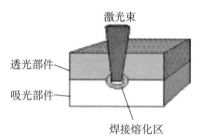

图 8.8　激光焊接示意图

激光焊接是一种适应性较强的通用焊接方法,它减少了设计上的条件限制。激光焊接不产生焊接飞边,接头清洁,同时极大地减少了振动及热效应对界面处的破坏,使得接头有较高的抗老化和疲劳性能[24]。

激光焊接对材料自身的光学特性有非常高的要求,对上部材料的透光率要求较高,而下部材料的吸光率则要求较高。由于热塑性复合材料的树脂基体常为结晶性的 PPS 或 PEEK 等,大多数都为半结晶性的聚合物,透光率都较低,不适合直接采用激光焊接。添加剂的加入通常可以改善材料的光学特性,获得不错的透光率。下部材料则可以加入吸收剂,如炭黑等,增加光学吸收率。

由于热塑性复合材料本身的电磁特性、光学特性等的限制,要求其焊接时辅以不同形式的介质或添加剂。不同材料对添加剂的要求也不同,因此需综合考虑。而碳纤维增强的热塑性复合材料,由于碳纤维自身的不可透光性,激光焊接无法焊接上下面板皆为碳纤维增强的热塑性复合材料,但可用于透明材料与碳纤维增强热塑性复合材料的焊接。

8.2.3.4　感应焊接技术

感应焊接是在待焊材料表面之间引入导电性或铁磁性介质作为电磁场的感应元件,在外加电磁场的作用下,感应元件产生热量加热界面使树脂熔化,再在压力的作用下形成焊接接头。感应焊接的表面形状可以比较复杂,沿接头移动线圈可以形成连续的长焊缝。为了加工复杂的结构,可以用机器人控制线圈,实现自动化的焊接。对焊接接头再次加热后,可以将焊缝重新切开,因此可进行相应的修补,如图 8.9 所示。

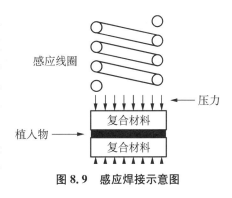

图 8.9　感应焊接示意图

感应焊接时,焊接面上的温度分布均匀性是影响连接性能最重要的因素之一,这主要取决于感应元件的形状和感应线圈的设计。感应材料可以是外加的金属网,如铜网,也可以是碳纤维织物(高电阻碳纤维)。目前,针对感应焊接的主要研究方向是感应材料及感应线圈对焊接面温度场分布的影响规律,包括线圈位置和形状对温度场的影响[25],以及金属网的形状对温度分布的影响[26]。

感应焊接需要的时间短,能够应用于任何具有规则的表面,如平面或有规则的曲面,且可同时进行多个大型制件或多重焊接面的焊接,并使得感应焊接热塑性材料具有很高的可靠性。在焊接时,可以在界面处额外增加一层树脂膜,树脂组成与热塑性复合材料基体树脂一致,可以得到更高强度的焊接。

感应焊接的主要缺点是焊接植入材料制作较为困难,且植入的感应元件会永久保留在界面处,在一定程度上影响了焊接强度。除此之外,无法焊接一些不规则结构。目前,感应焊接的研究集中在克服连续碳纤维对焊接温度场分布的影响[27]。

目前,感应焊接在民用飞机研制领域已有较为成熟的应用。福克公司研制公务机湾流 G650 的升降舵和方向舵时就采用感应焊接方法[28],将加强件焊接到升降舵和方向舵的壁板上。

8.3　热塑性复合材料模压

模压对于热塑性复合材料零件的制造是一种简易而稳定的方法。传统方法将干纤维和热塑基体片材的叠层进行模压,加热时间长、浸润难、容易滑移。现在热塑预浸料板材已逐渐商业化,对缩短加工时间、提高浸润质量、实现自动化生产都是一大利好[29]。所以本节着重介绍热塑预浸料的模压工艺。

一般来讲,模压模具合模时,上下模板会沿着重叠的中轴线相对运动,再辅以若干导轨,就能高度准确地定位。所以模压制得的零件尺寸精度较高。另外,由于压力易于控制,模压能得到较高的纤维含量。制造模具时,要按预浸料变形时的厚度分布进行模拟。贴合不匀会使熔化不充分,表面质量差。为了方便脱模,阴模常比阳模大 2°～3°倾角[30]。

加热和冷却装置简单也是制造模具的一大优势。温度控制装置一般在压板内,或直接存在于模具内。这样从热源到预浸料的热量传递主要通过模具(多为钢材)实现,直接而稳定。模压的工装参与从升温、保温到冷却的全部热过程,所以工装材料需要在该热循环下仍有较高的使用寿命。

8.3.1 热塑模压的过程

模压有很多不同形式的变体或辅助装置,常见的两种是直接模压(见图 8.10)和冲压(见图 8.11)。

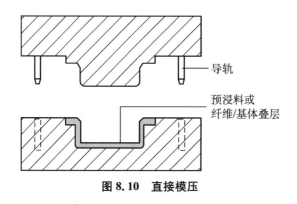

图 8.10 直接模压

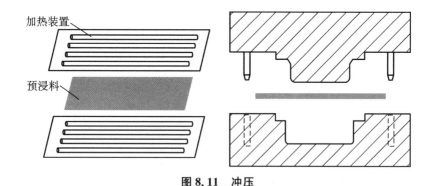

图 8.11 冲压

以冲压为例,加热装置一般是独立的。它要能将预浸料快速加热到基体熔点以上(聚醚醚酮约需 380℃);并且要有均匀的温度场,防止预浸料局部未完全熔化、在加压时破坏;另外加热装置的构型和位置要便于迅速转移预浸料,使它在冲压前仍充分软化。一般转移速度在 5 s 以内,具体的时间要求则要在设计装置时说明。

目前的加热装置多为红外加热,升温快而且加热面积大。在靠近中间的位置,即接近预浸料的表面,要有温度探针,以监测预浸料表面的真实加热温度。为了方便支撑和转移预浸料,常用方框附加弹簧来固定预浸料(见图 8.12)。

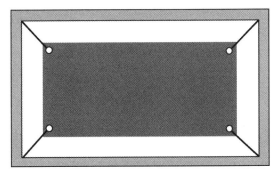

图 8.12　预浸料支撑和转移装置

模具冷却到需要的温度以下时,脱模即得到零件。

8.3.2　热塑模压的技术难点

8.3.2.1　加热装置的优化

模压的升温和降温速率相对其他成型方式较慢,闭模压合的时间一般只占加热和冷却的一小部分(见图 8.13)。所以为了缩短总成型时间,要尽可能把预浸料的预热过程放到模压装置外、与模具升温独立进行。考虑统筹升温在批量制造时尤为重要。降温是否可以统筹、统筹怎么保压仍为要解决的问题。

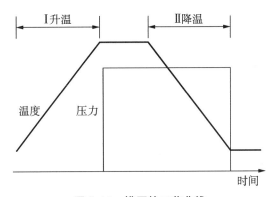

图 8.13　模压的工艺曲线

8.3.2.2　加工温度

热塑预浸料的加工温度要尽可能高于熔点,防止转运时过早冷却、变形不充分,同时又不到基体的降解温度。所以设计冲压时,加工温度存在一定的可选区间,需要试验、权衡。

8.3.2.3　基体在纤维存在时的热力学行为

航空结构件往往有较多的力学要求。热塑性复合材料的动态性能受基体影响较大，成型工艺对基体微结构的影响就尤为重要。一般用于控制热塑性复合材料微结构的理论为结晶动力学，而基体在纤维存在时有着不同的结晶行为。所以，要区分热塑性复合材料基体作为塑料和在复合材料体系中不同的结晶行为。

基体宏观的热变形也明显受纤维编织结构的影响，因此在设计模具时都应有充分的计算。

8.3.2.4　纤维的成型变形行为

模压由于传压好，经常用于制造局部曲率大的零件。成型时复合材料的应变极限不得超过纤维，这是一项基本要求。否则纤维断裂，尤其在关键位置，能大幅降低性能，造成致命的缺陷。

8.4　热塑性复合材料的自动铺丝工艺

热塑性预浸料的自动铺丝成型是最先进的自动化成型方法，近年来逐渐成为航空领域的研究热点。

自动铺丝成型同时也利于提高设计的灵活性和适用性，可高效成型大表面和中等曲率的制件，比如飞机蒙皮等壳体。热塑性预浸料的自动铺丝工艺在制备具有厚横截面和大表面区域的制件时没有尺寸限制。而且，该技术还可以用于加工复杂的、非短程的、甚至凹陷形卷绕的部件，这就很大程度上保证了设计的灵活性[31]。

8.4.1　热塑性预浸料自动铺丝工艺的原理

热塑性预浸料的自动铺丝工艺的开发研究已有二十多年的历史。最早由美国的 ARPA(Advanced Research Projects Agency)提出，其目的是为潜艇制造高性能复合材料结构零件。之后波音公司、Automated Dynamics 公司、美国航空航天局(NASA)、荷兰 Fokker 航空集团等组织相继开展了热塑性自动铺丝工艺的系统研究[32]。

热塑性自动铺丝的工艺过程为浸渍了热塑性树脂的纤维束单步连续在工装表面进行定位、铺叠和凝固。如果铺放质量较高，当指定结构大的表面被覆盖并达到一定的厚度时，制品就完成了。后面的热压罐成型或模压凝固可以不必进行。成型过程中计算机控制程序可以使这一工艺过程完成自动化，提高了生产率，降低了劳动消耗，使加工成本进一步减少。图 8.14 描述了原位工艺的基本过程。

集中的热源可以在预浸料和基质的界面间形成一个熔融区域，热源的强度必须适当调整已保证两个表面都熔融。当通过加热体系产生合适的熔融区域后，就要通过纤维张力和/或滚筒接触适当加压，以压缩非均匀熔融表面，挤压基质填满缝隙。

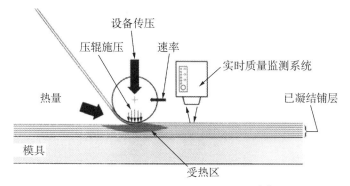

图 8.14 原位凝固浸渍过程示意图[31]

然后就会有界面间的紧密接触和扩散键合。在熔融区域温度低于树脂熔融或软化温度之前,滚筒压力一直维持恒定,以防止由于体积收缩或显微网络弹性能释放形成空隙。长丝卷绕时旋转卷芯和移动铺放头,可以使原位凝固加工工艺连续进行。最后铺放好的制件以适当的速度冷却、定型[33]。

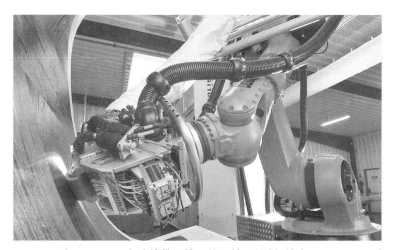

图 8.15 法国 Coriolis 自动铺带机铺设热塑性预浸料(摘自 Tencate 公司内部资料)

8.4.2 自动铺丝工艺的关键技术

8.4.2.1 预浸料加热系统

由于热塑性树脂具有较高的熔融温度,如聚苯硫醚(PPS)的熔点为 285℃,而聚醚醚酮(PEEK)的熔点高达 334℃,因此加热热源的选择及加热均匀性对复合材料的质量有着重要的影响。

Automated Dynamics 公司于 1987 年开发了一系列不同的加热系统,如红外加热、超声波加热、蒸汽加热、激光加热等。其中激光加热的效果最为优异,具有加热效率高、能量密度高、相应迅速,加热温度及区域控制精准等特点,十分适用于高质量零件的制造。此外,蒸汽加热系统由于成本低、工艺适用性较强,也被普遍使用[34]。同时,加热温度要低于基体树脂的热分解温度;预浸料在高温作用下容易氧化降解,在铺放熔点较高的预浸料时,要注意高温下加工时间的控制,必要时需采用惰性气体保护。

8.4.2.2 压力与时间

热塑性预浸料在加热熔融后需通过压辊等类似机构进行压实,以实现预浸料层间的紧密接触,并保持一定的时间,保证树脂分子在紧密接触状态下有足够的时间在界面区域发生迁移、扩散,最终达到预浸料层间固结。在该时间内需要保持材料温度高于其玻璃化转化温度(T_g)。不同的保持压力与时间,直接影响层间的结合强度。针对不同的树脂基体,需通过实验,选择不同的压力与时间工艺参数。

8.4.2.3 冷却过程

航空热塑性预浸料基体树脂主要有 PEEK、PPS 等,其大多数为半结晶聚合物。树脂的结晶行为对复合材料的力学性能(包括静态性能、长期性能)影响十分显著,也会影响制件内应力的程度和分布情况。

而复合材料的结晶行为主要受自动铺带中冷却过程的控制,冷却过程中的结晶属于聚合物动态结晶现象,不同的降温速度对树脂结晶度、结晶形态和结晶区域的分布会产生复杂的影响,从而在微观上造成复合材料中具有不同的树脂形貌,而在宏观上则表现出不同的力学行为。因此必须根据原材料和零件的特点进行系统的工艺试验,确定适合的冷却参数。

8.4.3 自动铺丝工艺存在的问题

热塑性预浸料的自动铺放技术仍存在着许多不足,主要表现在:

(1)适用于热塑性自动铺丝的设备价格昂贵,投入较大,且存在进口限制风险。

(2)目前国内热塑性预浸料主要依赖于进口,尤其对于自动铺丝原料依赖性更强。

(3)自动铺丝工艺的应用经验远不如热固性工艺,采用该工艺生产的航空零件多处于试验或小批量验证阶段,还需进一步积累应用数据。

(4)采用铺丝工艺生产的热塑性复合材料与热压罐成型存在一定性能差异。

8.4.4 自动铺丝工艺的应用实例

近年来波音公司和空中客车公司相继成立了热塑性复合材料的研发机构,对其进行从原材料、工艺设备到制造技术的研发。

空中客车公司于 2005 年,联合了多家荷兰热塑性复合材料原材料供应商、制造企业和高校,成立了名为可负担的航空主结构热塑性材料组织(Thermoplastic

Affordable Primary Aircraft Structure Consortium，TAPAS)的研究组织。进一步致力于开发满足航空要求的低成本高性能的热塑性复合材料的解决方案。其中一种重要成型工艺就是自动铺丝技术。目前欧洲正在开展一项名为 Clean Sky 的研究计划,其中一项工作为研究热塑性复合材料在民用航空机翼和机身上的应用技术,该项研究计划投入 4.56 亿欧元,研制周期至 2014 年结束。该项目组近期在 2017 年巴黎的 JEC 复合材料展览会上展出一段热塑性复合材料机身的原型(见图 8.16)。这预示着热塑性复合材料在飞机主承力结构上的应用正在有计划的推进。其中壁板的成型正式采用了自动铺丝技术。

图 8.16　连续纤维增强的热塑性复合材料的机身壁板样件
连续(2017 年法国 JEC 复合材料展览会)

8.5　纺织结构增强热塑性复合材料成型工艺研究进展

近年来,东华大学与上海飞机制造有限公司开展了热塑性复合材料典型结构件成型工艺研究,建立了纺织结构碳纤维增强尼龙(PA)、聚苯硫醚(PPS)基等热塑性复合材料及其预浸料的制备方法,设计并制造了用于复合材料板材和平尾前缘结构件的不锈钢模具,研究了纤维表面改性工艺、热压成型工艺、纺织结构等对复合材料力学性能的调控作用,建立了碳纤维织物增强尼龙(CFF/PA)和 CFF/PPS 复合材料板材的优化成型工艺。

8.5.1　纤维表面改性及预浸料制备工艺研究

碳纤维增强复合材料的力学性能不仅取决于纤维与树脂基体,还与两者界面粘结性密切相关。纤维表面改性能提高其表面粗糙度,增加极性基团,从而增加纤维与树脂基体间的相互作用,提高界面粘结性及树脂-纤维的浸润性,从而提高复合材料的力学性能。我们采用液相处理、等离子处理和纤维表面聚合物涂层法相结合的方法,考察了等离子体处理时间与功率,涂层聚合物的种类、浓度及时间等工艺对复合材料力学性能的影响。

图 8.17 给出了不同浓度下经聚合物涂层处理的碳纤维织物所制备而成复合材料预浸料的扫描电镜照片,可见当涂层溶液质量浓度较低时[见图(a)],预浸料中纤维与基体树脂的粘结性较弱,样品断裂时容易发生树脂与纤维之间的剥离;而质量浓度超过 8% 时[见图(b)(c)],断面中能看见纤维完全被基体树脂包覆,孔隙率小。

（a）　　　　　　　　　　（b）　　　　　　　　　　（c）

图 8.17　不同质量浓度下经过聚合物涂层处理的碳纤维织物所制备而成的复合材料预浸料（**SEM,液氮脆断截面**）

（a）3%　（b）8%　（c）12%

纤维表面改性处理对碳纤维织物增强复合材料的力学性能也有显著影响。图 8.18 给出经过改性处理和未经处理 PPS/CFF 复合材料的冲击能、拉伸强度和弯曲强度。可见,经过上述对纤维表面的改性处理后(包括先后进行的液相处理、等离子处理和纤维表面聚合物涂层处理),所制备的复合材料的冲击能、拉伸强度和弯曲强度分别由 130.9 J、568.7 MPa 和 756.9 MPa 提高到 140.8 J、615.8 MPa 和 886.6 MPa。

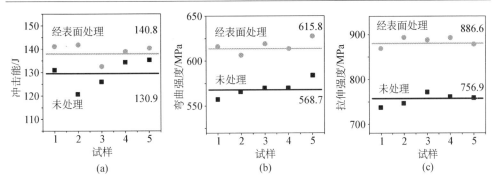

图 8.18　经过聚合物涂层处理的 CFF/PPS 复合材料力学性能

（a）冲击能　（b）拉伸强度　（c）弯曲强度

8.5.2　模具的设计与制造

考虑到模具制作成本主要来自型面的加工,而非模具材料费用,因此采用不锈钢制造模具,以得到较好的型面。在模具设计和制造中需要考虑以下几点:装模与脱模,防止纤维织物走形的设计,溢料口/槽的设计,加热系统设计,紧固、定位和密封等。实验表明,模具的表面光洁度和硬度是保证产品表面质量及脱模的重要因素。图 8.19 为复合材料板材以及机翼前缘缩比件的热压模具。

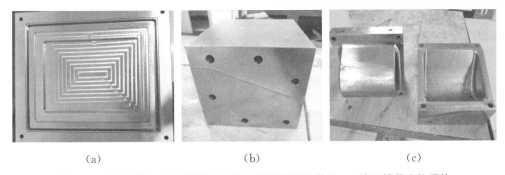

（a）　　　　　　　　　（b）　　　　　　　　　（c）

图 8.19　热塑性复合材料板材(a)及机翼前缘缩比件(b, c)热压模具实物照片

8.5.3　复合材料热压成型工艺研究

纤维增强树脂基复合材料的力学性能与热压成型工艺密切相关。为了对成型工艺进行优化,我们研究了成型温度、压力、时间等工艺参数对复合材料力学性能的影响及调控。

8.5.3.1　热压温度对复合材料力学性能的影响

通过 DSC 和流变测试对热塑性基体树脂的熔融温度范围进行表征,测定 PPS 薄膜的熔融温度范围 277～295℃,熔点为 290℃。然后通过流变测试对基体熔体粘度随温度的变化情况进行表征,发现在 340℃时粘度达到最低,之后急剧增大,表明 PPS 在 340℃以上发生交联。综合以上实验数据,将热压工艺参数分别设置为

300℃、310℃、320℃、325℃、330℃、340℃,进行对比实验。所制备的复合材料力学性能如图 8.20 所示。从实验数据可见,复合材料的拉伸强度和拉伸弹性模量均随着热压温度的升高而有所增加,在 330℃以上时达到一个平台,继续升高温度对力学性能影响不大。这是由于一定范围内升高成型温度有利于树脂流动,可以提高树脂基体对纤维的浸润性。材料的弯曲强度起初也随温度升高而提高,但在 330℃时弯曲强度达到最高点,继续升高反而有所降低,这是因为 PPS 发生了氧化交联、基体变脆而造成的。

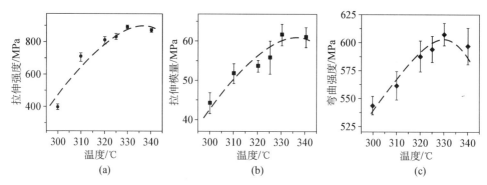

图 8.20　不同温度热压成型 CFF/PPS 复合材料力学性能

（a）拉伸强度　（b）弹性模量　（c）弯曲强度

8.5.3.2　热压压力对复合材料力学性能的影响

压力对树脂-纤维浸渍效果的影响较为复杂。在适宜的温度下,增加压力有利于熔融树脂的流动,浸润性更好;然而另一方面,增大压力使得纤维束被压紧,纤维间的空隙率减小,增加了树脂的流动阻力,不利于树脂熔体对纤维的浸润;与此同时,压力增大后,熔融树脂的流动会挤压纤维,引起纤维的弯曲,尤其在板材的边缘处,纤维的屈曲可能会非常明显,如图 8.21 所示。

图 8.21　压力为 0.5 MPa 时经热压成型制备的 CFF/PPS 复合材料(实物照片,俯视图)

选择 0.1~0.5 MPa 的一系列压力,考察热压压力对复合材料力学性能的影响情况,实验结果见图8.22。发现材料的拉伸强度和冲击能随成型压力增大而逐渐下降,但弯曲强度有所提高。结合考虑,选择0.2～0.3MPa区间的成型压力比较利于材料的综合性能。

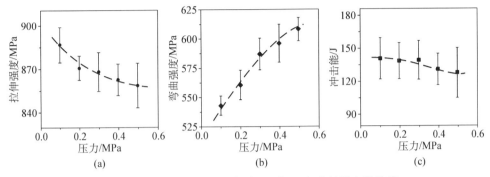

图8.22 不同压力下热压成型CFF/PPS复合材料力学性能

(a)拉伸强度 (b)弯曲强度 (c)冲击能

8.5.3.3 热压时间对复合材料力学性能的影响

图8.23给出了不同时间下经过热压成型的CFF/PPS复合材料的冲击能和拉伸强度。从实验结果可见,随着热压时间的延长,复合材料的冲击韧性降低,这是由于PPS树脂基体产生交联,交联程度随时间延长而增加,过度交联使PPS基体变硬、变脆,如图8.23(a)所示。然而,PPS基体的交联同时也导致复合材料中相邻碳纤维织物层之间作用力增加,即层间结合强度增加,材料不易分层,因而弯曲强度随成型时间的延长而有所增加,如图8.23(b)所示。

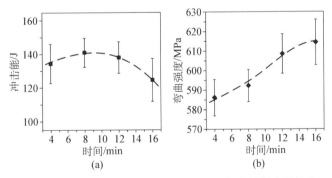

图8.23 不同时间下热压成型CFF/PPS复合材料力学性能

(a)冲击能 (b)弯曲强度

结合以上实验结果,当成型温度为330℃、成型压力为0.2MPa、成型时间为12min时,经过热压成型所制备的CFF/PPS复合材料具有综合性优良的力学性能,以上成型条件为CFF/PPS复合材料的优化工艺条件,所成型材料的实物照片如

图 8.24 所示，其内部结构可用金相显微镜表征（见图 8.25）。从显微镜照片可见，树脂与纤维的浸润性良好，孔隙率较小。

图 8.24　优化工艺条件下热压成型的 CFF/PPS 复合材料（实物照片，俯视图）

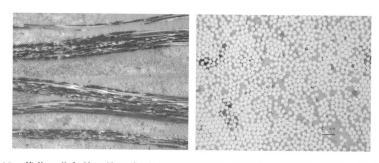

图 8.25　优化工艺条件下热压成型的 CFF/PPS 复合材料（金相显微镜照片，抛光截面）

8.5.4　不同纺织结构 CFF/PPS 复合材料的力学性能对比

为考察纺织结构对树脂基体-纤维的浸润性以及复合材料的力学性能的影响，使用平纹（plain weave）、斜纹（twill weave）和缎纹（satin weave）三种织物形式制备了一系列 CFF/PPS 复合材料，考察不同纺织结构 CFF/PPS 复合材料的力学性能。其冲击能和拉伸强度如图 8.26 所示。可见缎纹结构的冲击韧性相比平纹和斜纹明显更好，尽管拉伸强度相对较弱，但相差并不大。

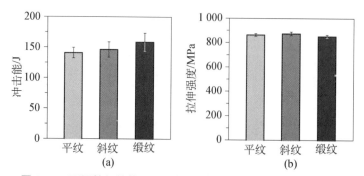

图 8.26　不同纺织结构 CFF/PPS 复合材料的冲击能和拉伸强度

（a）冲击能　（b）拉伸强度

参考文献

［1］ 王强华.从碳纤维到碳纤维增强热塑性塑料［J］.玻璃钢，2012(2)：46-49.

［2］ 朱月兰，葛巧珍.纤维增强热塑性塑料的发展及应用［J］.化工新材料，1993(11)：1.

［3］ 王兴刚，于洋，李树茂，等.先进热塑性树脂基复合材料在航天航空上的应用［J］.纤维复合材料，2011(2)：44-47.

［4］ 林有希，高诚辉.PEEK 的改性及应用［J］.工程塑料应用，2005(9)：64-67.

［5］ 秦明.热塑性聚芳醚酮类树脂基复合材料的制备及连接技术研究［D］.杭州：浙江大学，2004.

［6］ 叶鼎铨.碳纤维增强材料新应用［J］.国外塑料，2013(2)：39-40.

［7］ 吴忠文.特种工程塑料及其应用［M］.北京：化学工业出版社，2011.

［8］ 陈祥宝.高性能树脂基体［M］.北京：化学工业出版社，1991.

［9］ 爱德曼公关.SABIC IP 新型材料助力飞机内饰件更好地实现可持续性、安全性、舒适性和成本缩减［J］.塑料制造，2010(6)：28-29.

［10］ 钱明球.聚醚酰亚胺的研发现状与应用前景［J］.合成技术及应用，2011，26(3)：30-33.

［11］ 张立.复合材料飞机地板［J］.航空制造工程，1996(1)：21-22.

［12］ 陈莉亚.高性能热塑性复合材料在飞机上的应用［J］.航空维修与工程，2003(3)：28-30.

［13］ Dodin M G. Welding mechanisms of plastics：a review ［J］. Journal of Adhesion. 1981；12(2)：99-111.

［14］ 张增焕，刘红兵.航空领域热塑性纤维复合材料焊接技术发展研究［J］.航空制造技术，2015，14：72-75.

［15］ Colak Z S，Sommez F O，Kalenderoglu V. Process modeling and optimization of resistance welding for thermoplastic composites ［J］. Composites Materials，2002，36(6)：721-744.

［16］ Stavrov D，Bersee H E N. Resistance welding of thermoplastic composites-an overview ［J］. Composites Part A：Applied Science Manufacturing，2005，36(1)：39-54.

［17］ Keck R，Machunze W，Dudenhausen W. Design，analysis，and manufacturing of a carbon-fiber-reinforced polyetheretherketone slat ［C］. Proceeding of the Institution of Mechanical Engineers，Part G：Aerospace Engineering，2009，233：1115-1123.

［18］ Troughton M J. Handbook of plastics joining part I：joining processes ［M］. Norwich：William Andrew，2008.

［19］ 姜庆滨，王晓林，闫久春.热塑性树脂基复合材料焊接研究［J］.材料科学与工艺，2005，06(13)：247-250.

［20］ Benatar A，Gutowski T G. Ultrasonic welding of PEEK graphite APC-2 composites ［J］. Polymer Engineering and Science，1989，29(23)：1705-1721.

［21］ Grewell D，Gneiting R，Strohm G. Comparison of control algorithms for ultrasonic welding of plastics. Annual Technical Conference ANTEC，Conference ［C］. Chicago：Society of Plastics Engineers，2004，1：1177-1181.

［22］ Offringa A. New thermoplastic composite design concepts and their automated manufacture ［J］. JEC Composites Magazine，2010，7(58)：45-49.

［23］ 张胜玉.塑料焊接在汽车工业上的应用［J］.2004，33(6)：89-94.

［24］ Lin W，Buneman O，Miller A K. Induction heating model for graphite fiber/thermoplastic matrix composites [J]. Sampe Journal, 1991.

[25] Yarlagadda S, Fink B K, Gillespie J W Jr. Resistive susceptor design for uniform heating during induction bonding of composites [J]. Journal of Thermoplastic Co of Thermoplastic Composites Materials, 1998,11(4): 321 - 337.

[26] Mitschang P, Rudolf R, Neitzel M. Continuous induction welding process, modeling and realization [J]. Journal of Thermoplastic Composites Materials, 2002,15(2): 127 - 153.

[27] P Jaeschke, D Herzog, H Haferkamp. Laser transmission welding of high-performance polymers and reinforced composites-a fundamental study [J]. Journal of Reinforced Plastics and Composites, 2010,10(29): 3083 - 3094.

[28] C Y Niu. Composite Airframe Structures [M]. Hong Kong: Conmilit Press Ltd. , 1992, 238 - 243.

[29] P Ermanni. Composite Technology [M]. Zürich: ETH Zürich, 2007,10: 1~24.

[30] Raju S Dave, Alfred C Loos. Processing of Composites [M]. 1999

[31] Colak Z S, Sommez F O, Kalenderoglu V. Recent developments in Automated Fiber Placement of Thermoplastic Composites [C]. Proceeding of SAMPE, 2013.

[32] Mark A Lamontia, Steve B Funck, Mark B Gruber, et al. Manufacturing Flat and Cylindrical Laminates and Built up Structure using Automated Thermoplastic Tape Laying, Fiber Placement, and Filament Winding [C]. Proceeding of SAMPE, 2002.

[33] Mark B Gruber, Mark A Lamontia, Brian J Waibel. Automated Fabrication Processes for Large Composite Aerospace Structures: a Trade Study [J]. Polymer Engineering and Science, 1989,29(23): 1705 - 1721.

9　复合材料无损检测技术

9.1　概述

近年来,复合材料在民用飞机上的应用越来越广、用量越来越大,已经从早期的方向舵、升降舵、机翼活动面、整流罩等次承力件,逐渐过渡到中央翼盒、尾翼盒段、外翼盒段,乃至机身等大尺寸、大曲率、主承力零件。目前,波音 787 飞机的复合材料用量已经达到 50%,而空客 A350 飞机更是高达 52%[1, 2]。因此,复合材料已经成为衡量现代民用飞机先进性的重要标志之一。随着复合材料制件结构更加复杂、尺寸更大、安全性要求更高,如何准确有效地评价复合材料制件的质量则成为亟待解决的关键问题,也是飞机适航取证的关键因素。

1) 复合材料常见缺陷

复合材料结构常见缺陷形式有:分层、脱粘、气孔、孔隙率、夹杂、疏松、纤维断裂、脱粘、缺胶、厚度不均等,其中分层、脱粘、气孔、孔隙率是其最主要的缺陷类型[3—4],其中几种典型缺陷的金相图片如图 9.1 所示。

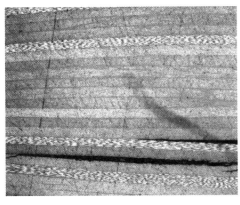
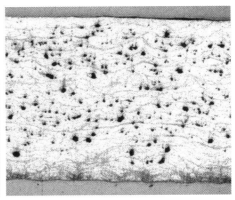

(a)　　　　　　　　　　　　　　(b)

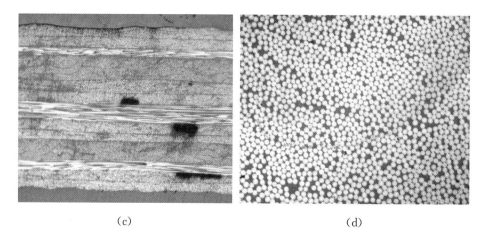

(c)　　　　　　　　　　　　　　　(d)

图 9.1　常见缺陷类型

(a) 分层　(b) 孔隙　(c) 气孔　(d) 贫胶

分层是复合材料层压结构中最常见的缺陷,通常有两类:一是指层压板内部不同层之间存在的局部的明显分离,其特征为薄的大面积间隙;二是复合材料结构连接孔边缘产出的分层。脱粘是复合材料粘接结构两侧材料未被粘接上的区域,一般出现在夹芯结构或板/板胶接结构的粘接区域。气孔一般是由于树脂间存在的空气和树脂中挥发物形成的孔洞。孔隙率则是指复合材料内部的微型密集孔隙的含量,这些孔隙存在于纤维的丝间、束间和层间,呈明显的体积分布。复合材料结构中的缺陷可能单一形式存在,也可能是多种缺陷形式并存。

2) 复合材料无损检测技术

无损检测利用物质的声、光、磁和电等特性,在不损害或不影响被检测对象使用性能的前提下,检测被检对象中是否存在缺陷或不均匀性,给出缺陷大小、位置、性质和数量等信息[5]。目前复合材料应用的无损检测方法主要有:目视法、超声检测、X 射线检测、声发射法、激光散斑、红外检测、涡流检测等。

国内外主要的航空复合材料制造商最常用的无损检测方法是超声波无损检测和 X 射线无损检测。其中,超声无损检测又可分为脉冲反射法和穿透法。超声检测主要适用于检测层压板、胶接结构、夹层结构等结构中的分层、夹杂、孔隙率、脱粘等缺陷。X 射线检测主要用于蜂窝芯子缺陷的检测,这种方法更多用在零件研制初期,工艺不稳定阶段的产品检测,当产品技术成熟后,会逐渐减少或取消蜂窝芯子的 X 射线检测。除了上述常用的检测方法之外,还有一些辅助性的无损检测方法,如敲击检测、阻抗法、谐振法等。这些方法主要用于次承力结构,或作为主承力结构的辅助检测手段。

随着民机复合材料技术的发展,许多先进的无损检测技术也应运而生。在超声检测领域,更为先进的超声相控阵检测技术已经日趋成熟,并广泛应用于零件制造阶段的无损检测,并逐步取代常规的超声检测。另外,激光超声的发展也相当迅猛,主要用于装配制孔或外场检测。在 X 射线领域,传统的胶片法已经逐步被数字实时成像或计算机辅助成像所代替。激光散斑、红外热像等新型检测技术也越来越多地在工程领域得到应用,尤其在维修或服役阶段,这两种方法特别适合夹层结构脱粘缺陷的检测,红外热像法还可以检测蜂窝积水。

近几年,随着国产大飞机的研制,国内也在复合材料无损检测领域进行了大量的技术攻关和预先研究。在型号技术攻关方面,针对大尺寸加筋壁板、梁、蜂窝夹层及泡沫夹层等结构开展了超声和 X 射线检测技术研究,制定了检测标准并通过适航验证。另外,研制出成套的复合材料孔隙率对比试块,编制了复合材料孔隙率超声检测标准,并进行了工程应用及验证。在先进检测技术工程应用方面,超声相控阵技术也逐渐从大学、研究所的实验室过渡到生产现场的检测,各航空复合材料制造厂也基本上采用非胶片法 X 射线成像技术。在预先研究方面,国内高校和研究所已经开展了红外热像、激光散斑、激光超声等检测方法的机理和实验研究。

本章主要介绍航空复合材料无损检测领域常用的无损检测方法及一些无损检测新技术,包括超声检测、超声相控阵、空气耦合超声、X 射线、红外热像、激光散斑等。简略介绍一下检测方法的基本原理,重点从应用实例出发,介绍各个检测方法的特点、适用情况和检测工艺。

9.2 超声检测技术

人们把能引起听觉的机械波称为声波,频率在 $20 \sim 20\,000\,\mathrm{Hz}$ 之间;频率低于 20 Hz 的称为次声波;频率高于 $20\,000\,\mathrm{Hz}$ 的称为超声波。超声波是频率很高、波长很短的机械波,具有良好的方向性,可以定向发射;超声检测频率远高于声波,而能量(声强)与频率平方成正比,因此超声波的能量很大;超声波属于机械波,具有波动特性(叠加、干涉、散射、衍射、满足惠更斯原理),会在两种不同介质的界面上产生反射和折射;超声波在大多数介质中传播时,传播能量损失小,传播距离大,穿透能力强。

超声无损检测技术主要是基于超声波在工件中的传播特性(如超声波在通过材料时能量会损失,在遇到声阻抗不同的两种介质形成的界面时,会发生发射与折射,在传播过程中会产生散射与衍射等)而实现的。其优点在于易于操作、便携、快速、可靠、灵敏度高、且可精确确定缺陷的位置、大小与分布,对人体无害。采用超声波可以检测复合材料中常见的分层、孔洞、孔隙率、夹杂、脱粘、疏松、纤维断裂、厚度变化等缺陷。但是操作者需要经过专门培训,对于不同零件不同缺陷要采用不同的技术进行检测和分析,一般需要耦合剂[6, 7]。

对于复合材料层压板类结构,超声检测的主要目的是检测其分层、裂纹、气孔及孔隙等内部缺陷;对于夹层结构,则除了上述层压板内部缺陷之外,还需特别注意检测蒙皮与芯子之间的脱粘情况。

9.2.1 基本原理与分类

9.2.1.1 超声无损检测技术基本原理

超声检测的一般步骤为:首先,激励声源产生超声波,采用一定的方式(如水耦、干耦等)使超声波进入待检工件;然后,超声波在待检工件中传播并与工件材料及其内部存在的缺陷相互作用,使得超声传播方向、相位或能量幅值等特征发生改变;然后通过超声波检测设备接收改变后的超声波,分析超声波能量分布(声压分布)、频率改变等现象;最后,根据分析处理得到的超声波特征,评估工件内部是否存在缺陷及缺陷的特征。

1) 超声波基础知识

超声检测的基本依据是检测超声波传播过程中声场的改变,对其进行分析和处理,来评估材料内部特征。超声声场是指介质中超声波存在的区域,声压和声强是描述声场的物理量。声阻抗则是表征声波在界面上的行为的一个重要参数。

声压:在声波传播的介质中,某一点在某一时刻所具有的压强与没有声波存在时该点的静压强之差,用 P 表示。超声场中,每一点的声压是一个随时间和距离变化的量,其基本公式为:

$$P = -\rho c \omega A \sin \omega \left(t - \frac{x}{c} \right) \tag{9.1}$$

式中:ρ 为介质的密度;c 为介质中的声速;ω 为角频率;A 为质点的振幅;x 为距离;t 为时间,我们将 $\rho c \omega A$ 称为声压的振幅,通常将其简称为声压,用符号 p 表示,$p = \rho c \omega A$。超声检测仪荧光屏上脉冲的高度与声压成正比,因此通常读出的信号幅度比等于声场中的声压比。在超声检测中,声压的大小反映缺陷的大小。

声强:指在垂直于声波传播方向的平面上,单位面积上单位时间内所通过的声能量,常用 I 表示:

$$I = \frac{1}{2} \rho c A^2 \omega^2 = \frac{p^2}{2\rho c} \tag{9.2}$$

声阻抗:超声声场中任一点的声压与该处质点振动速度之比称为声阻抗,常用 Z 表示:

$$Z = \frac{P}{u} = \frac{\rho c \omega A}{\omega A} = \rho c \tag{9.3}$$

可见声阻抗的大小等于介质的密度与介质中声速的乘积。声阻抗直接表示介质的声学性质,超声波在两种介质组成的界面上的反射和透射能量分配由两介质的声阻抗决定。

2) 超声波与界面的作用

当超声波从一种介质传播到另一种介质时,在两种介质的分界面上,一部分能量反射回原介质内,称为反射波;另一部分能量透过界面在另一种介质内传播,称为透射波。在界面上声能的分配和传播方向的变化都遵循一定的规律。

(1) 超声波垂直入射到平界面上时的反射和透射。如图 9.2 所示,当一列入射声波(设其声压为 P_0、声强为 I_0)垂直入射到介质 I 和介质 II 的界面上时,会产生一列反射声波(设其声压为 P_r、声强为 I_r)和一列透射声波(设其声压为 P_t、声强为 I_t)。

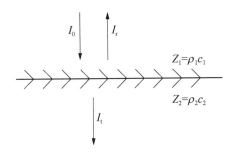

图 9.2 超声波垂直入射到界面

声压反射率 r 和声压透射率 t 满足以下规律:

$$r = \frac{P_r}{P_0} = \frac{Z_2 - Z_1}{Z_2 + Z_1} \tag{9.4}$$

$$t = \frac{P_t}{P_0} = \frac{2Z_2}{Z_2 + Z_1} \tag{9.5}$$

声强反射率 R 和声强透射率 T 满足以下规律:

$$R = \frac{I_r}{I_0} = \frac{P_r^2}{P_0^2} = r^2 = \left(\frac{Z_2 - Z_1}{Z_2 + Z_1}\right)^2 \tag{9.6}$$

$$T = \frac{I_t}{I_0} = \frac{Z_1}{Z_2}\frac{P_t^2}{P_0^2} = \frac{Z_1}{Z_2}t^2 = \frac{4Z_1 Z_2}{(Z_2 + Z_1)^2} \tag{9.7}$$

(2) 超声波斜入射到平界面上时的反射、折射和波型转换。当超声波以相对于界面入射点法线一定的角度,倾斜入射到两种不同介质的界面上时,会产生反射、折射和波型转换等现象。

如图 9.3(a)所示,当纵波 L 倾斜入射到界面时,除产生反射纵波 L' 和折射纵波 L'' 外,产生反射横波 S' 和折射横波 S'',各种反射波和折射波方向符合反射、折射定律:

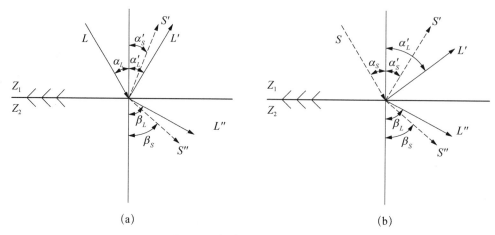

图 9.3　超声波斜入射到界面

$$\frac{\sin \alpha_L}{C_{L1}} = \frac{\sin \alpha_L'}{C_{L1}} = \frac{\sin \alpha_S'}{C_{S1}} = \frac{\sin \beta_L}{C_{L2}} = \frac{\sin \beta_S}{C_{S2}} \tag{9.8}$$

式中：C_{L1} 和 C_{S1} 为第一介质中的纵波声速和横波声速；C_{L2} 和 C_{S2} 为第二介质中的纵波声速和横波声速；α_L 和 α_L' 为纵波入射角和纵波反射角；β_L 和 β_S 为纵波折射角和横波折射角；α_S' 为横波反射角。

同理，当横波倾斜入射到界面时，如图 9.3(b) 所示，除产生反射横波 S' 和折射横波 S'' 外，也会产生反射纵波 L' 和折射纵波 L'' 外，并满足相似关系。

3）超声检测的显示方式

超声无损检测技术可以将试样内部情况以图像的方式直观地反映出来，最常见的超声信号显示方式为 A 型显示、B 型显示和 C 型显示，简称为 A 扫描、B 扫描和 C 扫描。其中 A 型显示是最基本的显示方式，直观的以回波信号的方式反映试样内部情况，B 型显示和 C 型显示均是在 A 扫信号的基础上实现的，采用不同的电子门针对 A 扫信号不同信号范围进行信号提取成像成二维图形。

A 型显示(amplitude modulation display)是将超声信号的幅度与传播时间的关系以直角坐标的形式显示出来，横坐标为时间，纵坐标为信号幅度，是一种幅度调制型的波形显示。时间反应的是超声波传播的距离，而信号幅度则反应的是超声波声压大小。A 型显示表示的是超声探头固定在某点，激励超声波信号与试样相互作用后的回波信号，如图 9.4(a) 所示。

B 型显示(brightness modulation display)则是将超声探头在试件表面沿一条扫查轨迹扫查时的距离作为一个轴的坐标，另一个轴的坐标是声传播的时间，是超声检测的一个纵向截面图，可以从图中看出缺陷在该截面的位置、取向与深度，如图 9.4(b) 所示。

C 型显示(constant depth display)是超声波探头在试件表面作二维扫查，C 扫图像的二维坐标对应超声波探头的扫查位置,将某一深度范围的 A 扫信号用电子门选出,以电子门内的峰值或绝对值等参量进行超声扫查成像,得到的是试样内某一深度范围内情况的二维显示,可以直观地查看试样内部缺陷分布情况及大小情况,可以通过电子门的设置来改变关注的试样深度情况,如图 9.4(c)所示。

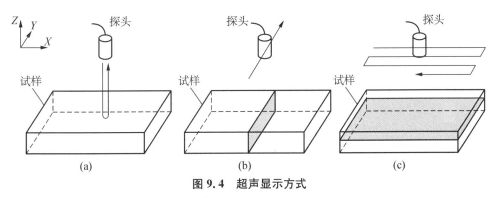

图 9.4 超声显示方式

(a)A 型显示 (b)B 型显示 (c)C 型显示

9.2.1.2 超声检测通用技术

复合材料多为薄板类结构,其内部缺陷多与表面平行,沿平面延伸分布,因此目前复合材料的超声检测主要是采用垂直入射脉冲反射法或穿透法,耦合方式有水浸法、喷水法或接触法。其中,接触式脉冲反射法和喷水式脉冲穿透法是碳纤维树脂基复合材料缺陷检测的最常用的超声检测技术。

1)接触式脉冲反射法

脉冲反射法是由超声波探头采用自发自收的工作方式,先发射超声脉冲到试件内部,遇到缺陷时会产生缺陷回波,遇到试样底面时会产生底面回波,通过分析缺陷反射回波和底面反射回波的特性来评估试样内部的缺陷特性。

如图 9.5 所示,其中 T 为始波,F 为缺陷回波,B 为底波。当试样内有小缺陷时,在始波与底波之间会出现幅值较小的缺陷波,而当试样内有大缺陷时,缺陷波明显增大,底波消失。检测过程中,一般将缺陷回波与底波结合起来分析,相互印证。缺陷回波的幅值能大体反应试样内缺陷的大小,而缺陷回波距离始波的距离则能反映缺陷的埋深信息。

采用接触法检测,操作简便,成本低,便于灵活机动地适应各种场合;探头与试样直接耦合,入射声能损失少,可以提供较高的穿透能力和较高的检测灵敏度。但是接触式脉冲反射法因为始波的存在,近表面分辨力差,纵向检测盲区较大;而且受试样表面因素影响,不利于实现扫查的自动化,受操作人员影响较大。故而,根据不同试样的检测需求,也采用超声液浸脉冲反射回波法进行检测,特别是采用聚焦探头检测,有利于提高检测灵敏度和分辨率。

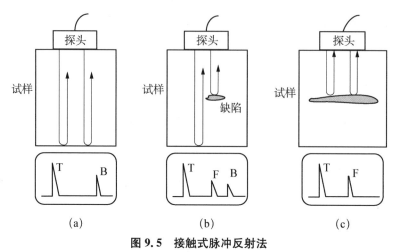

图 9.5　接触式脉冲反射法

(a) 无缺陷　(b) 小缺陷　(c) 大缺陷

2) 喷水式脉冲穿透法

穿透法检测时是两个探头相对放置,采用一发一收的激励接收方式,发射探头激励超声波经过耦合剂进入试样内部,超声波在试样内传播后,由放置于另一端的超声接收探头接收超声透射波,通过超声透射波的能量变化来判断试样内部缺陷的情况。如图 9.6 所示,当试件内部没有缺陷时,超声波穿透试件后衰减小,则接收到的超声波信号较强;如果试件内部有小缺陷存在,部分声波被缺陷遮挡,接收换能器收到较弱的超声波信号;若试件中有效缺陷面积大于声束截面积,全部声束被缺陷遮挡,则接收探头收不到超声信号。

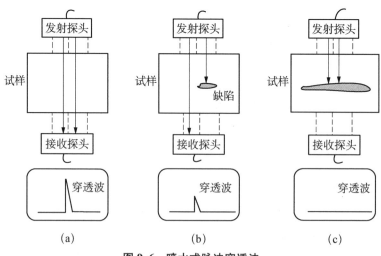

图 9.6　喷水式脉冲穿透法

(a) 无缺陷　(b) 小缺陷　(c) 大缺陷

采用穿透法检测时,不会存在纵向检测盲区的问题,不会漏检近表面缺陷,穿透法相对于脉冲反射法声程短,界面损失小,比较适合碳纤维复合材料薄板类零件的检测,而且一般碳纤维复合材料中的宏观缺陷尺寸都比较大,易检出。但是穿透法要求两个探头准确对中,对设备要求较高;穿透法关注的是穿透波的能量变化情况,丢失了诸如缺陷埋深等信息。

9.2.2　超声检测设备

9.2.2.1　超声波探头

超声波探头是实现声、电转换的装置,又称超声换能器或传感器。它能发射超声波和接收超声回波,并转换成相应的电信号。当前超声检测中采用的超声检测换能器主要有压电换能器、磁致伸缩换能器、电磁超声换能器和激光换能器。其中,最常见的是压电换能器,其关键部件是压电晶片。常见的压电材料有单晶体石英、硫酸锂、铌酸锂;多晶陶瓷锆钛酸铅-PZT、钛酸铅、钛酸钡。

图9.7为压电式探头结构,其核心部分为压电晶片,利用压电效应实现声、电转换。

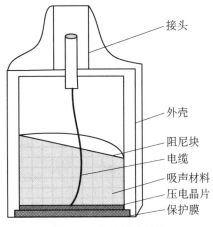

图9.7　电式探头结构

9.2.2.2　超声检测仪

超声检测仪是超声检测的主体设备,它的作用是产出电振荡并施加于探头,激励探头发射超声波,同时接收来自于探头的电信号,将其放大后以一定的方式显示出来,从而得到被检工件中有关缺陷的信息。

1) A型脉冲反射式超声检测仪

A型显示脉冲超声波检测仪是目前工业超声检测领域中应用最广泛的设备,它具有结构简单、体积小、重量轻、操作简便、适用面广、价格便宜、特别适用于现场检测等诸多优点,但显示的波形仅是探头所在检测面上一点的检测结果。整个检测面的检查结果是在最后靠检测人员的记忆来完成,因此缺乏直观性,也不便于记录和存档。

2)C型自动超声检测设备

随着电子技术的不断发展,对于超声波检测仪的性能与功能的需求也日益扩大和提高,目前的超声波检测仪器已经有了长足的发展,例如采用了大规模的集成电路、通过应用计算机技术进行信号数据分析与处理,实现智能化,以及微型、大型、多功能、多用途、自动化检测系统等,随着超声无损检测技术应用的发展,超声波检测仪器也必然还将有更多更新的发展。

为了提高检测可靠性,对一定批量生产的具有特定形状规格的材料和零件,一般采用自动扫查、自动记录的超声检测系统。

超声自动检测系统通常由超声检测仪、探头、机械扫查器、电气控制、水槽和记录设备等构成。针对平面件的简单的三轴扫查系统,扫查器可带探头沿 X、Y、Z 三个方向运动,针对盘轴件采用带转盘的系统,针对大型复合材料零件一般采用穿透法喷水检测系统。图 9.8(a)是超声反射法的检测系统,(b)是大型穿透法喷水检测系统。

(a)　　　　　　　　　　　　　　　(b)

图 9.8　超声检测系统

(a) 水浸式反射法　(b) 喷水式穿透法

9.2.2.3　耦合剂

耦合剂的作用是改善探头与试样间声能的传递。当探头与试样间有空气时,声波的反射率接近 100%,耦合剂能填充探头与试样间的空隙,使声波能够传入试样。常用耦合剂有水、甘油、机油、变压器油、化学糨糊等。

9.2.3　超声检测标准与规范

9.2.3.1　超声检测标准概述

超声检测相关标准的目的是为了给人们进行超声检测工作提供共同遵循的原

则,保证检测过程的正确实施和检测结果的正确评判,因而是超声检测质量控制的重要依据。我国的超声检测标准主要有国家标准(GB)、国家军用标准(GJB)、和行业的标准[机械标准(JB)、航空工业标准(HB)、航天工业标准(QJ)]。此外,还有各企业内部标准。

根据标准的不同用途,可将超声检测标准分为以下几种类型:

(1) 术语标准:超声检测术语标准是对超声检测相关术语名称的规定和含义的解释。它的主要用途是使人们科学地统一的语言编写与超声检测相关的文本,以避免发生理解上的误差,如 GB/T 12604.1《无损检测术语超声检测》。

(2) 设备与器材标准:规定超声检测仪。探头和试块等产品本身技术要求的标准,也规定超声检测仪和探头的性能测试方法,以及标准试块和对比试块的制作和检验方法,如 GB/T 18694《无损检测超声检测探头及其声场的表征》。

(3) 检测方法标准:超声检测方法标准是对超声检测过程各要素的控制规定,是保证超声检测可靠性的主要技术文件,也是超声检测质量控制的主要依据,如 GB/T 5777《无缝钢管超声波检测方法》。

(4) 验收标准:规定了代表超声检测结果的一系列特征指标,依据这些指标,可对被检件的质量状态做出结论,如 GB 11345《钢焊缝手工超声波探伤方法和探伤结果分级》。

以上 4 种标准,检测方法标准和验收标准是与超声检测过程直接相关的标准。

9.2.3.2　主要内容

超声检测标准的基本组成部分,以及各部分的主要内容如下:

(1) 主题内容和适用范围:明确的界定出该标准所采用的检测方法或检测技术、适用的检测对象材料、规格尺寸和制造工艺,并简单概括各部分的主要内容。有时,会进一步强调不适用的对象或规格范围。

如《金属胶接结构超声波检测》明确规定"本工艺规范规定了金属胶接结构的超声检测的技术要求和说明,适用于金属板/板胶接件、板/芯等金属胶接结构件胶接缺陷的超声波检测"。另外又说明"本工艺规范适用于中国商用飞机有限责任公司的商用飞机项目。当工程图样或其他工程文件引用时,使用本工艺规范。当工程图样或工程文件与本工艺规范发生矛盾时,以工程图样或工程文件为准。"

(2) 引用文件或标准:常包括术语、人员资格认定、设备与器材性能的测试方法标准等,有时也包括制定该标准所依据的更大适用范围的通用性标准。

如《复合材料结构的超声检测》引用文件包括《工艺材料选用目录》、《复合材料结构的无损检测》、ASTM E317《在不用电子测量仪器情况下评价超声脉冲回波检测系统的性能的标准方法》等。

（3）材料要求：主要是规定超声检测中使用的耦合剂、水、防腐剂、润湿剂等辅助材料。

（4）设备控制：对超声检测仪和探头的要求包括超声检测仪的性能要求和检定周期，探头特性的测试项目及检验标准、检验周期、记录保存，辅助设备的要求。超声检测仪与探头配用的最低使用性能要求和检定周期等。

如规定"超声检测系统应能确保有效、可靠检测零、组件中衰减最大的区域，且设备能够可靠检测出验收准则、工程图样、技术文件中规定的最小缺陷"等。

（5）术语与定义：规定本标准所依据的术语标准，并对通用术语标准中未包含的，但在本标准中必须加以定义方不至于引起误解的术语，给出明确的定义。如对"A扫描、C扫描"进行定义。

（6）技术要求：对检测工作场所、温度及湿度，以及对比试块的要求等。

（7）制造程序/说明：主要是检测过程各步骤的具体要求，包括仪器灵敏度的调整方法，扫查方式、扫查速度、扫查间距的要求，检测过程中监控要求，缺陷位置、埋深、长度的评定方法等。

如对扫查间距的规定是"按规定的程序或工艺图样上的要求对胶接结构件进行检测。若超声C扫描检测，扫查间距值不应超过拒收的最小人工模拟缺陷直径的1/3或最大不超过3mm（选小者）。"

（8）质量控制：规定人员的要求、仪器设备的定检要求、检测记录、检测报告、技术文件的编制要求等。

9.2.3.3　标准试块制作

在无损检测中，常常用所求的未知量与已知量相比较的方法来确定未知量和检测灵敏度。其中的已知量一般指的是对比试块，超声试块的主要作用有：

（1）校验仪器和探头的性能；

（2）确定检测条件；

（3）确定缺陷的位置和大小；

（4）探索检测方法。

目前，碳纤维复合材料层压板常用对比试块主要有三种类型：平底孔试块、外贴型对比试块和嵌入型对比试块。其中，外贴型的对比试块较少使用，一般采用预埋聚四氟乙烯薄膜模拟分层的嵌入型对比试块，见图9.9。又采用钢片制造分层缺陷，铺层过程中将端部剪成梯形的钢片用脱模布包裹并涂抹脱模剂预埋在图9.9所示位置，固化成型之后，将钢片拔出，使用树脂将产生的孔洞边缘密封，形成边缘分层的缺陷。采用同样的方法制造蜂窝结构对比试块，如图9.10所示。

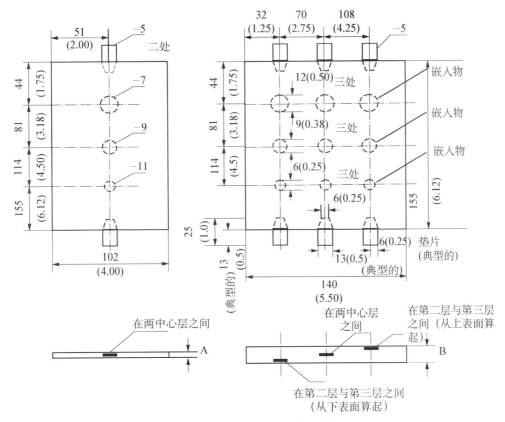

图 9.9　典型的层压板对比试块

9.2.4　应用

9.2.4.1　层压板

1) 平板

水浸式脉冲反射板法适用于平面薄板类试件，其检测原理如图 9.11 所示，以检测反射板回波(图中回波 W)的幅值大小来对有无缺陷和缺陷大小进行判定。当试件内部没有缺陷时，超声波穿透试件后衰减小，则接收信号较强；如果试件内部有小缺陷存在，声波被缺陷部分遮挡，而且是往返两次作用，接收换能器收到较弱的信号；若试件中存在大缺陷，缺陷面积大于声束面积，则全部声能被缺陷完全遮挡，则接收探头收不到反射板回波信号。

在 360 mm×320 mm 的碳纤维复合材料层压板中，在不同厚度上均匀布置大小分别为 φ12 mm、φ9 mm、φ6 mm、φ4 mm、φ3 mm、φ2 mm 的一组预埋聚四氟乙烯模拟缺陷，对其进行超声检测研究，分别采用频率为 1 MHz 和 10 MHz 的水浸聚焦探头对材料试样进行检测，检测结果如图 9.12 所示[8, 9]。

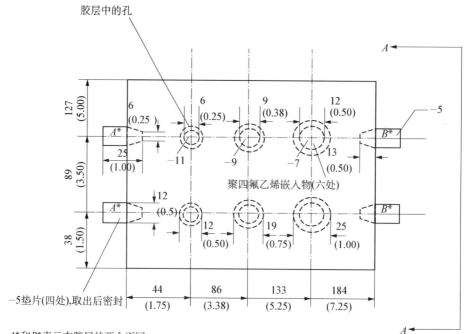

胶层中的孔

127
(5.00)

89
(3.50)

38
(1.50)

6
(0.25)

6
(0.25)

9
(0.38)

12
(0.50)

25
(1.00)

−11

−9

−7

13
(0.50)

−5

聚四氟乙烯嵌入物(六处)

12
(0.5)

12
(0.50)

19
(0.75)

25
(1.00)

−5垫片(四处),取出后密封

44
(1.75)

86
(3.38)

133
(5.25)

184
(7.25)

A*和B*表示在胶层的两个不同侧面

聚四氟乙烯

蜂窝芯

胶层

层板

图 9.10　典型的蜂窝芯结构对比试块

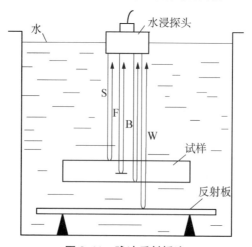

水

水浸探头

S

F

B

W

试样

反射板

图 9.11　脉冲反射板法

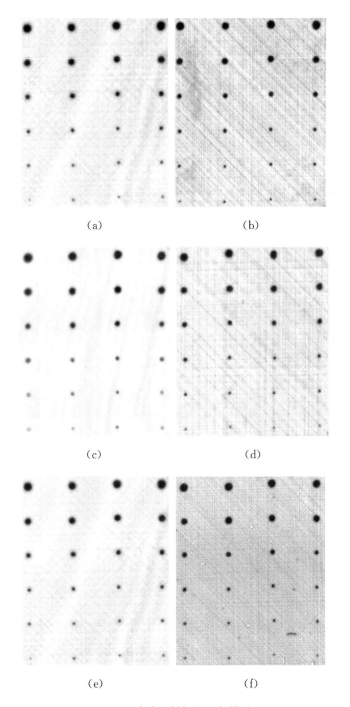

(a) (b)

(c) (d)

(e) (f)

图 9.12 脉冲反射板法 C 扫描结果

(a) 2 mm 1 MHz (b) 2 mm 10 MHz (c) 4 mm 1 MHz (d) 4 mm 10 MHz
(e) 8 mm 1 MHz (f) 8 mm 10 MHz

如图 9.12 所示，图 9.12(a)和(b)分别为采用 1 MHz 探头和 10 MHz 探头对厚度为 2 mm 的碳纤维复合材料试样用脉冲反射板法检测结果，图 9.12(c)和(d)为 4 mm碳纤维复合材料试样检测结果，图 9.12(e)和(f)为 8 mm 碳纤维复合材料试样检测结果。从图中可以看出，10 MHz 水浸聚焦探头检测结果缺陷边缘更清晰，图像对比度更高，尤其对小缺陷的分辨能力更高，同时对碳纤维复合材料试样内部纤维铺层方向有一定反应，而由图 9.12(f)可以看到，10 MHz 探头对试样表面的隆起、凹点比较敏感。

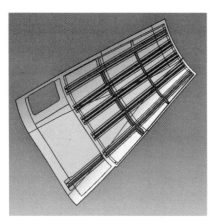

图 9.13　后机身右侧蒙皮壁板

2）大型结构件

随着航空制造技术的发展，复合材料零部件的结构也变得越来越复杂，如 C919 后机身后段复合材料壁板采用了＋L 型剪切带壁板的结构形式，壁板的帽形梁变高度，变厚度，变角度，变斜度，变弧度，不仅成型难度大，给检测也带来了新的难题，右侧壁板结构如图 9.13所示。

对右壁板试验件的超声检测分为两步，首先对右壁板仿形，进行 C 扫描超声检测，然后对检测结果发现的缺陷以及 C 扫描无法检测的部位使用接触式脉冲反射法检测，对缺陷的大小，形状及深度位置判定。

采用穿透 C 扫描检测，发现 6 个较大的缺陷，A♯缺陷位于 24 层蒙皮加筋处，B♯，C♯，D♯，E♯缺陷位于 18 层蒙皮加筋处，具体位置如图 9.14 所示缺陷深度及大小如表 9.1 所示。

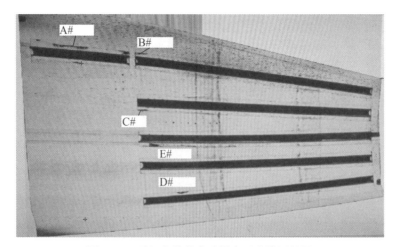

图 9.14　后机身前段右壁板穿透法检测结果

表 9.1 C 扫描检测参数及缺陷尺寸

缺陷编号	缺陷位置	缺陷尺寸/(mm×mm)
A♯	24 层蒙皮加筋处	235×30
B♯	18 层蒙皮加筋处	66×16
C♯	18 层蒙皮加筋处	73×14
D♯	18 层蒙皮加筋处	107×26
E♯	18 层蒙皮加筋处	95×16

A♯缺陷位于蒙皮加筋处，图 9.15 为使用手动 A 扫描脉冲反射法确定缺陷位置时完好区与缺陷区的波形对比图。使用仪器型号为 HIS 3，探头型号为 G5MN，频率 5 MHz，探头直径为 0.25 in。

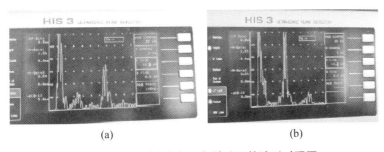

(a)   (b)

图 9.15 A♯缺陷完好区与缺陷区的波形对照图

(a) 完好区波形 (b) 有缺陷处波形

A♯缺陷的电镜扫描结果如图 9.16 所示，可以发现明显的分层缺陷。

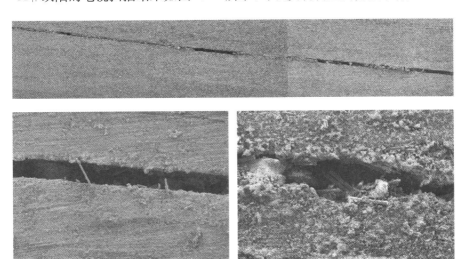

图 9.16 A♯缺陷电镜扫描发现的分层缺陷

（1）帽形梁的检测。由于帽形梁是中空结构,用 C 扫描只能检测蒙皮及帽形梁与蒙皮共固化的部分,蒙皮及帽形梁只能采用脉冲反射法检测。检测帽形梁是选用 NDTS-90 仪器,探头使用的是 1M 型号的探头。检测时将探头放置工件完好区,将底波调至 80%,以此来调节灵敏度,并使用半波高度法,对预埋的人工模拟缺陷的大小进行测定,检测结果发现检测出的缺陷尺寸与预埋的人工模拟缺陷尺寸相吻合,如图 9.17 所示。

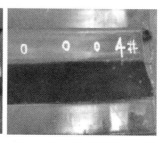

图 9.17　被检出预埋人工缺陷实物图

图 9.18　修磨好的凹楔块

（2）R 角的检测。帽形的圆弧过渡区容易产生架桥缺陷,而弧面的外形使耦合产生困难,导致该区域的不易检。由于 R 角呈弧面,用普通的直探头、带延迟块探头及水囊聚焦探头均是线接触,不容易进行耦合,因此为了良好耦合,必须将线接触变为面接触,为此,将带延迟块的探头的有机玻璃楔块修磨成跟 R 角的弧面相吻合实现面接触。修磨好楔块的探头如图 9.18 所示。

采用接触式脉冲反射法对试验件中 R 区不同缺陷埋藏深度的人工模拟缺陷进行检测,检测 A 扫描波形如图 9.19 所示。

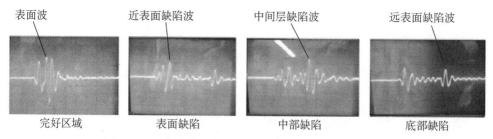

图 9.19　R 角完好区和 $\phi12$ 预埋缺陷 A 扫描波形对比图

R 角缺陷区域的电镜扫描结果如图 9.20 所示,可以发现明显的分层缺陷。

图 9.20 R 区缺陷电镜扫描发现的分层缺陷

9.2.4.2 蜂窝夹芯复合材料

在制造与使用的过程中,夹层结构容易形成的典型缺陷分别为夹层材料变形缺陷、夹层材料脱粘缺陷、夹层结构界面脱粘缺陷、夹层结构穿透缺陷和面板凹陷缺陷等五大类。其中,前三种缺陷形式将会导致夹层结构的整体力学性能衰减;而后两种缺陷由于间接地破坏了飞行器自身的气动外形,会对结构表面的气动性能产生一定的不良影响。

蜂窝夹层结构的无损检测方法主要有超声检测、X 射线检测、激光检测、红外检测等。其中,超声波方法由于其穿透性强,操作简单,成本低,可以检测出气孔、脱粘、夹杂等大部分缺陷,是检测碳纤维复合材料蜂窝夹层结构内部缺陷的一种简单、常用的方法。

碳纤维复合材料蜂窝夹层结构属于高吸声材料,而且蜂窝夹层结构一般厚度较大。因此,一般采用选用穿透能力强的仪器,低频率的探头。并且由于采用超声脉冲反射法检测碳纤维复合材料蜂窝夹层结构时,超声波两次穿过蜂窝,反射波能量衰减很大,无法被探头接收,或接收的波也很弱。因此,一般采用水浸式穿透法或喷水式穿透法进行检测。

1) 平板

典型的蜂窝夹芯结构无损检测人工预埋缺陷对比试块如图 9.21 所示,尺寸为 $400\,\text{mm} \times 200\,\text{mm}$,蜂窝芯厚度为 15 mm。

采用超声水浸穿透法检测蜂窝对比试块,使用 2 MHz 探头,扫查间距为 0.5 mm,C 扫结果如图 9.22 所示。采用超声喷水穿透法检测蜂窝对比试块,使用

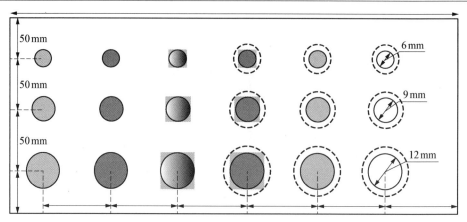

注：图中灰色层为胶膜层；

黄铜片（双面涂敷脱模剂）；　　　压敏胶带粘双层聚四氟乙烯薄膜；

双层压敏胶带；　　　　　　　　　双层黄铜片；

压敏胶带粘单层聚四氟乙烯薄膜；　锡箔纸包双层聚四氟乙烯薄膜。

图 9.21　蜂窝件对比试块人工缺陷示意图

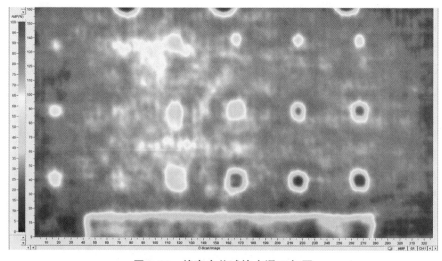

图 9.22　蜂窝夹芯试块水浸 C 扫图

2.25 MHz 探头,扫查步径设置为 1 mm,C 扫结果如图 9.23 所示。从图中可以看出超声穿透法是检测蜂窝夹芯复合材料结构的有效方法。

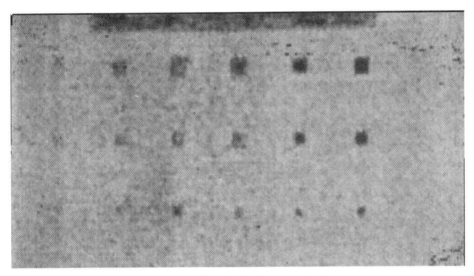

图 9.23　蜂窝夹芯试块喷水 C 扫图

2) 复杂结构件

C919 平尾前缘结构如图 9.24 所示。平尾前缘分为三段:1♯、2♯和 3♯,均为相同的结构形式。长度范围为 1.4~2 m;曲率沿长度方向变化,开口大小 1♯>

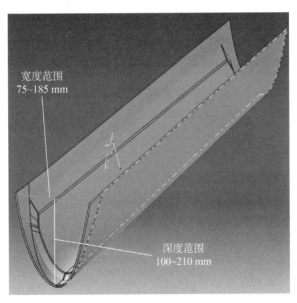

图 9.24　C919 平尾前缘结构示意图

2♯＞3♯,其中最大开口 1♯大端深度约为 210 mm,开口宽度约为 185 mm,最小开口 3♯小端深度为 100 mm,开口宽度约为 75 mm。

平尾前缘的材料如图 9.25 所示,其中铝合金蒙皮的厚度约为 1 mm,玻璃纤维预浸料为 CYCOM 7701 7781 60″ DP D,玻璃纤维蒙皮固化后的厚度约为 1 mm,纸蜂窝的高度约为 10 mm;胶膜为 FM94‑1M(Grade 5,0.03 lb/ft²)。

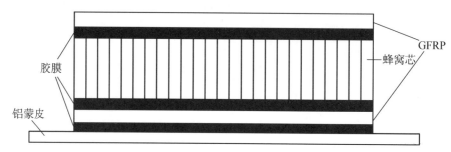

图 9.25　C919 平尾前缘材料结构

此结构涉及的材料多,比常规的蜂窝夹层结构多了一层铝合金蒙皮,其声阻抗与涉及的其他材料差异较大。因此超声检测时能量的反射更为复杂,衰减也比常规的蜂窝夹层结构大。同时粘接界面多意味着检测时更多的界面反射导致声能衰减大,穿透性差。中间一层胶膜的检测难度比较大。

另外,特殊的 U 型结构导致超声检测时探头的运动轨迹复杂,随行难度大,对探头灵活性(可运动轴)要求较高。采用穿透法检测时内外侧探头的运动轨迹不一致,收发探头对齐困难,影响检测精度。

对于这种大曲率的复合材料结构件,无法保证自动扫描时探头的对中,难以实现整体超声 C 扫,因此这类结构件只能根据结构特点采用相应的检测方法。

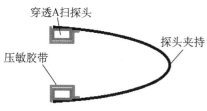

图 9.26　手动穿透 A 扫检检测示意图

对于前缘的两侧壁,即无蜂窝芯区域,采用接触式水浸穿透 A 扫,检测示意图如图 9.26 所示。检测设备采用 Masterscan380,探头为 AE10203 平探头、1 MHz 频率、0.5 in 直径,评判时,设闸门高度 40%;对穿透波衰减低于 40% 的区域进行标记,对穿透波衰减至 20% 及以下的区域进行评判。定量按照胶膜层数不同分别调整评判灵敏度,对尺寸大于探头直径的采用 6 dB 法确定大小,对于尺寸小于探头直接的缺陷采用当量法。

U 型外侧的 R 角至侧面的过渡区采用手动声阻抗,检测设备:Bondascope 2100,探头:L2(层压板区域)、H2(蜂窝芯区域)。蜂窝芯斜坡的贴袋面采用手动接触式脉冲反射 A 扫,检测设备:Masterscan 380M,探头:113‑124‑660、频率5MHz、直径0.25 in.

综上所述,三种方法相结合就能实现前缘全覆盖检测。

9.2.4.3　泡沫夹芯复合材料

C919 平尾升降舵主要由以下 5 部分组成,上壁板、下壁板、中间的 5 根肋、前梁以及装配于其上的金属接头,如图 9.27 所示。

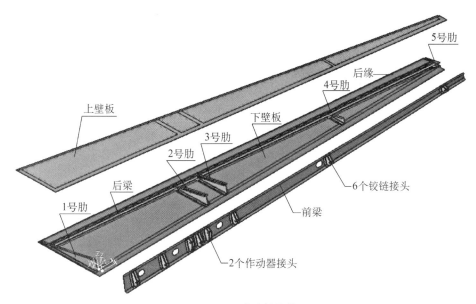

图 9.27　升降舵结构

除去金属接头,前梁为热压罐成型,中间的 5 根肋是 VARI 成型工艺,上壁板和下壁板为 VARI 工艺成型的泡沫夹芯结构制件。本文只对上、下壁板进行讨论。

上、下壁板结构如图 9.28 所示,均有四处泡沫夹层结构,由于设计方案将前缘也放在壁板上进行整体成型,所以上下壁板都各自有一个翘起的边。另外下壁板还采用了"翻边"的方法在后缘处实现了整个"楔形"泡沫的夹层结构,翻上来的边与后缘"C"形梁的上缘条进行缝合,"楔形"泡沫紧贴"C"形梁腹板,而"C"梁下缘条与壁板进行缝合,整体固化。

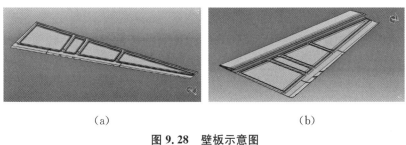

(a)　　　　　　　　　　　　　　　(b)

图 9.28　壁板示意图

(a) 上壁板　(b) 下壁板

泡沫夹芯结构相比于层压板结构,关注点会更多地落在粘接界面上,因为脱粘现象会给制件的使用寿命带来较大的冲击;另外,泡沫夹芯结构件的上、下蒙皮一般不会很厚,这样就对超声检测仪的信号分辨能力提出了更高的要求;最后值得一提的是,泡沫本身的质量监控,往往只在使用之前,由于泡沫的多孔结构对声能的衰减作用较大,因此一旦制件完成,以现有的超声检测技术,最多也只能定性地判断有没有问题,而无法对泡沫本体进行定量评价。

图 9.29　蜂窝结构对比试块

如图 9.29 所示,为上、下壁板的对比试块。选用 10 MHz 聚焦探头(焦距 30 mm),进行喷水反射法扫查,步距选择 2 mm,扫查速度为 90 mm/s,将试块上泡沫粘接面的良好区域信号调至屏幕 20% 高度,此时增益为 37.2 dB,合理设置闸门位置和闸门宽度,标块的 C 扫结果见图 9.30。从扫查结果可知,仪器的参数设置满足 A 级验收标准的灵敏度要求:ϕ6 mm 缺陷不漏检。

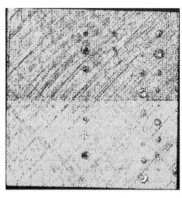

图 9.30　标准试块扫描结果

采用上述的检测参数对上下壁板进行扫描,按照工艺规范,对上壁板超过屏幕 70% 波高的区域做出标记,见 C 扫图上的红色或白色区域,这主要集中在 1 号泡沫上(见图 9.31),上粘接面在端部的五根缝线上有密集红/白点,而下粘接面则出现了大面积密集型的超标点(右半边的界面是因为制件表面防雷击网对超声信号的衰减),经统计,下粘接面上超过屏幕70%波高的信号占该密集区的8.21%。

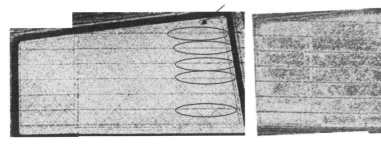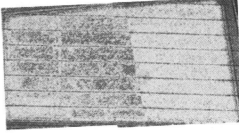

(a)　　　　　　　　　　　　　　　　　　(b)

图9.31　上壁板扫描结果

(a) 上粘接面　(b) 下粘接面

对于下壁板,如图9.32中圈出的区域所示,主要在1、4号泡沫的下粘接面有一些密集点状脱粘,按照70%波高的标准来评定,有小部分密集点在超标范围内,但是远小于CPS8210中A级验收标准:10%的评价区域。

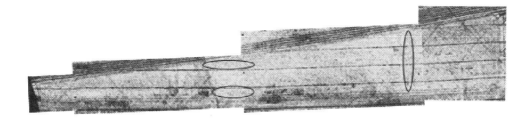

(a)

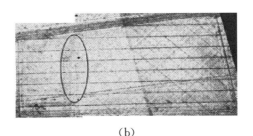

(b)

图9.32　下壁板扫描结果

(a) 4号泡沫　(b) 1号泡沫

总体来讲,上壁板主要是1号泡沫粘接质量较差,但不是完全脱粘;下壁板总体情况较好,1、4号泡沫局部有点状粘接不完全,但不影响验收。

9.2.4.4　孔隙

孔隙是先进复合材料相对于金属材料所特有的一种缺陷,它一般指直径在几百微米及以下的空气孔洞。复合材料的机械性能对孔隙十分敏感。试验证明,虽然孔隙的存在对材料的静态强度只有中等程度的影响,但可以使疲劳寿命显著下降。研究指出,孔隙率在 $0\%\sim5\%$ 时,每增加 1%,复合材料的层间剪切强度平均下降 7% 左右;弯曲强度以 10% 左右的比例下降,弯曲模量则以 5% 左右的比例下降[10]。

在实际的生产中,完全没有孔隙的复合材料零件是不可能存在的。作为飞机的主承力复合材料零件,要求孔隙率接近零,而作为飞机的次承力复合材料零件,要求孔隙率不能大于 2%。因此在实际生产中,对飞机零件进行孔隙率的检测是完全有必要的。复合材料孔隙率测试方法主要有两类:破坏性检测和无损检测。破坏性检测主要包括密度法、金相显微法;无损检测主要指超声检测等。由于破坏性检测具有效率低、成本高、抽样检测可靠性低等缺点,目前检测孔隙率的主要方法是超声检测。

复合材料孔隙率的超声检测是航空复合材料无损检测技术的难点,而孔隙率对比试块的制造技术又是突破孔隙率超声检测的关键技术。使用传统的工艺控制法制造的试块孔隙率大小分布不够均匀,从而导致在工程应用阶段会出现许多问题。因此,如何制造出大尺寸、均匀性较好的孔隙率对比试块是解决复合材料孔隙率超声检测的核心问题。

C919 关键技术攻关中进行了孔隙率对比试块的制造,如图 9.33 所示。且制造的孔隙缺陷为真实的气孔,与零件生产中出现的孔隙缺陷一致,这样在推广应用的过程中比较容易说服工程以及各家机体供应商,在将来的适航验证过程中,局方代表也较为容易接受。采用系列的对比试块,与零部件的孔隙密集区域进行对比,就能测量该区域的孔隙率[11—14]。

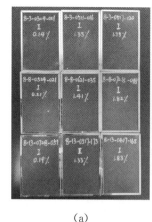 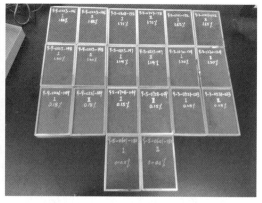

(a)　　　　　　　　　　　(b)

图 9.33　孔隙率对比试块

(a) X850 试块　(b) 977 试块

孔隙率-超声衰减曲线是孔隙率对比试块的工程化应用关键技术。为了使试块应用到实际生产检测中去,在推广应用过程中特意模拟了零件检测的实际情况,采用与零件检测一致的超声设备与检测方法,相同的探头、水距、喷嘴等参数,并严格按照相关无损检测工艺规范执行检测过程。该系列试块在哈飞、西飞、成飞、海鹰特材等单位进行多次检测验证后,最终确定了检测方法并建立了中国商飞企业标准。其中 977-2 树脂基体系列试块并在 C919 水平尾翼外伸盒段上及复合材料机翼项目得到了应用[8, 15—17]。

9.2.5　超声检测新技术

由于传统的超声检测存在一系列问题。例如脉冲反射法存在检测盲区,对于表面及近表面的缺陷难于检测;形状复杂的试样对检测的实施有较大影响;某些材料对超声波衰减过大,使得检测困难;而且一般需要耦合剂等。由于这些问题的出现,涌现了很多的超声检测新技术,如相控阵超声检测技术、激光超声检测技术和空气耦合检测技术。

9.2.5.1　相控阵超声检测技术

在复合材料结构的无损检测中,超声检测是应用最广泛的方法之一。目前超声 C 扫描检测技术被广泛用于大型复合材料结构的检测中。然而,超声 C 扫描是逐点检测,检测效率不高,对复杂形状零件难以实现声束全覆盖,存在漏检现象,这将严重影响复合材料复杂结构与形状零件在大型客机制造中的应用。

相控阵超声检测技术采用多声束扫描成像技术,换能器是由多个相互独立的晶片组成的阵列单元,在发射电路激励下以可控的相位激发出超声波,来调整声束焦点的位置和偏转的方向,超声回波转化成电信号也以可控的相位合成,从而实现缺陷的检测。与传统的超声检测技术相比,相控阵超声检测技术具有以下特点和优势[18]:

(1)采用电子方式控制声束聚焦和扫描,可以在不移动或少移动探头的情况下进行快捷的扫查,提高检测速度;

(2)具有良好的声束可达性,能对复杂几何形状的工件进行探查;

(3)通过优化控制焦点尺寸、焦区深度和声束方向,可使检测分辨力、信噪比和灵敏度等性能得到大幅提高。

因此,利用相控阵超声检测技术实现复合材料结构复杂结构与形状的快速无损检测,能够大幅提高复合材料复杂结构与形状零件的制造质量控制能力,并提高生产效率,对保证我国大型客机的技术先进性和运营安全性具有重要作用。

(1)相控阵超声检测基本原理。基于惠更斯原理设计的相控阵超声阵列换能器,是由多个相互独立的压电晶片(每个晶片称为一个阵元)组成的阵列。采用该阵列换能器检测时,通过控制各个通道的发射和接收延迟时间,实现检测声束的控制,即实现声束聚焦位置和偏转方向的变化。

　　具体来说,可以分成相控阵发射和相控阵接收。相控阵发射是用电子技术调整阵元的发射相位和超声强度,以实现焦点位置和聚焦方向的动态大自由度调节。相控阵发射时,调整各个阵元发射信号的波形、幅度和相位延迟,使各阵元发射的超声子波束在空间叠加合成,形成发射声束聚焦和声束偏转等效果,如图9.34所示。

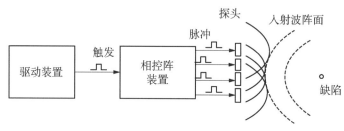

图9.34　相控阵发射示意图

　　相控阵接收是相控阵发射的逆过程,它是用电子技术或数字信号处理技术对阵元接收到的超声检测信号进行相控逆处理,以获得缺陷信号的位置与特征信息。相控阵接收时,换能器发射的超声波遇到目标后产生回波信号,其到达各阵元的时间存在差异。按照回波到达各阵元的时间差对各阵元接收信号进行延时补偿,然后相加合成,就能将特定方向回波信号叠加增强,而其他方向的回波信号减弱甚至抵消,如图9.35所示。

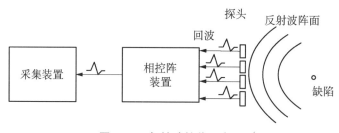

图9.35　相控阵接收示意图

　　(2)复合材料加筋壁板R区的相控阵超声检测。常见的复合材料加筋壁板,包含L型、T型和"工"型等。本次检测采用的试样长度80 mm、厚度5 mm、圆角半径5 mm、张角90°,并且预埋了长度3 mm和9 mm的缺陷。在工件的R角处,常规的超声检测技术一般不可检。

　　针对加筋壁板的R区,制定了弧形换能器和线形换能器两种检测方案,如图9.36所示。采用5M探头,每1 mm一次检测的扫描步进,试样全长80 mm,共扫描80个位置。在试样界面波和底面波之间设置闸门,绘制的C型图,检测如图9.37所示[19]。

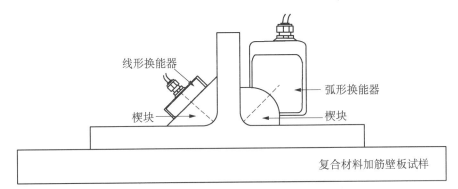

图 9.36　检测方案示意图

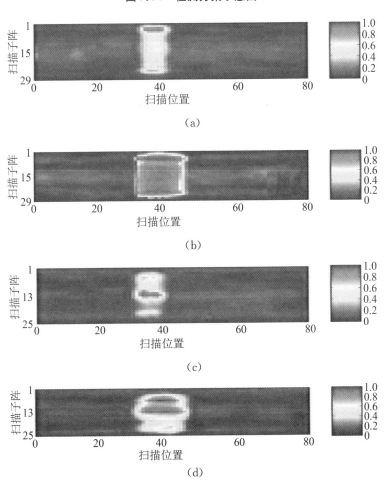

图 9.37　采用弧阵与线阵探头检测 *R* 角试样结果

(a) 弧阵探头检测含 3mm 缺陷试样的 C 型显示图
(b) 弧阵探头检测含 9mm 缺陷试样的 C 型显示图
(c) 线阵探头检测含 3mm 缺陷试样的 C 型显示图
(d) 线阵探头检测含 9mm 缺陷试样的 C 型显示图

9.2.5.2　空气耦合超声检测技术

1）基本原理

空气耦合超声检测技术是一种以空气作为耦合介质的新型非接触式无损检测方法,不存在换能器的磨损,可实现快速扫查。该方法除了在超声耦合方面较传统的声学检测方法有一定特殊性外,在声学无损检测原理上没有本质差异,可应用于不能使用耦合剂的材料检测方面。

空气耦合超声检测系统包括空气耦合超声换能器、信号发生器、功率放大器、扫描架、接收信号前置放大器等。常用的检测方法包括穿透法、脉冲回波法、同侧斜入射检测法。由于穿透式检测方法获得的信号直观,接收信号信噪比高,是目前普遍应用的检测手段。典型的穿透式空气耦合超声检测系统如图 9.38 所示[20,21]。

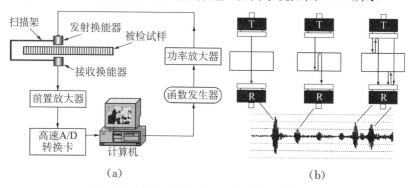

图 9.38　典型的穿透式空气耦合超声检测系统

（a）穿透式空气耦合超声检测系统构成　（b）穿透式声波传播路径

非接触、空气耦合式超声检测方法可以实现真正的非接触检测,另外,空气耦合超声检测容易实现纵波到横波、板波和瑞利波等的模式转换,研究表明,对于复合材料的检测,横波、板波和瑞利波比纵波的灵敏度高。因此,空气耦合超声检测的这一优点有利于解决复合材料的检测和材料特性的表征,尤其在蜂窝夹芯/泡沫夹芯复合材料、多孔陶瓷基复合材料、耐高温碳纤维增强碳基复合材料的检测方面具有显著优势。

2）检测应用

国外已将空气耦合超声检测技术用于某些复合材料板的检测,可以检测出脱粘、分层、气孔、夹杂和纤维断裂等缺陷,可以解决某些传统液体耦合超声检测方法不能解决的问题。美国爱荷华州立大学无损检测中心和印度 GE 全球研究中心合作,利用压电陶瓷空气耦合换能器,开展了复合材料零部件的缺陷检测和修复评价的研究工作,并研制了相应的空气耦合超声扫描系统,在飞机零部件阵地检测中得以使用;英国伦敦大学利用空气耦合超声检测方法对潜艇用玻璃纤维增强型复合材料的损伤和退化进行检测和评价,获得了用水耦合超声检测方法得不到的效果;丹麦国家实验室和丹麦工业大学合作,利用空气耦合超声穿透法对海军舰艇用层状叠合复合材料板进行检测,结果显示该技术方法可以检测出上述材料板中的脱粘。

北京航空航天大学在空气耦合超声检测技术方面开展大量研究工作,目前已经在数字信号处理技术、新型检测方法研究方面取得较大研究成果。已将建立的空气耦合超声检测系统应用于碳纤维/玻璃纤维增强复合材料、耐高温 C/C 复合材料、陶瓷基纤维增强刹车盘等的检测研究方面,采用适当的数字信号处理技术,能大大增强接收信号信噪比,获得理想的检测结果,如图 9.39 和图 9.40 所示。

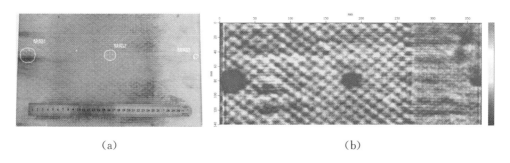

(a)　　　　　　　　　　　　　　　(b)

图 9.39　玻璃纤维增强复合材料的检测

(a) 玻璃纤维增强复合材料试样　(b) 400 kHz 空气耦合超声检测结果

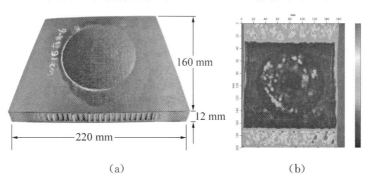

(a)　　　　　　　　　　　　　　　(b)

图 9.40　纸蜂窝夹芯复合材料粘接质量的检测

(a) 纸蜂窝夹芯复合材料试样　(b) 225 kHz 空气耦合超声检测结果

9.3　射线检测技术

射线检测是基于复合材料表面与内部的构成与形状的不同而造成对射线强度衰减的不同,根据穿透材料的射线强度分布情况来检测材料内部的缺陷,常采用的方法是胶片照相法。

射线检测与其他常规无损检测技术相比,具有以下特点[22]:

（1）适用于几乎所有材料，而且对零件形状及其表面粗糙度均未严格要求；

（2）能直观地显示缺陷影像，便于对缺陷进行定性、定量和定位；

（3）检测结果可以长期保存；

（4）对气孔、夹杂、疏松等体积型缺陷的检测灵敏度较高，对平面缺陷的检测灵敏度较低。

9.3.1　基本原理

9.3.1.1　射线检测理论基础

X 射线检测是利用物质在密度不同、厚度不同时对 X 射线的衰减程度不同，如果物体局部区域存在缺陷或结构存在差异，它将改变物体对 X 射线的衰减，使得不同部位透射射线强度不同，从而使零件下面的底片感光不同的原理，实现对材料或零件内部质量的检测。

9.3.1.2　射线检测的基本技术

1）透照布置

射线照相的基本透照布置如图 9.41 所示，考虑透照布置的基本原则是使透照区的透照厚度小，从而使射线照相能更有效地对缺陷进行检验。在具体进行透照布置时主要应考虑的方面有：

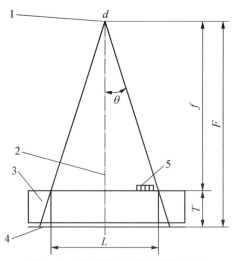

图 9.41　射线照相的基本透照布置

1—射线源；2—中心束；3—工件；4—胶片；5—像质计

（1）射线源、工件、胶片的相对位置；

（2）射线中心束的方向；

（3）有效透照区（一次透照区）。

此外，还包括防散射措施、像质计和标记使用等方面的内容。

在图 9.41 中,射线源与工件表面的距离一般记为 f,有效透照区一般记为 L,射线源与工件胶片侧表面的距离一般记为 F,并称为焦距,中心射线束与透照区边缘射线束的夹角一般记为 θ,并称为照射角。T 是工件厚度,对于一个具体工件,通常所说的透照厚度,即是指工件本身的厚度。

2)基本透照参数

射线照相检验的基本透照参数是射线能量、焦距、曝光量。它们对射线照片的质量具有重要影响,简单地说,采用较低能量的射线、较大的焦距、较大的曝光量可以得到更好质量的射线照片。

(1)射线能量。射线能量,对于 X 射线是以 X 射线管所施加的高压,即管电压,一般称它为透照电压。射线能量是重要的基本透照参数,它对射线照片的影像质量和射线照相灵敏度都具有重要影响。主要是随着射线能量的提高,线衰减系数将减小,胶片固有不清晰度将增大,此外还将影响散射比。推荐的选取射线能量的原则是,在保证射线具有一定穿透能力条件下选用较低的能量。

(2)焦距。焦距是射线源与胶片之间的距离,通常以 F 记号表示。焦距是射线照相另一个基本透照参数,确定焦距时必须考虑的是:

① 所选取的焦距必须满足射线照相对几何不清晰度的规定;

② 所选取的焦距应给出射线强度比较均匀的适当大小的透照区。

前者限定了焦距的最小值,后者指导如何确定实际使用的焦距值。

(3)曝光量。曝光量是射线照相检验的又一个基本参数,它直接影响底片的黑度和影像的颗粒度,因此,也将影响射线照片影像可记录的细节最小尺寸。

9.3.2　射线检测设备

9.3.2.1　X 射线机

工业射线照相探伤中使用的低能 X 射线机,简单地说是由四部分组成:射线发生器(X 射线管)、高压发生器、冷却系统、控制系统。当各部分独立时,高压发生器与射线发生器之间应采用高压电缆连接。

X 射线机可以从不同方面进行分类。按照 X 射线机的结构,X 射线机通常分为三类,便携式 X 射线机、移动式 X 射线机、固定式 X 射线机。

便携式 X 射线机采用组合式射线发生器,其 X 射线管、高压发生器、冷却系统共同安装在一个机壳中,也简单地称为射线发生器,在射线发生器中充满绝缘介质。整机由两个单元构成,即控制器和射线发生器,它们之间由低压电缆连接。在射线发生器中所充的绝缘介质,较早时为高抗电强度的变压器油,其抗电强度应不小于 $30\sim50\,\mathrm{kV}/2.5\,\mathrm{mm}$。

移动式 X 射线机具有分立的各个组成部分,但它们共同安装在一个小车上,可以方便地移动到现场、车间,进行射线检验。冷却系统为良好的水循环冷却系统。X

射线管采用金属陶瓷 X 射线管,管电压不高于 160 kV(或 150 kV),尺寸小,射线发生器通常就是 X 射线管,它与高压发生器之间采用一长达 15 m 左右的高压电缆连接,以便于现场的防护和操作。

固定式 X 射线机采用结构完善、功能强的分立射线发生器、高压发生器、冷却系统和控制系统,射线发生器与高压发生器之间采用高压电缆连接,高压电缆的长度一般为 2 m。其体积大、重量也大,不便移动,因此固定安装在 X 射线机房内。这类 X 射线机已形成 150 kV、250 kV(225 kV)、320 kV、450 kV(420 kV)等系列,其管电流可用到 30 mA 甚至更大的值,系统完善,工作效率高,它是检验实验室应优先选用的 X 射线机。

9.3.2.2　工业射线胶片

射线胶片的结构如图 9.42 所示,射线胶片与普通胶片除了感光乳剂成分有所不同外,其他的主要不同是射线胶片一般是双面涂布感光乳剂层,普通胶片是单面涂布感光乳剂层;射线胶片的感光乳剂层厚度远大于普通胶片的感光乳剂层厚度。这主要是为了能更多地吸收射线的能量。但感光最慢、颗粒最细的射线胶片也是单面涂布乳剂层。

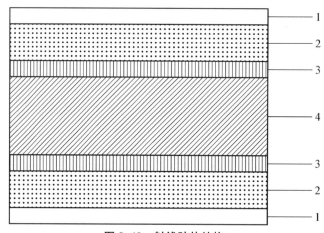

图 9.42　射线胶片结构

1—保护层;2—感光乳剂层;3—结合成;4—片基

片基为透明塑料,它是感光乳剂层的支持体,厚度约为 0.175～0.30 mm。

感光乳剂层的主要成分是卤化银感光物质极细颗粒和明胶,此外还有其他一些成分,如增感剂等,感光乳剂层的厚度约为 10～20 μm。卤化银主要采用的是溴化银,其颗粒尺寸一般不超过 1 μm。明胶可以使卤化银颗粒均匀地悬浮在感光乳剂层中,它具有多孔性,对水有极大的亲和力,使暗室处理药液能均匀地渗透到感光乳剂层中,完成处理。

结合层是一层胶质膜,它将感光乳剂层牢固地粘结在片基上。

保护层主要是一层极薄的明胶层,厚度约为 $1\sim2\,\mu\mathrm{m}$,它涂在感光乳剂层上,避免感光乳剂层直接与外界接触,产生损坏。

9.3.2.3 其他设备与器材

1) 增感屏

当射线入射到胶片时,由于射线的穿透能力很强,大部分穿过胶片,胶片仅吸收入射射线很少的能量。为了更多地吸收射线的能量,缩短曝光时间,在射线照相检验中,常使用前、后增感屏贴附在胶片两侧,与胶片一起进行射线照相,利用增感屏吸收一部分射线能量,达到缩短曝光时间的目的。

增感屏主要有三种类型:金属增感屏、荧光增感屏、复合增感屏(金属荧光增感屏)。

2) 像质计

像质计(像质指示器,透度计)是测定射线照片的射线照相灵敏度的器件,根据在底片上显示的像质计的影像,可以判断底片影像的质量,并可评定透照技术、胶片暗室处理情况、缺陷检验能力等。目前,最广泛使用的像质计主要是三种:丝型像质计、阶梯孔型像质计、平板孔型像质计,此外还有槽型像质计和双丝像质计等。像质计应用与被检验工件相同或对射线吸收性能相似的材料制作。各种像质计设计了自己特定的结构和细节形式,规定了自己的测定射线照相灵敏度的方法。

为完成射线照相检验,除需要上面叙述的设备器材外,还需要其他的一些设备和器材,如观片灯、黑度计,但这并不是全部的器材,如暗盒、药品等均未在此列出。

9.3.3 射线检测标准与规范

目前,射线检测方面的标准,按照内容可分为射线照相检验技术标准,射线照相检验质量控制标准、射线照相检验参考底片标准、射线照相检验的器材和术语标准等。以下介绍《复合材料结构的射线照相检验》的主要规定。

(1)射线源。射线源应为低电压小焦点型的(最好是铍窗口),且具有千伏、毫安和曝光时间的调节装置。X 射线机的焦点尺寸(按 X 射线管的标称值)不应大于 $4.0\,\mathrm{mm}$。

(2)胶片。仅能使用经过批准的国内外胶片,胶片应在入厂后的一个月内进行灰雾度、质量抽检等验收试验。

贮存中的胶片应避免光照、受压、过热、潮湿及一切有害气体,并远离任何辐射源。贮存温度和相对湿度应分别控制在 $5\,℃\sim25\,℃$ 和 $30\%\sim60\%$。

(3)底片密度。评判区域的底片标准密度是 $2.0\mathrm{H\&D}$ 单位,允许范围是 $1.0\sim3.0\mathrm{H\&D}$ 单位。

(4)暗室。暗室设备包括工作台、切刀和足够数量的安全红灯,以便取用、裁切和标记胶片而对射线照片质量没有有害影响。

暗室应完全防护 X 射线辐射。

（5）胶片处理。标准的胶片显影条件应为显影温度 20℃，显影时间 5 min，可根据温度范围来调整显影时间，或按专用胶片厂家的说明进行处理。应有控制设备使胶片处理用显影液保持在 20℃ 左右。

胶片从显影液里取出后就浸到快速停影液里，时间是 30～60 s，并要搅动胶片，以阻止定影之前还继续显影。

定影时间应为定透时间的两倍。

定影后的胶片应在流动水中清洗。清洗时间 4 倍于定影时间或至少 20 min。

水洗后将胶片挂在人工热气干燥箱里进行干燥，温度不超过 55℃；或者在干净的空间自然晾干。

（6）评片。评片时，评片人员应核实下列条件：

a. 用 H&D 单位表示的适当底片黑度。

b. 标识符号完整准确。

c. 标识和标记放置位置适当。

d. 规定使用的像质计可辨认程度和细节情况（如果使用）。

e. 轮廓清晰度、细节情况、影像清晰度和没有畸变。

f. 适当的零件透照覆盖范围。

g. 底片上没有划伤、线条、斑点、褶皱痕迹和其他可能影响评片的人为缺陷。

h. 符合射线照相检验图表的要求。

9.3.4　应用

非金属材料与复合材料不同于金属材料，一方面是它们主要由低原子序数物质构成，物质密度小，对射线的吸收能力弱；另一方面是它们本身的材料特性与金属材料也具有很大的不同，它们的加工成形工艺、缺陷等都与金属材料具有很大的差异，这些使得在非金属材料与复合材料中存在的缺陷与金属材料相比发生了变化，而要求检验的缺陷也发生了变化。因此，在确定非金属材料与复合材料的射线照相检验技术时，应考虑这些差别和变化。

在确定透照技术时主要应考虑的是下面几个方面：

（1）胶片与透照电压；

（2）散射线防护；

（3）透照方向。

对于非金属材料与复合材料工件进行透照一般都应选用较好的胶片，从根本上保证得到的影像具有较高的对比度和较小的颗粒度，这样才可能保证缺陷的检验能力。对非金属材料与复合材料工件进行透照应选用低电压 X 射线机；如果工件的厚度比较小，则还必须选用铍窗口软 X 射线机；要求检验的缺陷尺寸很小时，应选取小焦点或微焦点 X 射线机。

9.3.4.1　层压板

纤维增强复合材料的射线照相检验技术除了应按复合材料一般射线照相检验技术进行考虑外，主要还应考虑制件成型工艺特点、缺陷与工艺和制件的关系、射线照相检验技术的灵敏度控制方法等方面。

由于复合材料各组分性能的差异很大，成型后再加工很困难，所以复合材料制件，尤其是纤维增强复合材料，一般采用一次成型，随后不再进行机械加工。纤维增强复合材料制件的射线照相检验是在制造过程或成型后进行。当确定射线照相检验技术时，必须考虑缺陷的性质和特点，特别是缺陷与制件成型工艺的关系。按照纤维增强复合材料制件的形状、成型工艺、铺层结构等，常用的透照方法可分为垂直透照方法、平行透照方法、切线透照方法、斜线透照方法。

垂直透照方法时中心射线束垂直于制件表面，主要用于检验缠绕制件的纤维断裂、空洞、孔隙（疏松）、夹杂物和树脂分布不均匀，以及检验纤维排列和分布状况。平行透照方法时中心射线束与制件的铺层方向平行，主要检验层压件的分层、裂纹，检验小型布带缠绕锥体的裂纹和疏松等缺陷。切线透照方法时中心射线束与筒形件、管形件、锥形件等的圆弧面相切，主要检验布带缠绕制件的裂纹、疏松，回转体模压制件的裂纹、疏松、树脂淤积等缺陷。斜线透照方法时中心射线束与筒形件、容器件的中心轴成一定角度，主要检验制件端部和端部与连接处存在的空洞、树脂淤积等缺陷。

9.3.4.2　蜂窝夹芯复合材料

复合材料蜂窝夹芯结构件作为航空工业重要的新型零件之一，具有一般金属制件难以比拟的优越性。正因如此，其在结构上和检测方法上也就有其独特性。蜂窝夹芯结构件的检测方法很多，仅射线照相法通常就有常规照相法、渗透高密度液体（如二碘甲烷等）照相法和动态照相法等。

针对芯子缺陷，包括节点脱开、芯子断裂、芯子收缩、芯子皱折、芯子压皱、泡沫胶结芯内的空洞、芯子内有外来物和芯子积水和芯子腐蚀，如图 9.43 所示。蜂窝零件 X 射线检测宜采用大焦距，使蜂窝格子获得垂直投影，其影像真实不变形，且透视场大，工作效率高，常见的影响特征如表 9.2 所示。

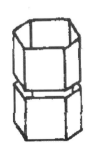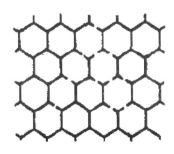

（a）

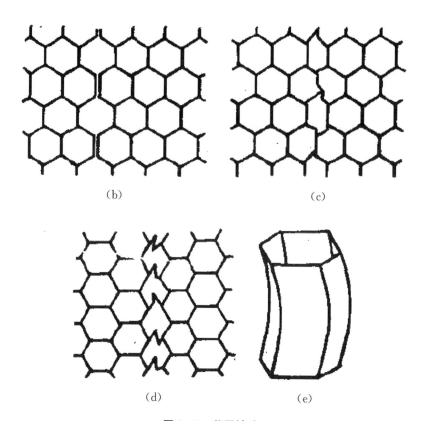

图 9.43　芯子缺陷

（a）芯子断裂　（b）节点脱开　（c）芯子收缩
（d）芯子皱折　（e）芯子压缩

表 9.2　蜂窝夹芯零件常见缺陷的影像特征

芯格破裂	白色芯格呈黑色直线或缺陷
节点脱开	规则的白色芯格破坏，呈不规则淡黑色线
芯子收缩、皱折	规则的白色芯格扭曲、变形
泡沫胶不足或空胶	成不规则黑色斑点或斑块

1）平板蜂窝

根据《复合材料结构的射线照相检验》，模拟副翼蜂窝蒙皮的结构，设计制作与其结构类似的人工缺陷模拟试块，如图 9.44 所示。

图 9.44 蜂窝结构人工缺陷对比试块

通过对复合材料蜂窝结构件的射线检测,获得数字图像。并通过一系列试验,对射线检测工艺进行优化,确定出合适的射线焦距、管电压、曝光量的最佳参数组合。通过大量的试验摸索,最终确定出合适的工艺参数用于检测,典型的工艺参数如表 9.3 所示。

表 9.3 典型的工艺参数

管电压	根据不同材料和不同厚度进行选择	管电流	13.5 mA
焦点尺寸	1.0	焦距	1.2
曝光时间	6.5 min	透照方向	0°

采用射线技术对人工缺陷试块的检测所获得的数字图像如图 9.45 所示。

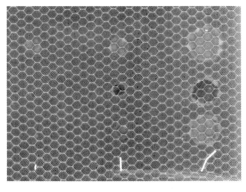
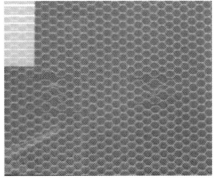

(a)　　　　　　　　　　　　　(b)

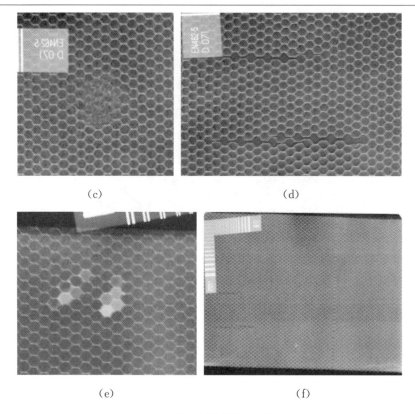

（c）　　　　　　　　　　　　（d）

（e）　　　　　　　　　　　　（f）

图 9.45　蜂窝结构射线检测结果

（a）不同类型和尺寸的夹杂　（b）蜂窝变形　（c）蜂窝变形
（d）节点分离　（e）蜂窝注水　（f）蜂窝压缩

2）复杂结构件

对于9.2.4 节中提到的平尾前缘，也可采用射线检测技术进行检测。受到外形限制的因素，射线检测划分区域进行。结合平尾前缘的结构特点及胶片法与实时成像法各自的利弊，把结构划分为三个区域进行检测：A 面，B 面，R 区域，如图 9.46所示。R 区域为 R 角位置，大约 6 排蜂窝的距离。

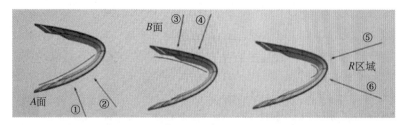

图 9.46　平尾前缘的射线检测区域划分

A 面、B 面采取传统的胶片法进行检测，调整摆放角度尽可能更多面积与垂直射线源,胶片边缘贴近 R 角的过渡区,曲率变大,蜂窝壁会出现一些重叠。

对 2♯、3♯平尾前缘试验件进行了射线检测。其中 A、B 面使用胶片法检测,各面 5 张胶片。其中较平缓的区域(接近于平板)基本垂直于射线源,拍摄的蜂窝格清晰且没有明显的蜂窝内的缺陷或变形。靠近 R 区域的曲率增大,蜂窝由于受到拉扯(U 型外侧)和压缩(U 型内侧)可见到一定程度的蜂窝变形,但无明显缺陷,如图 9.47 所示。

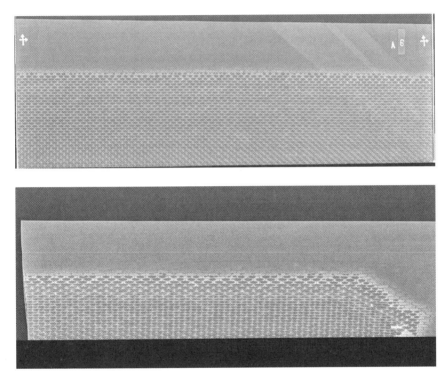

图 9.47 典型胶片法侧面蜂窝检测图

R 区域采用实时成像法。摆放使零件的 R 区域(中间 6 排蜂窝)尽可能垂直于射线源,如图 9.48 所示。

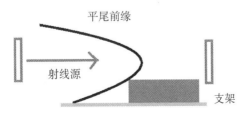

图 9.48 实时成像法检测 R 区摆放视图

R 区域也可以观察到靠近 R 区域的蜂窝变形。中间段未发现明显的缺陷。但两端 R 区域的蜂窝一定程度向内收缩。另外 2♯平尾前缘的两端有呈明显灰度的区域大概为 4 列×8 排,面积大约为 480 mm² (见图 9.49)。由于仍能清楚看到蜂窝壁,剖开后发现为胶膜过厚,为积胶所致(见图 9.50)。3♯平尾前缘的两端仍向内收缩,但是没有类似 2♯的积胶(见图 9.51)。

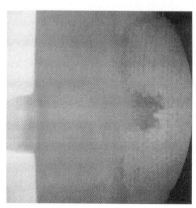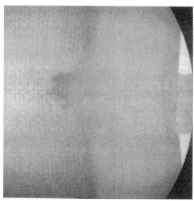

图 9.49　2♯平尾前缘两端实时成像截图

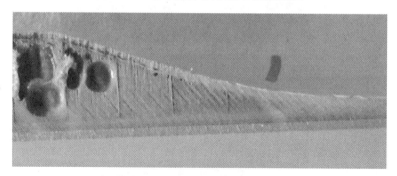

图 9.50　2♯两端蜂窝积胶剖面图

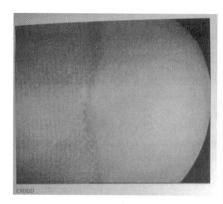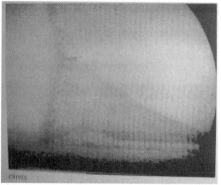

图 9.51　3♯平尾前缘两端实时成像截图

9.4 红外检测技术

红外辐射又称红外光,在自然界中只要物体本身具有一定温度(高于绝对零度),都能辐射红外光。红外检测是利用红外辐射原理来对工件表面进行检测,扫描记录或观察被检测工件表面上由于缺陷与材料不同的热性能引起的温度变化,来判断是否有缺陷。红外检测能实现非接触测量、设备简单、检测效率高,能检测出复合材料中的脱粘、裂纹、分层等缺陷,但是红外热波成像检测需要工件传热性能好,表面反射率高[23]。

红外热波检测具有如下技术特点:

(1)适用面广:可用于所有金属和非金属材料。

(2)速度快:每次检测一般只需几十秒钟。

(3)检测面积大:根据被测对象和光学系统,一次测量可覆盖至平方米面积量级。对大型检测对象还可对结果进行自动拼图处理。

(4)直观:检测结果用图像显示,直观易懂。

(5)定量:可以直接测量到深度、厚度。

(6)单向、非接触:加热和探测在被检试件同侧,且通常情况下不污染也不需接触试件。

(7)设备可移动、探头轻便:十分适合外场、现场应用和在线、在役检测。

9.4.1 基本原理

当复合材料结构件内存在缺陷时,采用适当的热加载方式加热零件表面时,热波在零件内部传播和扩散,由于试件内部存在着裂纹、气孔、分层等缺陷,这将引起试件的热传导、热容量等性能的改变,经过一定的时间,就会在缺陷附近发生热量堆积,而这些热量的堆积必定会以不同的温度分布反映出来,使得有缺陷区域的表面温度不同于没有缺陷区域对应的表面温度,当用红外探测器扫描或观察试件表面时,就可以测定工件表面的温度分布状况,在试件加热或冷却过程中探测出物体表面温度变化的差异,进而判明缺陷的存在与否及其大小和位置。

9.4.2 应用

红外热波检测主要应用于航空航天、电力、铁路桥梁、大型机械装备、石油管道、压力容器等的无损检测。

(1)对航空器、航天器铝蒙皮的加强筋开裂与锈蚀的检测,机身蜂窝结构、碳纤维和玻璃纤维增强复合材料缺陷的检测、表征、损伤判别与评估。

(2)火箭液体燃料发动机和固体燃料发动机的喷口绝热层附着检测。涡轮发动机和喷气发动机叶片的检测。

(3)新材料,特别是新型复合结构的研究。对其从原材料到工艺制造、在役使用研究的整个过程中进行无损检测和评估;加载或破坏性试验过程中及其破坏后的评估。

（4）多层结构和复合材料结构中,脱粘、分层、开裂等损伤的检测与评估。

（5）各种压力容器、承重和负载装置表面及表面下疲劳裂纹的探测。

（6）各种粘接、焊接质量检测,涂层检测,各种镀膜、夹层的探伤。

（7）测量材料厚度和各种涂层、夹层的厚度。

（8）表面下材料和结构特征识别与表征。

（9）运转设备的在线、在役监测。

9.4.2.1 层压板

红外热波检测作为一种新兴的无损检测技术能够对纤维增强复合材料中的脱粘、分层等典型缺陷进行有效检测,而且系统简单、效率高、效果清晰直观。

图 9.52(a)是厚为 3 mm 的碳纤维层压板试验件,采用在不同层间夹杂双层聚四氟乙烯薄膜模拟不同深度的缺陷,单层厚 0.1 mm 其中左边两列缺陷埋藏深度为一、二层之间,右边两列缺陷埋藏深度为三、四层之间。缺陷直径大小分别为 6 mm、10 mm 和 15 mm。图 9.52(b)是红外热波检测结果。从检测结果看到红外热波检测技术对表面及近表面缺陷十分敏感。

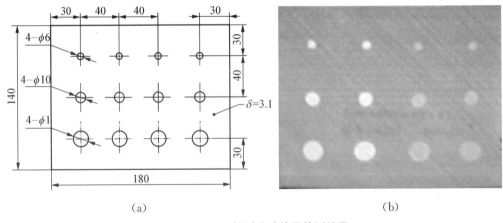

(a)　　　　　　　　　　　　　　　　　(b)

图 9.52　层压板对比试块及检测结果

(a) 层压板缺陷设计图　(b) 检测结果

9.4.2.2 夹层结构

1) 泡沫夹芯结构脱粘(分层)缺陷的红外检测研究

脱粘是泡沫夹芯结构常见缺陷。此类缺陷一般发生于不同材料分界处,主要关心缺陷的有无和大小(面积)的测量。图 9.53 是含脱粘缺陷的夹芯结构试件,上下蒙皮厚 2 mm,芯材为 Rockhacell 公司的 71WF - HT,高度 15～25 mm,胶粘剂为Cytec 公司的 FM300K,利用不锈钢片(0.02 mm 和 0.03 mm)制作人工缺陷,缺陷位于蒙皮与胶膜及胶膜与芯材之间。

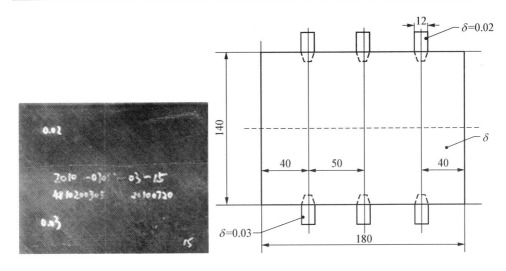

图 9.53　泡沫夹芯结构试验件

图 9.54 是泡沫夹芯结构试件检测热图及缺陷分割结果,从结果中可以看到人工缺陷全部检出。

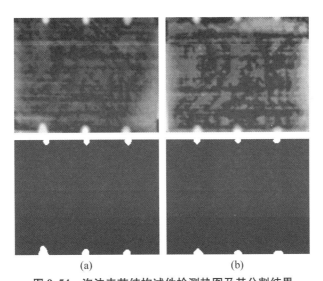

(a)　　　　　　　　　　　　(b)

图 9.54　泡沫夹芯结构试件检测热图及其分割结果

(a) 试件一　(b) 试件二

2) 蜂窝结构积水检测与分析

蜂窝结构复合材料质量轻,强度和刚度高,电磁波穿透性好,在航空航天等领域得到了广泛的应用。蜂窝结构在制造和服役过程中,都会形成缺陷,积水和脱粘是蜂窝结构复合材料的两种最主要的缺陷形式。复合材料蜂窝结构的内部缺陷的无损检测一直是人们的研究热点。对纸质蜂窝和金属铝蜂窝进行检测实验,并对积水量多少进行分析。

为了对蜂窝结构积水量进行分析,从背面对蜂窝注水,以一个蜂窝单元为单位,注满一个单元并记录积水量 G,然后在其他相近单元分别注入不同量的水,如1/2G、1/5G 等,为了分析成片积水的情况,在连续相邻多个单元注入水。在热激励下得到不同时间的热图像,分析不同积水量在热图上的反映。

纸蜂窝结构试件检测结果见图 9.55(a),其中一个蜂窝积水量为 $G = 0.17\,\text{mL}$,图 9.55(b) 上标注的1、2、3、4积水缺陷处分别积水量为1/5G、1/2G、G、2G,4号缺陷处对应两个相邻蜂窝积水。

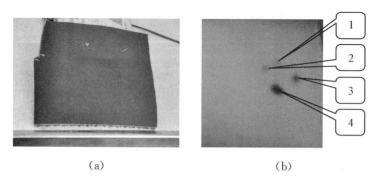

(a)　　　　　　　　　　　(b)

图 9.55　纸蜂窝结构试件

(a) 蜂窝试样　(b) 检测结果

铝蜂窝试件见图 9.56(a)。其中一个蜂窝积水量为 $G = 0.64\,\text{mL}$,图 9.56(b) 上标注的1、2、3、4积水缺陷处分别积水量为1/5G、1/2G、G、2G,4号缺陷处对应两个相邻蜂窝积水。

金属蜂窝由于材料良好的导热性能,所以积水检测效果普遍不明显。

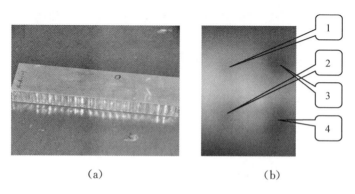

(a)　　　　　　　　　　　(b)

图 9.56　铝蜂窝结构试件及检测结果

(a) 蜂窝试样　(b) 检测结果

3) 蜂窝复合材料结构积水及维修区检测

蜂窝复合材料结构在制造和服役过程中都会形成缺陷,积水和脱粘是蜂窝结构复合材料的两种最主要的缺陷形式。另外,蜂窝复合材料在发现积水等问题后,通常采取的一种维修措施就是在缺陷处填入胶,但在维修前需检测区别出这些维修区域,为此对蜂窝复合材料积水及其维修区域进行红外检测。

图 9.57 所示为蜂窝复合材料实物及其结构。其内部结构如图 9.57(b)所示,其中区域 A 正常粘结,区域 B 为积水,区域 C 为填充区。

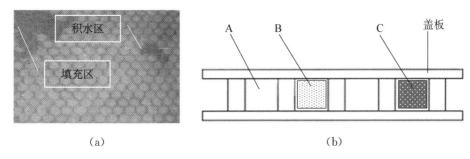

(a) (b)

图 9.57 蜂窝结构积水维修试件及结构

(a) 试件 (b) 内部结构

实验参数为:激励时间为 5 s,采样频率为最高 7.5 Hz,最低 0.2 Hz,温度范围为 5~15℃。复合材料蜂窝结构在进行红外检测前,长期放置于室温环境中,已达热平衡状态,正常区域和积水区域的温度基本一致。为防止输入的热流对蜂窝结构造成损伤,升高的温度应控制在 10℃以内。

图 9.58 所示是单面法检测结果(采样频率 0.2 Hz),在 1200 s 的总实验时间里,从激励开始,先每隔 50 s 采集一次,采集 7 幅热图像,后每隔 150 s 采集一次,采集 5 幅热图像,共采集 12 幅热图像。

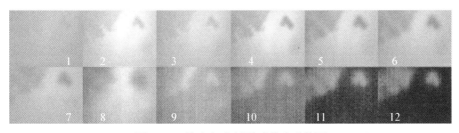

图 9.58 蜂窝复合材料试件实验热图

由图 9.58 可以看出,由于水和空气的热容和热导率差别很大,使得在热激励后其温度变化不一致,因此在红外热像仪上所形成的热图像出现温差分布。同体积的不同区域,在升温阶段,由于水的热容量大,积水区升温慢(在图像上显示比正常区域灰度低);在降温阶段,积水处保有的热量大,比正常区域高一个数量级,积水区域保持高温的时间长,温度下降慢。随着时间变化,积水区在图像上显示会反而比正常区域灰度高。而水与胶在热物性参数上的差别不像水和空气那么大,所以两者的温度-时间变化曲线差别不大。

9.5 激光散斑检测技术

激光散斑检测技术于 20 世纪 80 年代初期开始应用于无损检测领域,纵观激光检测技术的发展历史,经历了几个发展阶段。20 世纪 80 年代,出现了激光全息技术,虽具有灵敏度高的优点,也存在着干版化学处理烦琐、必须在隔振台和一定暗室条件下才能工作的缺点。通过 CCD 摄像机取代干版、隔振性能改善等一系列改进,出现了电子散斑干涉技术(ESPI),但其还不能适应现场检测的需要,目前已进入到激光错位散斑技术(shearography)时代。

激光散斑干涉技术该技术具有全场性、非接触、无污染、高精度和高灵敏度、快速实时检测等优点适用于蜂窝夹层结构、橡胶轮胎、复合材料粘结质量的检测,并已在航空、航天、汽车和建筑等领域得到了广泛的应用[25]。

9.5.1 激光散斑检测原理

激光是一种单色、具有高方向性和高相干性的光源,当它照射在粗糙物体的表面时,物体的表面产生漫反射,此时表面每一点都可以看成一个点光源,从物体表面反射的光在空间相干叠加,就会在整个空间发生干涉,形成随机分布的、或明或暗的斑点,这些斑点称之为激光散斑。

9.5.1.1 激光散斑的产生

当物体的漫反射表面被相干光(如激光)照射时,漫反射的光波在物体表面的前方相互干涉,由于漫反射光的相位逐点不同,从而形成随机分布的亮点和暗点,统称为散斑。

要形成散斑必须具备以下两个条件:

(1)必须有能发生散射光的粗糙平面,为了使散射光比较均匀,则粗糙表面的深度必须大于波长;

(2)入射光线的相干度要足够高,如激光。

9.5.1.2 激光散斑干涉的原理

物体发生变形,散斑也随之发生变化,它们之间有着一一对应的关系。把物体表面变形前后所形成的两个散斑图分别拍摄成像,图像上的每个小区域和物体表面的小区域一一对应,当此区域足够小时,图像上对应的小区域内的两个散斑图几乎完全相同,只是错动了一个与物体表面位移有关的小的距离,这时各个斑点都成对出现。其错动的距离和方位,代表所对应的物体表面小区域的移动。用数字图像处理的方法,对所拍摄的图像进行分析,就可以得到物体表面的位移或应变的分布。

9.5.1.3 激光散斑的分类

散斑的测量方法有很多,归纳起来有两类:一类叫散斑照相,也叫单束光散斑干涉;另一类叫散斑干涉,包括双光束散斑干涉和错位散斑干涉,以及在错位散斑干涉基础上发展出来的电子错位散斑干涉。不同散斑测量方法的测量范围和精度如表9.4所示。由于光学无损检测中所用的特种加载技术仅使零件产生微小变形(位移量为光波波长量级),无损检测所选用的散斑测量方法一般为散斑干涉。

表9.4 散斑测量范围与精度

光波波长/500 nm	测量下限 $d/\mu m$	测量上限 $d/\mu m$	精度(1/10 条纹)/μm
散斑照相	3.6	36~72	0.36
散斑干涉	0.4	6~9	0.04

9.5.2 应用

平尾前缘的材料如图9.25所示,其中铝合金蒙皮的厚度约为1 mm,玻璃纤维预浸料为CYCOM 7701 7781 60″ DP D,玻璃纤维蒙皮固化后的厚度约为1 mm,纸蜂窝的高度约为10 mm;胶膜为FM94-1M(Grade 5,0.03 lb/ft²)。

此结构涉及的材料多,比常规的蜂窝夹层结构多了一层铝合金蒙皮,其声阻抗与涉及的其他材料差异较大。因此超声检测时声波传播更为复杂,多次界面反射导致声能衰减大,穿透性差。中间一层胶膜的检测难度比较大。对于厚度较薄的区域,可采用激光散斑检测作为辅助的检测方法。

检测对象为平板对比试块,如图9.59和图9.60之间,对金属/复合材料蜂窝结

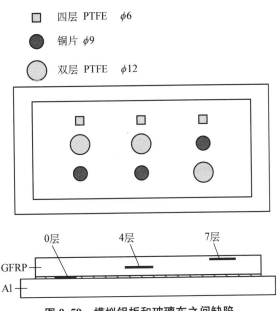

图9.59 模拟铝板和玻璃布之间缺陷

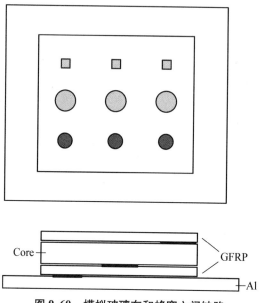

图 9.60 模拟玻璃布和蜂窝之间缺陷

构的可检性进行了评估。试块结构分为带蜂窝和不带蜂窝两种。预埋缺陷的材料采用了四层 PTFE $\phi6$,双层 PTFE $\phi9$ 和铜片。

不带蜂窝的纯铝板和玻璃布试块,检测结果如图 9.61 所示,预埋的缺陷基本能够在激光散斑下看见,其中双层 PTFE $\phi9$ 更为清楚。

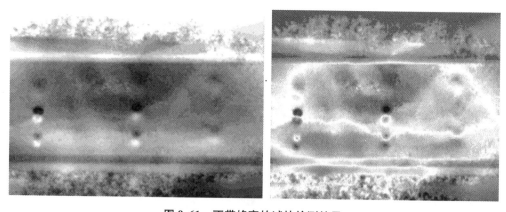

图 9.61 不带蜂窝的试块检测结果

对于带蜂窝的试块,加载方式为负气压加载,在负气压程度为 $-70\,\text{kPa}$ 的情况下,共检测出 6 个缺陷,如图 9.62 所示,其中近铝合金表面的缺陷比较明显,更容易测出。

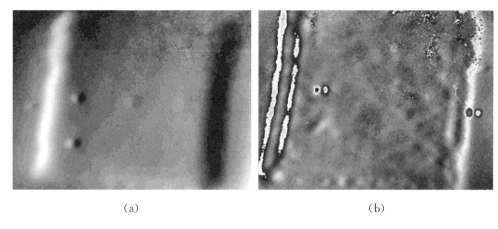

(a)　　　　　　　　　　　　　　　　(b)

图 9.62　带蜂窝的试块检测结果

(a) 近铝合金表面　(b) 近蜂窝表面

9.6　其他检测技术

以上介绍的检测方法各自具有自己的优缺点和适用范围,但大都存在设备昂贵复杂、操作烦琐以及一般只能用于离位检测等问题,所以,单独依靠一种检测手段难以完成对飞机复合材料结构的全面分析以及准确的缺陷定位。以下将介绍几种常用的在役检测方法:敲击检测、目视法和声阻法。

9.6.1　敲击检测

敲击检测是最常用的一类复合材料结构无损检测方法,最早是利用硬币、棒、小锤等物敲击蒙皮表面,仔细辨听声音差异来查找缺陷。在此基础上发展起来的智能敲击检测法是利用声振检测原理,通过数字敲击锤激励被检件产生机械振动,经测量被检件振动的特征来判定胶接零件的缺陷及测量胶接强度等,可以用于蜂窝结构检测、复合材料检测、胶接强度检测等。智能敲击检测法因其设备轻巧、操作简单、自动化程度高、可方便地用于飞机复合材料结构原位检测的优点,现在已广泛应用于航空领域。

9.6.1.1　传统敲击检测法

传统的敲击检测法是对器械的零部件进行粗略的检测,检测者用硬币、小锤等工具对被测件进行适力的敲击,并辨别被测件发出的“声音”,根据听到的声音评判被测件的损伤状况。当被测件在内部有损伤或连接松动时,被测件的固有的物理特性发生了变化,与之对应,发出的“声音”也随之发生变化,检测者利用自己的“耳朵”接收到“声音”,并用“大脑”识别出其中的变化,根据经验判断被测件是否存在损伤等潜在安全威胁。这种传统的检测方法最大的制约是受检测者的经验限制,检测过程中依赖检测者的主观判断,不利于检测工作的程序化、标准化,例如在 CPS8216

《金属胶接结构超声波检测》中提到,在疑似缺陷区域,可采用敲击法(采用一元硬币大小的刚性物体,高度为 20～50 mm 以自由落体方式按 3～5 次/秒频率敲击被检区,通过确认的优区与伤区的敲击声差异进行比对分析,通常优区的敲击声有刚性,而脱粘区的敲击声略为空而沉闷)来对检测的结果进行验证分析。

9.6.1.2　数字敲击无损检测

现代数字敲击无损检测是利用传感器代替"耳朵"的作用,用电路信号处理模块代替"大脑"的作用,利用加速度传感器采集被测件的振动特征,通过运算电路以及软件程序对采集信号的后期处理,来评判被测件,从而摆脱了人的主观制约因素,不再以操作者的经验获取判断结果,更加客观、便捷,利于程序化、标准化,使之成为复合材料结构检测的客观依据。

9.6.2　目视检测

目视检测(visual testing),又称外观检验,利用人眼的视觉加上辅助工具、仪器来对工件表面进行直接或间接的侦查和检视,从而判断各种表面缺陷的一种无损检测技术。

一般说来,目视检测用于观察如零件、部件和设备等的表面状态,配合面的对准,形状或是泄漏迹象等。目视检测可分为直接目视检测和间接目视检测两种检测技术[26]。

9.6.2.1　直接目视检测

直接目视检测是指直接用人眼或使用放大倍数为 6 倍以下的放大镜,对试件进行检测。直接目视法是最简单、最直接的无损检测方法,快速、简便、低成本且不需要使用仪器。它可以检查出表面划伤、表面裂纹、起泡等表面损伤,也可以利用反射光来发现表面不平,但受人为因素影响很大,依赖检测人员的经验。

9.6.2.2　间接目视检测

无法直接进行观察的区域,可以辅以各种光学仪器或设备进行间接观察,如用反光镜、望远镜、工业内窥镜,光导纤维或其他合适的仪器进行检测。我们把不能直接进行观察而借助于光学仪器或设备进行目视观察的方法称为间接目视检测。间接目视检测必须至少具有直接目视检测相当的分辨能力。

在实际工作中,有些区域,既无法进行直接目视检测,又无法使用普通光学设备进行间接目视检测,甚至这些区域附近工作人员无法较长时间停留,或根本无法接近。因此,必须使用专用的机械装置加光学设备对这些设备进行目视检测。使用特殊的机器装置加光学设备,人在相对远和安全的地方通过遥控技术对试件进行目视检测的技术称为遥测目视检测技术。遥测目视检测技术属间接目视检测技术。

9.6.3　声阻法

声阻抗法又称为机械阻抗法检测,它把反映材料振动特性的力学阻抗转换为换能器的负载阻抗。由于材料的力学阻抗与材料结构存在着一定的关系,因此通过对换能器特性的测量来判断材料力学阻抗的变化从而达到检测目的[27]。点源激发被检测材料使被检测材料作弯曲振动的声阻法一般用来检测粘接质量如薄蒙皮粘接和蜂窝结构粘接质量等。

根据对换能器测量参量的不同,可分为振幅法、相位法和频率法。从检测信号工作频率的不同,声阻检测方法又可以分为常规声阻检测法与声谐振检测法。

声阻仪是专为复合材料板、板胶接结构件与蜂窝结构件的整体性检测发展起来的便携式检测仪器。声阻法就是利用声阻仪,通过蜂窝胶接结构粘接良好区域与粘接缺陷区的表面机械阻抗有明显差异这一特点来实现检测的,主要用于检测铝制单蒙皮和蒙皮加垫板的蜂窝胶接结构的板芯分离缺陷检测。它能检测结构件的脱粘缺陷,不能检测机械贴紧缺陷。声阻法被国内的许多航空制造商生产中粘接质量检测和美国波音公司飞机蜂窝部件的外场检测广泛采用。此方法操作简单,效果良好,能满足设计和使用要求。

9.7　结论

本章介绍了航空复合材料常用的无损检测方法及所适用的缺陷类型,简略介绍了检测方法的基本原理和所涉及的检测设备,结合实例阐述了检测工艺和检测标准。总体来说,现阶段复合材料的无损检测仍以超声检测技术为主,包括常规超声、超声相控阵等,该技术可以解决复合材料制造阶段的大部分无损检测问题。另外,X射线检测主要用来检测蜂窝芯子相关的缺陷,包括制造阶段的蜂窝变形、节点脱离、压塌等缺陷以及服役阶段的蜂窝积水。其他检测方法,比如红外热像、激光散斑、空气耦合、激光超声等非接触式的检测方法,更加适用于在装配现场或服役阶段的无损检测,而且主要用于蜂窝夹层结构脱粘缺陷的无损检测。敲击、声阻抗检测方法虽然是比较传统的无损检测手段,但仍然在一些特定场合下,可以作为辅助的检测手段。

随着复合材料无损检测技术的不断发展,新型的检测技术层出不穷,未来的趋势是向着智能化检测的方向发展,其理念是将检测设备、检测工艺和互联网、大数据、可视化结合起来,实现复合材料结构件的自动化检测、探头的自动化更换、工装夹具及零件的自动化装夹,以及缺陷的自动识别与评价,从而减少因检测人员个体差异导致的偏差,极大地提高检测效率和检测的可靠性。

参考文献

[1] 沈军,谢怀勤.航空用复合材料的研究与应用进展[J].玻璃钢/复合材料,2006(5):48-54.
[2] 杜善义.先进复合材料与航空航天[J].复合材料学报,2007(1):1-12.

［3］ 廉京活. 复合材料无损检测［J］. 直升机技术，1995(3)：24 - 27.

［4］ 李家伟. 无损检测手册［M］. 北京：机械工业出版社，2012：1 - 3.

［5］ 郑晖，林树青. 超声检测［M］. 北京：中国劳动社会保障出版社，2008：363.

［6］ 冯若. 超声手册［M］. 南京：南京大学出版社，1999：1084.

［7］ 郭伟. 超声检测［M］. 北京：机械工业出版社，2009：201.

［8］ 张冬梅，等. 树脂基复合材料无损检测标样制备的研究［J］. 航空制造技术，2011，20，74 - 77.

［9］ 张博明，刘奎，等. 增韧树脂基碳纤维复合材料结构无损检测技术研究［J］. 航空制造技术，2010(17)：69 - 72.

［10］ Sérgio Frascino Müller de Almeida, Zabulon Dos Santos Nogueira Neto. Effect of void content on the strength of composite laminates［J］. Composite Structures. 1994，28(2)：139 - 148.

［11］ 一种环氧树脂基碳纤维复合材料孔隙率试块：中国，CN202735214U［P］.

［12］ 一种多向铺层的复合材料孔隙率试块：中国，CN202793985U［P］.

［13］ 含孔隙复合材料超声衰减系数的细观仿真分析方法：中国，CN103279609A［P］.

［14］ 一种复合材料孔隙率对比试块的制造方法：中国，CN104407060A［P］.

［15］ 刘奎，刘卫平，黄姿禹，等. 复合材料孔隙缺陷特征与超声衰减规律［J］. 民用飞机制造技术，2014(2).

［16］ 于雅琳，叶金蕊，刘奎，等. 含孔隙复合材料超声衰减分析的细观有限元模性［J］. 复合材料学报，2014，31(1)：171 - 178.

［17］ 于雅琳，叶金蕊，刘奎，等. 碳纤维增强复合材料孔隙率控制及预测研究［C］. 第十四届中国科协年会论文集，2012.

［18］ 鲍晓宇. 相控阵超声检测系统及其关键技术［D］. 北京：清华大学，2003：15 - 20.

［19］ 对L形工件的弧形角部进行超声检测的检测方法：中国，CN102818851A［P］.

［20］ 周正干，魏东. 空气耦合式超声波无损检测技术的发展［J］. 机械工程学报，2008，44(6)：10 - 14.

［21］ 刘奎，张冬梅，于光，等. 空气耦合超声信号的小波阈值滤噪试验研究［J］. 机械工程学报，2015，20(51)：61 - 66.

［22］ 郑世才. 射线检测［M］. 北京：机械工业出版社，2004：3 - 7.

［23］ 陈大鹏，毛宏霞，肖志河. 红外热成像无损检测技术现状及发展［J］. 计算机测量与控制，2016，24(4)：1 - 6.

［24］ 王任达. 全息和散斑检测［M］. 北京：机械工业出版社，2004：1 - 4.

［25］ 吕德齐，孔劲. 目视检测［M］. 北京：机械工业出版社，2006：1 - 4.

［26］ 邬冠华，林俊明，任吉林，等. 声振检测方法的发展［J］. 无损检测，2011(2)：35 - 41.

10　复合材料结构加工

10.1　概述

与传统的金属材料相比,先进的复合材料具备更多显著的优点,例如高比强度、高比模量、耐腐蚀、抗疲劳等。因此,全球飞机制造商为减轻飞机重量,增加载重,延长使用寿命,正逐步增加复合材料的使用量,从而实现更好的经济效益。市场对商用飞机的大量需求也促使飞机制造商逐渐放弃传统的手工切边、手工钻孔的复合材料加工方式,转而寻求生产效率高、质量稳定的复合材料数控加工方法。在零、部件制备中,复合材料主要以蜂窝芯、层压板、泡沫等结构形式出现。对于这些结构件的加工需要采用新的加工策略及加工刀具,这成为复合材料加工的难点之一。此外,在复合材料装配中,需要加工成千上万个表面质量好、精度较高的紧固件孔,这也为复合材料的加工带来困难。因此,针对不同的复合材料结构,设计合理的加工工艺,选择合适的刀具,加工参数尤为重要。

本章根据国内外有关资料,特别是中国商飞五年来的关键技术攻关研究成果编制而成。文中阐述了蜂窝芯加工、泡沫材料加工、层压板数控加工和复合材料结构制孔等有关内容。

10.2　蜂窝芯加工

10.2.1　蜂窝芯加工特性

作为复合材料主要结构形式之一的蜂窝芯具有很多优点,如高比强度和比刚度,优越的可设计性等,因此广泛应用于飞机舵面、整流罩、内饰等结构上。

蜂窝芯材料的数控加工主要包含铣切型面、开槽腔和切边倒角等加工方式。由于结构及性能的特殊性,在数控加工时有诸多难点,如装夹定位、刀具选择、切削参数选择等。另外,加工时容易出现零件被带起而缠搅刀具、蜂窝芯结构被破坏、毛刺严重等问题。

10.2.2　蜂窝芯加工工艺

蜂窝芯加工方式主要分为手动和数控两种方式,其中手动加工以带锯加工为主,数控加工主要分为高速数控加工和超声波切割加工。下面分别对这两种数控加工工艺方法进行简单介绍。

1) 蜂窝芯高速数控加工

为了适应复杂型面类零、部件的加工要求,提高加工质量和加工效率,高速数控加工是目前蜂窝芯加工的主流。高速加工具有材料去除率高、铣削力小、铣削热低以及加工表面质量好等优点。目前复杂型面类蜂窝芯材料均采用五坐标高速铣床加工成型。

(1) 蜂窝芯数控加工对设备的要求。蜂窝芯加工用机床除满足刚度、精度等要求外,针对加工对象的特殊性还必须满足以下要求:

a. 配置高转速电主轴。蜂窝芯加工设备配置高性能电主轴时,一般要求转速在 24 000 r/min 左右或更高,以利于切削。

b. 配置集油防渗装置。数控机床应保持台面清洁干燥。为避免油滴污染工件,加工用机床应进行有效的润滑油防渗处理,并在主轴鼻端配备集油器等装置。

c. 配置吸尘集尘装置。机床应配置吸尘系统和切屑收集装置,保证能够实时有效地收集 90% 以上复合材料切屑和粉尘。

(2) 蜂窝芯结构件的装夹定位。在数控加工蜂窝芯结构件时通常采用双面粘结带固定法或聚乙二醇固定法装夹定位。然而,由于蜂窝芯壁厚仅有 0.1 mm 左右,粘结接触面积极小,所以在加工过程中容易产生局部剥离和蜂窝芯壁弯曲变形现象,从而降低零件的加工精度,严重时将导致零件报废。为弥补双面粘结带固定蜂窝芯带来的缺陷,目前还采用了在蜂窝芯结构中填充石蜡、尿素和磁粉等材料的方法使其装夹牢固,但是填充物的完全去除难度较大,在一定程度上会造成蜂窝芯的污染。

在蜂窝芯零件一般装夹过程中,应注意以下事项:

a. 双面粘结带应铺设整齐并尽可能覆盖毛坯所有区域(尤其是加工区域),若在数控机床工作台有大量 T 型槽时,应考虑增加平板辅助。

b. 毛坯料应尽可能在自然状态下与双面粘结带结合,避免在拉拽状态下装夹。在拉拽状态下装夹的零件在加工完成后回复到自然状态时,零件由于失去与双面粘结带的结合力,会发生回缩现象,导致零件尺寸偏差。

c. 为使毛坯料更好地与双面粘结带结合,在装夹过程中可在毛坯上施加适当的外力,并保证施加外力的方向垂直于毛坯,尽量避免使用坚硬质地物品施力或施加不垂直毛坯的外力以防蜂窝芯结构产生形变。

（3）蜂窝芯数控加工的刀具选择。相对于普通铣刀，蜂窝芯数控加工刀具一般设计为底部切断刀片及四周碎屑刀齿组合的形式或仅为刀片的形式，如图 10.1 所示。

图 10.1　组合式蜂窝芯加工刀具结构

带碎屑刀齿的刀具结构的切断刀片直径比碎屑刀齿部分直径大 1 mm 左右，带碎屑刀齿的刀具在进行切削时，切断刀片预先在轴向分离蜂窝芯结构，然后由碎屑刀齿部分将分离的蜂窝芯结构切碎。这种切削方式在很大程度上提高了蜂窝芯结构件加工的质量。在需要保证大平面或曲率较小的大曲面的加工质量时，此类刀具适用性极强，另外在零件倒角和倒斜面时也具有一定的适用性。

蜂窝芯零件因结构特征和加工工艺方案的限制，难以避免使用铝合金高速加工刀具（小直径刀具通常为整体硬质合金形式）。此种条件下应优先选择螺旋角为 45°，并且切削刃相对锋利的刀具。除了刀具结构方面的要求外，针对不同的蜂窝芯材质，加工刀具的材料也有不同的要求，可采用多种材料的刀片进行加工，推荐使用无齿硬质合金刀片，其他例如金刚石磨片刀片、硬质合金波浪形刀片或高速钢锯齿刀片都可以使用（见图 10 - 2）。表 10.1 为切削纸蜂窝芯时切断刀片的材料选择。

无齿硬质合金刀片　　金刚石磨片刀片　　波浪形刀片　　高速钢锯齿刀片

图 10.2　不同材料刀片

表 10.1 纸蜂窝芯加工中刀片材料的选择

蜂窝芯材质	硬质合金	金刚石涂层刀片	高速钢刀片
纸	很好	较好	较好
纸（填充增强）	很好	很好	不推荐

2）超声切割加工

目前国内企业已经具备了高速数控加工蜂窝芯的能力，通过改进固持方法和使用特定专用的刀具，产品质量日趋稳定。在蜂窝芯零件量产较小时，这种工艺方案基本能满足生产需求。但是，随着蜂窝芯零件的使用范围逐渐扩大，产量逐步增加，高速数控加工工艺方法的弊端也日趋明显，主要体现在以下几个方面：

（1）加工效率低下。现行加工方法为保证产品质量，大幅度减小了切削参数，导致加工效率低下，因此，提高加工效率是目前此类零件的首要任务。

（2）质量隐患严重。采用打碎的方式容易造成边缘处材料被拉起，当切削量过大时，此现象更加突出。因此，如何有效消除这些质量隐患、保障产品质量也是当前此类零件加工的难题。

（3）加工环境恶劣。打碎零件会产生大量的粉尘，给操作者的身心健康带来极大的隐患，同时造成车间环境的污染。

以上三个问题是当前蜂窝芯加工过程中主要显现的问题。要从根本上解决这些顽疾，必须从加工模式上进行革新，在这种情况下，基于超声波加工蜂窝芯的技术便应运而生。

a. 超声波机床的主要结构及刀具：

1980 年奥地利 GFM 公司在全球首次将超声技术引入机械切割领域，并开发出用于复合材料加工的超声切割设备，经过几十年的发展，超声波机床已成为加工蜂窝芯材料最先进的设备。超声波机床是通过超声波发生器产生超声振荡波，经换能器转换成超声机械振动来切削零件的一种机械加工设备。

其使用的刀具主要有两种，一种是直刃刀，用于粗加工，如图 10.3 所示；另一种是盘片式刀具，用于型面和轮廓精加工，如图 10.4 所示。

图 10.3 直刃刀

图 10.4　盘式刀

显然,超声波机床使用的刀具相较于常规数控机床使用的刀具而言,具有较大差别,因此,超声波机床的结构不同于常规的数控铣床。常规的先进数控机床多采用五坐标,而超声波机床除拥有 X、Y、Z、A、C 五个坐标外,另增加一个用于控制直刃刀刃口方向或者盘片式刀具主轴转速的 B 轴。超声波切割设备须配有真空吸附平台和真空系统或具有相同功能的真空夹具,以便吸附蜂窝芯材料。

b. 超声波加工编程要求:

(a) 主轴旋转方向控制。如果超声波切割设备具有正旋和负旋用法,在加工过程中会影响切割,应当尽量使刀具的旋转力向下。

(b) 使用直刃刀加工时的倾角定义。推荐角度偏转倾角和主倾角均为 30°,但需根据实际加工产品的复杂程序综合考虑。

(c) 圆或圆弧等形状的加工。在超声加工使用直刃刀具加工圆或圆弧轮廓时,采用线条插补的方式实现。

(d) 控制芯格撕裂的方法。主轴尽量沿前进方向顺时针方向旋转,加工方式为顺铣。

当考虑蜂窝芯粘接/吸附程度不足时,在边界上,应根据实际粘接和真空吸附的牢固程度选择适当的切削速度,从而兼顾效率和质量。

超声波振幅可根据刀具能承受的最大幅度尽量调高。

(e) 超薄平面加工。在加工平面时,如加工量(高度)过小时,可以根据胶带粘接情况、刀具情况及蜂窝芯厚度适当降低盘式刀的超声波振幅,甚至相应降低加工速度。

10.2.3　蜂窝芯加工材料及环境要求

（1）蜂窝芯在加工前应存放在原始包装中或包在中性牛皮纸中以防表面边缘污染。

（2）应将蜂窝芯保存在清洁干燥的存放区内直到使用。蜂窝芯应平放贮存，避免承压，以防损伤蜂窝芯。

（3）蜂窝芯的加工过程中，工作人员应戴轻质白棉纱手套接触蜂窝芯。

（4）蜂窝芯加工区的环境要求为：温度：18℃～32℃；相对湿度：≤65%。

（5）不允许在蜂窝芯加工区内吸烟、吃东西或喝水。

（6）不允许对胶接有影响的污染物如灰尘、油脂或油污等附着于材料上。

（7）不允许在蜂窝芯加工区使用蜡、未固化的脱模剂、含有未固化硅的化合物以及任何对胶接质量有影响的物质。

（8）蜂窝芯包装采用聚乙烯袋。蜂窝芯的包装和存储过程中要避免损伤，并避免水、油脂、灰尘及其他杂质的污染，以免影响胶接。

10.3　泡沫芯加工

复合材料中常用的芯材有泡沫、蜂窝等多孔固体材料，其中常用的泡沫芯材有聚氯乙烯、聚苯乙烯、聚氨酯、酚醛、环氧及聚甲基丙烯酰亚胺（PMI）等。

大多数泡沫芯材可以使用木工工具加工或成形，包括带锯，车削，穿孔，打磨和仿形。在切割过程中，因为材料的导热系数低，高密度泡沫的进给速度应相对较低，防止材料过热，甚至烧焦。耐高温聚甲基丙烯酰亚胺（PMI）泡沫是民用飞机零部件常用的泡沫芯材，这类泡沫零件加工前应注意以下几点：

（1）温度范围 18℃～32℃，相对湿度不能超过 65%。

（2）泡沫芯材包装开封后，必要时进行干燥处理。

（3）加工前，目视检察泡沫毛坯密封包装是否完好无损，毛坯不允许存在如裂纹、水渍、油污、蜂窝孔等缺陷。

（4）接触泡沫时，工作人员必须戴棉纱手套。

由于每种泡沫的性能都有不同的特点，所以所有泡沫零件在加工前都需要进行试加工，经试加工合格后，方可进行零件批生产。当设备或工艺参数发生变化时，需重新进行试加工。

对于薄板泡沫料（厚度 10 mm 以下），可采用刀子切割或冲切法下料；对于较厚的板料手工下料时，可先用刀子划线然后折断，利用工作台边缘折断板料可获得特别清晰的断面。用圆盘锯或带锯也可以将板材切割成规定的外形。

对于凹槽、槽口和其他外形，可以用仿形铣床加工。仿形铣床加工时所用的仿形模外形应与零件外形相协调。

采用数控机床铣切泡沫时,可以采用双面胶带、抽真空、专用夹具等方式将泡沫固定在机床的工作台面上。

可采用普通手工锯条去除零件的余边。当零件需要修整时,可采用与零件同等材料的泡沫块摩擦零件进行修整。

机加完成后,采用吸尘器去除零件表面的粉尘,若加工后不立即进行后续操作,按照相关要求进行干燥处理后,装入聚乙烯或铝箔复塑袋中,在密封袋中放入硅干燥剂并封口保存。

10.4 复合材料层压结构机械加工

10.4.1 复合材料层压结构加工特性

纤维增强型复合材料的基体一般为树脂,从树脂的硬度和强度来说都易于加工,但树脂固有的特性使得其在加工过程中的导热性能很差,加工过程中的切削热不易传出,使得切削温度较高,严重时会烧焦树脂或使树脂软化。而纤维的硬度很高,当其受弯曲与剪切应力时,较易被切削,受拉伸应力时,则较难被切削。因此,纤维方向角 θ 对切削力和切削比能有一定的影响[1],复合材料结构的加工特点可归纳如下几点:

(1)树脂基为粘性弹性体,韧性、导热性差,加工时产生热量不易散发,切削温度高。树脂受热后容易粘刀,增加了切削难度。

(2)纤维是理想的弹性体,但硬而脆。切削纤维增强复合材料时,需限制切削速度,控制切削温度。避免温度过高,致使基体的树脂烧焦、软化和有机纤维变质。

(3)由于复合材料是层压结构,层间抗剪强度低,切削加工时,容易产生分层现象。

(4)复合材料的各向异性和性能分散性明显,使切削处于不稳定状态,难于保证加工后尺寸精度和表面质量。

纤维增强复合材料层压结构加工过程中易产生两种主要缺陷:一是切口损伤,二是层间分层。切口损伤主要表现为切口边缘附近产生出口分层、撕裂、毛刺、拉丝等缺陷;层间分层主要指复合材料层与层之间发生分离,致使零件内部组织疏松,从而降低了零件强度和其他性能。

切削力及切削热是导致复合材料加工缺陷产生的主要因素。因复合材料为层铺结构,在切削轴向力的作用下,可能导致复合材料切口上下表面层处形成各种各样的缺陷。当作用在材料层间的轴向力大于层间强度时,材料发生分层现象,材料表面形成撕裂缺陷,未被切断的纤维形成毛刺缺陷。另外,加工过程中产生的切削热高于临界温度时,将导致复合材料层间强度急速降低,进一步恶化材料的加工损伤程度。

纤维丝的高强、高硬和高磨蚀性,是复合材料加工过程中刀具磨损严重的直接原因。由此引起的切削力及切削热的增加,将导致加工质量随着加工过程的进行急剧恶化。

10.4.2　复合材料层压结构加工工艺

针对复合材料结构加工特点和待加工结构的大小与形状,其机械加工方式主要可分为锯切、数控铣削、高压水切割等加工方式。

10.4.2.1　复合材料锯切

复合材料锯切指采用圆形切割片或带状切割片对复合材料零件的切割。复合材料锯切的切割质量较好、效率高、且成本低,但其只能用于直线切割,故当待切割复合材料工件切割线路简单时可采用锯切的方式进行加工。该加工方式主要应用于试片的加工和装配现场的修切等工序中[1]。

复合材料锯切常使用的锯片为金刚石磨粒的砂轮片,金刚石磨粒的粒度根据待切割件切口粗糙度要求进行选择,一般在 40~120 粒度之间,切割线速度推荐为 1500~1850 m/min,进给速度的选择满足砂轮片不过载以及待切件不过热即可,具体工艺参数需通过试切情况进行确定。为防止待切件劈裂,建议在砂轮片出口端使用垫板予以支撑。

10.4.2.2　复合材料数控铣削

数控铣削是目前复合材料加工最常用的加工方式之一。铣削一般分为侧铣和端铣。侧铣工艺主要应用于复合材料件的修边加工,而端铣工艺主要应用于复合材料表面加工,如复合材料件牺牲层加工。其中刀具技术、加工工艺参数是复合材料铣削加工工艺中影响加工质量的关键因素。

上海飞机制造有限公司与南京航空航天大学合作开展了复合材料数控铣削加工工艺技术研究工作,主要包含复合材料结构侧铣加工刀具的优选及工艺参数优化、复合材料结构端铣加工刀具的优选及工艺参数优化等工作。

1) 复合材料结构侧铣工艺

(1) 刀具材料。刀具材料是指刀具参与切削部分的材料。在复合材料切削加工中,刀具材料的切削性能直接影响工件的加工精度和已加工表面质量、刀具损耗、加工成本和生产率。

根据复合材料属于硬脆材料且耐磨性高的特点,铣削刀具材料一般选择硬质合金或硬度更高的材质。

通过实验对比硬质合金、硬质合金普通涂层(TiAlN 涂层和 TiB$_2$ 涂层)和硬质合金金刚石涂层这三种材质的刀具。各试验刀具加工的最大切削力、切口粗糙度、切口处刀具有效切削长度及切口形貌和刀具磨损见表 10.2、表 10.3 和表 10.4。其中,切口粗糙度值为五次不同位置测量的均值,有效切削长度 L_c 为除去试切长度后刀具的切削总长度。

表 10.2 硬质合金刀具加工数据记录表

刀具材质	硬质合金铣刀				
试验数据	最大切削力/N			切口粗糙度 $Ra/\mu m$	有效切削长度 L_c/mm
	F_{Xmax}	F_{Ymax}	F_{Zmax}		
	154.6	131.7	130.8	3.214	500

切口形貌和刀具磨损图

 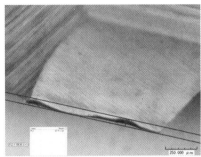

切口质量：目视切口无毛刺、撕裂；
刀具磨损情况：刀具后刀面磨损量约为 $60\,\mu m$。

总有效切削长度约 $500\,mm$。

表 10.3 钛涂层硬质合金刀具加工数据记录表

刀具材质	钛涂层硬质合金铣刀				
试验数据	最大切削力/N			切口粗糙度 $Ra/\mu m$	有效切削长度 L_c/mm
	F_{Xmax}	F_{Ymax}	F_{Zmax}		
	132.0	116.0	92.07	3.204	580

切口形貌和刀具磨损图

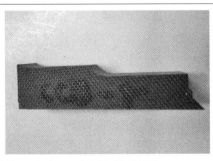 

切口质量：目视切口无毛刺、撕裂现象
刀具磨损情况：刀具后刀面磨损量约为 $75\,\mu m$

总有效切削长度约 $580\,mm$

表 10.4　金刚石涂层硬质合金刀具加工数据记录表

刀具材料	金刚石涂层硬质合金铣刀				
试验数据	最大切削力/N			切口粗糙度 $Ra/\mu m$	有效切削长度 L_c/mm
	$F_{X\max}$	$F_{Y\max}$	$F_{Z\max}$		
	120.1	28.25	12.48	3.097	8685

切口形貌和刀具磨损图

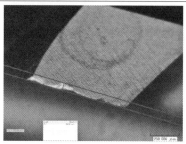

切口质量：目视切口无毛刺、撕裂现象

刀具磨损情况：刀具后刀面磨损量约为 $65\,\mu m$

总有效切削长度约为 $8685\,mm$

　　根据试验数据可知，其中金刚石涂层刀具的耐磨性最好，在切削过程中能够较长时间保持刀具的锋利度，且加工质量最好。这是因为刀具涂层，尤其是金刚石涂层的硬度高、摩擦系数小、与被加工零件材料之间的亲和力低，因此刀具与工件的摩擦力减小从而减小磨损。同时，由于金刚石涂层提高了刀具耐磨性，使得刀具的锋利度得到保持，因此切削力得到降低，提高了加工质量。

　　(2) 刀具结构。刀具的几何结构是影响工件加工质量的另一关键因素。复合材料铣削加工刀具结构常见的分两大类，一类为交错齿式，一类为狼牙棒式，见图10.5。

(a)　　　　　　　　　　　　　　　　(b)

图 10.5　复合材料专用铣刀

(a) 交错齿式铣刀　(b) 狼牙棒式铣刀

　　采用金刚石涂层的狼牙棒式铣刀和金刚石涂层的交错齿式铣刀对 CFRP 层压板进行侧铣试验。切削过程中每切削约 1 m 时测量切削力数据，每切削约 2 m 时在位检测切口粗糙度数值。试验数据见表 10.5 和表 10.6。

表 10.5 狼牙棒刀具加工数据记录表

刀具	金刚石涂层 狼牙棒刀具	切削参数	3750 r/min—250 mm/min—1 mm		
试验数据	切削长度/mm	切口质量	最大切削力/N		
			$F_{X\max}$	$F_{Y\max}$	$F_{Z\max}$
	16760	无毛刺、撕裂	207.7	44.90	28.22
切长总计/mm	16760				

切口质量及刀具磨损

刀具磨损主要形式为磨钝,少量崩刃,后刀面磨损量约为 70 μm。

表 10.6 交错齿刀具加工数据记录表

刀具	金刚石涂层 交错齿刀具	切削参数	3000 r/min—200 mm/min—1 mm		
试验数据	切削长度/mm	切口质量	最大切削力/N		
			$F_{X\max}$	$F_{Y\max}$	$F_{Z\max}$
	5270	无毛刺、撕裂	239.5	35.62	34.57
切长总计/mm	5270				

切口质量及刀具磨损

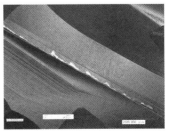

刀具磨损主要形式为崩刃和涂层崩落,兼有磨钝,后刀面磨损量约为 200 μm

其中交错齿式刀具的刀刃分为上下两部分，这两部分的螺旋方向相反，因此在加工时上下两部分的切削轴向力方向相反，可有效的避免复合材料的分层缺陷的产生。然而这种刀具采用连续切削刃，且切削刃存在交会区，致使交会处的排屑相对较差，易导致加工温度过高，刀具磨损加快。

狼牙棒式刀具是基于以磨代铣的思路而设计的颗粒型刀刃，这样降低了每齿切削力，同时也利于排屑，从而提高了刀具使用寿命。然而相较于交错齿式刀具，其加工的切口表面粗糙度较差。

（3）加工工艺参数。加工工艺参数是复合材料侧铣加工中又一关键因素。不同的刀具在加工同种复合材料时最合适的加工工艺参数也不一样，需要用户根据实际加工环境去调整、优化。前期研究结果表明[2]：切口质量随着进给速度增大而降低，随着转速增大而提高，而转速过高则会烧伤树脂而降低树脂性能。

对于表面铜网复合材料结构的铣削，铜网的加入对 CFRP 加工表面质量没有明显影响。随着转速增大，45°纤维层上空洞数量增加，深度减小且表面树脂涂覆逐渐增多；随着进给速度增大，45°纤维层上的空洞变深变广，树脂涂覆减少，层间分界更加清晰，加工表面粗糙度值随着转速增大呈减小趋势，随进给速度增大呈增大趋势。铜网结构与碳纤维对刀具的磨损作用不同，导致刀具的非均匀磨损。金刚石涂层硬质合金刀具铣削加工表面铜网结构 CFRP 时的磨损形式主要为涂层磨穿和基体磨钝[3]。

2）复合材料结构端铣工艺

端铣工艺在复合材料结构加工中不常用，主要用于加工复合材料制件的牺牲层，制件轮廓度是主要的质量指标。

（1）端铣刀具技术。常用的复合材料端铣刀具主要分为整体式和机夹刀片式。整体式刀具加工精度易控制，但刀具直径一般不大于 20 mm，加工效率较低，主要用于加工面积不大，加工面曲率较大的工件。机夹刀片式刀具因可选择大直径的刀盘从而大大提高加工效率，但因各刀片装配误差会对加工精度有一定的影响，主要用于大面积和曲率较小工件的加工。

选择复合材料端铣刀具时，应注意如下几项：

① 不能采用刃倾角较大的刀具，易造成复合材料表面毛刺和撕裂。

② 从加工表面缺陷来看，多齿端铣刀能够显著抑制加工末端毛刺的产生。采用 0°副偏角能够对加工完成表面形成进一步修整，提高表面质量。

③ 采用正副偏角尽管会降低刀具副后刀面受到的挤压作用，但是由于刀具与工件接触面积的减小，使得刀尖受到的冲击变大。而锋利的刀尖更容易在质地较软的玻璃纤维复合材料上划擦形成非常明显的加工波纹度，导致粗糙度明显变大，因此对于加工表面粗糙度而言，负偏角是不适合的。

④ 从切削力来看,采用 45° 主偏角能够使切入更加顺利,但会造成轴向力的提高。采用 0° 副偏角同样会由于受到加工表面的回弹作用使得轴向力提高。同时刀具齿数越少,其切削过程中主切削力 F_x 和进给力 F_y 均越小。

⑤ PCD 铣刀耐磨度最好,金刚石涂层刀具次之。无涂层硬质合金刀具由于磨损很快,刀具寿命太短,不适合加工碳纤维增强复合材料。

(2) 端铣加工工艺参数。针对航空飞机上常用于牺牲层的碳纤维复合材料和玻璃纤维复合材料,采用不同刀具进行加工时选择合适的加工工艺参数可参考以下几条:

① 对于碳纤维单向带结构加工,在满足粗糙度 Ra 为 1.6 μm,轮廓度 <0.2 mm 标准的前提下,如果以加工质量为目标,金刚石涂层整体式端铣刀最优工艺参数为切削速度 $v=500$ m/min,每齿进给量为 $f_z=0.015$ mm/z,轴向切深为 $ap=0.1$ mm。如果以加工效率为目标,最优工艺参数为切削速度 $v=500$ m/min,每齿进给量为 $f_z=0.045$ mm/z,轴向切深为 $ap=0.3$ mm。机夹刀片式端铣刀最优参数为切削速度 $v=500$ m/min,每齿进给量为 $f_z=0.045$ mm/z,轴向切深为 $ap=0.3$ mm。

② 对于玻璃纤维编织结构复合材料端铣加工,达到加工表面质量要求(轮廓度 <0.2 mm 和表面粗糙度 Ra<1.6 um)的端铣加工最优参数为切削速度 $v=500$ m/min,每齿进给量为 $f_z=0.045$ mm/z,轴向切深为 $ap=0.3$ mm。

③ 对于碳纤维单向带结构复合材料端铣加工,轴向切深是影响加工表面粗糙度的高度显著因素,每齿进给量成为影响加工表面粗糙度的次要因素,切削速度对加工表面质量的影响最小。

④ 对于碳纤维编织结构复合材料端铣加工,轴向切深不是影响加工表面粗糙度的显著因素,而每齿进给量成为影响加工表面粗糙度的显著因素。

⑤ 两种复合材料的材料表面粗糙度和切削力均随着每齿进给量和轴向切深的增加而增大,随着切削速度的增大而减小。

⑥ 两种碳纤维结构复合材料均在加工 40 min 时开始出现涂层剥落,在 50 min 时出现大面积涂层剥落,到达刀具耐用度极限。

⑦ 磨损的副后刀面对加工表面具有一定修整作用,加工表面粗糙度受刀具磨损影响较小。

10.5 复合材料制孔

随着复合材料在民用飞机上的广泛使用,复合材料的二次加工也越来越多,尤其是在复合材料零件与其他零部件装配连接时,不可避免进行大量孔加工。例如一架 F-16 战斗机有 24 万多个连接孔,一架波音 B747 飞机有 300 多万个连接孔[5]。而美国最先进的 F-22 战斗机在研制过程中将复合材料钻孔作为一项关键性制造技术提来,F‑22 的每副机翼需钻 14 000 个精密孔。碳纤维复合材料属于难切削加工材料,其材质脆、强度高、碳纤维硬度大、导热能力差,导热系数只为奥氏体不锈钢的 1/5～1/10。碳纤维的高硬度使得刀具磨损快、刀具耐用度低。另外碳纤维复合材料各向异性,层间强度低,切削时在切削力作用下容易产生分层、撕裂等缺陷,钻孔时尤为严重,加工质量难以保证。碳纤维复合材料的孔加工质量是生产中一个极其重要的问题,在钻孔时任何质量问题都会形成工件的缺陷,导致零件报废。据统计,飞机在最后组装时,钻孔不合格率要占全部复合材料零件报废率的 60%以上[6]。

10.5.1　复合材料制孔钻削力的来源

钻头在钻削复合材料层压板时,其产生的切削力主要来自以下三大部分,如图 10.6 所示:

（1）克服被加工材料弹性变形的抗力（$F_弹$）;

（2）克服被加工材料中纤维断裂和基体剪切的抗力（$F_断$ 和 $F_剪$）;

（3）克服切屑对前刀面的摩擦以及后刀面对已加工表面的摩擦阻力（$F_摩$）。

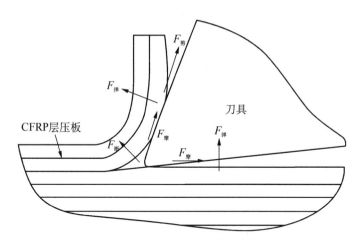

图 10.6　复合材料层压板制孔钻削力来源示意图

为了建立基于复合材料加工的刀具钻削力力学模型,对典型的麻花钻结构进行模型的建立与研究。图 10.7 所示为典型麻花钻钻削时的受力示意图。

由图 10.7 可见,钻头在切削过程中,其钻削受力部位可以划分为 2 个区域,即主切削刃和横刃切削区。如表 10.7 所示,钻头主切削刃和横刃处分别产生 40%和57%的钻削力,而主切削刃则为扭矩的主要来源,其所占产生的总扭矩的比例高达 80%。

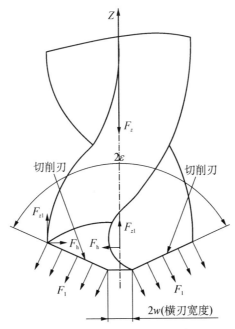

图 10.7 麻花钻钻削受力示意图

表 10.7 麻花钻制孔时钻削力分配情况

切削刃 钻削力	主切削刃	横刃	刃带
轴向力(F_a)/%	40	57	3
扭矩(T)/%	80	8	12

在切削过程中,横刃上的各点均为负前角切削,由于该部位的线速度很低,无法起到切削作用,而是以挤推的方式作用于被加工材料,使材料发生塑性变形,当材料内部应力达到屈服极限时,材料将发生断裂并分离,达到材料加工的目的。然而,由于碳纤维属于脆性材料,在受到挤压作用的时候,较容易发生断裂。横刃部分的切屑产生方式主要依靠横刃的摩擦和挤压作用,完全不同于正前角部分剪切作用而形成切屑的方式。

复合材料为各向异性材料,钻头在钻削时其切削力变化情况不同于传统金属材料的切削过程。图 10.8 所示为钻削过程中实测的钻头钻削力随时间的变化曲线。

10.5.2 复合材料钻孔特点

由于碳纤维复合材料是由纤维和基体组成的两相或多相结构,是非均质和各相

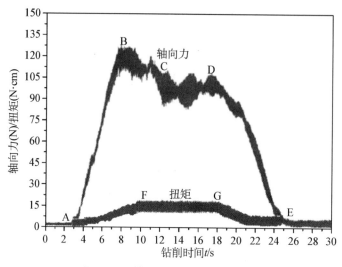

图 10.8　钻削力随时间的变化曲线

异性的,同时碳纤维的硬度很高,因此碳纤维复合材料与金属材料的材质有很大的区别,用传统的金属切削的方法将产生较大的问题,产生许多与金属制孔完全不一样的缺陷[7],主要表现在:

(1) 孔出口撕裂和起毛;

(2) 孔壁周围材料发生分层;

(3) 孔壁表面粗糙及微裂纹;

(4) 入口劈裂和毛刺;

(5) 形状不圆及尺寸误差。

具体情况如图 10.9 所示。

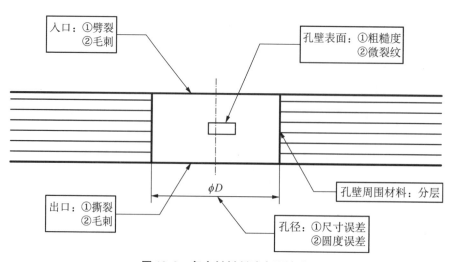

图 10.9　复合材料制孔主要缺陷

1) 刀具消耗量大

碳纤维复合材料的碳纤维质点硬度非常高,其 HRC＝53～65,相当于高速钢的硬度,因此钻头的磨损非常严重,刀具的寿命非常短。用高速钢麻花钻钻削碳纤维复合材料时,每个钻头只能加工 2～3 个孔,耗刀量非常大。

碳纤维复合材料的切屑为粉末状,而这些高硬质点粉末状的碳纤维颗粒在钻削过程中不断对钻头刃口进行磨削作用,使刀具刃口瞬间钝化,刀具耐用度急剧下降。因此,碳纤维复合材料切削加工普遍存在着刀具寿命过短,消耗量大的现象,如图 10.10所示。

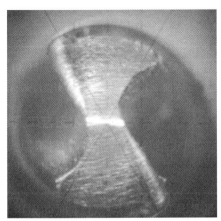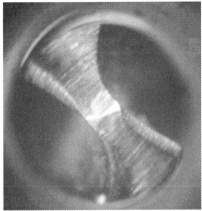

图 10.10　钻头磨损严重

2) 制孔分层

从复合材料学角度而言,分层是指由层间应力或制造缺陷等引起的复合材料铺层之间的脱胶破坏现象,而这里的分层指的是钻孔过程中主要由轴向力作用引起的孔壁周围材料发生的层间分离现象。在碳纤维复合材料制孔过程中,孔壁周围出现层间分离破坏是钻削加工最主要的缺陷之一,即使是微小的分层也是非常严重的安全隐患,严重影响到产品的成品率。分层引起的复合材料层压板的层间裂纹将破坏层压板的界面层,导致层压板的强度和刚度降低,影响层压板的机械连接强度,进而影响复合材料零件的完整性和长期使用的可靠性。

此外,由于复合材料制孔是复合材料加工最后几道工序,而且复合材料具有难修复性,因此一旦制孔分层缺陷的出现,往往导致整块复合材料板的报废。据有关资料介绍,分层是组装过程中导致零件报废最主要的原因。

截至目前,一维分层系数(F_d)是应用最广泛的复合材料钻削分层的评价指标[8]。图 10.11 所示为分层评定示意图。

$$F_d = \frac{D_{max}}{D} \tag{10.1}$$

式中：D_{max} 代表最大分层直径，D 代表名义钻孔直径。

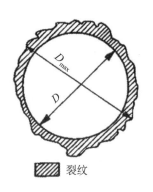

图 10.11　分层评定示意图

3）制孔出入口缺陷

孔的入口、出口缺陷主要包括撕裂和毛刺两种，是孔加工中常见的缺陷之一，也是最直观的缺陷之一。而入口撕裂和出口劈裂的缺陷也是复合材料制孔缺陷有别于传统的金属制孔，是复合材料制孔显著特点之一。

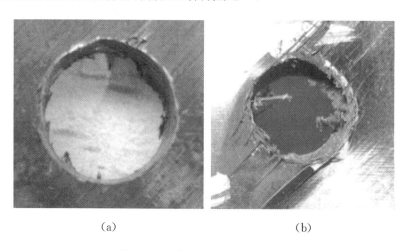

(a)　　　　　　　　　　　(b)

图 10.12　孔入口和出口缺陷形貌

(a) 毛刺严重　(b) 撕裂

毛刺现象就是在孔出口处不能把纤维沿孔边切断，产生很大的纤维毛边，也叫起毛，如图 10.12(a)所示。金属制孔也有毛刺现象产生，但是复合材料制孔毛刺产生的原因与金属毛刺有着本质的区别。金属毛刺主要是由于当钻头快要钻穿材料的时刻，由于金属材料塑性变形而导致金属没有完全被切除掉而留在孔口处。复合材料的毛边是因为碳纤维没有被切断而产生的。

目前,复合材料钻削加工毛刺主要分为Ⅰ型毛刺和Ⅱ型毛刺两种,其中Ⅰ型毛刺尺寸较大,一般可以通过目测进行检测;相反,Ⅱ型毛刺由于长度和宽度均较小(一般小于1mm),故常需在显微镜下方可观察到。图10.13所示为某无涂层麻花钻在钻削参数($n=6\,000\,\text{r/min}$ 和 $f=0.03\,\text{mm/r}$)下钻削某复合材料层压板时获得的典型Ⅰ型和Ⅱ型毛刺形貌图。

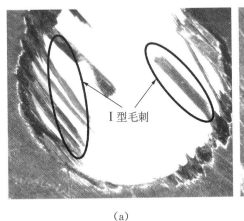 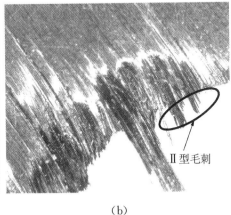

（a）　　　　　　　　　　　　　　　（b）

图 10.13　复合材料钻削出口毛刺形貌图($n=6\,000\,\text{r/min}$, $f=0.03\,\text{mm/r}$)

(a) 出口Ⅰ型毛刺(×30)　(b) 出口Ⅱ型毛刺(×50)

撕裂发生在孔的出口侧的表层,并沿孔出口侧最外层纤维方向扩展。它是复合材料孔加工质量最直观、明显的特征之一。撕裂大小与切削参数有关,若钻孔时在复合材料板下面垫上铝板或胶木板等,撕裂会明显减轻。

4) 孔的表面形貌和几何尺寸差

由于碳纤维材料本身的特性,加工完成后在孔壁会出现纤维拔出、基体脱落以及微裂纹等缺陷,严重影响孔壁表面质量和孔的加工精度。同时在加工过程中,由于复合材料各向异性等特点,所制得的孔的几何尺寸往往存在偏差,甚至出现椭圆孔情况,如图10.14所示。

由于复合材料是由树脂基材料和碳纤维通过粘结剂编织而成,且填充材料和基体材料均具有低塑性,加之由于铺层方向的不同,材料呈各向异性,进而决定了其在钻削时,不能像大多数塑性材料(如金属材料)那

图 10.14　椭圆孔缺陷

样形成连续的带状切屑。由于复合材料的切屑都为粉末状,且断屑过程类似于材料颗粒的剥落过程,故形成的已加工表面较为粗糙,缺陷较多。具体而言,其在钻削加工时,已加工孔壁主要存在微裂纹、纤维拔出和凹陷等缺陷。图 10.15 所示为某复合材料层压板钻孔典型孔壁缺陷图。

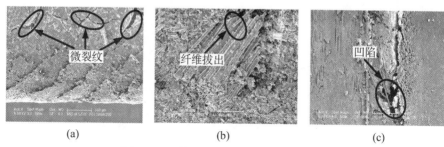

(a)　　　　　　　　(b)　　　　　　　　(c)

图 10.15　某复合材料钻孔典型孔壁缺陷

(a) 微裂纹　(b) 纤维拔出　(c) 凹陷

10.5.3　复合材料制孔工艺技术

复合材料制孔时需考虑层压板的材料类型及纤维方向,连接结构中是否含有金属结构,对孔的尺寸和精度要求以及可选择的设备。

1) 复合材料制孔刀具

在由工具、刀具和工件组成的加工工艺系统中,刀具是最活跃的因素。生产效率的高低、刀具寿命的长短、加工成本的多少、工件的加工精度以及加工表面的优劣等,很大程度上取决于刀具材料、刀具几何结构及刀具类型的选择。按照刀具结构形式的不同,常见的复合材料制孔刀具可分为麻花钻类、匕首钻类、三尖钻类、多面钻类,如图 10.16～图 10.19 所示。

图 10.16　复合材料制孔麻花钻

复合材料制孔麻花钻继承自金属加工麻花钻,一般会采用 gash 去横刃处理,来减小分层最敏感的轴向力。特点是价格低,但易产生缺陷。

图 10.17　复合材料制孔匕首钻

复合材料制孔匕首钻复合了钻、铰刀,更易形成无毛刺、表面质量高的孔,但不易排屑,高速时易粉尘堵死。特点是转速低,更适合手工。

图 10.18　复合材料制孔三尖钻

复合材料制孔三尖钻外缘转点处的两尖刃口,更易割断纤维,防止毛刺和撕裂孔口的出现。特点是有效控制毛刺,但主切削刃强度稍低。

图 10.19　复合材料制孔多面钻

多面是指钻头的后刀面多于 2 个,一般采用双锋角和双后刀面的钻尖设计来实现 8 面以上的后刀面。双锋角的作用主要体现在两个方面,一方面可以延长主切削刃,平均切削载荷,提高刀具耐用度,另一方面可以在钻头的外缘处形成一段锋角更小的主刃,有利于纤维的高质量切断。

2) 复合材料与金属叠层制孔

民用飞机装配过程中,存在大量复合材料与金属材料的连接形式,常见的有复合材料与铝合金连接、复合材料与钛合金连接,对于复合材料钛合金的叠层制孔,加工难度极大。

由于钻削碳纤维复合材料和钻削钛合金所采用的钻削参数不同,加工时,为了保障孔配合精度,不准许单独加工。因此,对夹层结构钻削工艺及加工条件要求比较高。复合材料和钛合金夹层结构钻孔时易出现钛合金翻边、毛刺等缺陷(见图 10.20)。而钻孔时产生的切削热易烧伤复合材料板。钻削复合材料与钛合金夹层结构时,一般优先从钛合金侧钻入。复合材料和钛合金夹层结构制孔时,必须加钻孔润滑剂,通过加鲸蜡醇钻孔润滑剂,可以缓解复合材料的烧伤现象。要获得高精度孔,需对夹层结构进行铰孔。对直径大于 8.0 mm 夹层结构的孔,可以采用钻孔-扩孔方式加工[9, 10]。

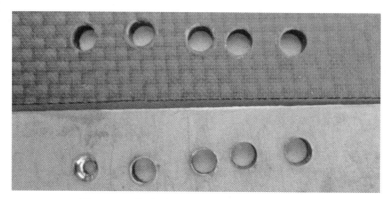

图 10.20 复合材料和钛合金制孔产生的缺陷

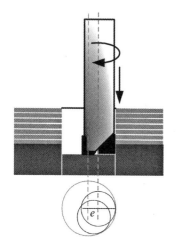

图10.21 螺旋铣孔过程示意图

3）螺旋铣孔

螺旋铣技术作为一种新型孔加工方式，具有切削过程平稳、刀具承受切削力小和一次加工即可满足精度要求的优点。首先，刀具中心的轨迹是螺旋线而非直线，即刀具中心不再与所加工孔的中心重合，属偏心加工过程，如图 10.21 所示。

在加工过程中，单一直径刀具可以加工一系列直径孔，突破了传统钻孔技术中一把刀具加工同一直径孔的限制。其次，螺旋铣孔过程是断续铣削过程，有利于刀具的散热，从而降低了因温度累积而造成刀具磨损失效的风险。第三，偏心加工的方式使得切屑有足够的空间从孔槽排出，排屑方式不再是影响孔质量的主要因素。

螺旋铣孔作为新的加工方式，虽然有着广阔的发展空间和良好的市场前景，但是国内外在刀具、工艺等方面的研究都还刚刚起步，很多方面还需要深入研究和探讨，短时间内还不可能得到大规模的运用。

参考文献

［1］曹增强，于晓江，蒋红宇，等.复合材料的切割[J].航空制造技术，2011,15：32-35.
［2］龚佑宏，韩舒，杨霓虹.纤维方向对碳纤维复合材料加工性能影响[J].航空制造技术，2013,23,76-79.
［3］Youhong Gong, Nihong Yang, Shu Han. Surface Morphology in Milling Multidirectional Carbon Fiber Reinforced Polymer Laminates [J]. Advanced Materials Research. 2013,683：158-162.
［4］龚佑宏，韩舒，杨霓虹.表面铜网结构 CFRP 铣削加工性能研究[J].航空制造技术，2015,19,86-89.

［5］鲍永杰.C/E复合材料制孔缺陷成因与高效制孔技术［D］.大连：大连理工大学,2010.

［6］孟宪超.碳纤维复合材料钻孔加工工艺研究［D］.大连：大连理工大学,2005.

［7］魏威,韦红金.碳纤维复合材料高质量制孔工艺［J］.南京航空航天大学学报,2009,41,115－118.

［8］S Arul L，Vijayaraghavan S K，Malhotra R Krishnamurthy. Influence of tool material on dynamics of drilling of GFRP composites ［J］. Int J Adv Manuf Technol，2006,29：655－662.

［9］于晓江,曹增强,蒋红宇,等.碳纤维增强复合材料结构钻削工艺［J］.航空制造技术,2010,15,66－70.

［10］于晓江,曹增强,蒋红宇,等.碳纤维复合材料与钛合金结构制孔工艺研究［J］.航空制造技术,2011,3,95－97.

11　复合材料结构修理

11.1　概述

　　复合材料零件在制造过程中易产生分层、孔隙、脱粘、夹杂及贫胶等缺陷；在加工、检测及装配过程中也会造成零件的表面划痕、工具撞击分层、钻孔劈裂、切割边劈裂等损伤；在使用过程中，可能会出现雷击损伤或冲击造成的损伤。当缺陷或损伤超过设计许可时，会威胁到结构的安全使用，但是要完全更换这些含有损伤或缺陷的零件，尤其是制件较大、价格昂贵时，将造成巨大的经济损失。因此，对损伤或有缺陷的结构件进行修理，恢复结构的强度、刚度要求，以及功能性要求，对保证零件的使用安全、降低零件的使用成本是十分必要的。

　　复合材料结构的修理按修理场地、修理耐久性、修理方法等的不同可有多种分类[1—4]。

　　1) 厂内修理与外场修理

　　复合材料制件在制造、加工、装配过程中产生的缺陷或损伤可在生产厂内直接修理；制件在使用过程中造成的损伤多数需要在外场修理，只有损伤严重到一定程度，外场修理无法实现或无法达到修理的质量要求时，才会返厂修理。一般情况下，生产厂内的生产设备、检测设备更加齐全，修理效果会更好。

　　2) 永久性修理与临时性修理

　　制件按修理设计要求进行修理，修理质量达到验收标准，修理后的强度、刚度等性能可以达到制件完好状态下的设计要求值，称之为永久性修理。制件在使用过程中，出现损伤后，由于修理条件限制，进行临时的修补措施，只满足有限架次飞行需要的修理为临时性修理。一般厂内修理为永久性修理，修理后的制件作为合格品交付；由于修理设备及修理条件的差别，外场修理有些是永久性修理，有些是临时性修理。

　　3) 胶接修理与机械连接修理

　　复合材料结构常见的修理方法有填充灌注修理、胶接修理、机械连接修理。复合材料用于飞机的主承力零件已经较为成熟,但维修工艺的变化却不大,大多仍采用机械连接修理,即在损伤的复合材料上通过螺栓连接金属补片进行修理。但机械连接修理存在结构增重多、修理区应力大等缺点。而胶接修理可以使碳纤维板的损伤去除最小、强度和外形得到尽可能的恢复、增重维持在最低限度,所以胶接修理是一种优质、高效、低成本的结构修理技术。针对较严重的缺陷或损伤,工程上一般选用胶接修理或机械连接修理;填充灌注修理一般针对边缘或内部分层、纤维劈裂、钻孔损伤、表面划伤等程度较轻的缺陷或损伤。

无论制造过程中的缺陷或者使用过程中的损伤,无论在厂内按照工艺规范进行修理或者在外场按照修理手册进行修理,修理的选材和修理方法基本一致。因此,本章将在通用修理材料和修理方法框架内,结合上海飞机制造有限公司(以下简称上飞公司)在修理领域开展的研究,先后对修理材料,以及树脂填充修理、胶接修理和机械连接修理三种修理方法进行较为详细的介绍。

11.2　修理材料

11.2.1　选材原则[1-4]

修理材料是指直接应用于可修复的飞机损伤结构件的修理原材料,因此需要满足一定的选材要求。对于民用飞机的修理来说,修理所用的材料必须符合规范、设计要求或结构修理手册的要求,以达到适航标准的要求。

一般,飞机的修理分为永久性修理和临时性修理,根据修理方式的不同,修理材料的选择也不同。

当进行永久性修理时,修理材料的选择需遵循如下原则:①原则上,修理所用材料需要和飞机损伤结构上原材料相同的预浸料;②在符合规范、设计要求或结构修理手册要求时,可以使用同类型、同级别的预浸料作为替代材料;③在符合规范、设计要求或结构修理手册要求时,还可以选用双组分树脂和干纤维织物作为湿铺层修理的补片材料。

当进行临时性修理时,也有一定的原则:①修理材料的增强材料一般选用织物;②修理材料的树脂基体或胶黏剂一般采用双组分体系,且应适用于湿法成型工艺,易于浸润增强材料;③在室温或较低温度下固化速度快;④适用于接触压成型或者真空压力成型工艺;⑤尽量无毒害,便于操作人员进行临时性修理。

11.2.2　常用修理材料

目前,飞机上常用的复合材料主要是纤维增强树脂基复合材料,增强纤维主要有碳纤维、芳纶、玻璃纤维以及其织物,树脂基体则主要是环氧树脂、双马来酰亚胺树脂以及酚醛树脂等热固性树脂基体。根据此类复合材料结构件的特征,常用的修理材料主要包括预浸料、胶黏剂、增强材料(干纤维织物)、蜂窝/泡沫材料和其他辅助材料,根据选材原则,修理材料基本包含在通常的复合材料零件制造所用材料范围之中,因此本节不再赘述,仅简单介绍在修理研究中使用过的部分材料。

11.2.2.1　预浸料

预浸料是指由增强纤维或者织物经过树脂基体预先浸渍而制成的一种片状半成品复合材料,它的品种和性能由树脂基体和纤维的类型确定。根据成型工艺,修理用预浸料分为热压罐成型预浸料和真空成型预浸料。根据固化温度的不同,预浸料可分为中温固化(120℃)和高温固化(180℃)预浸料。在复合材料结构修理中,预浸料作为修理材料主要用于制造预固化补片或者在真空条件下进行共固化胶接修理,而且要根据原结构复合材料材料来进行选择符合规范、设计要求或相应结构修理手册规定的预浸料材料。目前,已开展修理试验中用到的预浸料主要包括碳纤维单向带预浸料、碳纤维织物预浸料以及适合真空成型的预浸料,如 CYCOM 970、CYCOM 977-2、CYCOM5320-1、MTM44-1、MTM45-1 等。

对于真空成型材料,如 CYCOM5320-1、MTM44-1 和 MTM45-1 等,目前在飞机结构修理中受到了很多的关注,其真空成型固化修理工艺相比热压罐固化修理工艺,操作工艺简单,不需要大型设备,成本低。但是当使用真空成型工艺(热补仪修理工艺)修理时,要注意修理材料的单次固化修理层数限制。在标准热补仪修理工艺条件下,热压罐成型预浸料和真空成型预浸料的单次固化层数有很大的差异[5]。

目前修理试验的结果显示,在标准热补仪修理工艺下,热压罐成型材料 CYCOM X850 和 CYCOM 977-2 预浸料的单次固化层数不可超过 6 层,超过 6 层时内部孔隙率明显增大,不同层数的金相图如图 11.1 所示;而真空成型材料 MTM45-1 预浸料的单次固化层数至少为 16 层,内部质量均优异,不同层数的金相图如图 11.2 所示[5]。

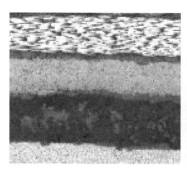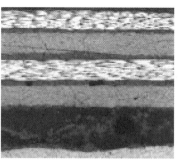

　　　　2层　　　　　　　　　　　　　　　4层

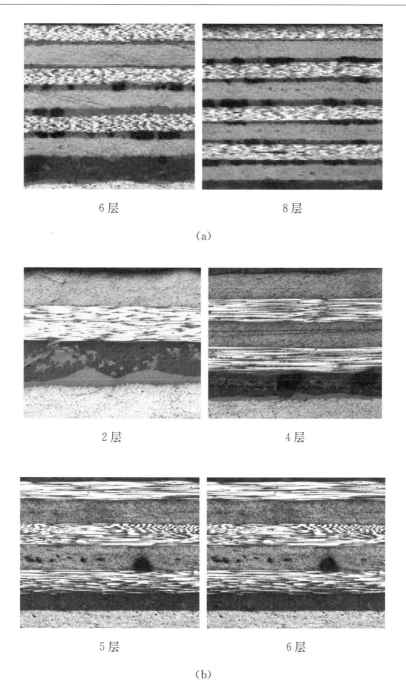

6 层　　　　　　　　　　　　　　　8 层

(a)

2 层　　　　　　　　　　　　　　　4 层

5 层　　　　　　　　　　　　　　　6 层

(b)

图 11.1　热补仪单次固化不同层数的 X850 和 977‑2 金相图

(a) 热补仪单次固化不同层数的 X850 金相　　(b) 热补仪单次固化不同层数的 977‑2 金相

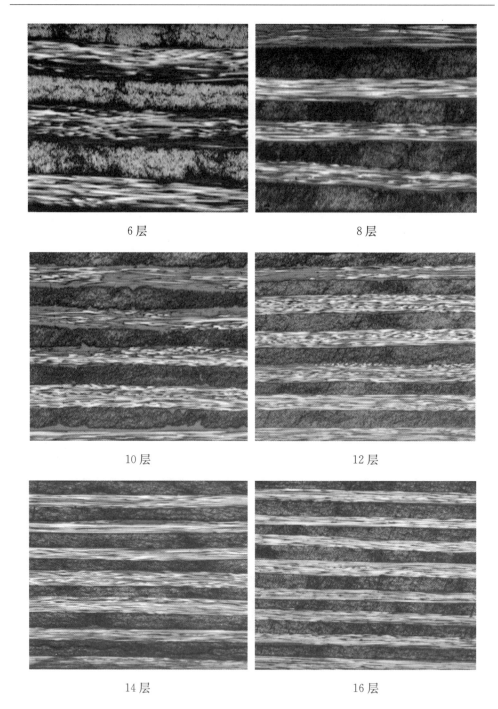

6 层　　　　　　　　　　　　　　8 层

10 层　　　　　　　　　　　　　12 层

14 层　　　　　　　　　　　　　16 层

图 11.2　材料 MTM45‑1 单次固化不同层数金相图

因此,需要针对复合材料损伤结构件的厚度大小,根据所用修补材料的单次固化层数限制,选择合适的修补工艺。按最佳单次固化层数进行热补仪工艺修补后,修补效果与热压罐修补效果基本一致,适合于飞机中复合材料损伤结构件的外场修理。

11.2.2.2 胶黏剂

在复合材料修理中,根据用途的不同,所使用的胶黏剂分为很多种,主要有胶膜、双组分树脂和发泡胶。

1) 胶膜

胶膜因其操作工艺的方便性,在目前的复合材料结构修理中得到广泛使用。它可将修补材料与损伤复合材料结构件进行共胶接或者共固化,还可实现非金属结构与金属结构之间的胶接修补。按照固化温度的不同,胶膜也分为中温固化胶膜和高温固化胶膜两大类,中温固化胶膜的固化温度一般在 120～130℃ 之间,高温固化胶膜的固化温度一般在 180℃ 左右。常见的胶膜如 PL7000、METLBOND1515-4M 为高温胶膜及 FM 73M、FM300-2K 为中温胶膜。但胶膜的固化需要有一定的压力,如真空压力。

2) 双组分树脂

飞机修理中用到的双组分树脂一般为低粘度环氧树脂体系,主要用于修理复合材料结构件的表面压痕、分层、脱胶以及在湿铺贴修理中浸润增强纤维织物。常用的双组分树脂如 EA9390 A/B 和 EA9396 A/B。

因为湿铺层制作工序较复杂,在双组分树脂的使用过程中,从配置树脂到开始固化的时间往往较长。因其多为中低温固化,树脂配置完成后若较长时间不进行固化,可能会在室温下发生缓慢的固化反应,导致固化时树脂粘度变大、流动性变差,从而影响湿铺层固化后的内部质量。因此,使用修理树脂前需要对其进行粘温测试,找出合适的操作温度以及对应的操作时间范围。

3) 发泡胶

发泡胶是一种受热使其体积膨胀后再固化产生粘接作用的胶黏剂,它主要是膏状或片状的环氧树脂胶黏剂。不同发泡胶的膨胀率有很大的差别,一般膨胀率在 150%～400% 之间。发泡胶主要用于蜂窝块的拼接、填充蜂窝孔格和带有间隙的两结构件之间的胶接。

按照固化温度的不同,发泡胶也分为中温固化发泡胶和高温固化发泡胶两大类。在目前的修理研究中使用的发泡胶为片状发泡胶 FM 490A。

11.2.2.3 增强材料(干纤维织物)

在飞机复合材料结构的损伤修理中,常用到的增强材料主要是干纤维织物,主要用于在湿铺层修理中制作湿法铺层。修理玻璃纤维、芳纶纤维增强复合材料结构时,多采用玻璃纤维织物,而修理碳纤维增强复合材料结构时常用碳纤维织物。织物的织纹分几种类型,如平纹、斜纹和缎纹等,其中平纹织物的铺覆性最差,而缎纹织物的铺覆性较好,可用于各种复杂形状的结构件。在已进行的修理研究中,使用的增强材料为 T300 级平纹碳纤织物。

11.2.2.4　蜂窝材料

当飞机结构的损伤扩展到蜂窝夹芯结构时,则必须清除损伤的蜂窝夹芯并用新的替换,因此修理用蜂窝材料必须符合相应规范、结构修理手册中的规定或取得原设计部门和适航部门的批准,且更换蜂窝夹芯的放置方向应与原夹芯结构的方向一致。

复合材料结构件修理用蜂窝材料主要是非金属蜂窝芯材,分为玻璃布蜂窝芯材和纸蜂窝芯材。玻璃布蜂窝材料广泛应用于雷达罩和其他无线电天线罩等要求电磁波穿透性能好的夹层结构中。常用的纸蜂窝芯子为 Hexcel 公司的 HRH - 10 - 1/8 - 3.0 型蜂窝芯型材,是一种六角形的纸蜂窝芯材。

11.2.2.5　辅助材料

在飞机复合材料结构胶接修理中,除了上述修理材料,为了实现修理工艺,还需要使用各种工艺辅助材料,主要包括真空袋材料、密封胶条、无孔和有孔隔离膜、吸胶材料、透气材料、压敏胶带、脱模布等。

11.2.3　修理材料储存和使用要求

在修理材料中,需要特别注意储存条件和使用要求的主要是和树脂有关的材料,包括预浸料、胶黏剂(双组分树脂、胶膜、发泡胶等)。

11.2.3.1　预浸料、胶膜和发泡胶

在修理材料中,预浸料、胶膜和发泡胶的储存方式和使用要求类似。

预浸料、胶膜和发泡胶通常都需要储存在冷库中,温度在 -18℃ 以下的冰冻环境中,而且需要用防潮塑料袋密封存放,注意存放时的密封塑料袋一定不可破损,以免存放过程中水分进入材料中而导致整个材料的报废。对于每一种预浸料和胶膜,都有相应的材料规范对其存放条件做出严格规定。

对于预浸料、胶膜和发泡胶的使用,需要先将材料从冷库中取出,待其温度达到室温后,并且密封塑料袋上无冷凝水时,方可打开密封塑料袋将材料取出。材料不用时,应立即重新用防潮塑料袋密封并放回冷库内储存。预浸料和胶膜在存放过程中,在冷库内放置的时间和在冷库外放置的时间都应认真做好记录,以免超过材料规范规定的储存寿命。当冷库内的存放时间和冷库外的存放时间中任一项超过了相应材料规范规定的存放期限,则此预浸料或胶膜都不能再使用。而在修理过程中,要注意修理操作工艺过程一定要在预浸料或胶膜的操作寿命以内完成。

11.2.3.2　双组分树脂

一般来说,双组分树脂一种组分是树脂材料,另一种组分是固化剂。两者都是膏状或者液体状的材料。因此,此类修理材料的储存方式,一般是将树脂和固化剂

分别罐装密封在两个容器中,且为了能够长时间有效使用,一般要求低温储存,储存要求以及材料的存放寿命在相应的材料规范中有明确的规定。

当使用时,应先从低温环境中取出并解冻,然后严格地按照重量配比比例进行取料,取料完成后应立即将容器重新密封好。当材料的存放寿命超过规范的时间要求时,材料禁止使用,但若重新取样进行性能测试表明材料的基本性能和工艺性能仍能满足使用要求的材料,并经设计部门同意方可继续使用。

当树脂和固化剂混合均匀后,必须尽快地将其涂抹或注射在修补区域或者用于浸渍增强纤维织物,而且应在其使用活性期内给胶层或者层压板施加压力(接触压、真空压、外压),并保持在压力下完成固化,固化时间的长短则与温度有关,具体时间要求参照相应的材料规范要求。

11.3　树脂填充修理

在复合材料结构件的制造、装配、运输或使用过程中,有时不可避免地会出现一些损伤。而对于表面凹坑、表面划伤、钻孔或锪窝损伤、分层等缺陷,在工艺规范或结构修理手册允许返修或工程处理后允许修理的前提下,通常采用树脂填充修理的方法对此类损伤的复合材料结构件进行修理。

树脂填充修理工艺一般使用双组分树脂,修理工艺流程如下所述。

11.3.1　表面凹坑、划伤的树脂填充修理工艺流程

(1) 用砂纸打磨损伤区域,同时要注意真空除尘。

(2) 清洗损伤区域。用浸润了丙酮或甲乙酮的擦布擦拭损伤区域,在溶剂挥发前,用干净的擦布擦干净。

(3) 将双组分树脂按使用要求进行配置。

(4) 用刮板或刷子将树脂均匀涂覆在损伤区域。

(5) 按树脂固化要求进行固化,如图11.3所示。

(6) 固化完成后,再用砂纸打磨至表面平整,不可伤及纤维。

(7) 按工程验收标准对修理区域进行检测。

11.3.2　钻孔损伤或锪窝损伤的树脂填充修理工艺流程

(1) 将损伤孔斜坡打磨或锪窝至$90°\sim120°$。

(2) 清洗损伤区域。用浸润了丙酮或甲乙酮的擦布擦拭损伤区域,在溶剂挥发前,用干净的擦布擦干净。

(3) 准备短切纤维,尺寸要符合工程要求(一般为$3\sim5\,mm$)。

(4) 配置双组分树脂。

(5) 将短切纤维与树脂混合,并搅拌均匀。

(6) 填充孔,并按下图所示进行损伤区域封装。

（7）按树脂固化制度固化。

（8）固化完成后，再用砂纸打磨至表面平整，不可伤及纤维。

（9）按工程验收要求进行检测。

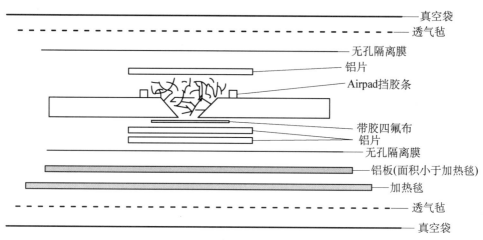

图 11.3　孔填充固化封装示意图

11.3.3　分层的树脂填充修理

（1）按工艺规范或结构修理手册要求检测分层的位置与尺寸。

（2）在缺陷的边缘钻两个孔，钻孔的允许直径及要求由工程指定。

（3）清洗损伤区域。用浸润了丙酮或甲乙酮的擦布擦拭损伤区域，在溶剂挥发前，用干净的擦布擦干净。

（4）配置双组分树脂。

（5）为促进树脂流动，可将修理区域用加热枪或辐射灯加热，温度不能超过 60℃。

（6）用注射器将混合树脂注入孔中。可在另一孔处抽真空以使树脂填充缺陷；在再次注射树脂前，可停留 10 min 左右，以使已经注射的树脂通过毛细作用浸渍修理区域，如图 11.4 所示。

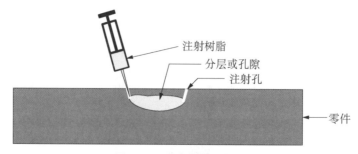

图 11.4　分层的填充修理

（7）按树脂的固化制度固化。在修理区上方覆盖无孔隔离膜以避免污染。固化过程中可以施加真空或机械压力。

（8）按工程验收要求进行检测。

11.4　胶接修理

广义的胶接修理包括室温下固化的冷修理（通常包括室温湿铺层修理、注胶与填胶修理）以及需要加热固化的热修理（预浸料修理、预固化补片修理与湿铺层修理），如图 11.5 所示。冷修理通常在室温下固化，有时为了加速固化，减少固化时间，得到高质量的修理，也会利用加热设备加热，但通常不超过 65.5℃（150 ℉）。冷修理不能恢复原结构的强度和耐久性，不能用在高应力区和主要结构件的修理上，通常为临时性修理，应定期检查。冷修理中的填胶与注胶修理已在上一节中进行了介绍。需要加热固化的热修理，一般需要使用热压罐、烘箱或热补仪等仪器设备，对修理区域进行中温（120℃左右）或高温（180℃左右）固化，以完成高质量的修理。通常所说的胶接修理即为狭义的胶接修理，即需要加热固化的热修理，本节内容即针对通常意义的胶接修理进行介绍。

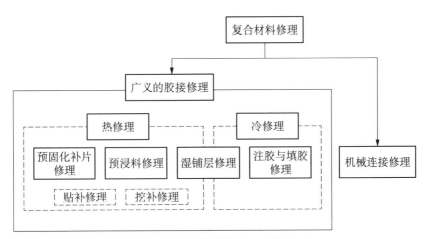

图 11.5　复合材料胶接修理分类（广义）

11.4.1　胶接修理分类

胶接修理一般分为贴补修理和挖补修理两种基本的修理方法。

贴补修理是指在损伤结构的外部，通过二次胶接或共胶接来固定外部补片以恢复结构的强度、刚度以及使用性能的一种修理方法，如图 11.6 所示。主要针对气动外形要求不严格的结构进行修理。共胶接贴补修理是指在损伤区域粘贴胶膜和一定层数、方向的预浸料通过共胶接共固化恢复结构功能。二次胶接贴补修理是指在损伤区域粘贴胶膜和预先固化好的复合材料补片（也可是金属补片）以恢复结构功能。贴补法补片制作容易,施工简单修补质量高,适用于外场条件。但是,贴补修理很难获得理想的气动外形,抗剥离性能差,并且单面贴补容易造成偏心的附加弯矩,主要作为临时修理。

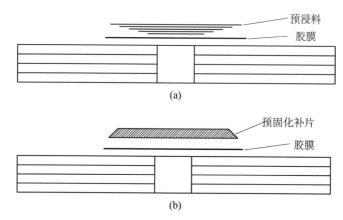

图 11.6　贴补修理示意图

(a) 胶接共固化贴补修理　(b) 胶接贴补修理

挖补修理是将损伤区域挖掉,然后通过共胶接若干层补片填充挖除部位,同时起到恢复结构的刚度、强度的作用,最上层补片与被修表面整体齐平,达到表面的轮廓度要求的修理方法,如图 11.7 所示。挖补修理适用于修理损伤面积较大、较严重的损伤。对于曲率较大或有气动外形要求的表面具有一定的优越性,增重量小。此外,由于不存在载荷偏心,固化后的预浸料补片的剥离应力较小,可作为永久性修理。在外场条件下,这种修理方式比贴补法施工困难,修理周期较长。因此多在大修厂或生产厂采用。

从修理材料选用分类,挖补修理可以分为预浸料修理以及湿铺层修理;从修理过程分类,挖补修理可分为非穿透性损伤挖补修理和穿透性损伤挖补修理,其中穿透性损伤挖补修理可以采用双面修理或单面修理。

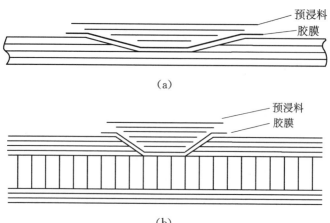

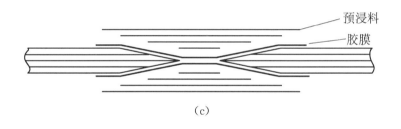

(c)

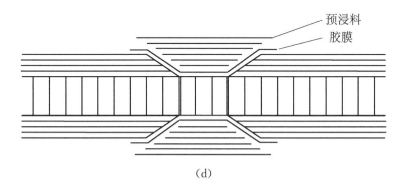

(d)

图 11.7　挖补修理示意图

(a) 层压板非穿透性损伤挖补修理　(b) 夹层结构非穿透性损伤挖补修理
(c) 层压板穿透性损伤挖补修理　(d) 夹层结构穿透性损伤挖补修理

11.4.2　复合材料贴补修理

在 11.4.1 节已经简单介绍,贴补修理可以使用一定层数的预浸料胶膜直接贴在待修补区域或采用预先固化好的复合材料补片(也可是金属补片)进行修补。本节以采用预固化的复合材料补片/金属补片进行贴补修理的流程为例,对复合材料贴补流程进行介绍;同时,根据已开展的贴补修理的研究,进行贴补修理影响因素的分析。

11.4.2.1　贴补修理流程

复合材料贴补修理的一般流程包括:检测评估确定损伤及修理区域、修理区域准备、补片制作及准备、实施修理、修理区固化、修理后检测、根据零件结构特点恢复其他特性,如图 11.8 所示。

1) 确定损伤及修理区域

使用丙酮及干净揩布(保证一直有一块干净的干揩布)清洁损伤及周围区域,去除所有污物。通过目视检查、无损检测确定损伤区,按照缺陷的大小形状,用光滑的线条将其圈出,圈出的范围要尽可能小,但是曲率不可过小,不可有过于尖锐的部分。根据圈出的损伤区域确定修理区域尺寸,用压敏胶带进行标记以便修理区域打

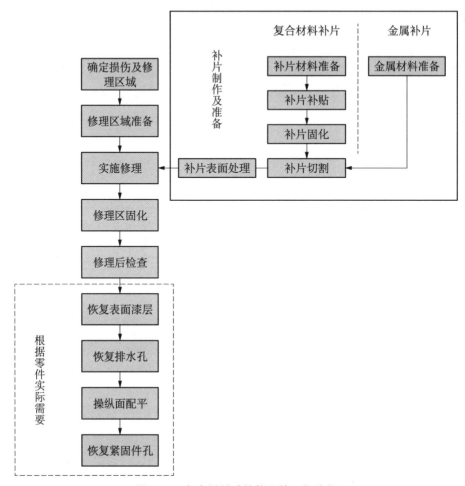

图 11.8　复合材料贴补修理的一般流程

磨,并防止打磨到修理区域之外,如图 11.9 所示。

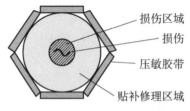

图 11.9　损伤及修理区域的确定

2) 修理区准备

在压敏胶带标记区域,用 150 目或更细的砂纸打磨去除修理区域的表面膜或表面漆层等防护层(对于外场修理),注意不要伤及纤维。对于损伤需要去除的情况,还要去除松散的损伤。若去除了损伤,需要用灌封料对去除损伤的部分进行填充,并在固化后打磨至与周围平齐,清洁干燥后再进行后续的铺层修理。打磨后去除标记用压敏胶带,并进行再次清洁,使修理区域充分干燥。

3)补片制作及准备

(1)若需要制作复合材料补片,先确定补片的铺层设计,其次,按照铺层方向将准备好的预浸料逐层铺叠并固化;

(2)将修理补片(复合材料或金属)切割成需要的尺寸;

(3)用150目或更细的砂纸打磨补片的待胶接表面,注意不要伤及纤维。打磨后去除粉尘,并再次进行清洁。

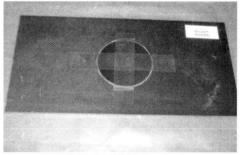

图11.10　加工后的补片及补片的放置

4)实施修理

按照待修理区域的尺寸大小准备胶膜和预浸料,将胶膜铺放在修理区域,再放置补片,胶膜要比补片尺寸略大。需要注意将胶膜和补片均匀覆盖缺陷区域,使搭接区域尺寸基本相同,如图11.10所示。

5)修理区固化

若使用热补仪修理,在修理区域放置隔离膜、加热毯、透气毡,热电偶放置在加热毯下方的修理区附近,用来控制加热毯升温和监测修理区的温度,在加热毯以外的位置放置真空嘴连接真空源。编制热补仪固化程序,进行修理固化。若采用热压罐或烘箱修理,则不需要在真空袋内放置加热毯,热补仪修理时的封装如图11.11所示。

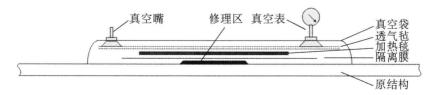

图11.11　热补仪修理封装示意图

11.4.2.2　贴补修理的影响因素

1) 补片的大小

补片大小影响了搭接长度和胶接面积,若搭接长度比较短,则所有胶黏剂都处于较高的剪应力状态,胶层破坏是修补结构失效的主因,胶层强度决定修补零件强度;搭接长度较长,则大部分交界区域只承受很小的载荷或不受载,补片破坏成为修补结构失效的主因,修补板的强度由补片强度决定。

（1）对于单搭接接头的研究[7]。在研究复合材料结构的胶接修理时通常先对胶接接头进行研究,国内外研究人员对复合材料接头进行了各种研究,使用解析法或有限元方法对接头进行了细致的分析。

在上飞公司与北京航空航天大学（以下简称北航）共同开展的研究中,针对搭接长度对复合材料单搭接接头的拉伸性能的影响进行分析,通过有限元分析针对不同长度的破坏载荷,绘制了如图 11.12 的载荷-搭接长度的曲线,可以看出,破坏载荷随着搭接长度的增加而增加,但当搭接长度达到 20 mm 以上,破坏载荷基本不变。

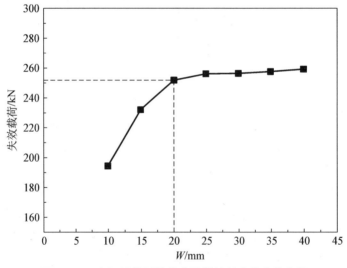

图 11.12　有限元模型的载荷随搭接长度的变化曲线

分别针对搭接长度为 10 mm、20 mm 和 30 mm 的单搭接接头的渐进破坏过程进行分析。通过如图 11.13 的拉伸试验,破坏载荷随着搭接长度的增大而增大,搭接长度大于 20 mm 的单搭接接头的破坏载荷不再加速上升,能够达到一定的承载能力,试验结果与理论分析相符。

图 11.13 胶接接头力学试验

（2）对于层压板贴补修理试验件的研究。设计 300 mm×150 mm，损伤直径为 30 mm 的复合材料矩形板作为标准贴补试验件的母版，铺层顺序是准各向同性的 $[45/0/\sim45/90]_{2s}$。其余参数均相同，设计三组补片直径分别为 75 mm，90 mm 与 60 mm 的贴补试验件（见图 11.14）。

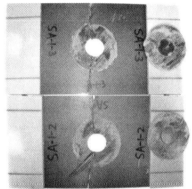

图 11.14 层压板贴补修理试验件力学试验

通过比较这三组试验件的平均极限拉伸强度，补片直径为 90 mm 时的修补效果略好于 75 mm 时的效果；75 mm 时的修补效果明显好于 60 mm 时的修补效果。因此，贴补试验件的平均极限拉伸强度随补片直径的增大而升高。

2）补片的厚度

除了补片直径外，补片的厚度也是影响修补效果的一个重要因素。对比补片厚度与母板厚度之比分别是 1/2，1/3，3/4，1 的四组试验件，补片厚度为母板厚度 1/2 的试验件有最高的拉伸强度，1/3 的次之，3/4 的最低。

补片厚度较厚的两组试验件极限拉伸强度反而较低，造成这一现象的原因是过厚的补片加剧了单面贴补试件的不对称程度,严重非对称试件的拉弯耦合现象造成了单面贴补试件的提前破坏。

11.4.3　复合材料挖补修理

在11.4.1章节中,简单介绍了按照修补材料、修补方法进行的挖补修理分类,在本章节中,将从复合材料层压板修补和夹层结构修补进行分别介绍。

11.4.3.1　复合材料层压板挖补修理流程

复合材料层压板挖补修理的一般流程包括:检测评估确定损伤及修理区域、修理区域准备(待修理区域打磨)、修补层制作、实施修理、修理区固化、修理后检测、根据零件结构特点恢复其他特性,如图11.15所示。

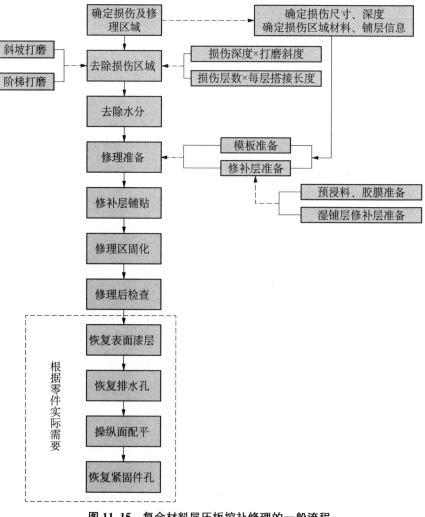

图11.15　复合材料层压板挖补修理的一般流程

1) 确定损伤及修理区域

挖补修理对损伤及修理区域的确定与贴补修理类似,但是由于挖补修理需要在每个铺层制造出搭接面,因此用压敏胶带进行标记修理区域尺寸时,需要考虑到搭接面尺寸。

除了确定损伤区域的尺寸以外,在实际零件挖补修理时还需要确定零件制造使用预浸料、胶膜等的材料规范、型别、类别、级别、规格、形式等信息;确定零件的铺层层数、铺层方向信息;确定零件制造的工艺规范。

2) 损伤去除及修理区准备

挖补修理和预固化补片贴补修理很重要的一点区别在于,挖补修理需要去除铺层,形成搭接面。去除铺层一般采用阶梯法和斜削法,如图 11.16 所示,目的都是为了使修理铺层与原铺层进行搭接修复。需要注意在去除铺层时避免伤及周围和下一层纤维,如图 11.17 所示。

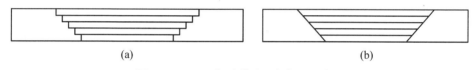

图 11.16 层压板阶梯法和斜削法示意图

(a) 阶梯法 (b) 斜接法

(a) (b)

图 11.17 损伤去除及修理区域准备

(a) 机械加工后的母板 (b) 使用气动工具进行斜面打磨

3) 修理材料准备及实施修理

(1) 预浸料修理。对于层压板类零件使用预浸料进行修理时,主要有以下几个步骤:将修理区域打磨粗糙(不能损伤纤维)后清洁损伤区域;根据损伤尺寸裁剪胶膜;根据损伤的层数、每层铺层的方向,以及相应铺层的补片大小剪裁预浸料补片;

逐层铺叠胶膜及修理铺层,如图 11.18 所示。

在待修理区域铺叠胶膜时,胶膜尺寸至少比最大补片周边大 1~2 mm;然后铺叠修理补片,修理补片的铺叠采用了聚酯铺叠样板,预浸料方向与原铺层方向相同,在完成所有结构修理铺层铺放后,还需要铺放一层附加修理层。若用湿铺层进行,则不需要铺放胶膜。

(a)   (b)

图 11.18　修理铺层准备及修理实施

(a) 修理铺层的准备　(b) 使用气动工具进行斜面打磨

(2)湿铺层修理。湿铺层修理补片为双组分树脂浸渍纤维织物而成,较预浸料修理有更低的成本,并适合外场修理。湿铺层修理的步骤与预浸料修理类似,只是在修理层(补片)制备步骤不同。湿铺层制备修理层的过程如图 11.19 所示。

(a)   (b)   (c)

图 11.19　湿铺层修理层(补片)准备

(a) 配胶　(b) 刷制碳布　(c) 裁剪补片

4) 修理区固化、修理区检测及表面层恢复

在完成修理补片安装后,若采用热补仪修理,则按照如图 11.20 的方式组装固化;在零件实际修理时,直接将加热毯放置在零件上进行封装即可。若采用热压罐修理,则不采用包袋的封装方式,将试验件放在平板工装上进行封装;从时间及成本考虑,在实际零件修理时会尽量避免使用热压罐固化。

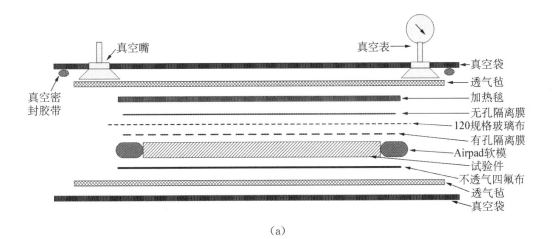

(a)

(b)　　　　　　　　　　　　　(c)

图 11.20　层压板挖补试验件固化过程

(a) 热补仪修理固化封装示意图　(b) 封装固化
(c) 修理完成后的试验件

在修理完成后,都需要进行无损检测以保证修理效果。实际零件在修理区检测合格后,还需要进行后续的表面涂层恢复、操纵面配平等一系列操作。

在进行修理研究时,修理试验后续通过性能测试进一步验证修理效果,不进行

表面涂层恢复及之后的操作步骤。

修理试验件不包含实际零件中的除水分及恢复零件状态的步骤,主要包括母板制造和修理两大步骤,试验件母板参考普通复合材料层压板制造。试验件母板制造及修理流程如图 11.21 所示。

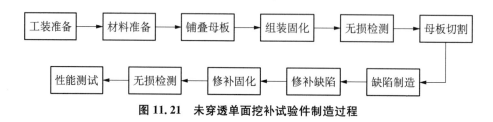

图 11.21　未穿透单面挖补试验件制造过程

11.4.3.2　复合材料夹层结构挖补修理

复合材料夹层结构挖补修理的一般流程与层压板挖补修理流程类似,但对于夹层结构芯材损伤的情况,还需要进行芯材替换,主要流程包括:检测评估确定损伤及修理区域、修理区域准备(待修理区域打磨)、修理芯塞制备、修理芯塞替换和固定、修补层制作、修补层替换、修理区固化、修理后检测,如图 11.22所示。

1) 确定损伤及修理区域

此步骤与层压板相同。

2) 损伤去除及修理区准备

对于夹层结构修理,在不去除芯材的情况下,损伤去除与层压板相同,首先在试验件上标记出需要去除铺层的位置,然后采用气动铣的方式去除预浸料铺层,铺层的去除通常采用斜削法和阶梯法。斜削修理可以得到更强而直接的传力路径,在经过磨削后暴露出来的新表面上进行胶接可以得到较好的效果,图 11.23 为夹层结构斜削修理法和阶梯修理法的示意图。完成蒙皮缺陷去除和斜削打磨的试验件如图 11.24所示。

去除铺层后,对于需要修补芯子(蜂窝/泡沫)试验件,还需要将芯子(蜂窝/泡沫)去除,如图 11.25 所示。

3) 芯子替换

泡沫芯替换与蜂窝芯替换类似,但替换蜂窝芯时,需要注意蜂窝芯的条带方向(L 方向)。

(1) 预浸料修理时的蜂窝芯替换。若蜂窝夹层结构存在蜂窝芯损伤时,需要进行蜂窝芯替换。在采用预浸料修理时,通常使用发泡胶将修理蜂窝芯塞与原蜂窝芯拼接。修理蜂窝芯塞 L 方向与原蜂窝芯 L 方向一致。蜂窝芯可以单独固化,

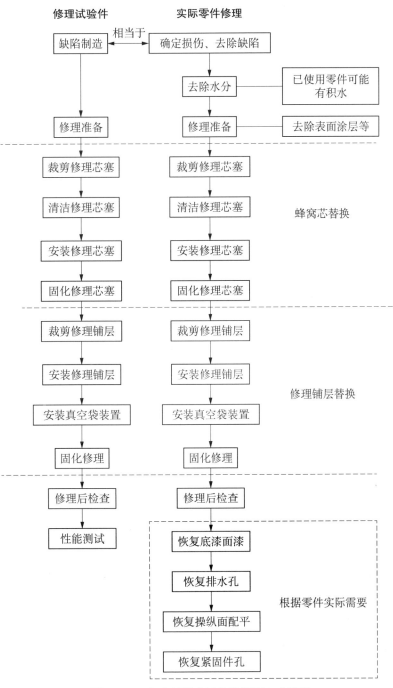

图 11.22 复合材料夹层结构修理工艺流程

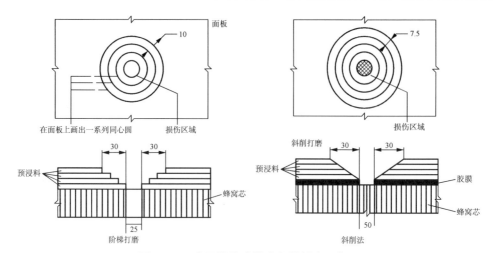

图 11.23　夹层结构阶梯法和斜削法示意图

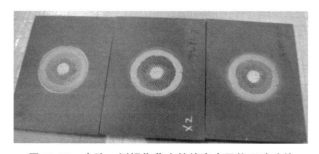

图 11.24　去除一侧损伤蒙皮的蜂窝夹层修理试验件

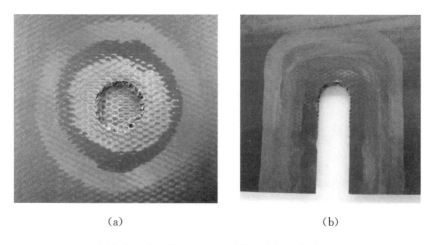

（a）　　　　　　　　　　　　　（b）

图 11.25　去除蒙皮及芯子的蜂窝夹层修理试验件

（a）去除蜂窝芯子的修补件　（b）穿透型楔形修补件

也可以与修理铺层同时固化。完成替换的蜂窝芯如图 11.26 所示。

当为单侧面板与蜂窝芯损伤时,在放入蜂窝芯之前,需要先在未损伤面板的内侧铺覆与去除的蜂窝芯尺寸相同的胶膜,再放入周围缠绕发泡胶的修理蜂窝芯塞。

若要进行部分蜂窝芯替换,在放入蜂窝芯之前,裁剪两层与损伤孔大小形状一致的胶膜,一层与损伤孔大小形状一致的 120 型玻纤织物,以胶膜—玻纤布—胶膜的顺序,将玻纤织物置于两层胶膜之间逐层放入损伤孔内。

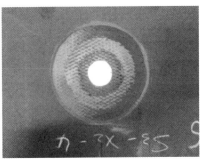

图 11.26 蜂窝芯替换或灌封

(2) 湿铺层修理时的蜂窝芯替换。在湿铺层修理时,可以采用灌封料将修补蜂窝芯与原蜂窝芯拼接。且蜂窝芯上下无需使用胶膜,使用树脂涂抹即可。

4) 修理铺层的准备及修理实施

对于夹层结构,修理铺层的准备与修理层的铺放和层压板相同,图 11.27 为蜂窝夹层结构修理层铺放过程。

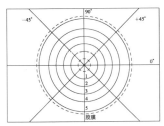

图 11.27 蜂窝夹层结构胶膜及修理补片铺叠

11.4.3.3 挖补修理影响因素

1) 挖补角度的影响

对于挖补修理,挖补角度是影响修理效果的设计因素。挖补角度主要针对斜接法而言,阶梯法则从阶差(搭接长度)体现出来,但改变阶梯挖补的阶差,改变的仍然是总体挖补角度,因此在此一并讨论。挖补角度越小胶接面越大,但去除的未损伤母板材料越多;挖补角度越大,修理过程中去除的母板材料就会越少,但是对于胶黏剂的抗剪强度要求更高。传统胶接模型分析认为,挖补斜度应在1:15到1:18之间。有研究通过有限元方法分析,采用剪切强度不小于20 MPa的胶进行挖补修理时,6°的挖补角为最优楔形角。从国外的研究和实践经历,斜接法挖补的最优斜度为1:30,阶梯形挖补的每层阶差为0.5 in。

图11.28 挖补角度及阶差示意图

(a) 阶梯法   (b) 斜接法

(1) 研究层压板未穿透损伤单面挖补修理试验件的影响因素,针对相同厚度、铺层的母板和相同附加修理层的试验件,研究不同挖补斜度对失效载荷的影响,修理后结构的拉伸强度基本随挖补斜度的减小而增大并且修理后结构的强度随附加修理层数目的增加而增大[8],如图11.29所示。

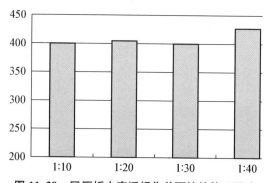

图11.29 层压板未穿透损伤单面挖补修理强度

(2) 对层压板结构穿透型损伤的双面挖补后的性能进行试验分析研究,其结果与未穿透损伤单面修理类似,修理后结构的拉伸强度随挖补斜度的减小而增大[9],如图11.30所示。

2) 温度的影响[10]

在进行胶接修理时,温度是至关重要的因素,复合材料修理只有在规定的温度范围内固化,才可能达到最大粘结性能。出现温度偏差会导致补片以及胶接面粘接不合格,在运行过程中整个修理将逐渐失效。在实际修理过程中,由于结构材料、材料厚度以及内部结构不同,会导致修理区域温度存在偏差。典型的容易出现温差的位置为蜂窝夹层结构蜂窝区与装配区的过渡,由于蜂窝芯格中充满空气,空气的导热系数非常小,因此蜂窝区温度变化慢;装配区全部为层压板,碳纤维导热系数略

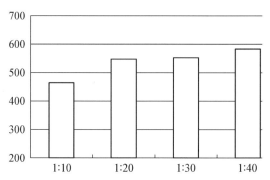

图 11.30 层压板穿透损伤双面挖补修理强度

大,导致温度变化较蜂窝区快。

用热补仪对蜂窝夹层结构进行面内方向及厚度方向温度分布测试。面内方向测试时,热电偶放置在蜂窝件面板表面的中心及边缘,如图 11.31 所示;厚度方向测试时热电偶放置在两侧面板的上、下表面,如图 11.32 所示。

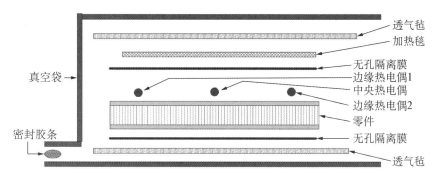

图 11.31 蜂窝夹层件面内方向温度分布测试示意图

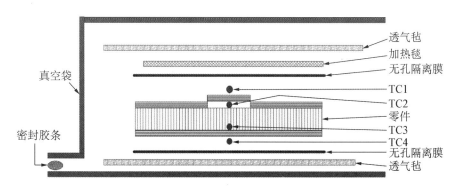

图 11.32 蜂窝夹层件厚度方向温度分布测试示意图

　蜂窝夹层件面内方向温度测试,热电偶均放置在加热毯的有效加热区域内,在升温及保温过程中,蜂窝夹层件面板的中心及边缘处的温度均在设定温度的±5℃以内,面内温度一致,可实现零件表面修补固化对温差的要求,如图 11.33 所示。

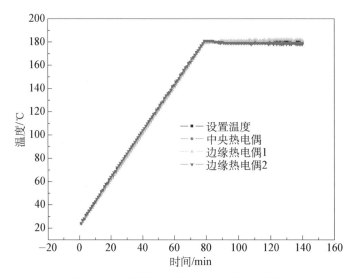

图 11.33　蜂窝夹层件面内方向的温度测试

　按照图 11.32 进行的蜂窝夹层件厚度方向上的温度分布测试,在升温及保温过程中,紧挨加热毯侧的上面板两侧温度(TC1 与 TC2)与设定温度一致,下面板两侧的温度随着温度逐渐升高,与设定温度差值逐渐增大,在保温阶段恒定。下面板靠蜂窝芯一侧的温度(TC3)高于贴近辅助材料一侧的温度(TC4),在保温阶段(180℃)下面板靠近蜂窝芯一侧的温度(TC3)在 145℃左右,见图 11.34。由此可知,在需要进行单侧面板和蜂窝芯替换的修补时,不能采取使用单个加热毯从一侧加热的方法完成蜂窝芯替换和铺层替换一步固化,应采取分步修理固化的方式,或在两侧同时加热。

　使用修补仪电热毯进行试验时,若没有特殊措施,当达到保温温度 180℃时,蜂窝区与层压板区温差一定会超过 10℃以上,这就需要在低温区域外面遮盖一定层数的保温材料,或者采用其他措施来均衡温差。因此,实际损伤结构件修理之前,需要进行热传导分析,甚至通过试验验证修理方案,通过保持温度均匀性来保证修理质量。若采用热压罐修理,则整个修理可以处于较为均匀的温度环境中。

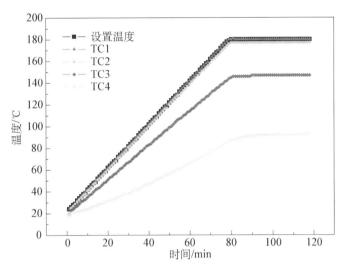

图 11.34 蜂窝夹层件厚度方向的温度测试

3) 压力的影响[11]

(1) 单次修补层数的影响。对于 X850 预浸料层压板修补进行了热补仪一次修补层数试验,在固化好的母板上,热补仪固化单向带预浸料,预浸料层数分别为 2 层、4 层、6 层、8 层。母板尺寸为 150mm×150mm,[45/0/～45/90]₂ₛ,16 层,热补仪固化的预浸料层尺寸可为150mm×150mm。固化完成后,将试片切割成 100mm×100mm。分别对不同层数修补效果进行金相观察,如图 11.35 所示。

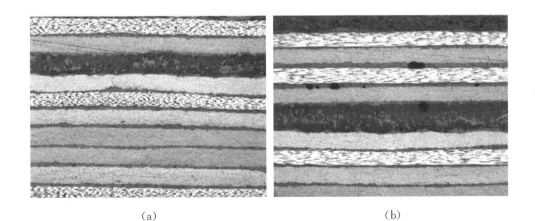

(a) (b)

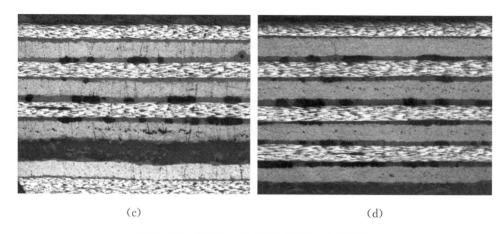

(c)　　　　　　　　　　　　　　　　(d)

图 11.35　热补仪一次修补层数试验金相照片

(a) 热补仪-2 层预浸料　(b) 热补仪-4 层预浸料　(c) 热补仪-6 层预浸料　(d) 热补仪-8 层预浸料

从图中可以看出，当热补仪修补层数为两层时，一次固化后层间几乎无任何明显气孔存在；随着一次修补层数的增加，气孔密集分布于层间位置且尺寸愈发增大。对于 X850 层压板结构的热补仪修理，其一次修补层数不宜超过 6 层。

（2）热补仪与热压罐对比[12]。对热补仪及热压罐修补效果进行了空气介质 C 扫描，扫描结果如图 11.36 中所示。

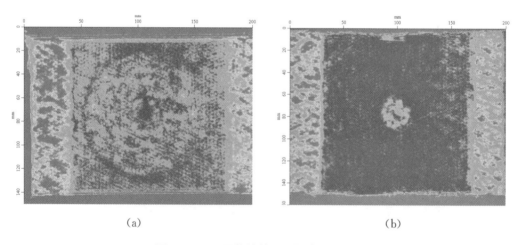

(a)　　　　　　　　　　　　　　　　(b)

图 11.36　不同修补效果无损检测对比图

(a) 热补仪固化效果　(b) 热压罐修补效果

比较图中结果可知，两类试件的修理效果不完全相同。对热补仪固化试件，可以明显看出各修理铺层的外形，修理区域与周围完好板存在一定差异，特别是在修理补片边缘处存在较明显的不均匀区域，说明此处修理结构与完好板存在一定差异，修理质量一般；而对热压罐固化试件，从扫描结果中观察，中间颜色较浅的区域为人为制造的初始损伤区域,其余区域均与母板相差不大,看不到修理补片的形状,说明此时修理区域与周围完好板间无明显差异,修理质量良好。

进一步研究不同固化设备对修理效果的影响,将热压罐及热补仪两类修补试件剖开,使用金相显微镜观察剖面,比较不同试件的修理效果。选取剖面上的不同位置进行金相观察,图 11.37 中所示,由修理补片边缘至修理补片中心,观察点编号分别为 1～3。

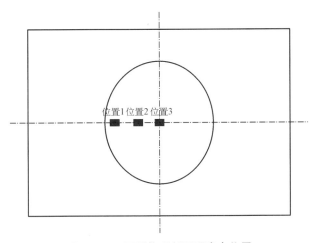

图 11.37　不同修理剖面观察点位置

热补仪修理试件的金相观察结果如图 11.38 所示,观察区域为两条线之间的区域,两条线外的区域为固化后的镶样树脂。

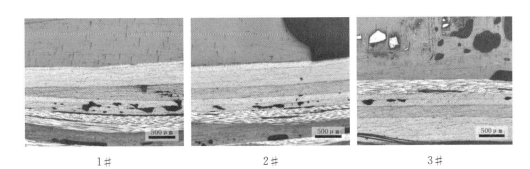

1＃　　　　　　　　2＃　　　　　　　　3＃

图 11.38　热补仪修理试件金相观察结果

热压罐修理试件的金相观察结果如图 11.39 所示。

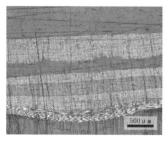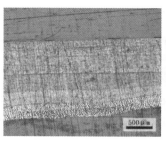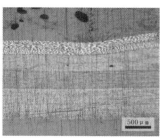

1♯　　　　　　　　　2♯　　　　　　　　　3♯

图 11.39　热压罐修理试件金相观察结果

热补仪固化试件的修理层内存在孔隙,造成这些孔隙的原因在于热补仪修理的固化压力仅为一个大气压,这些孔隙是影响热补仪固化试件修理质量的主要因素;对于热补仪固化修理试件,从修理补片边缘到补片中部,孔隙数量逐渐增多,孔隙主要集中在靠近蜂窝芯子的部位,这可能是由于蜂窝芯格不能提供有效的支撑,同时此位置的修补层数也最多,使得此位置修补层内压力更小,对修补层的压实程度有限所致;对于热压罐固化修理试件,固化压力大,试件修理效果良好,修理区域中不存在孔洞等缺陷,与 C 扫描结果一致。

综上所述,蜂窝夹层结构热补仪修理后试件存在较多孔洞,导致修理区域与周围完好板间存在明显差异,修理质量一般;而热压罐修理由于固化压力充足,修理区域无缺陷,因此修理效果良好。

11.4.4　胶接修理设备

在本章节中,主要介绍复合材料结构损伤修理时常用的设备。

低温库。复合材料修理中使用的预浸料、胶膜、树脂等材料,许多都需要低温贮藏。一般的低温贮藏要求为≤−18℃,不同的材料有不同的贮藏期。

热压罐。热压罐是复合材料制造及胶接损伤修理中最常用的加热固化设备。主要功能为成型/修理材料固化提供必要的温度、真空和压力。

热补仪/修补仪。热补仪是外场修理时最重要的加热固化设备,可提供固化加热时的温度控制和记录。加热毯/电热毯是修补仪的重要配件,在修理时,由热电偶监测和反馈温度,通过热补仪进行程序控制和记录,使加热毯进行加热,完成修理。热补仪通常根据需要设置不同的固化工艺。由于外场使用的需求,一般热补仪均为便携式。

真空泵。在胶接修理时需要真空系统对修理区域抽真空,热补仪自带的真空系统需要由压缩空气源进行驱动,真空度较低,在外场修理最好配备便携式的真空泵。

烘箱/固化炉。在复合材料修理中主要用于零件的干燥除水分,也可用于一些修理的加热。

除了以上胶接修理工艺所需的设备之外,修理复合材料零件时,还需要使用大量的工具,由于碳纤维导电,因此在复合材料结构进行损伤去除时多选用气动工具,例如气动铣、气动旋转打磨机、气动钻等。由于去除损伤时产生的灰尘、粉末等会引起电子设备的短路且吸入人体内会对人体有害,因此在进行损伤去除时还需要使用除尘系统或便携式的吸尘器。

在修理过程中,也经常使用气钻、扩铰刀、锪窝钻、钻孔限位器、剪刀、刮板、量杯、天平、砂纸、劳保用品等通用工具用品。

11.4.5　胶接修理质量控制

复合材料结构修理和金属零件修理一样,都是为了恢复结构的气动外形、载荷传递和强度要求,同时不影响零部件本身的功能性。修理过程中的所有步骤都与修理质量息息相关,因此本节对影响胶接修理质量的因素以及需要控制的要点进行简单介绍。

11.4.5.1　人员控制

进行修理的人员必须拥有相应的技能和资质,接受相关的基础培训、专业知识及实际操作培训,并经考核合格后方能持证上岗。工程技术人员应具有复合材料方面的工作经验,熟悉各种修理工艺;操作人员应具备复合材料修理方面的工作经验,能熟练操作各种修理工具;对于无损检测人员,需要得到行业认可的相应等级证书后,才有资格从事无损检测工作。所有考核合格的人员,也需要定期接受后续培训。

11.4.5.2　材料控制

修理中主要使用的材料包括修理需要的修理原材料(如预浸料、胶膜、泡沫胶、蜂窝芯、泡沫、干纤维/织物、树脂、密封剂、底漆面漆等)以及工艺材料(真空袋、透气材料、隔离膜、吸胶材料、密封胶条、压敏胶等)。预浸料、胶黏剂、灌封料等有贮存温度要求的材料按照相应的材料规范在低温库里进行低温贮存。预浸料和胶黏剂储存前,每卷上必须附带标签——低温存放材料出入库记录单;在每次出入库时,库房保管员应按标签内容[包括材料规范号、型、类、级、规格、形式、供应商的名称和产品标识、炉号、批号、卷号、制造日期、实际的发运或接收日期、贮存寿命、操作寿命、出库/入库累积时间(精确到分钟)等]逐项填写。详细内容考11.2.3节。

11.4.5.3　设备控制

对于在维修站进行的修理,维修站的厂房一般需要包括净化间/洁净间、普通车间、低温库/冷库、热压罐、烘箱/固化炉、热补仪、各种修理工具。对于净化间、普通车间、热压罐、烘箱等的要求,与复合材料结构件成型、加工对设备的要求一致。所有设备必须经验收、校验合格方可使用。所有设备必须定期检定、维护和校验,使用过程中必须严格按照操作说明进行。

11.4.5.4　环境控制

复合材料结构胶接修理的环境要求与复合材料零件制造的环境要求类似,对于永久性的复合材料结构修理一般使用预浸料,需要在净化间内完成,只要净化间的温度、相对湿度、洁净度符合要求即可。洁净间的温度应控制在18~26℃,相对湿度25%~65%,有良好的通风装置、除尘设备和照明设施,照度应不低于200 lux。该区域应进行封闭,门不使用时保持关闭,人员入口处应有控制污染设施,对进入该区的空气应进行过滤,保证该区域内大于 $10\,\mu m$ 的灰尘粒子含量不多于 10 个/升,且洁净间应维持正压力。

外场修理一般进行临时性或较小的非结构性修理,环境要求低于永久性的结构性修理,温度控制在 15~32℃,相对湿度≤75%,照明充足。

11.4.5.5　过程控制

为了保证修理质量,需要严格按照步骤进行损伤去除、清洁、修理层的铺贴制备、制真空袋等步骤;同时,必须按照选用的修理材料严格控制固化温度、压力、真空度,以避免固化不完全或温度过高造成的结构变形、损伤甚至失效。整个修理过程(包括无损检测结果)需要有完整的工艺文件进行记录,以保证可追溯性。

11.4.5.6　修理后质量控制

对修理后的零件需要进行外观检测和内部质量检测。外观包括修补后的表面质量以及外形尺寸是否符合要求;内部质量一般需要靠无损检测进行确认,并进行跟踪检测。与复合材料结构件的无损检测类似,对修理区域进行无损检测时,一般要采用结构相同的材料制作标块,用作设备调试和检测的参考依据。

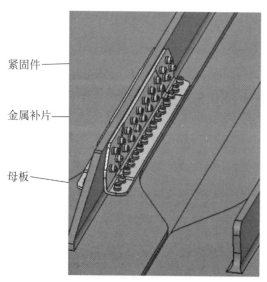

紧固件——

金属补片——

母板——

图 11.40　机械连接修理示意图

11.5　机械连接修理

机械连接修理是指在损伤结构的外部或内部用螺栓或铆钉固定一个加强补片,使损伤结构遭到破坏的载荷传递路线得以重新恢复的一种修补方法,如图 11.40 所示。

机械连接修理具有操作简便、性能可靠、能传递大载荷、抗剥离性能好等优点。这种方法的缺点是在结构上要钻紧固件孔,紧固件孔会削弱结构强度并引起应力集中,且修理后增重较大。在复合材料结构修理中,机械连接修理适用于被修理件较厚且对气动外形要求不高的结构件,以及外场的快速修理。根据连接紧固件的种类,机械连接修理分为螺接修理和铆接修理。螺接适用于被连接件较厚,可靠性要求高和传递载荷较大的情况,受力较小的复合材料薄板上也可考虑铆接修理。复合材料结构机械连接修理应优先采用螺接。

在材料选择上,补片材料可以是金属板或复合材料板。金属板大多为钛合金板、不锈钢板和铝合金板。当铝合金、合金钢等金属与被修补的碳纤维复合材料接触时,容易产生电偶腐蚀,需要在两者之间铺玻璃纤维布或涂一层密封剂防腐使之隔开。复合材料板是预固化的补片,紧固件一般选用纯钛和钛铌合金紧固件。

当采用铆接修理时,由于复合材料层间强度低、抗冲击性能差,安装时不宜用锤铆,需要用压铆。为提高复合材料接头处的局部强度,在铆钉墩头下放置一个垫圈,可大大减小墩头处的工艺残余应力,从而改善接头的性能。

对表面气动光滑性要求较高的部件,采用埋头紧固件。

11.5.1　通用要求

机械连接修理的工序主要为钻孔及紧固件安装,因此本节从以上两方面进行介绍。

11.5.1.1　制孔工艺要求

钻孔时的轴向力是影响碳纤维复合材料制孔质量的重要因素。在钻孔过程中,轴向力越大,分层、劈裂的可能性及破坏的范围越大。因此,为降低钻孔时的轴向力,应选用较小钻心厚度和横刃长度、较大后角和螺旋角的钻头。通常,进给量越大,轴向力越大;转速越小,轴向力也越大。因此,在复合材料结构上钻孔时,进给量要小,转速要高。但锪窝、铰孔时宜用低转速。此外,为防止钻孔时产生分层和劈裂损伤,在条件允许的情况下,在制件背面垫硬塑料板。在复合材料结构上钻孔,要求精度达到 H8,垂直度在 ±1% 以内,需铰孔。钻削复合材料与钛合金叠层结构时,一般优先从钛合金侧钻入。复合材料和钛合金夹层结构制孔时,必须加钻孔润滑剂,通过加鲸蜡醇钻孔润滑剂,可以缓解复合材料的烧伤现象。要获得高精度孔,需要对叠层结构进行铰孔。对直径大于 8.0 mm 叠层结构的孔,可以采用钻孔-扩孔方式加工。

制孔或铰孔质量要求:孔壁或埋头窝表面上应无不用放大镜为肉眼即能见到的分层、划伤或工具印痕等缺陷。孔的钻入或钻出表面(或锪窝面)的毛刺、灰尘等影响紧固件贴合或与结构紧密接触的缺陷应除去,孔口表面不允许影响结构件强度的劈裂损伤。钻孔表面无过热现象,当孔口表面有变色或有树脂烧焦的刺激性气味时,表面即为过热。如需铰孔,铰孔前应留出余量 0.15～0.4 mm,并用硬质合金铰刀铰至最后尺寸。

当零件需要制埋头窝时,钻孔优先考虑使用钻锪一体工具。如条件不允许,锪窝时应注意使用一带圆弧的导向硬质合金或多晶金刚石锪钻对碳纤维复合材料进行锪窝,转速最大为 2 000 r/min。锪钻与碳纤维复合材料接触前应处于转动状态,以防碎裂;锪窝时应用锪窝限位器,正式锪窝前试锪 5~10 个孔;埋头窝与孔轴线应同心,误差在 0.003 in 以内,埋头窝轴线应平行于孔轴线,误差在 1° 以内;锪窝角度容差以紧固件的安装要求为准。

11.5.1.2 紧固件安装的一般要求

螺接工艺要求:埋头螺栓钉头不得下陷,允许钉头凸起 0.1~0.2 mm;拧紧力矩值要在规定范围内;上紧螺帽后,用千分垫检查,间隙应不大于 0.05 mm。湿装配时,必须在胶的施工期内上紧螺帽。

铆接工艺要求:安装后的墩头尺寸及齐平度需满足相关工程要求,在不使用密封剂的贴合面部位,被连接件与紧固件顶杆之间的间隙不大于 0.05 mm;在使用密封剂的贴合面部位,零件间的间隙不大于 0.1 mm。

11.5.2 机械连接修理工艺

机械连接修理需要补片,对原结构为碳纤维复合材料的层压板,补片一般为预固化的碳纤维复合材料补片或钛合金补片,通过紧固件将补片与原结构机械连接,起恢复原结构强度、刚度的作用。对气动面的修理,补片要放置在非气动面侧,并使用沉头紧固件。

机械连接修理的一般程序如下所述。

11.5.2.1 确定损伤区域

通过目视及无损检测,确定缺陷或损伤尺寸。

11.5.2.2 制定修理方案

根据损伤情况制定机械连接修理方案,确定紧固件类型、数量及补片特征。

11.5.2.3 制作修理补片

1) 采用预固化复合材料补片

(1) 从低温环境中取出补片制作用预浸料解冻。解冻要求为:在洁净间内解冻,保持密封状态。当外包装膜擦干后无冷凝水产生时方能使用。通常建议解冻 6~8 小时。确保材料在有效期内使用。

(2) 根据损伤区域及修补方案的规定,确定补片尺寸,手动或自动下料,下料时料片四周要留出至少 25 mm 的余量。

(3) 按规定的铺层顺序铺贴。铺贴时,第一层以及每铺 1~3 层后,需要进行真空压实。压实时真空度不低于 -0.06 MPa,时间不小于 5 min。对带曲率的补片形式,可在零件本体上铺贴或通过零件本体预制简易模具。

若准备用热补仪或固化炉固化时,需要注意材料的最佳的单次固化厚度,一般单次固化 4~6 层为宜,对厚度较厚的补片可以分次胶接固化。

(4) 封装,固化。若用热压罐固化,按修补材料对应固化制度的要求进行固化;

若用修补仪或固化炉固化,按相应的温度制度进行固化,固化过程中,全程抽真空。封装方式如图 11.41 和图 11.42 所示。

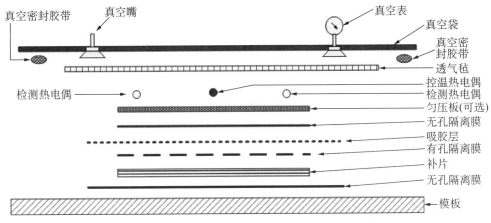

图 11.41　热压罐或固化炉制作预固化补片封装示意图

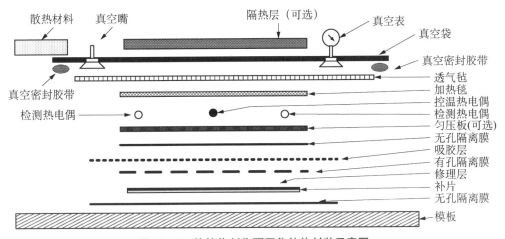

图 11.42　热补仪制作预固化补片封装示意图

(5) 按工程要求,对补片进行检测。

(6) 将补片加工至要求的尺寸。

2) 采用金属补片

根据修理方案选取修理材料,根据零件修补区域结构特征进行补片制作。对平板区域,可选用合适的平板料;对带型面区域,可采用钣金件或机加件。

11.5.2.4　补片安装

(1) 在待修理的层压板上划线标记补片位置,将补片与零件初定位。

(2) 在补片上划出需要钻孔的位置,在补片和零件的特征位置钻初孔进行引导定位。

（3）对补片与零件进行联合钻孔，按工程要求进行钻孔检验。

（4）安装紧固件，按工程要求进行紧固件安装检验及密封。对铝合金及合金钢补片，在补片与零件本体之间使用异电位防腐层。

（a）　　　　　　　　　　　　　　　（b）

（c）　　　　　　　　　　　　　　　（d）

图 11.43　机械连接修理试验件

（a）钛合金补片单面修理　（b）复合材料补片双面修理
（c）加筋结构蒙皮损伤修理　（d）加筋结构长桁腹板损伤修理

11.5.3　机械连接修理设备及工具

11.5.3.1　制孔工具与设备

制孔设备有手动气钻、便携式钻孔设备等，应清楚地标明额定转速，同时转速应具有可调节性，转速范围为 $100 \sim 20\,000$ r/min。制孔过程中，应配高功率吸尘设备，保证加工区域无粉尘污染。

制孔刀具可分为钻头、扩孔钻（扩铰刀）、锪窝钻、铰刀等。制孔刀具的硬度至少应达到硬质合金刀具的硬度，刀具表面可进行金刚石涂层；钻头主要类型有普通麻花钻、钻铰一体复合钻头。手工扩孔钻头及手工铰刀端部应带有导柱,保证扩孔、铰孔过程不对复合材料入口表面产生劈裂、毛刺或其他形式的破坏。

11.5.3.2　紧固件安装工具

普通螺栓和螺母的安装使用定力扳手。

高锁螺栓的安装需要手动或电动的安装工具,同时为确保满足安装要求,还需要顶头凸出量规、顶杆伸出量规、探头量规、内径千分尺等辅助工具。

铆钉的安装需要手动压铆设备、铆钉挤压工具、翻边工具等,同时还需塞规等辅助工具。

参考文献

［1］田秀云,杜洪增.复合材料结构及维修[M].北京:中国民航出版社,1996.

［2］虞浩清,刘爱平.飞机复合材料结构修理[M].北京:中国民航出版社,2010.

［3］陈绍杰.复合材料结构修理指南[M].北京:航空工业出版社,2001.

［4］陈祥宝.复合材料结构损伤修理[M].北京:化学工业出版社,2001.

［5］董柳杉,等.大厚度复合材料层压板结构损伤的热补仪修补工艺研究[J].航空维修与工程,2016,1:69-72.

［6］孔娇月,等.复合材料胶接修理工艺过程及其影响因素[J].航空制造技术,2013,23/24:87-89.

［7］郭霞,等.搭接长度对复合材料单搭接胶接接头的影响[J].科技导报.2013,31(7):37-41.

［8］刘佳,等.复合材料层压板挖补修理后的拉伸性能研究[C].第三届民用飞机先进制造技术及装备论坛论文汇编,深圳:中国航空学会出版社2011:5-8.

［9］郭霞,等.层压板双面挖补修理的拉伸性能研究及参数分析[J].复合材料学报,2012,29(1):176-182.

［10］孙凯,等.热补仪挖补修理复合材料蜂窝夹层结构[J].航空材料学报,2014,34(2):52-58.

［11］刘遂,等.工艺因素对修理后蜂窝夹芯结构侧压性能的影响[J].复合材料学报,2013,30(3):177-183.

［12］Sui Liu. Process Factors and Edgewise Compressive Properties of Scarf-repaired Honeycomb Sandwich Structures [J]. Applied Composite Materials, 2014,21(5):689-705.

索　引

大飞机出版工程

书　目

一期书目（已出版）

《超声速飞机空气动力学和飞行力学》（俄译中）

《大型客机计算流体力学应用与发展》

《民用飞机总体设计》

《飞机飞行手册》（英译中）

《运输类飞机的空气动力设计》（英译中）

《雅克-42M和雅克-242飞机草图设计》（俄译中）

《飞机气动弹性力学和载荷导论》（英译中）

《飞机推进》（英译中）

《飞机燃油系统》（英译中）

《全球航空业》（英译中）

《航空发展的历程与真相》（英译中）

二期书目（已出版）

《大型客机设计制造与使用经济性研究》

《飞机电气和电子系统——原理、维护和使用》（英译中）

《民用飞机航空电子系统》

《非线性有限元及其在飞机结构设计中的应用》

《民用飞机复合材料结构设计与验证》

《飞机复合材料结构设计与分析》（英译中）

《飞机复合材料结构强度分析》

《复合材料飞机结构强度设计与验证概论》

《复合材料连接》

《飞机结构设计与强度计算》

三期书目（已出版）

《适航理念与原则》

《适航性：航空器合格审定导论》（译著）

《民用飞机系统安全性设计与评估技术概论》

《民用飞机热表特种工艺技术》

《民用飞机自动化装配系统与装备》

《飞机材料与结构检测技术》

《民用飞机复合材料结构制造技术》

《复合材料连接技术》

《先进复合材料的制造工艺》(译著)

《聚合物基复合材料:结构材料表征指南(国际同步版)》(译著)

《聚合物基复合材料:材料性能(国际同步版)》(译著)

《聚合物基复合材料:材料应用、设计和分析(国际同步版)》(译著)

《金属基复合材料(国际同步版)》(译著)

《复合材料夹层结构(国际同步版)》(译著)

《夹层结构手册》(译著)

《ASTM D 30 复合材料试验标准》(译著)

《飞机喷管的理论与实践》(译著)

《大飞机飞行控制律的原理与应用》(译著)

其他书目

《飞机客舱舒适性设计》(译著)

《上海民用航空产业发展研究》

《政策法规对民用飞机产业发展的影响》

《民用飞机空气动力设计先进技术》

《民用飞机设计及飞行计划理论》

《动态系统可靠性分析:高效方法及航空航天应用》(英文版)

《特殊场务条件下的民机飞行试验概论》

《国际航空法(第九版)》(译著)

《现代飞机飞行动力学与控制》

《民用飞机销售支援与客户价值》

《工程师用空气动力学》(译著)

《推进原理与设计》

《商用飞机技术经济研究——设计优化与市场运营》

《商用飞机经济性》

《民用飞机选型与客户化》